Maluenda Muñoz

Digitalisierung der Energiewirtschaft

Wilson Maluenda Muñoz

Digitalisierung der Energiewirtschaft

Kritische Analysen, Lösungen und Grenzen

HANSER

Über den Autor:
Wilson Maluenda Muñoz, Wien

Print-ISBN: 978-3-446-48572-3
E-Book-ISBN: 978-3-446-48609-6
ePub-ISBN: 978-3-446-48799-4

Die allgemein verwendeten Personenbezeichnungen gelten gleichermaßen für alle Geschlechter.

Bibliografische Information der Deutschen Nationalbibliothek:
Die Deutsche Nationalbibliothek verzeichnet diese Publikation in der Deutschen Nationalbibliografie; detaillierte bibliografische Daten sind im Internet unter http://dnb.d-nb.de abrufbar.

Vilshofener Straße 10 | 81679 München | info@hanser.de
www.hanser-fachbuch.de
Lektorat: Julia Stepp
Herstellung: Melanie Zinsler
Coverkonzept: Marc Müller-Bremer, www.rebranding.de, München
Covergestaltung: Max Kostopoulos
Titelmotiv: © gettyimages.de/Ali Kahfi
Satz: le-tex publishing services GmbH, Leipzig
Druck: Elanders Waiblingen GmbH, Waiblingen
Printed in Germany

„Zweifel ist der Weisheit Anfang.“

René Descartes

„Und die Zeit ist eine Königin ohne Gnade.“

Wilson Maluenda Muñoz

„Die primitiven Dinosaurier haben über 165 Millionen Jahre lang auf der Erde gelebt und die Welt nicht zerstört. Wir intelligenten Menschen haben dazu nur 200 Jahre gebraucht, ohne Meteorit.“

Wilson Maluenda Muñoz

Inhalt

Vorwort

Gegenstand dieses Buches ist die Analyse der digitalen Transformation der Energiewirtschaft. Das Buch legt die möglichen energiepolitischen und energiewirtschaftlichen Instrumente der postfossilen Ära[1)] aus gegenwärtiger Sicht dar. Es zeigt auf, wie die gegenwärtigen Entwicklungen im Bereich der Ressourcen- und Energieknappheit im Zuge der digitalen Transformation besser oder anders gemanagt werden können.

Die zunehmend knapper werdenden Ressourcen wirken sich immer stärker auf die globale Energiepolitik der Staaten oder Wirtschaftsregionen aus. Diese entwickeln zunehmend neue Strategien, um auf die sich bereits jetzt anbahnende postfossile Ära besser vorbereitet zu sein. Dabei stellt sich insgesamt ein eher mäßiger Erfolg ein. Die bislang implementierten Maßnahmen scheinen nahezu nutzlose Instrumente zu sein, die unzureichende Lösungen in Aussicht stellen.

Energie- und ressourcenpolitisch befindet sich die Weltpolitik, getrieben durch ineffiziente und eigensinnige Politiker und Oligarchien, in einer Sackgasse. Geprägt durch Terroranschläge und mittlerweile Jahre andauernde Kriege, die unter dem Vorwand religiöser Motivation geführt werden, die sich jedoch zunehmend als Ressourcen- und Hegemonialkriege herausstellen, schafft es die internationale Staatengemeinschaft weder die notwendigen minimalen Anforderungen an ein stabilisierendes und zukunftsorientiertes politisches System zu definieren noch Ansätze eines nachhaltigen globalen Wirtschaftssystems zusammenzustellen.

Die allgemeine Energie- und Ressourcenknappheit ist eine treibende Kraft für das politisch hysterische und oft sehr ineffiziente Handeln. Hinzu kommen regionale oder lokale Einzelinteressen sowie Interessen von Konzernen und Unternehmen in

[1] Da es gegenwärtig keine offizielle Definition der Wissenschaft zur postfossilen Ära gibt, verstehe ich Folgendes darunter: Die Gesellschaft steuert auf eine nachhaltige Versorgung mit erneuerbarer Energie zu. Sie distanziert sich zunehmend vom Gebrauch fossiler primärer Energiequellen und strebt eine CO_2-Neutralität an. Dies bedeutet auch, dass Themen wie Dekarbonisierung, Energieeffizienz, Kreislaufwirtschaft sowie nachhaltige und intermodale Mobilität zusehends in den Vordergrund rücken.

einer globalisierten Welt und in einem zunehmend virtuellen und (hoch-)spekulativen Wirtschaftssystem, das sich von der Realwirtschaft zu entkoppeln scheint. Es ist vorherzusehen, dass diese Entkopplung von realer und virtueller Wirtschaft langfristig mit höchster Wahrscheinlichkeit nicht gut ausgehen wird. Virtuelles Wirtschaftswachstum und Profitabilität lassen sich nicht ohne Konsequenzen von der Realwirtschaft entkoppeln.[2] Die Zinslast der virtuellen Finanzökonomie verlangt ein reales Wirtschaftselement, das diese auch erwirtschaftet. Die Realwirtschaft ist zudem von der Verfügbarkeit von Maschinen und Rohstoffen abhängig. Rohstoffe sind aber nur endlich auf diesem Planeten verfügbar.[3]

Neue politische Instrumente und auch neue energiepolitische Alternativen werden dringend gebraucht. Welche diese sein könnten, ist partiell Gegenstand dieses Buches, wird aber vor allem eine Aufgabe für Politikwissenschaftler und Philosophen mit Zukunftsvision sein. Mein erklärtes Ziel ist es, Tendenzen aufzuzeigen und Möglichkeiten herauszuarbeiten, wie die Energiepolitik und die allgemeine Ressourcenpolitik in 50 oder 100 Jahren durch eine fortschreitende Digitalisierung aussehen könnte. Welcher sozialpolitische Kontext ist dabei zu erwarten und wie wird sich die Ressourcenverteilung bis dahin entwickeln? Eher früher als später wird sich die Gesellschaft diesen Fragen (und den sich daraus ergebenden Konsequenzen) stellen müssen. Die steigenden Ölpreise und die Konfliktherde der letzten Jahre drängen uns dazu. In puncto Nachhaltigkeit (Stichworte Energiewende, Klimapläne und Klimaabkommen von Paris) ist zwar mittlerweile einiges passiert, doch vieles bleibt auf theoretischer Ebene, ohne jede konkrete Umsetzung. Der große Wurf in Richtung aktiver Implementierung valider und prüfbarer Maßnahmen fehlt noch. Es fehlt an einem allgemein verständlichen Zukunftskonzept, an dem wir uns orientieren könnten und sollten.

Ziel dieses Buches ist es, die verfahrene Situation der Energie- und Ressourcenknappheit aus einem energiewirtschaftlichen Kontext heraus zu visualisieren sowie durch Nutzung digitaler Strategien und Elemente eine Basis für mögliche Wege aus der Sackgasse zu finden, zumindest bis zu einem Punkt, der im Rahmen des Buches machbar erscheint. Was hindert uns daran, den nächsten Schritt in Richtung Nachhaltigkeit und hin zu einer hundertprozentigen Kreislaufwirtschaft zu gehen? Warum kommen intermodale Verkehrssysteme nur schleppend in Gang? Auf Grundlage der gegenwärtigen Lage in Europa und – wo Bedarf besteht – auch in anderen Regionen der Welt, versuche ich, auf diese und ähnliche Fragen Antworten zu geben. Im Zentrum meiner Analyse stehen hierbei relevante Ressourcen und Energiesysteme, die hinsichtlich ihrer Verfügbarkeit und ihres Nutzens für die stetig wachsende Digitalisierung in der Energiewirtschaft und anderen Wirtschaftssegmenten gebraucht werden.

---

[2] *Arbeitskreis der Bertelsmann Stiftung/Julius Raab Stiftung:* Real- und Finanzwirtschaft im Netzwerk der Verantwortung. Alpbacher Wirtschaftsgespräche „Real- und Finanzwirtschaft: Ein gespaltenes Verhältnis“. Europäisches Forum Alpbach, 27. – 29. August 2013

[3] *Wetzel, Daniel:* Unserer Welt gehen die Rohstoffe aus. welt.de, 16.03.2017. *https://www.welt.de/wirtschaft/article162921498/Unserer-Welt-gehen-die-Rohstoffe-aus.html* (Stand: Juli 2024)

Hinweis

Ich bin nicht für den Inhalt der zitierten Internetseiten, Zeitschriften, Pressemitteilungen oder Bücher verantwortlich und teile nicht die Meinungen oder politischen Ansichten, die dort vertreten werden. Referenzen und Zitate dienen dem besseren Verständnis oder der Erklärung der in diesem Buch vorgestellten Inhalte.

Dank

Ein besonderer Dank gilt meiner Familie, die mir immer mit Rat und Tat zur Seite stand. Meiner lieben Frau danke ich für die uneingeschränkte Begleitung und Unterstützung sowie ihre fortwährende Ermutigung, am Schreiben dieses Buches festzuhalten, trotz aller Höhen und Tiefen, die eine solche Arbeit mit sich birgt.

Bei meinen drei Söhnen möchte ich mich bedanken für ihre wertvollen Beiträge, ihre inhaltlichen und technischen Analysen, ihre Verbesserungen, ihre konstruktive Kritik und die permanenten zielorientierten Diskussionen zu den in diesem Buch dargestellten Themen. Sie waren stets eine Quelle für neue Ideen und ein Prüfstein bezüglich der Themenauswahl und Relevanz für die zukünftige Jugend.

Meinen Freunden möchte ich ebenfalls danken. Ich habe sie als Ideengeber und Meinungsquellen aus beruflichen Blickwinkeln wertschätzen gelernt. Durch ihr Probelesen haben sie mir geholfen, die richtigen Worte und einen besseren Stil zu finden.

Wilson Maluenda Muñoz Wien, Februar 2026

1 Problemstellung und Zielsetzung dieses Buches

Der US-amerikanische Geologe und Geophysiker Marion King Hubbert sagte bereits auf der 1956 in San Antonio (USA) abgehaltenen Konferenz des American Petroleum Institutes voraus, dass die Erdölförderung der USA Mitte der 1960er- bis 1970er-Jahre ihr Maximum erreichen werde.[1] [2] Anfänglich wurde er von Mitstreitern, Vertretern der Ölindustrie und Politikern angezweifelt und sogar belächelt, durch die partielle Erfüllung seiner Vorhersage bei der ersten Ölkrise Anfang der 1970er-Jahre wurde er jedoch weltweit bekannt. Ab diesem Zeitpunkt entstand ein großes Interesse an seiner Theorie und sie ist bis heute Gegenstand von Diskussionen und Analysen.

Seine Darlegungen schufen schon frühzeitig die Basis für die energiepolitischen und geostrategischen Entscheidungen,[3] die bis heute, 60 Jahre nach seinen Annahmen, nachwirken. Sie werden vermutlich auch in den kommenden Jahren noch eine zentrale Rolle spielen. Die Peak-Oil-Frage[4] (Peak Oil = Ölfördermaximum) (siehe Abschnitt 4.1) ist wohl eine der wichtigsten energiepolitischen Fragestellungen der Gegenwart geworden, wenngleich die Frage selbst eher in den Hintergrund getreten ist. Die Aussicht, dass es irgendwann kein Öl mehr geben könnte, ist hingegen ein treibender Faktor für das tägliche Handeln in allen Belangen der Politik geworden. Anstatt sich aber wissenschaftlich, technisch und industriell mit der Frage auseinanderzusetzen, wie wir künftig unseren Energiebedarf komplett auf Basis erneuerbarer Energien werden decken können, startete ein rein wirtschaftlich getriebener Wettlauf mitsamt kriegerischen Auseinandersetzungen um die Reserven, der bislang Mil-

---

1 *Deffeyes, Kenneth S.:* Hubbert's Peak. The Impending World Oil Shortage. New Edition. Princeton University Press 2008. *https://press.princeton.edu/books/paperback/9780691141190/hubberts-peak* (Stand: Dezember 2024)

2 *National Research Council:* Energy Resources. The National Academies Press, Washington, D. C., USA 1962. *https://nap.nationalacademies.org/catalog/21066/energy-resources* (Stand: Dezember 2024)

3 Insbesondere jene der USA

4 Gemeint ist die Frage danach, wann das Ölfördermaximum erreicht sein wird.

lionen von Toten gefordert hat. Dass dieser Wettlauf zeitgleich mit dem Aufkommen der Limits-of-Growth-Theorie und dem Siegeszug des Neokonservatismus begann, ist nicht verwunderlich. Doch hat die aktuelle neoliberale und globale Wirtschaftsordnung auch langfristig Lösungen für diese Fragestellung?

1.1 Kriege als Proxykriege

Seit dem Ende des Zweiten Weltkrieges hat es global betrachtet nie mehr kriegerische Konflikte gegeben als in der Gegenwart. Ein Blick in das „Conflict Barometer 2015" (Herausgabe 2016) des Heidelberger Instituts für Internationale Konfliktforschung verdeutlicht diese Tatsache markant:[5]

„In 2015, the global ***number of political conflicts remained constant at 409****, of which* ***223 were conducted on a violent level****. The number of* ***full-scale wars remained 19****, while the number of* ***limited wars decreased by one to 24****. A total of 186 non-violent conflicts were counted, marking an increase by one compared to the previous year. The number of non-violent crises increased by one to a total of 89, while the number of disputes remained constant at 97."*

„In 2022, HIIK observed a total of ***363 conflicts worldwide****. About* ***60 percent or 216 were fought violently****, while 147 were on a non-violent level. Compared to 2021, the overall number of* ***both full-scale as well as limited wars increased from 20 to 21****, respectively. HIIK opened* ***six new conflicts in 2022 and eight retroactively****. It ended the observation of seven conflicts after two or more years of inactivity and of one active conflict. Additionally, one conflict ended by being merged with another conflict. Those closed and merged conflicts as well as another 16 currently inactive conflicts are not reflected in the above figures and following statistics."*[6]

Der überwiegende Teil dieser Konflikte hat direkt oder indirekt mit der Verteilung oder dem Zugang zu Ressourcen wie Öl, Wasser, Energie oder Produkten zur Herstellung von Lebensmitteln zu tun.[7] Betrachtet man die vorangehend zitierte Entwicklung sieben Jahre später, so hat sich das Bild nicht wesentlich verändert. Zwar ist die Anzahl an Konflikten leicht gesunken, dafür hat aber die Zahl offen ausgetragener Kriege zugenommen.

---

[5] *Heidelberger Institut für Internationale Konfliktforschung e. V.:* Konfliktbarometer 2015, S. 13. *http://hiik.de/de/konfliktbarometer/pdf/ConflictBarometer_2015.pdf* (Stand: Januar 2017). Aktuelle Version: Konfliktbarometer 2023. *https://hiik.de/konfliktbarometer/aktuelle-ausgabe* (Stand: Dezember 2024)

[6] *Heidelberger Institut für Internationale Konfliktforschung e. V./Berning, Hagen/ Gehrling, Clara/ Hameed, Ilsa/Müller, Katharina/Valjak, Katharina/Valyaeva, Tatiana/Westedt, Sarah:* Konfliktbarometer 2022, S. 17 ff. Aktuelle Version: Konfliktbarometer 2023. *https://hiik.de/konfliktbarometer/aktuelle-ausgabe* (Stand: Dezember 2024)

[7] Siehe z. B. Konflikt um den Getreideexport aus dem Kriegsgebiet der Ukraine in 2022/2023.

Weiter heißt es in der gleichen Studie mit aktualisiertem Bericht des Heidelberger Instituts:

*„In 2023, the HIIK documented a **total of 369 conflicts worldwide**, an overall increase of ten conflicts. Of these, **220 were violent and 149 non-violent**. Compared to the previous year, the **number of wars rose from 20 to 22**. The Azerbaijan (Nagorno-Karabakh) conflict, intrastate conflicts in DR Congo, Sudan and Myanmar (two in total), as well as a total of three conflicts in Israel, of which two involved the State of Palestine and one involved Hezbollah, escalated into wars. Six wars de-escalated, while 14 wars continued. The number of limited wars worldwide remained constant at 21 conflicts.“* [8]

Zwar werden die Konflikte zum besseren Verständnis überwiegend in interne Konflikte, Aufstände, Mischkriege oder generelle Kriege zwischen zwei Staaten unterschieden,[9] die eigentlichen Motive bleiben aber meist auf den ersten Blick verborgen oder zeigen sich als geopolitische Auseinandersetzungen. Weitere Aufzeichnungen des Instituts geben jedoch Aufschluss über die zugrunde liegenden Ursachen. Bei der Mehrzahl der Konflikte handelt es sich um interne territoriale Konflikte, folglich direkt oder indirekt verbunden mit Themen wie Energie-, Natur- oder Landressourcen. Andere Auseinandersetzungen haben dagegen Großreichfantasien als Ursachen. Auch sie sind jedoch überwiegend auf historisch begründete territoriale Aneignungen zurückzuführen oder einfach durch simplen Größenwahn individueller Akteure erklärbar.

Die bereits vorhandenen Konflikte werden um hegemoniale Aspekte der Auseinandersetzungen ergänzt, die oft religiös oder im Sinne einer Demokratisierung begründet werden. Diese lassen sich aber in den meisten Fällen ebenfalls auf Ressourcenknappheit oder Ressourceninteressen zurückführen. Folgendes Zitat aus dem Artikel „Die Ressourcensicherung von NATO und EU“ bestätigt dies:

*„Von den aktuell laufenden NATO-Missionen weisen beinahe alle einen **Bezug zur Rohstoffsicherung auf**:*

*NATO Counter Piracy am **Horn von Afrika** seit 03/2009*

*NATO Assistance der AU (**Somalia, Sudan**) seit 2005 und 2007*

*NATO Assistance in **Irak** seit 07/2004*

*ISAF in **Afghanistan** seit 08/2003*

*Operation Active Endeavour im **Mittelmeer** seit 10/2001*

*Kosovo Force (KFOR) im **Kosovo** seit 06/1999*

---

8 *Heidelberger Institut für Internationale Konfliktforschung e. V.*: Konfliktbarometer 2023. *https://hiik.de/konfliktbarometer/aktuelle-ausgabe* (Stand: Dezember 2024)

9 *Gantzel, Klaus Jürgen:* Über die Kriege nach dem Zweiten Weltkrieg. Tendenzen, ursächliche Hintergründe, Perspektiven. In: *Wegner, Bernd (Hrsg.):* Wie Kriege entstehen. 2. Auflage. Schöningh, Paderborn 2003, S. 299 – 318. *https://zeithistorische-forschungen.de/reprint/3881*

Trainings und Übungen – wie beispielsweise ‚Steadfast Jaguar' der NATO Response Force (NRF) auf den Kapverden – finden u. a. mit dem Ziel der Sicherung energetischer Ressourcen statt." [10)]

Inzwischen sind die Konfliktursachen nicht nur auf die Ressourcen (meist Öl) selbst zurückführen, sondern auch auf die Möglichkeit ausgeweitet worden, Zugang zu diesen Ressourcen zu bekommen. Die leider teilweise noch andauernden Kriege oder bewaffneten Auseinandersetzungen in Syrien (Untergang des Assad-Regimes am 07. Dezember 2024), Libyen, Afghanistan (Rückzug der westlichen Streitkräfte am 30. August 2021) und der langjährige Krieg im Irak (vom 20. März 2003 bis zum 15. Dezember 2011) sind auch darauf zurückzuführen, dass zwar vordergründig Ressourcenquellen als „Kriegsbeute" beabsichtigt waren, aber auch Pipelines für den Erdöl- oder Gastransport durch diese Territorien geplant waren und teilweise in verschiedenen Gebieten noch sind (Bild 1.1).[11)] [12)] [13)] Sogenannte „Regime Changes" oder Versuche eines solchen Regimewechsels erfahren jene Staaten, die sich den Interessen der meist westlichen Großmächte in den Weg stellen und versuchen, einen eigenen Weg der Ressourcennutzung zu gehen. Dies führt unweigerlich zu regionalen und auch globalen Konflikten, wie sie gegenwärtig im Ukrainekrieg auftreten.[14)] [15)] [16)]

---

[10] *Roithner, Thomas:* Die Ressourcensicherung von NATO und EU. Sind die transatlantischen Akteure Partner oder Konkurrenten im auslaufenden fossilen Energiezeitalter? In: S+F (27. Jg.) 4/2009, S. 220 – 225. *https://www.nomos-elibrary.de/10.5771/0175-274x-2009-4-220.pdf?download_full_pdf=1* (Stand: September 2024)

[11] *Kleveman, Lutz C.:* Der Afghanistan-Joker. spiegel.de, 13.09.2002 (Zitat vom 02.01.2017). *http://www.spiegel.de/politik/ausland/der-kampf-ums-kaspische-oel-8-der-afghanistan-joker-a-213648.html*

[12] *Deutsche Wirtschaftsnachrichten:* Energie-Krieg um Syrien. Vertreibungen entlang der Pipelines. 03.09.2016 (Zitat vom 02.01.2017). *https://deutsche-wirtschafts-nachrichten.de/2016/09/03/energie-krieg-um-syrien-kaempfe-nur-entlang-kuenftiger-pipelines*

[13] Im Falle des Iraks kommt das Interesse an den Ölquellen als Grund für die militärische Intervention hinzu und nicht die vom Außenminister der USA (Collin Powell) im UN-Sicherheitsrat am 05.02.2003 bezeugten Massenvernichtungswaffen. Er distanzierte sich am 09.09.2009 von seiner Aussage und nannte sie „persönlicher Schandfleck". Quelle: *Kellerhoff, Sven-Felix:* Seine wichtigste Rede empfand Colin Powell als „Schandfleck für mich". welt.de, 04.02.2023. *https://www.welt.de/geschichte/article243586545/Irakkrieg-2003-Colin-Powells-wichtigste-Rede-wurde-zum-Schandfleck.html* (Stand: September 2024)

[14] Es wird empfohlen, die Hintergründe des Ukrainekrieges ab dem Jahrtausendwechsel zu untersuchen. Der Maidan-Aufstand 2014 in der Ukraine erlaubt ein tiefergehendes Verständnis der Ursache der aktuellen politischen und kriegerischen Auseinandersetzungen und wird oft als einer der Hintergründe für den Ukrainekrieg benannt. Es gibt weitere Ursachen, die vermutlich weit in die Geschichte der Ukraine zurückreichen. Als Stichworte wären folgende zu nennen: Orange Revolution, der Militärhafen Sewastopol und die hegemoniale Rolle Russlands am Schwarzen Meer, der russische Bevölkerungsanteil in der Ukraine, die NATO-Osterweiterung, die Integration der Ukraine in die EU und vieles mehr.

[15] *Seilmaier, Simone:* Der Ukrainekrieg aus theoretischer Perspektive. Eine Zeitenwende analysiert anhand des neorealistischen und konstruktivistischen Denkansatzes. Bachelorarbeit. Sozialwissenschaftliche Fakultät Geschwister-Scholl-Institut, Ludwig-Maximilians-Universität München 2023. *https://epub.ub.uni-muenchen.de/107593/1/Bachelorarbeit_Simone_Seilmaier.pdf*

[16] *Röper, Thomas:* Die Ukraine Krise 2014 bis zur Eskalation. Wie der neue Kalte Krieg begann. 2. Auflage. J. K. Fischer Verlag 2022

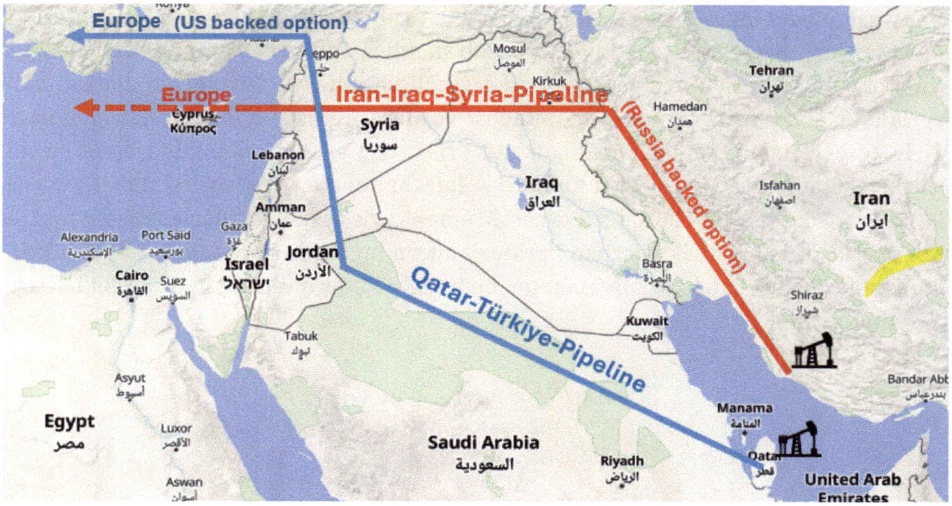

Bild 1.1 Der Krieg in Syrien fand **anfänglich** überwiegend wegen und entlang der geplanten Pipelinerouten statt.[17]

Doch nicht nur westliche Staaten wollen Ressourcen und deren Zugänge für die Zukunft absichern. Das Engagement und der Einfluss Chinas auf dem afrikanischen Kontinent und in einigen Staaten in Südamerika hat die letzten zwei Jahrzehnten ebenfalls stark zugenommen. Dabei ging und geht es der chinesischen Wirtschaft vordergründig darum, Ressourcen für die eigene Produktion abzusichern. Im Unterschied zur jahrelangen westlich orientierten post- und neokolonialen Politik hat China große Investitionen in den von ihr sogenannten „Partnerländern“ Afrikas und Südamerikas getätigt. So wurden von chinesischen Geldgebern zwischen den Jahren 2000 und 2023 laut einer Publikation des Global Development Policy Centers der Boston University vom August 2024 Kredite in Höhe von 182,3 Milliarden US$ für die Finanzierung von überwiegend Infrastrukturprojekten wie Straßen, Flug- oder Seehäfen vergeben.[18] Hinzu kommen Direktinvestitionen von ca. 53 Milliarden US$, die von 2003 bis 2022 von chinesischen Investoren realisiert wurden (Bild 1.2).[19] Das verdeutlicht auch die starke Tendenz chinesischer Investoren, projektbezogene Unternehmensfinanzierungen den von der Weltbank getätigten Krediten als überwiegend staatlichem Finanzierungsmodell vorzuziehen.

---

[17] Eigene Beschriftung der Karte unter Verwendung der im Folgenden genannten Quellen. Karte: *https://openfreemap.org* (frei nutzbar), OpenMapTiles Code: *https://github.com/openmaptiles/openmaptiles* (released under the BSD 3-Clause License, design under CC BY 4.0), Bericht: *https://www.infosperber.ch/politik/welt/syrien-ein-krieg-um-gas-und-oel* (Stand: 31.08.2025)

[18] *Boston University Global Development Policy Center:* Chinese Loans to Africa (CLA) Database. 2024. *https://www.bu.edu/gdp/chinese-loans-to-africa-database*

[19] *SAIS China Africa Research Initiative (SAIS-CARI):* Chinese Investment in Africa 2003 – 2023. Johns Hopkins University, School of Advanced International Studies. *https://www.sais-cari.org/chinese-investment-in-africa* sowie *https://www.sais-cari.org/s/FDIData_April2024-mcpk.xlsx* (Daten im April 2024 veröffentlicht)

Der wesentliche Unterschied zwischen beiden Arten der Kreditvergaben und Investitionen ist der, dass chinesische Investoren, ob staatlich oder privat, tendenziell weniger Interesse zeigten, sich in staatlichen oder gesellschaftlichen Strukturen der Empfängerländer einzumischen, und – zumindest vordergründig – offensichtlich politische Ziele zu verfolgen. Das haben sie aus der Erfahrung westlicher Industriestaaten mit starker Beteiligung der Weltbank und des Internationalen Währungsfonds (IWF) gelernt. Die Art des Wirtschaftens „vorzuschreiben", wie es die Regularien dieser Institutionen tun, kam bei afrikanischen Partnerländern im Schatten des Post- und Neokolonialismus nicht gut an bzw. sorgt bis zum heutigen Tag für internationale diplomatische Verstimmungen.

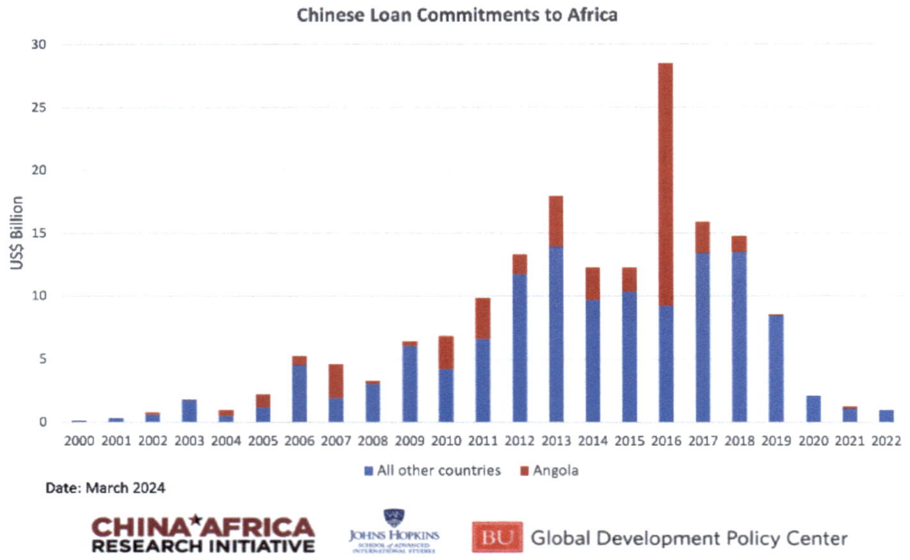

Bild 1.2 Chinesische Kredite für afrikanische Länder zwischen 2000 und 2022[20)]

Ein Beispiel für das Handeln von Weltbank und IWF konnte man auch in Europa während der Finanzkrise in Griechenland beobachten. Dies fand insbesondere bei der griechischen Bevölkerung wenig Anklang. Im Laufe der Krise wurde damals in Griechenland die sogenannte Troika eingesetzt, die eine Zusammenkunft von Internationalem Währungsfonds, der EU und der Europäischen Zentralbank war. Basierend auf dem seit den 1980er-Jahren bekannten „Konsens von Washington", einem Wirtschaftsprogramm,

[20] *SAIS China Africa Research Initiative (SAIS-CARI):* Chinese Investment in Africa 2003 – 2023. Johns Hopkins University, School of Advanced International Studies. *https://www.sais-cari.org/chinese-investment-in-africa* sowie *https://www.sais-cari.org/s/FDIData_April2024-mcpk.xlsx* (Daten im April 2024 veröffentlicht). © Bild: SAIS China Africa Research Initiative (SAIS-CARI). Bildquelle: *https://www.ntu.edu.sg/cas/news-events/news/details/breaking-the-myth-of-chinese-debt-trap-in-africa* (Stand 31.08.2025)

wurde die griechische Wirtschaft „schocktherapiert“. Zu den Hauptpfeilern des Konsenses von Washington gehören folgende:

1. eine **strenge Fiskaldisziplin** mit dem Ziel der Begrenzung der Staatsausgaben und der vollständigen Kontrolle der Staatsverschuldung
2. die Einleitung von **Steuerreformen** mit einer Senkung der Steuersätze und einer Verbreiterung der Steuerbasis, also einer Erhöhung der Zahl an Steuerzahlern durch Schließen von Steuerschlupflöchern
3. eine **Liberalisierung des Marktes** im Allgemeinen, was nichts anderes bedeutet, als dass die Wirtschaft dereguliert, staatliche Unternehmen privatisiert und der freie Handel stark gefördert werden
4. die **Forcierung von Wettbewerb** nach dem Prinzip eines fairen Wettbewerbs und damit Erzeugung von Preisdruck und Gestaltung von grenzkostenbasierten Marktpreisen
5. die **Liberalisierung des externen Handels** durch Abbau von Handelsbarrieren und Förderungen des freien Handels
6. die **Liberalisierung der Kapitalmärkte** zum Zwecke der Erleichterung des Kapitalverkehrs über staatliche Grenzen hinweg

Diese Schocktherapien kennt man aus den neoliberalen Wirtschaftheorien von Milton Friedman seit Mitte der 1960er-Jahre, die in der „Economy School of Chicago“ von ihm entwickelt wurden.[21)] Friedman plädierte in seinen Theorien für eine absolute wirtschaftliche Freiheit als eine Grundvoraussetzung für politische Freiheit und stellte sich damit der damals vorherrschenden Theorie des Keynesianismus entgegen. Philosophisch untermauert wurden diese Wirtschaftheorien durch Leo Strauss, einen US-Publizisten, der als wichtiger Vertreter der neoliberalen und neokonservativen Wirtschaftsordnung gilt.

1.2 Der Kalte Krieg im Spannungsfeld

Wie man den vorangegangenen Ausführungen zum Konsens von Washington unschwer entnehmen kann, stehen Themen wie Nachhaltigkeit, soziale Verträglichkeit oder Verteilungsgerechtigkeit notwendiger Reformen nicht im Vordergrund oder eigentlich gar nicht auf der Liste. Tatsächlich hat das „Wirtschaftssanierungsprogramm“ des Washington-2Konsenses bereits eine ältere Geschichte. Von 1974 bis Mitte der 1980er-Jahre wurde ein Vorgänger dieses Konsenses als „Laborexperiment“ der Friedman'schen Theorien in Chile nach dem Militärputsch vom 11. September 1973 angewendet.

[21] *Friedman, Milton:* Kapitalismus und Freiheit. Ursprüngliche Veröffentlichung: 1962. Eichborn 2002

Der Druck nach Reformen der chilenischen Wirtschaft kam auf, als Anfang der 1970er-Jahre die weltweite Ölkrise die Situation in den damals noch „Entwicklungsländer" genannten Staaten des globalen Südens verschlimmerte. Hinzu kam eine Hyperinflation, entstanden durch einen groß angelegten Boykott der lokalen Handelsmärkte, die als wesentliches Element des von Nixon und Kissinger beschlossenen Destabilisierungsprogramms der chilenischen Wirtschaft implementiert wurde. Dabei wurden Waren versteckt oder einfach ungenutzt weggeworfen, um so eine Inflation zu erzeugen und damit die Regierung von Allende zu destabilisieren.[22)] Im September 1973 folgte dann der Putsch, nur Tage vor der Verkündung einer Volksabstimmung über eine Verfassungsänderung. Mit dem Putsch und der darauffolgenden 17-jährigen Militärdiktatur kamen die Chicago Boys[23)], mit dem Ziel, die chilenische Wirtschaft zu sanieren.

Die Konsequenzen des Sanierungsprogramms der Chicago Boys waren verheerend. Die Kombination aus einem autoritären faschistischen Regime, das die Verfolgung, Ermordung und Vertreibung einer breiten Bevölkerungsschicht inklusive der intellektuellen Klasse betrieb, und aus der mangelhaften Verfügbarkeit von Basisnahrungsmitteln und anderen lebensnotwendigen Produkten führte zu einer Hungersnot und dem fast vollständigen Verschwinden der Mittelschicht, die sich lange nicht erholen sollte. Durch die Öffnung des Marktes für billige Importwaren wurde die lokale Industrie zum Erliegen gebracht. Massenarbeitslosigkeit war die Folge. Die Erholung der chilenischen Wirtschaft sollte noch weitere 17 Jahre dauern, verbunden mit einem enormen Leidensweg der Bevölkerung, mit langen und wiederkehrenden Protesten, insbesondere der städtischen Bevölkerung und der Bergarbeiter der Kupfermienen, die sehr oft brutal durch Einsatzkräfte zerstreut wurden und noch dazu permanent der Verfolgung ausgesetzt waren. Dazu zählen auch an die 2000 verschwundene Personen, die bis heute nicht auffindbar sind. Es wird geschätzt, dass ca. 1,2 bis 1,5 Millionen Chilenen während dieser Zeit das Land verlassen mussten. Das waren damals zwischen 10 bis 12 % der gesamten Bevölkerung waren. 40 000 Personen wurde später, als die Demokratie wieder errichtet wurde, der Status des Folteropfers zuerkannt, doch ihre tatsächliche Zahl wird wohl nie ganz ermittelt werden können.

Nicht viel besser erging es der griechischen Bevölkerung während der Militärdiktatur zwischen 1967 und 1974, also unmittelbar der chilenischen Diktatur vorausgehend. Auch hier kam es zu Massenverhaftungen von Personen, die gefoltert und in Stadien über längere Perioden hinweg festgehalten wurden. Die davor regierenden Minister und Staatsekretäre sowie Georgios Papandreou, der regierender Ministerpräsident war, wurden verhaftet und viele Griechen mussten ins Exil ausweichen. Papandreou überlebte den Hausarrest nicht. Die Ähnlichkeiten beider Staatsstreiche sind erschüt-

22 Die „obere Klasse" oder „Clase Alta", wie sie in Chile genannt wurde, haben die Regierung von Salvador Allende boykottiert, zusammen mit der Strategie von Richard Nixon und Henry Kissinger, die versprachen, die chilenische Wirtschaft umzuorientieren, um Chile zu retten. Quelle: *Kornbluh, Pete:* Desclasifican nuevas conversaciones entre Nixon y Kissinger para derrocar a Allende. ciperchile.cl, 10.09.2008. *https://www.ciperchile.cl/2008/09/10/desclasifican-nuevas-conversaciones-entre-nixon-y-kissinger-para-derrocar-a-allende*

23 Diesen Terminus hat die chilenische Gesellschaft den akademischen Ziehsöhnen von Milton Friedman gegeben.

ternd. Vermutlich ist das darauf zurückzuführen, dass in beiden Staatsstreichen die CIA eine entscheidende Rolle einnahm, sei es bei der Vorbereitung, während der politischen Umwälzungen oder danach. Die Liste dieser Staatsstreiche oder Regime Changes ließe sich um mehrere Länder erweitern.[24)]

Nach Eingliederung in die NATO und in die Europäische Gemeinschaft, die später durch den Vertrag von Maastricht von 1992 zur Europäischen Union wurde, erholte sich Griechenland wieder, wie man meinen sollte. Griechenland hatte zwar die Demokratie wiedererlangt, aber die Krise einer zerstörten oder mangelhaften Infrastruktur, die seit dem Ende des Zweiten Weltkrieges vorherrschte, wurde nie ganz gelöst. Die Thematik der Weltkriegsschäden wurde während der Finanzkrise kurzzeitig aufgefrischt, sehr zum Ärger Deutschlands, das keine Verpflichtung zu Reparationen anerkennt.[25)] Hinzu kamen Korruption der griechischen Eliten im großen Stil, Flucht von Kapital in Steuerparadiese und das permanente Abwandern junger Fachkräfte in Länder mit besserer Perspektive.[26)] Das Land hatte sich eine Demokratie und die Mitgliedschaft in der Union „geleistet", ohne dass es die Kriterien erfüllen konnte, wie es sollte. Die Folge dieser jahrelangen Misswirtschaft und unerledigter Reformen sowie einer mangelnden produzierenden Industrie als Rückgrat der Wirtschaft gestaltete sich zu einem sehr günstigen Nährboden für die aufkommende internationale Finanzkrise nach dem Lehman-Brothers-Desaster, eine Krise, die etwas zeitverzögert Europa voll erwischte und etliche, überwiegend mediterrane Staaten wie Italien, Spanien und Portugal mit hinunterzog.

Dieses Beispiel sollte uns lehren, was es für einen Staat bedeutet, eine Finanzkrise zu durchleben, aus der er es selbst nicht mehr herausschafft. Die Troika und ihre Forderungen nach Reformen und Liberalisierungen haben zu einer Verarmung der griechischen Bevölkerung geführt, die sich bis heute auswirkt. Rentnern wurde mehrmals die Rente gekürzt. Die Arbeitslosigkeit stieg bis zum Jahr 2014 auf bis zu 26 %. Die Jugendarbeitslosigkeit nahm traurige Rekordwerte von bis zu 64 % im Oktober 2013 an.[27)] Viele Griechen mussten wieder das Land verlassen und sich nach besseren Perspektiven umsehen. Die Selbstmordrate stieg in diesen Jahren markant an.

Man kann sich nur ausmalen, wie es den afrikanischen Ländern erging und nach wie vor ergeht, wenn sie aufgrund unfairer Handelspraktiken der Industriestaaten jahrelange Finanz- und Wirtschaftskrisen durchstehen müssen und keine „Retter" in unmittelbarer Nähe vorhanden sind. Die Folgen sind leicht auszumachen: der äußerst billige

---

[24] *O'Rourke, Lindsey A.:* Covert Regime Change: America's Secret Cold War. Cornell Studies in Security Affairs. Cornell University Press 2018

[25] *Liebal, Mara/Kaiser, Jürgen:* Schuldet Deutschland Griechenland tatsächlich noch Milliarden? *https://erlassjahr.de/pressemitteilung/schuldet-deutschland-griechenland-tatsaechlich-noch-milliarden* (Stand: September 2024)

[26] *Diehl, Jörg/Batzoglou, Ferry:* Korruption in Griechenland – Paradies des Schmierens. Spiegel Wirtschaft, 27.09.2011. *https://www.spiegel.de/wirtschaft/soziales/korruption-in-griechenland-paradies-des-schmierens-a-788116.html* (Stand: September 2024)

[27] *Ioannidou, Alexandra:* Die Situation der Jugendlichen auf dem griechischen Arbeitsmarkt. Internationale Politanalyse. Friedrich Ebert Stiftung 2014. *https://library.fes.de/pdf-files/id/10980-20141015.pdf* (Stand: September 2024)

Verkauf natürlicher Ressourcen zu Spottpreisen, dies auch, um die Verbindlichkeiten der finanzgebenden Ländern zu erfüllen. Somit schlittern viele dieser Länder nach und nach in eine Schuldenspirale, aus der es kaum noch ein Entrinnen gibt. Einzige Attraktivität dieser Länder sind folglich die verfügbaren natürlichen Ressourcen. Als Beispiel kann hier der aktuelle Fall von Niger genannt werden. Das Land verfügt mit Australien, Kanada, Kasachstan und Russland über die weltweit wichtigsten Reserven an Uran (dazu später mehr in Abschnitt 4.4 über die Uranreserven).

1.3 Der Kampf um Ressourcen

Sowohl der Zugang zu Gütern, Ressourcen und Energie sowie deren Transportrouten (z. B. die Seidenstraßen) als auch die Energiequellen selbst, sind eine nicht zu vernachlässigende Ursache und weiterhin Basis für internationalen Konflikte, die immer mit menschlichen Opfern geführt werden. Gegenwärtig schwelen diese Konflikte, die oft wirtschaftlich-geopolitisch und zuletzt auch stark militärisch geprägt waren, zusehends im mittleren Osten an. Es ist nicht überraschend, dass dort die weltweit höchsten Reserven an Öl vorhanden sind. Auch Länder wie Venezuela, das ebenfalls große Ölreserven besitzt, sind in den Konfliktfokus gerückt. Nicaragua ist mit der Idee des Baus einer zweiten Inter-Ozean-Verbindung als Konkurrenz zum Panamakanal aus der Gunst des sogenannten „kollektiven Westens“ gefallen.

Durch Entscheidungen wie diese, die ausschließlich eigenen nationalen Interessen dienen, oder durch Interessen, die gegen den Westen opponierende Wirtschaftsmächte begünstigen könnten, haben sie sich die Ungunst der Hegemonialmacht zugezogen, die Latein- und Mittelamerika als ihren Hinterhof bezeichnet. Interessen, die den Interessen der Hegemonialmacht diametral entgegenstehen, werden nicht toleriert, da sie die faktische Macht oligarchischer Eliten konterkarieren. Seit mehr als zwei Jahren ist auch die Ukraine als Konfliktherd hinzugekommen. Die Ursache dürfte bereits bekannt sein.[28)]

Ursache für den Kampf um die Ressourcen ist der scheinbar nicht zu stillende Hunger nach Energie, insbesondere in der westlichen Hemisphäre, vertreten überwiegend durch die Industrienationen der G7, aber auch durch die aufkommenden BRICS-Staaten China, Russland, Brasilien und Indien sowie durch alle anderen Staaten mit etwas geringerer Präsenz in der Geopolitik, aber mit einem ebenso großen Energie- und Ressourcenhunger. Soziale Entwicklung und Industrialisierung braucht Ressourcen, technische Entwicklung wiederum benötigt noch mehr Energie. An diesem Axiom wird sich auch künftig nichts ändern.

Eine weitere Grundlage für steigende Ressourcen und Energiepreise scheint auch spekulative Geschäftemacherei zu sein, die direkte Auswirkungen auf alle Wirtschaftsseg-

[28] Aus meiner Sicht können in Zukunft auch andere Staaten zu Konfliktherden werden. Der sogenannte Multilateralismus wird auch im kollektiven Westen als Konfliktpotenzial verstanden, zumal das Interesse an der BRICS-Teilnahme mittlerweile enorm gewachsen ist und auch westliche Staaten und einen NATO-Staat (Türkei) anzieht.

mente hat. Gäbe es kein Öl mehr, würden etliche Produktderivate nicht existieren. Es sind also zahlreiche realwirtschaftliche, aber auch virtuelle finanzwirtschaftliche Elemente vorhanden, die dazu führen, dass uns die Abhängigkeit vom Öl zu erdrücken scheint.[29] Darüber hinaus spielen auch hegemoniale und imperiale Vorstellungen einzelner Staaten nach wie vor eine vordergründige, wenn nicht gar die wichtigste Rolle.

Auf der einen Seite stehen die USA und der „kollektive Westen“ (G7-Staaten). Sie bildeten bislang die einzige Vormachtstellung in der Welt und wollen diese auch langfristig absichern. Auf der anderen Seite entsteht eine starke Konkurrenz mit dem wiedererwachenden Russland und den neu aufkommenden Mächten China sowie Indien, die immer stärker in den Vordergrund des geopolitischen Handelns rücken (zuletzt auch BRICS+ als Ergänzung) und mittlerweile inmitten der Auseinandersetzungen um verfügbare Ressourcen und fossile Energien angekommen sind.

Dass politischer oder geowirtschaftlicher Machtverlust auf der einen und Machtgewinn auf der anderen Seite im Allgemeinen nicht ohne „Reibungsverluste“ vonstattengeht, ist nicht zuletzt seit dem Irakkrieg, dem Libyenkrieg, dem Syrienkrieg und dem aktuell laufenden Ukrainekrieg oder dem Nahostkonflikt bekannt. Auch historische Auseinandersetzungen zeugen davon zur Genüge. Transiente Machtverschiebungen imperialistisch agierender Akteure waren in der Menschheitsgeschichte fast immer mit kriegerischen Auseinandersetzungen verbunden. Neben dem Aspekt der geopolitischen Hegemonie hängt im Hintergrund nahezu immer indirekt oder direkt das Thema der Ressourcen und Ressourcenzugänglichkeit mit all ihren Varianten und Facetten wie ein Damoklesschwert über nahezu jeder Auseinandersetzung. Mal geht es um Öl, mal geht es um Wasser, Opium, Kupfer, Uran, seltene Erden oder Lithium. Die Liste ließe sich verlängern.

Ressourcen stehen fast zur Gänze im Zusammenhang mit politischen Konflikten. Es ist eine eigene Kunst der Menschheit, diese mit „gesellschaftlichen“ Themen oder Argumenten wie dem Bringen von „Zivilisation“ und Entwicklung, Freiheit oder Religion und zuletzt auch gern strapaziert dem Bringen von Menschenrechten zu rechtfertigen oder zu maskieren. Würden die tatsächlichen Notwendigkeiten und niederen Instinkte wie Angst, Besitzgier, Machtgier oder – um den bedeutenden Wiener Psychologen Alfred Adler zu zitieren – die nicht überwundene Minderwertigkeit des Menschen selbst und die damit verbundene Gier offen dargelegt werden, wie anders würden die Lösungen dazu aussehen?[30]

---

[29] *Ganser, Daniele:* Europa im Erdölrausch. Die Folgen einer gefährlichen Abhängigkeit. Orell Füssli 2014

[30] *„Es gibt nach Adler einen guten Weg zur Kompensation der eigenen Minderwertigkeit: Die Entwicklung eines Gemeinschaftsgefühls. Das empfundene Defizit kann durch die Kooperation mit anderen und die gemeinsame Bewältigung der Lebensaufgaben ausgeglichen werden. Doch Adler sieht auch, dass die vorherrschenden sozialen Strukturen und der Geist des Kapitalismus das Konkurrenz-Denken fördert. Er fürchtet, dass dieses Denken schon Kinder in die Irre führt. Sie bewerten die Realität nach falschen Maßstäben. Sie lernen durch das Vorbild der Mächtigen, Reichen und Wichtigen, dass Kompensation möglich ist. Doch die Mittel sind fatal: Ichbezogenes Streben und ein Verhalten, das sich rücksichtslos Anerkennung und Geltung verschafft, Überlegenheit über andere anstrebt und Macht auf sie ausübt. Adler hält dieses Streben für eine verfehlte Antwort auf die eigene Minderwertigkeit. Es ist jedoch der Motor für die allermeisten menschlichen Verhaltensweisen.“* Quelle: *Kammerer, Christine:* Macht korrumpiert – wenn sie aus Minderwertigkeit entsteht. *https://www.christine-kammerer.de/aktuell/68-macht-korrumpiert-wenn-sie-aus-minderwertigkeit-entsteht* (Stand: Oktober 2024)

1.4 Der schwierige Weg zu den Ressourcen

Um die Problematik der Ressourcen noch eine Nuance stärker zu pointieren, müssen wir uns auch die Schwierigkeiten des Transports der Güter ansehen. Der Weg, den die Ressourcen bis zum Erreichen der Zielländer überwinden müssen, ist oftmals schwierig, ausgesprochen lang und kostspielig, insbesondere für die hier thematisierten Ressourcen, die im Energie-, Transport- oder im Halbleitersektor gebraucht werden.

Während die Ressourcen überwiegend in weniger technologisierten Ländern vorkommen und abgebaut werden müssen, sind die Verarbeitungszentren meistens in hoch technologisierten Ländern gelegen. So war es zumindest seit den letzten 500 Jahren, als der Beginn der merkantilistisch-feudalen und später der industriellen Plünderung des globalen Südens[31] begann.[32] [33] [34]

Zu Beginn des 16. Jahrhunderts betrug die Weltbevölkerung ca. 440 Millionen Menschen. Sie sollte auf mehr als 1 Milliarde bis zur ersten Hälfte des 19. Jahrhunderts anwachsen. Der gesamte amerikanische Kontinent hatte z. B. zur Zeit des Beginns der Kolonisierung Amerikas ab 1492 zwischen 40 und 100 Millionen Einwohner. Genaue Zahlen sind jedoch nicht bekannt.[35] 300 Jahre später, in der ersten Hälfte des 19. Jahrhunderts, betrug die Bevölkerungszahl des amerikanischen Gesamtkontinents ca. 59 Millionen.[36] Bis dahin waren ca. 90 % der indigenen Bevölkerung des Kontinents ausgerottet. Die Kolonisierung des Kontinents war folglich auch eine Eroberung der Ressourcenquellen und aller Wege, die dorthin erforderlich waren.

Viele Bücher und Filme zeugen von den Gefahren, die es gab, um das Gold, das Silber und Waren wie Rohrzucker, Baumwolle oder Rum vom amerikanischen Kontinent nach Europa zu transportieren. Auch der Transport von Menschen des afrikanischen Kontinents als Sklaven nach Nord-, Mittel- und Südamerika war mit großen Verlusten behaftet, diese jedoch meistens aufseiten jener, die sich unter Deck befanden. Im Schnitt verstarben etwa 15 % der Menschen während der Überfahrt. Diese wurden während der

[31] Definition des „globalen Südens“ nach der Friedrich-Ebert-Stiftung: *https://www.fes.de/wissen/globaler-sueden*. Definition des „globalen Südens“ des österreichischen Parlaments: *https://www.parlament.gv.at/eu-internationales/dossiers/Der-Globale-Sueden*

[32] *Galeano, Eduardo:* Die offenen Adern Lateinamerikas. 1971

[33] *Fischer, Martina:* Afrika als Spielball der globalen Rohstoffausbeutung. Netzwerk Friedenskooperative – Network of the German Peace Movement

[34] *Burgis, Tom:* Der Fluch des Reichtums. Warlords, Konzerne, Schmuggler und die Plünderung Afrikas. Westend Verlag 2016

[35] Ein Hinweis meinerseits: Amerika wurde nicht entdeckt! Das ist eine eurozentrische, verzerrende Sicht auf die Menschheitsgeschichte, die dem Ablauf der Geschichte nach dem Betreten des Kontinents nicht gerecht wird und den Genozid an der indigenen Bevölkerung und die Plünderung verschleiert.

[36] *Mombert, P.:* Die Entwicklung der Bevölkerung Europas seit der Mitte des 17. Jahrhunderts. Zeitschrift Für Nationalökonomie/Journal of Economics, 7 (4), (1936), S. 533 – 545. *http://www.jstor.org/stable/41793170* (Stand: Oktober 2024)

Seefahrt einfach ins Meer geworfen.[37] Es ist somit schwierig, eine genaue Ziffer der Verluste zu benennen. Laut Statista[38] wurden in den Jahren zwischen 1501 und 1866 – zumindest, was aus den Aufzeichnungen damaliger Schiffsbücher zu entnehmen ist – über 12,5 Millionen Menschen aus Afrika als Sklaven nach Amerika verfrachtet.

Um das Jahr 1850 führte die US-amerikanische Regierung eine Volkszählung durch. In dieser wurde festgehalten, dass die USA zum damaligen Zeitpunkt eine Bevölkerung von ca. 23,2 Millionen Einwohner hatte, wovon 3,21 Millionen Einwohner Sklaven waren (Bild 1.3).[39]

CHAPTER II.—POPULATION OF THE UNITED STATES.

There have been seven enumerations of the inhabitants of the United States, the periods and aggregate results of which are as follows:

	Number.
Census of 1790	3,929,827
" " 1800	5,305,925
" " 1810	7,239,814
" " 1820	9,638,131
" " 1830	12,866,020
" " 1840	17,069,453
" " 1850	23,191,876

At the close of 1854 the total population of the United States, upon the supposition that its average ratio of increase has been maintained, or nearly so, may be stated in round numbers at **26,500,000.**

Bild 1.3 Anzahl der Gesamtbevölkerung in den USA zum Jahr 1850[40]

Der Sklavenanteil der Gesamtbevölkerung betrug demnach knapp 14 %. Die genaue Auflistung kann Bild 1.4 entnommen werden. Sie ist ein Auszug aus dem Volkszählungsregister von damals.

Sklaven sowie die Plünderung des globalen Südens sollten für das Wirtschaftswachstum der imperialen europäischen Mächte von damals eine entscheidende Rolle spielen. Sie wurden zu einem der wichtigsten Faktoren des Wirtschaftsaufschwungs und des technologischen Aufschwungs Europas. Die Dominanz des europäischen Kontinents über den Rest der Welt sollte bis zum Ende des Zweiten Weltkrieges andauern. Hier übernahmen die USA die führende Rolle als Weltmacht auf dem Planeten und ersetzten Großbritannien, Spanien, die Niederlande und Portugal sowie andere, die vorher schon eine Blütezeit der Expansion durch Kolonisierung durchlaufen hatten.

---

37 *Eltis, David et al.:* Umfang des transatlantischen Sklavenhandels in den Jahren 1501 bis 1866. 2009. *https://de.statista.com/statistik/daten/studie/275007/umfrage/umfang-des-transatlantischen-sklavenhandels* (Stand: Oktober 2024)

38 *Eltis, David et al.:* Umfang des transatlantischen Sklavenhandels in den Jahren 1501 bis 1866. 2009. *https://de.statista.com/statistik/daten/studie/275007/umfrage/umfang-des-transatlantischen-sklavenhandels* (Stand: Oktober 2024)

39 *Census Research for Genealogists:* 1850 Census. *http://www.1930census.com/1850_census.php* (Stand: Oktober 2024)

40 *U.S. Census Bureau:* 1850 Census. The Seventh Census of the United States. 1853. © Bild: U. S. Census Bureau (Public Domain). Bildquelle: *https://www2.census.gov/library/publications/decennial/1850/1850c/1850-statistical-compendium-part-2.pdf* (Seite 39, Stand: 31.08.2025)

Grund lief. Mehr als 400 Schiffe konnten daraufhin den Kanal nicht passieren. Es bildete sich ein Schiffsstau, der Wochen gebraucht hat, ehe er sich wieder auflöste. Die Konsequenzen waren bedeutend, da viele Firmen nicht zeitgerecht mit Waren oder Rohstoffen beliefert werden konnten. Es kam deswegen auch zu einem Containermangel in Europa. Die verzögerten Lieferketten und die Umschiffung des Kanals um das Horn von Afrika, auch nicht grundlos das Kap der guten Hoffnung genannt, nahmen zusätzliche Wochen in Anspruch. Die von den Transporten abhängigen Waren wurden demzufolge auch spürbar teurer, da sich die Transport- und Lagerkosten deutlich erhöht hatten.[42)] [43)] Es dauerte noch Monate, nachdem die Passage von Suez wieder frei war, ehe wieder eine gewisse Normalität im Welthandelsgeschehen eintrat.

Die zweite potenzielle Konfliktstelle ist die Straße von Bab Al-Mandab, die das Rote Meer mit dem Golf von Aden verbindet. Auf der arabischen Seite wird die Seestraße vom Jemen und auf der afrikanischen Seite vom Staat Dschibuti abgegrenzt. Der Konflikt im Jemen ist weitläufig bekannt, da sich das Land seit 2014 im Bürgerkrieg befindet und dies unter Beteiligung externer Staaten erfolgt. Auch diese innerstaatliche Auseinandersetzung hat unter anderem einen Ressourcenstreit zum Hintergrund. Erschwert wird der Konflikt dadurch, dass er oftmals als ein Proxykrieg (Stellvertreterkrieg) zwischen Saudi-Arabien und dem Iran interpretiert wird, da beide Seiten hier Interessen bekunden. Aktuell spielt die Gruppe Ansar-Allah, auch bekannt als die Huthis, eine der Konfliktparteien im jemenitischen Bürgerkrieg, eine zentrale Rolle im palästinensisch-israelischen Konflikt des Nahen Ostens.

Wie wichtig dem kollektiven Westen und China die Verbindung durch die Straße von Bab Al-Mandab ist, zeigt sich durch die Präsenz einer Vielzahl an Militärbasen in Dschibuti auf der afrikanischen Seite der Meerenge. Mit den USA, China, Frankreich, Italien und Japan betreiben gleich fünf verschiedene Länder Militärbasen in Dschibuti, um die Schiffsrouten im Roten Meer abzusichern.[44)]

Die dritte militärisch hohe potenzielle Gefahr lauert in der Meerenge im Persischen Golf, der Straße von Hormuz. Sie verbindet den Persischen Golf mit dem Golf des Oman. Auf der Seite der arabischen Halbinsel befinden sich der Oman und die Vereinigten Arabischen Emirate. Auf der gegenüberliegenden Seite befindet sich der Iran. Die Straße ist für den Transport von Rohöl und Flüssiggas enorm wichtig. Im Rahmen der geopolitischen Spannungen zwischen den USA und dem Iran kam und kommt es hier oft zu spannungsgeladenen militärischen Auseinandersetzungen zur See, die jedoch bislang keine größeren Konsequenzen nach sich zogen. Im Zusammenhang mit dem Konflikt im Nahen Osten spielt Iran jedoch eine wichtige Rolle. Die Spannungen zwischen dem Iran und Israel sind allseits bekannt und werden hier folglich nicht weiter behandelt.

---

[42] *Schlautmann, Christoph:* Der Suezkanal ist wieder frei – doch die Probleme für die Wirtschaft beginnen erst. handelsblatt.com, 30.03.2021

[43] *Riecke, Torsten/Blume; Jakob:* Frost, Dürre, Suezkrise. Die Just-in-Time-Ökonomie gerät in Gefahr. handelsblatt.com, 20.03.2021

[44] *Auswärtiges Amt der Bundesrepublik Deutschland:* Dschibuti. Politisches Porträt. *https://www.auswaertiges-amt.de/de/service/laender/dschibuti-node/politisches-portraet/212204* (Stand: 02.10.2024)

Die vierte, bislang nur potenziell-theoretische Konfliktzone betrifft den Panamakanal.[45] Der 82 km lange Kanal wurde am 15. August 1916 eröffnet. Ab 2016 ist er aufgrund seiner Verbreiterung auch für große Schiffe befahrbar. Der Bau des Kanals war sehr konfliktbeladen. Damals gehörte die Region Panama noch zu Kolumbien. Die USA hatten einen Plan zur Errichtung eines Kanals, aber die kolumbianische Regierung stellte sich gegen die von den USA auferlegten Bedingungen. Daraufhin erklärte sich die Region Panama für unabhängig und vergab den USA alle Rechte zur Errichtung des Kanals. Panama erhielt die volle Kontrolle über den Kanal erst am 31. Dezember 1999 von den USA zurück. Der Kanal macht die Umschiffung des südamerikanischen Kontinents um das Kap Horn gegenüber dem südlichsten Punkt der chilenischen Küste obsolet. Diese südlich gelegene Passage zwischen den zwei Weltmeeren Pazifik und Atlantik war und ist mit großen Risiken verbunden, da die Gewässer auf dieser Route besonders unruhig und Stürme sehr frequent sind.

Wenngleich beide Kanäle, also der Panama- und der Suezkanal, gegenwärtig keine bzw. nur mäßige Konfliktzonen darstellen, so ist das darauf zurückzuführen, dass die Länder Ägypten und Panama sich im hegemonialen Umfeld des globalen Nordens befinden. Jedwede zukünftige Änderung in dieser Konstellation könnte schnell zum geopolitischen Konflikt anwachsen, was einen direkten Einfluss auf die Routenplanung und die Kosten der Ressourcentransporte hätte.[46]

Ansätze, den Kanälen Konkurrenz zu machen, gab und gibt es viele. So hat sich Nicaragua mit der Idee einer alternativen Kanalroute öfter zu Wort gemeldet. Auch Israel hat uns immer wieder aufhorchen lassen, als es Ideen zu einem Kanal über den Golf von Akaba bis zum Mittelmeer äußerte. Dieses Vorhaben wurde bislang aber nicht realisiert.

Die beiden anderen „Meerstraßen" sind bereits Konfliktzonen. Die Auswirkungen sind direkt durch die Preisschwankungen bei Rohstoffen wie Erdöl oder anderen Gütern ersichtlich.

Durch diese einfache Auflistung der Routen, die die Ressourcen, aber auch bereits fertige Produkte durchqueren müssen, um an die Zieldestinationen zu kommen, soll gezeigt werden, wie sensibel das internationale Handelsgeschehen ist. Wenn wir von einer zunehmenden Ressourcenknappheit in naher Zukunft ausgehen, so müssen wir

---

[45] Wie schnell sich die Dinge ändern können, zeigt sich daran, dass der aktuelle Präsident der USA Panama zu neuen Verhandlungen mit erhöhten Sicherheitsauflagen und Privilegien für US-amerikanischen Schiffe (insbesondere Kriegsschiffe) gedrängt hat. Bis Januar 2026 tätigte der US-Präsident auch mehrere Aussagen über die potenzielle Rückführung des Panamakanals an die USA. *Vanegas, Santiago:* Panamá regresa al colonialismo de la „quinta frontera" con el nuevo acuerdo firmado con EE.UU. sobre el Canal. BBC News Mundo, 24. April 2025. *https://www.bbc.com/mundo/articles/c2lzprwe7e9o* (Stand: 15.02.2026). *Walker, Amy/Tewari, Suranjana:* Panama voids Hong Kong-based firm's canal port contracts. BBC, 30. Januar 2026. *https://www.bbc.com/news/articles/c338ygzl7meo* (Stand: 15.02.2026)

[46] Kurios: Wenige Wochen, nachdem ich meine Analyse hier festhielt, kamen aus den USA Forderungen, den Kanal von Panama wieder zurückzufordern. Der Druck auf Panama wird vermutlich weiter steigen, da sowohl Nicaragua als auch Mexiko an einem Kanal zwischen den beiden Meeren arbeiten.

auch berücksichtigen, dass den Routen eine immer wichtigere Rolle zugesprochen werden muss, womit sich die Spannungen in diesen Regionen weiter erhöhen werden. Dies gilt jedoch nur unter der Voraussetzung, dass die gegenwärtige globale Wirtschaftspolitik und Konfliktsituation unverändert bleiben.

1.5 Zielsetzung des Buches

Die wirtschaftliche, gesellschaftliche und politische Ordnung, in der wir derzeit leben, scheint auf eine postfossile Ära nicht vorbereitet zu sein, wenngleich die gegenwärtigen Entwicklungen, wie z. B. die globale Erderwärmung, ein hoher Ressourcenverbrauch, die globale Unsicherheit und viele andere, danach verlangen, dass wir nach langfristigen Lösungen streben.[47] Zu groß ist noch die gegenwärtige Abhängigkeit von fossilen Ressourcen und noch größer scheint die Angst vor dem Verlust der Kontrolle über diese und weitere Ressourcen, wie z. B. seltene Erden, Uran oder Wasser, zu sein. Deshalb stellt sich die Frage, ob unsere gegenwärtige Gesellschaft überhaupt lebensfähig in einer Zeit nach dem Öl wäre.[48] Ziel dieses Buches ist demnach die kritische Analyse der aktuellen Lage und das Finden eines möglichen Lösungsansatzes für ein postfossiles Energieszenario. Im Zuge dessen erörtere ich auch, wie lange uns die Ressourcen aus heutiger Einschätzung noch zur Verfügung stehen werden.

Das postfossile Energiezeitalter hat bereits begonnen und ist durch die stark zunehmenden Anteile an erneuerbaren Energien geprägt. Dieser Trend ist bereits unumkehrbar, was sehr positiv zu bewerten ist. Die Volatilität der alternativen Energieressourcen macht Energiesysteme jedoch schwer kontrollierbar und die Versorgungssicherheit vulnerabel. Neue digitale Technologien können hier Abhilfe schaffen und der Energiewende als Katalysator dienen. Mit dem Übergang von einer analog-fossilen hin zu einer digitalen-erneuerbaren Energieära werden allerdings viele gesellschaftliche Veränderungen einhergehen und in bestimmten Bereichen auch notwendig sein. Es stellt sich lediglich die Frage, ob die Digitalisierung alle Erwartungen erfüllen kann und wie lange diese Lösungen Gültigkeit haben werden.

In diesem Buch wird die Frage erörtert, ob die gegenwärtigen smarten Technologien in Kombination mit erneuerbaren Energiequellen für die Abdeckung der Energienachfrage ausreichend sind und ob gleichzeitig eine hundertprozentige Abdeckung der Versorgungssicherheit, wie wir sie gewohnt sind, gewährleistet ist. Gegenwärtig sind sie es nicht. Können wir uns allein auf Technologien verlassen, wie es die Gesell-

---

[47] Der Beobachtungsraum wurde vordergründig beschränkt auf die sogenannte abendländische Kultur westlicher Prägung.

[48] Ich werde mich nur auf den energiepolitischen Aspekt dieser Frage konzentrieren.

schaft im Laufe der Geschichte und insbesondere seit der industriellen Revolution mehrfach getan hat? Oder sind andere Faktoren in dieser Analyse ebenfalls zu berücksichtigen? Und falls ja, welche wären das? Kann eine Renaissance der Atomkraft Abhilfe schaffen? Viele Staaten setzen wieder verstärkt auf diese Technologie und werden es über die kommenden Jahre weiter tun. Ich werde auf diese Fragen eingehen und eine Projektion in die Zukunft wagen, wenngleich diese ausschließlich aus heutiger Sicht geschieht und keinen Anspruch auf Vollständigkeit haben kann. Sie werden später sehen, warum.

Die Thematik erschwert sich zusätzlich, wenn wir das Thema Ressourcenknappheit mitberücksichtigen. Das ist jedoch zwingend erforderlich, wenn wir eine Vorausschau in die Zukunft wagen. Denn Öl, Uran, seltene Erden oder Gas sind Ressourcen, die nicht ewig verfügbar sein werden, im Digitalisierungsprozess aber eine wichtige Rolle einnehmen. Eine Berücksichtigung ist folglich angebracht und für das Gesamtbild notwendig. Die gegenwärtige Situation der Ressourcenknappheit[49)] wirft ohnehin folgende Fragen auf: Wie werden unsere Gesellschaft, unser Wirtschaften, die Mobilität und Dienstleistungen und im Allgemeinen unser Miteinander „nach dem Öl“ aussehen? Was würde das genau bedeuten und wann wird dieses Zukunftsszenario eintreten? Wird es eine Gesellschaft und ein Miteinander im Sinne unseres heutigen Verständnisses sein? Oder wird sich die Interaktion der Akteure auf neue Krisen, wie z. B. jene der Migrationsströme oder der Rückbesinnung auf scheinbar längst überholte Formen von radikalen Nationalismen, reduzieren? Betrachtet man z. B. die Lage in Großbritannien mit den Ausschreitungen rechter Extremisten im Jahr 2024, ist die Frage durchaus berechtigt. Doch ist das die Lösung? Können diese neuen rechten Tendenzen Antworten auf die bevorstehenden Aufgaben geben, die es zu bewältigen gilt?

Alle vorangehend aufgeführten Varianten eines postfossilen Energiezeitalters scheinen gegenwärtig denkbar zu sein. Es fehlen jedoch ausreichend breit gestreute wissenschaftliche Ausarbeitungen[50)], die es ermöglichen, reale und zukunftsfähige bzw. nachhaltige soziale, ökonomische und ökologische Alternativen jenseits des aktuellen gesellschaftspolitischen Diskurses aufzuzeigen. Dieses Buch soll einen Beitrag zum Verständnis und zur Diskussion leisten. Es nimmt die Herausforderung an, mögliche Antworten zu erarbeiten sowie alternative Möglichkeiten aufzuzeigen, und erhebt gleichzeitig den Anspruch, die Diskussion um einen **technisch-gesellschaftlichen Blickwinkel** zu bereichern. Es stellt jedoch nicht den Anspruch, genaue Antworten zu kennen, denn diese werden sich erst in der Zukunft zeigen. Ein Beginn der Diskussion ist aber allemal erforderlich, denn bekanntermaßen ist der Weg das Ziel.

---

[49] *bund.net:* Ab heute leben wir auf Pump. 04.05.2023. *https://www.bund.net/themen/aktuelles/detail-aktuelles/news/nicht-noch-eine-krise* (Stand: Oktober 2024)

[50] Ausnahmen bestätigen die Regel: Zu empfehlen wären Autoren wie Thomas Piketty, Yuval Harari und andere.

1.6 Handelt es sich beim Neoliberalismus und Neokonservativismus um wirklich langfristige Lösungen?

Die seit dem Ende der 1970er-Jahre aufkommenden neokonservativen bzw. neoliberalen Strömungen in den USA und Europa[51)] scheinen schnelle Antworten auf viele Herausforderungen der Gegenwart zu bieten.[52)] Mit dem Untergang der ehemaligen Sowjetunion hat sich das bis heute gültige wirtschaftspolitische neoliberale Verständnis als Leitfigur des Kapitalismus als siegreich herauskristallisiert. Bis auf wenige Ausnahmen folgen nahezu alle Staaten der Welt diesem Wirtschaftsmodell, klarerweise mit unterschiedlich starker oder schwacher staatlicher Beteiligung und Interventionen oder mit ebenso starker oder schwacher Liberalisierung der Märkte. Der Erfolg ist demzufolge auch unterschiedlich.

Schnelle und meist auch einfache Antworten bedeuten jedoch nicht, dass diese auch Lösungen sind, die der Nachhaltigkeit, wie wir sie in der Gegenwart verstehen, Genüge tun. Hinzu kommt, dass jedes Land, jede politische Partei oder soziale Gruppierung das Thema Nachhaltigkeit im eigenen Interesse definiert. Wissenschaftlich gesehen gibt es nur wenige Diskussionen darüber, wie Nachhaltigkeit in diversen Segmenten zu bewerten und zu implementieren ist. Politisch gesehen scheinen wir jedoch erst am Anfang zu stehen. Doch die Politik findet Gefallen daran, einfache und schnelle Antworten zu verbreiten. Vielfach kehren aber gut gemeinte Ideen als Bumerang zurück und hinterlassen frustrierte Bürger.[53)] Die internationale Politik hat bislang keine bis nur mangelhafte Lösungen oder Strategien entwickelt. Nur Europa bildet hier eine Ausnahme mit leider immer stärker sinkender Relevanz. Dies ist deshalb der Fall, weil die politische „Kaste" die Visionen und – was schlimmer ist – auch das Vertrauen der Bevölkerung verloren hat, die den politischen Vertretern keine oder eine nur mangelhafte Zukunftsfähigkeit attestiert, insbesondere dann nicht, wenn sie erkennt, dass die politischen Akteure selbst oligarchisch agieren oder durch die ökonomischen Oligarchien vor sich hergetrieben werden.[54)]

---

[51] Wichtige Vertreter dieser Richtungen in den 1980er-Jahren waren Margret Thatcher (UK) und Ronald Reagan (USA).

[52] *Fischer, Pascal:* Der amerikanische Neokonservatismus. In: KAS-AI 4/06, S. 4–27. *https://www.kas.de/c/document_library/get_file?uuid=d5338fa4-c942-3d20-8a38-c16be5cbc419&groupId=252038* (Stand 18.08.2022)

[53] *Kugler, Nina:* Habeck zum Heizungsgesetz: Ich bin zu weit gegangen. Berliner Morgenpost, 26.05.2024. *https://www.morgenpost.de/wirtschaft/article242425092/Habeck-zu-Heizungsgesetz-Ich-bin-zu-weit-gegangen.html* (Stand: Oktober 2024). Hinweis: Robert Habeck ist ein deutscher Politiker und war Minister für Wirtschaft unter Bundeskanzler Olaf Scholz.

[54] Anmerkung meinerseits: Oligarchen werden in der öffentlichen Meinung oft mit kriminellen Organisationen des Ostens gleichgesetzt. Das Wort wird hier absichtlich verfälscht. Im Gegensatz dazu werden die Oligarchen des Westens oft als Philanthropen definiert, was ebenso einer Verallgemeinerung entspricht und daher verworfen werden muss.

Die Politik hat für jene Probleme, für die es scheinbar keine einfachen und noch weniger dauerhafte Lösungen gibt, wie z. B. Migration, Renten, Gesundheit, Verteilungsungleichheit, Ressourcenknappheit oder Klimawandel, bislang keine oder nur unzureichende Lösungskonzepte angeboten.[55) 56) 57) 58)] Die neoliberale Wirtschaftsordnung basiert grundsätzlich auf dem Erfolg und der Freiheit des Individuums.[59)] Das Kollektiv ist hierbei zwar nicht unbedeutend, hat aber im Vergleich zum Axiom der individuellen, „vermeintlich" gefühlten Freiheit nachrangig zu sein. Der Erfolg des Einzelnen verleiht Rechtfertigung, Dominanz und ist das Sinnbild des bisher meist maskulin dominierten Fortschritts.[60)]

Dem erfolgreichen Individuum steht eine ganze Reihe an weniger erfolgreichen Individuen gegenüber, die es nicht zum Erfolg schaffen oder – zumindest im europäischen Kontext und Verständnis – gar im sozialen Netz landen und es vielfach auch über mehrere Jahre hinweg bleiben.[61) 62)] In diese immer breiter werdenden Lücke des Wohlstandes, die Vertrauensverlust, Zukunftsängste oder Existenzängste in vielen Teilen der Bevölkerung verursacht, rücken populistisch-konservative Kräfte vor und verstärken diese Befürchtungen durch einen künstlich aufgeblasenen Fatalismus oder Defätismus. Im Wesentlichen geht es bei diesen vulnerablen Bevölkerungsschichten überwiegend um reale und latente Globalisierungsverlierer oder jene, die sich durch die klassische Interpretation des eigenen Standes, der eigenen Klasse oder der allgemeinen gesellschaftspolitischen Vertreter nicht mehr repräsentiert sehen.

Die immer öfter hervortretenden rechtspopulistischen Führer sind im Wesentlichen Akteure, die zwar auf individuelle Freiheit pochen, im Staat aber nach wie vor eine strukturierende Leitfigur sehen wollen. Ihre Vision basiert jedoch auf eigenen, sehr „speziellen" Definitionen: ein Staat, der als Beschützer und Bewahrer des gesellschaftlichen Gefüges und der Freiheit des Einzelnen in Erscheinung tritt und der die Diffe-

---

[55] *Schellenberg, Britta/Schellenberg, Anna:* Die Radikale Rechte im europäischen Vergleich. Kernelemente und Unterschiede. bpb.de, 14.10.2024. *https://www.bpb.de/themen/parteien/rechtspopulismus/240093/rechtspopulismus-im-europaeischen-vergleich-kernelemente-und-unterschiede* (Stand: 19.07.2022)

[56] *Chatzoudis, Georgios:* „Vom ‚Abendland' zum westeuropäischen Neokonservatismus". Interview mit Johannes Großmann über konservative Eliten. 10.02.2015. *https://lisa.gerda-henkel-stiftung.de/internationale_konservative* (Stand: 19.07.2022)

[57] *Fetscher, Iring:* „Neo"Konservatismus und Krise. 1984. *https://www.prokla.de/index.php/PROKLA/article/download/1436/1369/2718* (Stand: 19.07.2022)

[58] *Lorig, Wolfgang H.:* Neokonservatives Denken in der Bundesrepublik Deutschland und in den Vereinigten Staaten von Amerika. Verlag Leske + Budrich 1988

[59] Und insbesondere auf jener des aufkommenden Bürgertums ab dem 19. Jahrhundert

[60] *Geißler, Rainer:* Ungleichheiten zwischen Frauen und Männern. bpb.de, 16.12.2014. *https://www.bpb.de/shop/zeitschriften/izpb/sozialer-wandel-in-deutschland-324/198038/ungleichheiten-zwischen-frauen-und-maennern* (Stand: 07.06.2024)

[61] *Schäfer, Holger:* Langzeitarbeitslosigkeit. Entwicklung, Ursachen und Lösungsansätze. IW-Policy Paper 6/2018, 26.02.2018. *https://www.iwkoeln.de/fileadmin/user_upload/Studien/policy_papers/PDF/2018/IW-Policy-Paper_2018_6_Langzeitarbeitslosigkeit.pdf* (Stand: 20.07.2022)

[62] *Domke Seidel, Christian:* Langzeitarbeitslosigkeit und ihre Ursachen. 19.12.2018. *https://www.arbeit-wirtschaft.at/langzeitarbeitslosigkeit-und-ihre-ursachen*

renzierung von „anderen“ vorgibt bzw. vor den Andersartigen schützt. Ist der Staat nicht in der Lage, diese schützende und separierende Rolle wahrzunehmen, dann nur, weil das „Establishment“, also die wirtschaftspolitischen Oligarchien, dies nicht möchte. Dieser Denkansatz in der öffentlichen Debatte ist auch in Europa vermehrt sichtbar, vielfach verstärkt durch schwankende Migrationsbewegungen seit dem Jahr 2001 und zunehmend seit jener im Jahr 2015. Er wird aber auch durch gezielte Manipulation der öffentlichen Meinung befördert. Nicht selten tauchen alte, bereits überwunden geglaubte extreme Nationalismen auf. Die jüngsten Geschehnisse in den Straßen Großbritanniens zeugen z. B. davon.[63] Die bekannte Politik der etablierten (Alt-)Parteien hat dafür keine Lösungen und steckt vielfach den Kopf in den Sand. Man kann aber beobachten, wie das kollektive Unbewusste, das sogar ganze Staatsführungen einschließt, sich nach dem vermeintlich verlorenen „Ursprünglichen“, nach der „guten alten Zeit“ zurücksehnt und auch regressiv wirkt.[64] Länder versperren ihre Grenzen und verschließen sich, einige mehr, andere weniger. Sie richten sich vermehrt nach innen, mit einem geringen bis starken fremdenfeindlichen Diskurs, je nach politischer Einstellung.[65]

Dabei bleibt es in den meisten Fällen beim populistischen Diskurs. Es werden weder politische, soziale noch wirtschaftliche Probleme gelöst. Vielmehr scheint der Fokus verloren zu gehen oder es steht tatsächlich die Absicht dahinter, von den vorangehend genannten Schwierigkeiten ablenken zu wollen. Wir hatten mal vor, aus Europa eine Einheit und eine starke Wirtschaftsunion gedeihen zu lassen. Gegenwärtig scheinen wir uns eher in die entgegengesetzte Richtung zu bewegen.

Aufgeklärte Bürger haben das Recht und die Pflicht, das gängige Wirtschafts- und Gesellschaftsmodell permanent auf seine Effizienz hin zu auditieren, sprich hinsichtlich seiner aktuellen und zukünftigen Ergebnisse zu prüfen, es infrage zu stellen und abhängig von den Ergebnissen zu verwerfen oder zu verbessern. Das kann und muss dem aufgeklärten Bürger zugemutet, in einer funktionierenden Demokratie ja gar abverlangt werden. Dies gilt insbesondere für Bürger eines Kontinents, der seit jeher der Auffassung ist, der bisher fortschrittlichste und seit 1951 mit der Gründung der Europäischen Gemeinschaft für Kohle und Stahl der am festesten geeinte auf der Welt zu sein (bzw. immer mehr „gewesen zu sein“).

Doch genau davor scheinen sich die politisch-wirtschaftlichen Eliten zu fürchten. Eine Verbesserung findet nur sektoriell statt. Aber wird dieses System auch noch in 50 Jahren fähig sein, die aufkommenden Schwierigkeiten zu bewältigen? Wir entscheiden auf Basis demokratischer Prozesse alle vier bis fünf Jahre über den neuen Kurs unserer politischen Führungsriege. Dies geschieht jedoch überwiegend auf Basis kurzfristiger Pla-

---

[63] *Kurier:* Rechte Rowdys in England: Menschen trauen sich wegen ihrer Hautfarbe nicht mehr raus. kurier.at, 05.08.2024. *https://kurier.at/politik/ausland/grossbritannien-krawalle-protest-southport-starmer-polizei-ultranationalisten-rechtsradikale/402932782* (Stand: Oktober 2024)

[64] Zum Beispiel Ungarn, Großbritannien mit dem Brexit und die neokonservativen USA

[65] Siehe Vizegradstaaten, Balkan- und Baltikumstaaten oder parteipolitische Strömungen in Kontinentaleuropa, die Unabhängigkeit oder Loslösung von der EU anstreben

nungen, aktueller Spannungsfelder oder einfach auf der Basis politischen Kleingeldes[66], das sich die Parteien aneignen, um den jeweiligen Gegner zu diskreditieren und sich selbst ins bessere Licht zu rücken. Wie es scheint, dominieren primitive und schmutzige Machtgelüste und Heuchelei. Das ist die gegenwärtige Lage der politischen Führungseliten, die, aus der Ferne beobachtet, anscheinend immer weniger für die eigenen Bürger und zunehmend für meist oligarchische Interessen der tatsächlichen Machteliten aktiv werden.

„Kapitalismus und Demokratie sind unvereinbar", konstatierte Noam Chomsky.[67] Gerade in der aktuellen Situation, in der die bisherige Weltordnung rapide aus den Fugen zu geraten scheint, wird diese Aussage um eine Nuance treffender. Die politischen Führungen, insbesondere jene der EU-Zentrale in Brüssel, bezeugen nahezu tagtäglich einen Mangel an Visionen. Es mangelt an Ideen und Strategien, um die aktuellen transzendentalen Herausforderungen, die zukunftsentscheidend für den gesamten Kontinent sein sollten, aufzunehmen (oder aufnehmen zu wollen). Blickt man in Richtung USA oder Japan, ist es nicht wesentlich besser. Es gibt keine langfristigen und nachhaltigen Visionen oder zumindest sind diese bisher in der breiten Öffentlichkeit kaum wahrzunehmen. Fragt man danach, wird man schnell auf Parteiprogramme verwiesen, was die prekäre Lage noch deutlicher macht.

Doch vieles scheint nicht auf Überforderung durch aktuelle geopolitische oder soziale Gegebenheiten rückführbar zu sein. Vielmehr scheint eine Strategie dahinterzustecken, also ein Wille der Eliten, absichtlich „Nebelgranaten" zu werfen, um von dem drohenden Machtverlust über Ressourcen, Politik, Finanzen und Technologie abzulenken, oder gar verzweifelt zu versuchen, diesen abzuwenden. Und dies ist kein neues Phänomen. Schon 1925 (!) bemerkte der US-amerikanische Journalist und Publizist, Vordenker des Neoliberalismus und Vertreter der Elitendemokratie Walter Lippmann Folgendes:

„Die Öffentlichkeit muss an ihren Platz verwiesen werden, damit wir durch das Getrampel und Geschrei der verwirrten Herde nicht beeinträchtigt werden."[68]

Mit „wir" ist in der Aussage laut Lippmann die Elite gemeint, während die verwirrte Öffentlichkeit oder „Herde" die breite Bevölkerungsmasse, also die Bürger, bezeichnet. Ziel der Aussage ist offenkundig, die breite Öffentlichkeit von der Machtebene und von jeglicher Entscheidungsebene zu entfremden. Ein weiteres Beispiel hierzu gibt uns Leo Strauss, der einflussreichste politische Philosoph der USA und Vater der neokonservativen Denkrichtung, der viele US-amerikanischen Politiker gefolgt sind und die bis heute an diesen Theorien festhalten. Die gesamte US-Außenpolitik wird durch die Denkweise von Leo Strauss beeinflusst und ebnet durch das „natürliche" Verständnis elitärer Vor-

[66] Was in vielen Fällen auch als fehlende Doktrin und fehlendes Rückgrat verstanden werden kann

[67] *Chomsky, Noam:* Profit over People. Neoliberalismus und globale Weltordnung. 1999. *Chomsky, Noam:* Eine Anatomie der Macht. 2002

[68] Aus dem Englischen übersetzt: „The public must be put in its place [...] so that each of us may live free of the trampling and the roar of a bewildered herd." Quelle: *Lippmann, Walter:* The Phantom Public. Wilder Publication 2023

machtstellungen den Weg für die aggressive Geopolitik der USA in nahezu allen Bereichen von Wirtschaft bis Politik. Leo Strauss äußert zum Thema Macht und breite Bevölkerung Folgendes:

„Was die Massen anbelangt, so ist eine der wichtigsten Voraussetzungen für ein reibungsloses Funktionieren von Demokratie eine Wahl-Apathie, d. h. ein Mangel an Gemeinsinn." [69)]

Laut Rainer Mausfeld, Professor für Wahrnehmungspsychologie und Kognitionswissenschaft an der Universität in Kiel, können solche Aussagen nur auf eine Art interpretiert werden, nämlich dass die breite Masse möglichst „apathisch" zur Macht gehalten werden soll. Apathisch kann hier als „gleichgültig" oder „interessenlos" verstanden werden. Dies wird durch die zweite Aussage von Leo Strauss bestätigt:

„Wenn auch nicht das Salz der Erde, aber das Salz der modernen Demokratie sind die Bürger, die nur die Sportseiten und den Comic-Teil lesen." [70)]

Demokratie braucht, laut Rainer Mausfeld, ein bewusstes und richtiges Denken, um dem ursprünglichen Gedanken der Machtkontrolle zu entsprechen. Für Leo Strauss ist hingegen ein richtiges Denken in der Demokratie ein „Nicht-Denken" (oder Verblödung möchte man daraus verstehen). Man will die Öffentlichkeit, also die Bürger, möglichst von der Macht und der Politik im Allgemeinen fernhalten. Das gelingt, indem sie mit Konsum und belanglosen Dingen beschäftigt werden. Man darf den Bürgern aber nicht das Gefühl geben, sie seien machtlos. Hierzu werden in zyklischen Perioden Wahlen als politischer Zirkus veranstaltet, bei denen die Bürger ein Gefühl von Macht erhalten. „Panem et circenses", Brot und Spiele, vermochte der römische Dichter Juvenal schon vor über 2000 Jahren festzuhalten. In diesem konzentrierten Ausdruck prangerte Juvenal die Entmachtung des römischen Volkes an, indem die Wahl der Magistrate zur reinen Formsache verkam. Offensichtlich waren römische Dichter schon damals etwas weiter als wir.

Das gegenwärtige Bild, das die europäischen politischen Eliten abgeben, zeichnet mehr und mehr die armseligen Züge eines sich selbst administrierenden Bürokratieapparats, in dem die Vertreter mit verbissenem Eifer für den Machterhalt agieren. Eine Fortentwicklung im Sinne einstiger Visionäre der politischen Vorgänger sucht man vergebens.[71), 72)] Es gibt nur mäßige Initiativen für eine wirtschaftliche und politisch geeinte starke Europäische Union, die dem Wettbewerb der neu aufkommenden Wirtschaftsräume auf anderen Kontinenten standhalten könnte. Eher das Gegenteil

---

[69] Aus dem Englischen übersetzt: „As far as the masses are concerned, one of the most important prerequisites for the smooth functioning of democracy is electoral apathy, i.e. a lack of a sense of community." Quelle: *Strauss, Leo:* Liberalism Ancient and Modern. University of Chicago 1995

[70] *Mausfeld, Rainer:* Was ist und wozu dient Demokratie? Vortrag vom 12.06.2024. Deutsch-Amerikanisches Institut Heidelberg. *https://www.youtube.com/watch?v=jSkbe-SzIgY* (Stand: Januar 2025)

[71] Beispiel: Helmut Kohl und François Mitterrand: Leitfiguren der Versöhnung. *https://european-union.europa.eu/principles-countries-history/history-eu/eu-pioneers/helmut-kohl-and-francois-mitterrand_de* (Stand: 19.07.2022)

[72] *cvce.eu:* Willy Brandt und die Einigung Europas. Vorwort. *https://www.cvce.eu/de/recherche/unit-content/-/unit/f28057ae-f00f-4677-8327-d97d19023b80* (Stand: 19.07.2022)

scheint der Fall zu sein. Eine allgemeine Demontage und Demotivation machen sich breit. Im Industriesegment ist dies besonders stark zu beobachten.[73)]

Dabei wäre eine starke, nachhaltige und valide Vision im Sinne des globalen Fortschritts sehr notwendig, ja sogar unabdingbar. Eine reale, liberale und zukunftsorientierte Gesellschaftsordnung mit einer transparenten Regulierung der Zuwanderung scheint im Lichte des immer stärker werdenden Mangels an Fachkräften und der Herausforderung der langfristigen Sicherung der Renten einer mehr und mehr alternden EU-Gesellschaft immer notwendiger zu werden. Wobei das nur einige Beispiele sind, die zur Illustration der vielen aktuellen Herausforderungen unserer Gesellschaft dienen sollen. Themen wie die Klimakrise werden trotz Wasserknappheit, Trockenheit in der Landwirtschaft und tropischer Hitze in Regionen, die nicht diesem Klima entsprechen, nur widerwillig bis mangelhaft angegangen. Die Politik konzentriert sich hier vordergründig auf den Katastrophenschutz oder die Schadensbegrenzung nach „natürlichen" Desastern. Gerne sieht man hierzu auch Politiker aller Länder und Couleurs in Fernsehinterviews mit Gummistiefeln und Regenjacken ausgerüstet in Regen und Pfützen stehen, wie sie die Pestilenz und Unerträglichkeit der Wissens- und Geistesentfremdung bis zum Exzess treiben. Das Wissen und insbesondere das Handeln bezüglich der Katastrophenvermeidung durch Erarbeitung eines gemeinsamen Lösungsansatzes über Kontinentalgrenzen hinweg ist gelinde gesagt enorm „ausbaufähig". Es erfordert langfristige und intelligente Strategien mit Übergangszenarien und messbaren Erfolgen und entsprechenden Bewertungskriterien, also brauchbaren Standards. Gleiches gilt für die Verteilung von Ressourcen und den Austausch an entsprechenden Technologien oder weitere Initiativen für einen gerechten Zugang zu Ressourcen oder eine Ressourcenverteilung. Vielfach gibt es solche Ansätze bereits, aber sie sind oft nur Randerscheinungen einer progressiven intellektuellen Elite oder es wird ihnen keine genügende Unterstützung gewährt, da potenzielle Lösungen komplizierte und mutige Reformen erfordern können und werden oder schlicht und einfach der Wirtschaftsoligarchie nicht genehm sind. Ich werde auf solche Situationen in den folgenden Abschnitten und Kapiteln eingehen.

1.7 Ist die Demokratie in Gefahr?

Im Gegensatz zur zweiten Hälfte des 20. Jahrhunderts, als visionäre Themensetzer der Nachkriegsordnung noch die Einheit Europas, den Wohlfahrtsstaat und die absolute Einhaltung von Würde und Unversehrtheit jedes einzelnen Menschen propagierten, scheint das Europa der Gegenwart seit dem Inkrafttreten des Vertrags von Maastricht im Jahr 1992 in eine Art Stillstand oder politische Lethargie verfallen zu sein. Die neue Weltordnung nach dem Fall des Eisernen Vorhangs scheint dem neu aufkommenden Europa im Halse stecken geblieben zu sein. Viel Glaubwürdigkeit wurde und wird auf-

---

[73] *Brown, Gordon:* Der Euro und der Untergang des Abendlandes. *https://www.cicero.de/wirtschaft/der-euro-und-der-untergang-des-abendlands/42626* (Stand: September 2024)

seiten wichtiger europäischer Entscheidungsträger verspielt. Am deutlichsten wird dies an der wachsenden Politikverdrossenheit sichtbar.[74] Die postkoloniale Ordnung, die nichts anderes ist als die Neuordnung des Kolonialismus durch unfaire Handelspraktiken in der Welthandelsorganisation (WHO, Stichwort: Neokolonialismus), wirkt ebenfalls wie ein dunkler Schatten nach.[75] [76] Ebenso wirken die Nachkriegsordnung nach dem Zweiten Weltkrieg und das Ende des „ersten" Kalten Krieges nach, als die Guten und die Bösen noch so einfach zu unterscheiden waren. Die Umwälzungen der letzten 70 Jahre waren und sind starke geopolitische und gesellschaftliche Veränderungen mit massiven sozialen und wirtschaftlichen Auswirkungen, die bis in die Gegenwart reichen. Die stärkste Erkenntnis ist vermutlich, dass die Auswirkungen dieser Epoche innerhalb einer einzigen Generation (vorwiegend Generation X) verarbeitet werden mussten. War das zu viel für diese Generation? Es ist jene Generation, die mit dem Wirtschaftsaufschwung und dem Fall der Berliner Mauer vermutlich die beste Epoche der Nachkriegszeit erleben durfte. Sie hat jedoch im Rausch der Glückseligkeit viele Themen unbeantwortet gelassen, war sich der Brisanz aufkommender Themen wie Klimaveränderungen, Migration oder Alterung der Gesellschaft nicht vollends bewusst oder hat diese unbeantwortet an die nachfolgende Generation vererbt. Die gegenwärtige Generation (Generation Y), die alles geerbt hat, was die Nachkriegs-, Boomer- und X-Generationen hinterlassen haben, scheint sich damit erheblich schwerzutun. Die Brisanz der Lage erwischt sie knallhart und das ist ihr durchaus sehr bewusst. Betrachten wir das Zeitfenster der letzten 30 Jahre, so sind die Ursachen der aktuell komplexen Lage erkennbar.

Eine zunehmende Verflechtung der internationalen Märkte durch Globalisierung, die Auslagerung von Produktionsstätten, der Druck nach immer höherer Produktivität, nach Wachstum und nach höchster Qualität im Waren- und Dienstleistungsbereich, der aktuelle Druck zur Digitalisierung und der am Horizont aufscheinende Multilateralismus haben die Gegenwart, im Sinne der Entscheidungsfindungen, nach und nach enorm verkompliziert. Diese Themen hinterlassen Spuren und rufen permanent nach neuen sozialen, wirtschaftlichen, aber auch politisch-gesellschaftlichen Lösungen der Herausforderungen. Neben dieser scheinbar immer schneller rotierenden Dynamik kommen verstärkt und vermehrt Umwelt- und Klimaprobleme in Form von Naturkatastrophen zum Vorschein. Die Umweltproblematik stellt das aktuell vorherrschende globale Wirtschaftssystem nicht nur infrage, sondern stellt es als die Ursache für einen mittelfristig kompletten Stillstand auf allen Ebenen dar. Die Diskussion sei hiermit gerne eröffnet.

---

[74] *Ipsos:* Das Misstrauen ist groß: Populismus und Politikverdrossenheit in Deutschland und der Welt. Presseinformation. Hamburg, 26.09.2018. *https://www.ipsos.com/de-de/das-misstrauen-ist-gross-populismus-und-politikverdrossenheit-deutschland-und-der-welt*

[75] *Boatcă, Manuela:* Postkolonialismus und Dekolonialität. In: *Fischer, K./Hauck, G./Boatcă, M. (Hrsg.):* Handbuch Entwicklungsforschung. Springer VS, Wiesbaden 2016. *https://link.springer.com/chapter/10.1007/978-3-658-04790-0_11*

[76] *do Mar Castro, María/Dhawan, Nikita:* Postkoloniale Theorie. Eine kritische Einführung. UTB Verlag 2020

Die aktuell in Europa handelnden Akteure aus Wirtschaft und Politik sind, vorsichtig gesagt, nur eingeschränkt denk- und handlungsfähig, um Lösungen für die vorangehend genannten Problematiken zu liefern. Sie beschränken sich auf das Administrieren der Ordnung, die die Europäer der Nachkriegszeit erdacht und umgesetzt hatten. Innerhalb weniger Jahre hat es die aktuelle Politikergeneration, die sich aus altbekannten Feinden früherer Zeiten aus Asien, Nordamerika und Europa zusammensetzt, sogar fertiggebracht, einen zweiten Kalten Krieg heraufzubeschwören. Wir wollen hoffen, dass er „kalt“ bleibt, denn zu viele Menschenleben wurden bereits auf dem Altar der aktuell meist westlichen Hegemonialarroganz geopfert.

Fasst man all das zusammen, so stellt sich unweigerlich die vorangehend gestellte Frage, ob der neokonservative oder neoliberale Ansatz die zukünftigen Herausforderungen des Energiewandels, der Klimakrise, der Kreislaufwirtschaft oder der Verteilungsgerechtigkeit langfristig wird bewältigen können. Ist der im globalen Westen aktuell regierende politische Neokonservatismus mit neoliberaler Wirtschaft in der Lage, die Schwierigkeiten unserer Zeit und langfristig jene in der Zukunft, wie Ressourcenverteilung, Energieknappheit, Klimawandel, Migration und andere Herausforderungen, zu bewältigen? Neigt sich die Welt mehr und mehr zur Autokratie? Ist das „nur“ der Trend der Zeit oder ist dies der sich herauskristallisierende Ansatz einer neuen Gesellschaftsordnung? In den Worten von George Bush Senior (1991) und dann auch Junior (aus dem Jahr 2002) sind *„Demokratie und Kapitalismus als miteinander harmonierende Elemente einer freiheitlichen Gesellschaftsordnung“* definiert.[77] Gemäß meiner Analyse zu Macht, Elite und Öffentlichkeit dürfte die Antwort auf die vorangehend gestellten Fragen wohlbekannt sein. Zweifel sind angebracht, da sich insbesondere Europa trotz „demokratischer“ Strukturen in den letzten 20 Jahren enorm schwergetan hat, diese Herausforderungen überhaupt zu erkennen, zu akzeptieren und zu definieren.[78] Diese zu meistern wird schwer.

Es sind Ansätze vorhanden, die genannten Probleme anzugehen. Das wird nicht verkannt und soll entsprechend gewürdigt und anerkannt werden. Diese Ansätze sind aber nicht ausreichend. Man bekommt nicht den Eindruck, dass die Politik sie ernsthaft genug aufgreift und diese als einen zentralen Anspruch sieht, um Lösungen zu erarbeiten. Klima- und Umweltprobleme versucht man durch Förderprogramme in der Wirtschaft und partiell in der Forschung zu lösen. Dabei werden durch komplizierte Auswahlverfahren selektierte Firmen oder akademische Institutionen mit der Wissenserarbeitung und Lösungsfindung beauftragt. Dies hat jedoch überwiegend

---

[77] Die National Security Strategy (NSS) ist ein gesetzlich vorgeschriebener Bericht des US-Präsidenten an den Kongress: *https://history.defense.gov/Portals/70/Documents/nss/nss1990.pdf* (Stand 15.02.202). Rede zur „New World Order“ (11. September 1990) und Antrittsrede (Inaugural Address, 20. Januar 1989): *https://millercenter.org/the-presidency/presidential-speeches/february-9-1989-address-joint-session-congress* und *https://www.bushcenter.org/topics/freedom-and-democracy* (Stand: 15.02.2026). *Krahé, Max:* Kapitalismus und Demokratie. Von der Unvereinbarkeit zur Partnerschaft und zurück? Politik & Ökonomie, 15. Juni 2022. *https://politischeoekonomie.com/wandelnde-bilder-der-beziehung-zwischen-kapitalismus-und-demokratie-von-der-unvereinbarkeit-zur-partnerschaft-und-zurueck* (Stand 15.02.2026)

[78] Fairerweise muss man auch sagen, dass es in Europa mehr Ansätze dazu gegeben hat als anderswo auf der Welt.

im Rahmen der wirtschaftlichen Sinnhaftigkeit zu geschehen. Grundlagenforschung hierzu wird kaum oder nur partiell gefördert.

Politisch und gesellschaftlich findet die Analyse der genannten Probleme, der dazugehörige Diskurs und die gesellschaftliche Auseinandersetzung damit, nur sehr langsam Zugang zu breiteren Kreisen. Dabei wäre eine breite Partizipation sinnvoll, um ein allgemeines Verständnis sicherzustellen und um potenzielle Lösungen zu vermitteln. Einige Länder bilden eine Ausnahme und schreiten voran, was sich in der Bilanz der CO_2-Reduktion auch unmittelbar widerspiegelt, doch global gesehen sind es zu wenige Länder.

Die hier im Fokus stehende europäische Politik folgt den genannten Herausforderungen in den letzten Jahren nur reaktiv, da sie scheinbar noch mit den Themen des Krieges in Europa, der Produktivitätssteigerung, der Arbeitsplatzsicherung und dem Fachkräftemangel beschäftigt ist. Bezüglich der weltweiten Umwelt- und Klimaveränderung ist außer der langsamen bis eher schleppenden Förderung von erneuerbaren Energiequellen und der partiellen Besteuerung von CO_2 nicht viel zu vernehmen.[79] Dabei gab es z. B. im Zusammenhang mit dem Kyoto-Protokoll gute Initiativen, die vielversprechend waren.

Die Integration von erneuerbaren Energieträgern in das energetische und produktive Wirtschaftssystem zieht die Notwendigkeit der Implementierung smarter Technologien nach sich und erzeugt damit einen vollkommen neuen Wirtschaftszweig. Zum Zwecke der Ressourcenschonung und Effizienzsteigerung muss jedoch viel mehr getan werden. Die gegenwärtigen wirtschaftspolitischen Maßnahmen stehen nicht in Relation zu der immer stärkeren Notwendigkeit und vor allem zu dem Druck, für ein nachhaltiges Handeln innerhalb einer kreislaufbasierten Wirtschaftsordnung zu sorgen. Allein das 1,5-Grad-Ziel als Grenze der Erderwärmung wird vermutlich nicht mehr zu halten sein, da wir bereits 2024 diesen durchschnittlichen Wert angekratzt haben. Ob die 2 °C zu halten sein werden, steht ebenso noch infrage.

Die europäischen Eliten oder das „Establishment“, wie es in den USA genannt wird, hat den Blick nach vorne verloren.[80] Es geht hierbei nicht nur um die politischen oder wirtschaftlichen Ziele. Es geht darum, gesellschaftliche und ethisch-moralische Fragestellungen, Fragen zur Bewahrung des internationalen Rechts und über Zielsetzungen des gesellschaftlichen Zusammenhalts sowie Fragen zur kollektiven und individuellen Identität zu beantworten, die uns noch lange Zeit und generationsübergreifend beschäftigen werden. Sie sollten aber bereits heute behandelt und zumindest ansatzweise entschieden werden. Der aktuelle Krieg in der Ukraine, der Kampf um Ressourcen und die hegemonialen Auseinandersetzungen um die Vormachtstellung von Akteuren mit partikulären und geopolitisch-elitären Interessen bindet alle Aufmerksamkeit und lässt andere Probleme als minderwichtig erscheinen. Das sind sie aber nicht. Darunter leidet auch die

---

[79] *Fratzscher, Marcel:* Nicht weniger, sondern mehr Klimaschutz sofort. zeit.de, 16.09.2022. *https://www.zeit.de/wirtschaft/2022-09/oekologische-transformation-energiekrise-energiepolitik-klimaschutz-bundesregierung* (Stand: Juli 2024)

[80] *Emundts, Corinna:* Das Versagen der Eliten. Deutschlandfunk, 25.05.2008. *https://www.deutschlandfunk.de/das-versagen-der-eliten-100.html* (Stand: Juli 2024)

Demokratie. Kriege waren und sind immer ein willkommener Anlass, um schwierige Probleme aus der öffentlichen Debatte zu nehmen oder um, wie es gegenwärtig wahrzunehmen ist, von der Ideen- und Konzeptlosigkeit einer trägen und nahezu gleichgeschalteten und arroganten elitär-loyalen Politikerkaste abzulenken[81] (auch im Sinne der Verantwortung des Balkankriegs in den 1990er-Jahren, des darauffolgenden Kosovo-Kriegs und des aktuellen Genozids – so der UN-Terminus – im Gazastreifen[82]). Das Vertrauen in die staatliche Handlungsfähigkeit sinkt demzufolge und aus internen Gründen bereits seit Jahren.[83] Mit dieser Dynamik einhergehend werden die Instrumente der Machtkontrolle, wie sie in der Demokratie erforderlich sind, immer mehr demontiert. Betrachtet man die Struktur der EU-Administration, so ist leicht zu erkennen, dass die Instrumente der direkten und abwägenden Demokratie immer mehr verloren gehen oder eigentlich nie existiert haben. Laut Rainer Mausfeld steuern die Machteliten schon längst die Dynamik und Struktur der Machtentscheidungsprozesse wie Wahlen oder Volksentscheide.[84] Demzufolge ist die Demokratie nicht in Gefahr, es gab sie, laut Rainer Mausfeld, schlicht und einfach nie, da sie, richtig angewendet, wie er meint, einer Entzivilisierung der Macht der Eliten gleichkäme, also einer Akzeptanz der Erkenntnis, dass sich Kapitalismus in der gegenwärtigen Art der Kontrolle einer breiten Masse unterzuordnen hätte. Wir beobachten in den letzten Jahren vermehrt, dass internationale Konzerne genau das Gegenteil tun und sich der sozialen Verantwortung, z. B. durch Flucht in Steueroasen oder die Finanzierung von Kriegen, entziehen und sich damit immer stärker von der demokratischen Verantwortung entfernen.[85] Bei der Analyse des Ukrainekriegs ist methodisch strikt zwischen der völkerrechtlichen Schuld und der strategischen Mitverant-

---

[81] *Mearsheimer, John:* Why the Ukraine Crisis Is the West's Fault. University of Chicago 2014. Mearsheimer argumentiert, dass die NATO-Osterweiterung und die EU-Annäherung der Ukraine aus Sicht einer Regionalmacht wie Russland als existenzielle Bedrohung wahrgenommen werden mussten. Mearsheimer spricht nicht von „Schuld" am Einmarsch, aber von einer geopolitischen Mitverantwortung, da der Westen die Warnungen (insbesondere seit der Münchner Sicherheitskonferenz im Jahre 2007) ignoriert habe. Er hält es für eine „liberale Illusion", zu glauben, man könne Realpolitik durch Wertepolitik ersetzen. *Varwick, Johannes*: Die Münchner Sicherheitskonferenz 2007 als Wendepunkt. Universität Halle. Varwick sieht in der mangelnden Schaffung einer inklusiven europäischen Sicherheitsarchitektur (unter Einbeziehung Russlands) ein strategisches Versagen des Westens.

[82] *Münchenberg, Jörg:* Der Westen war zu arrogant. Interview mit Gregor Gysi. deutschlandfunk.de, 02.07.2020. *https://www.deutschlandfunk.de/gregor-gysi-die-linke-zu-russland-der-westen-war-zu-arrogant-100.html* (Stand: 15.02.2026). *Die Weltwoche:* „Der Westen war immer arrogant". Slawa Nikonow über Irrtümer und Anmassungen unserer Politiker. 10.08.2024. *https://www.youtube.com/watch?v=4IeizGTuvNQ* (Stand: 15.02.2026). Wladimir Putin – Rede auf der Münchner Sicherheitskonferenz 2007. *https://www.youtube.com/watch?v=AfByW2T7WBk* (Stand: 15.02.2026)

[83] *dbb.de:* Vertrauen in staatliche Handlungsfähigkeit auf Tiefpunkt – Gewaltbereitschaft steigt. dbb Bürgerbefragung 2023. Umfrage von Forsa im Auftrag vom DBB Beamtenbund. 15.08.2023. *https://www.dbb.de/artikel/vertrauen-in-staatliche-handlungsfaehigkeit-auf-tiefpunkt-gewaltbereitschaft-steigt.html.* Gesamte Umfrageergebnisse: *https://www.dbb.de/fileadmin/user_upload/globale_elemente/pdfs/2023/230815_dbb_Buergerbefragung_2023_final.pdf*

[84] *Mausfeld, Rainer:* Was ist und wozu dient Demokratie? Deutsch-Amerikanisches Institut Heidelberg, 12.06.2024. *https://youtu.be/jSkbe-SzIgY?si=xxyHUS_eHjWDpiT4* (Stand: 15.02.2026)

[85] *Tax Justice Network:* The State of Tax Justice 2024. *https://taxjustice.net/reports/the-state-of-tax-justice-2024* (Stand: 15.02.2026). *Tax Justice Network:* State of Tax Justice 2020. November 2025. *https://taxjustice.net/wp-content/uploads/2025/11/State-of-Tax-Justice-2025-report-Tax-Justice-Network.pdf* (Stand: 15.02.2026)

wortung (Accountability) zu trennen. Während die illegale Aggression zweifellos der russischen Führung zuzurechnen ist, adressiert der Begriff der Verantwortlichkeit das Versagen der westlichen Eliten, eine inklusive europäische Sicherheitsarchitektur zu etablieren. Kritiker des „strukturellen Realismus" (wie John Mearsheimer oder Stephen Walt) weisen darauf hin, dass die NATO-Osterweiterung und das Ignorieren russischer Sicherheitsinteressen – etwa nach der Münchner Sicherheitskonferenz im Jahre 2007 – vorhersehbare geopolitische Spannungen provoziert haben. In diesem Sinne bedeutet Accountability die Pflicht der politischen Klasse, die langfristigen Konsequenzen ihrer Expansionspolitik kritisch zu reflektieren, anstatt strategische Versäumnisse hinter moralisierender Rhetorik oder aktuellen Wahlergebnissen zu verbergen.

Zusammenfassung

Anstatt an die Interessen der EU-Bürger zu denken, bekommen die Bürger immer mehr den Eindruck, dass elitäre und partikuläre Interessen im Vordergrund stehen, die nicht den Notwendigkeiten breiter Bevölkerungsschichten entsprechen (siehe Kapitel 7).[86] Wir haben es in Europa geschafft, nach einer Generation von visionären Politikern der Nachkriegszeit, die uns allerdings auch enorme Probleme hinterlassen haben, einer Generation an Politikern an die Macht zu verhelfen, die derer nicht ansatzweise würdig sind. Sie regieren den Kontinent mit Konzepten der Unternehmensführung und selbst das enorm schlecht. Es mag auch Gewinner geben, nur wird immer undurchsichtiger, zu was uns die gegenwärtige europäische Strategie führt. Die Russland auferlegten Sanktionen haben nicht den ersehnten Effekt gehabt, sondern eher das Gegenteil bewirkt. Trotzdem wird über weitere Sanktionen nachgedacht.[87] Der Krieg in Gaza und im Nahen Osten (z. B. Jemen und Syrien) hat die bereits mangelhafte Glaubwürdigkeit des ohnehin prekären moralischen Stellenwertes der kollektiven westlichen Politikerkaste komplett weggeblasen. Mit Moral und Wertvorstellungen lässt sich keine Außenpolitik machen. Aussagen des äußerst fragwürdigen EU-Außenamtssprechers von 2019 bis 2024 haben dem bislang allgemein anerkannten Verständnis der Werte der europäischen Gesellschaft, wie Demokratie, Frieden, Wohlstand, Gleichheit und Brüderlichkeit, in der internationalen Wahrnehmung vom vereinten Europa enorm geschadet. Einer, der als oberster Diplomat der EU die Interessen und die so oft gepriesenen Werte nach außen vertreten sollte, stets die Friedensidee Europas in andere Regionen tragen sollte und eigentlich Friedensgespräche für alle Konfliktherde fordern sollte, stand für die Lieferung von Kampfjets und militärischer Infrastruktur in Kriegsgebiete ein.[88] Das mag Lobbyisten, Vertretern der Rüstungsindustrie oder europäischen Hegemonisten entsprochen haben, der internationalen Friedenbotschaft, die seit dem Zweiten Weltkrieg in Europa führend war,

---

[86] *Verhulst, Jos/Nijeboer, Arjen:* Direkte Demokratie. Fakten, Argumente, Erfahrungen. Democracy International, Brüssel 2007, S. 9 ff. *https://www.mehr-demokratie.de/fileadmin/pdf/verhulst-nijeboer-direct-democracy-de.pdf*

[87] *Todd, Emmanuel:* Der Westen im Niedergang. Ökonomie, Kultur und Religion im freien Fall. Westend Verlag 2024

[88] *Wetzel, Hubert:* Er tritt sicher in die Fettnäpfe. Tagesanzeiger, 27.08.2023. *https://www.tagesanzeiger.ch/eu-aussenbeauftragter-in-der-kritik-er-tritt-sicher-in-die-fettnaepfe-702064067475* (Stand: März 2024)

wurde das nicht gerecht und hat bereits nachhaltigen Schaden verursacht. Das „vereinte" Europa hat seine Glaubwürdigkeit verloren. Damit hat das Demokratieverständnis, wie wir es leben, das von anderen Erdteilen als beispielhaft angesehen wurde, und das es wert gewesen war, angestrebt zu werden, seine Strahlkraft verloren. Dass wir es nicht geschafft haben, Dampfplauderer und Kriegstreiber aus der europäischen Führungsebene abzusetzen, sondern dafür gesorgt haben, die Kriegsrhetorik zu verstärken und in Genozidfragen zu schweigen, zeugt von einer moralischen Niveaulosigkeit und Schwäche der öffentlichen Meinung in Europa. Das ist der wahre Schaden an der Demokratie. Damit verkommen die demokratischen Instrumente zur Nutzlosigkeit.

1.8 Geopolitische Schwierigkeiten beim Zugang zu Ressourcen

Um die gegenwärtige politische Lage zu verstehen, wird eine historisch-geopolitische Kenntnis vorausgesetzt.[89)] Themen wie der nunmehr mehrere Jahre andauernde Konflikt im Nahen und Mittleren Osten, insbesondere der Syrienkonflikt, der Krieg in der Ukraine und die damit einhergehenden Sanktionen, die Öl- und Gaskrise, die Konflikte um Palästina, den Jemen und den Iran usw. können aus einer historischen Betrachtung heraus erklärbar gemacht werden. Wenngleich die Analyse nicht einfach ist, so sollte man für ein tiefes Verständnis der Situation nicht nur gegenwärtige zeitliche Ausschnitte der Entwicklungen betrachten. Informationsmedien neigen dazu, Konflikte zeitlich und geografisch isoliert zu betrachten. Ein komplettes Bild mit Blick auf die geschichtliche Entwicklung der Konflikte ist unabdingbar, wenn man ein möglichst wissenschaftlich neutrales Bild erhalten will.

Die massiven Veränderungen auf dem afrikanischen Kontinent gehen partiell an den Interessen Europas vorbei, sie gehen sogar eher in eine gegensätzliche Richtung. Die Vorherrschaft Europas in Afrika und anderen Erdteilen kommt nach 500 Jahren mit Hochs und Tiefs, mit mehreren innereuropäischen katastrophalen Auseinandersetzungen und zwei schrecklichen Weltkriegen zu einem jähen Ende. Und das nicht, weil uns die Konzepte ausgehen, sondern vielmehr, weil, wie bereits erörtert, die gegenwärtige Generation an politischen Führungskräften die Interessen Europas zunehmend aus den Augen verliert und sich den Interessen anderer Staaten, meist jener der USA oder Großbritanniens, gewidmet haben oder in deren Windschatten willen- und konzeptlos hinterherlaufen. Diese Ansicht mag einigen von Ihnen nicht gefallen, jedoch zeigt sich leider zunehmend, dass das gegenwärtige Europa auf dem fallenden Ast sitzt.[90)] [91)]

---

[89] Das wird nicht in diesem Buch abgedeckt. Sollten historische Vorkommnisse wichtig werden, so wird gesondert darauf hingewiesen.

[90] *Todd, Emmanuel:* Der Westen im Niedergang. Ökonomie, Kultur und Religion im freien Fall. Westend Verlag 2024

[91] *Ritz, Hauke:* Vom Niedergang des Westens zur Neuerfindung Europas. Verlag Promedia 2024

Auf der anderen Seite muss man erkennen, dass z. B. die afrikanischen Länder zunehmend nach Emanzipation streben. Ein starkes Zeichen dafür war der arabische Frühling in den Jahren ab 2010, das stark mit der Finanzkrise in Europa korrelierte. Doch auch die aktuellen Veränderungen in den ECOWAS und angrenzenden Staaten wie Niger, Mali oder Burkina Faso zeugen für eine neue Tendenz der Selbstständigkeit und der neuen Art, Beziehungen zu Europa zu führen. Auch in anderen Teilen der Welt lassen sich neue Anzeichen der Unabhängigkeit wahrnehmen, genannt seien z. B. Brasilien, das sich zunehmend den BRICS-Staaten zuwendet, oder Venezuela. Immer stärker wirken die Schatten einer schlecht bis gar nicht verarbeiteten kolonialen Vergangenheit nach.[92] Die in Europa historisch kaum aufgearbeitete Zeit des Kolonialismus mit der jahrhundertelangen nahezu bedingungslosen Unterwerfung des asiatischen, afrikanischen und lateinamerikanischen Kontinents durch europäische Monarchien, die insbesondere in Afrika bis weit in das 20. Jahrhundert andauerte,[93] sind z. B. ebenso Ursachen für den sogenannten arabischen Frühling[94] [95] oder den Syrienkrieg wie eine fehlende Vision, wie es mit Europa weitergehen soll.

Der Ukrainekrieg kann als ein temporär verschobener Stellvertreterkrieg des Rests eines Kalten Krieges verstanden werden, in dem sich die Mächtigen der Welt in politischer Hegemonie messen und sich um den Zugang zu wichtigen Ressourcen bekriegen.[96] Er kann jedoch auch als Folgewirkung betrachtet werden, da die Expansion westlicher Strukturen wie EU oder NATO als das wichtigste Konzept zur Vormachtstellung gesehen wurde.

Die harten Fakten der Gegenwart erfordern von uns neue Instrumente, neue Konzepte und neue gesellschaftliche Zielsetzungen. Wir brauchen einen neuen politischen Führungsstil und neue Zukunftsvisionen, wenngleich noch nicht ganz klar ist, wie diese aussehen mögen. In Zeiten, in denen die Verteilung wieder ungerechter wird,[97] [98] die Politik mit Korruption und Lobbyismus durchsetzt ist, ist das Aufkommen von Spannungen eine logische Konsequenz. Unser nationales und europäisches Führungspersonal ist zwar gefragt, aber leider unfähig, neue Visionen für die Zukunft zu entwickeln.[99] Beobachtet man die Wahlen der letzten Jahre in Europa,

---

92 Israel-Palästina Konflikt, Zerfall der UdSSR, Aufstände der arabischen Gesellschaften im sogenannten „Arabischen Frühling"

93 Enzyklopädie des Islam. *http://www.eslam.de/begriffe/a/algerienkrieg.htm* (Stand: 07.07.2017)

94 *Rogan, Eugene:* Die Araber, Eine Geschichte von Unterdrückung und Aufbruch. Propyläen Verlag 2012

95 *Schneiders, Thorsten Gerald (Hrsg.):* Der Arabische Frühling. Hintergrund und Analysen. Springer 2013

96 Genauer betrachtet stellen der Syrienkrieg, der Ukrainekrieg und der Krieg im Nahen Osten auch eine Herausforderung der Staaten Russland und China gegenüber dem Imperium der USA dar.

97 *Piketty, Thomas:* Das Kapital im 21. Jahrhundert. Erste Veröffentlichung: August 2014. 5. Auflage. C.H.Beck 2023

98 *Piketty, Thomas:* Ökonomie der Ungleichheit. Eine Einführung. 4. Auflage. C.H.Beck 2021

99 *Ruch, Philipp:* „Zentrum für Politische Schönheit"-Gründer: „Unseren Politikern mangelt es an Visionen". 23.11.2015. *http://www.tagesspiegel.de/kultur/zentrum-fuer-politische-schoenheit-gruender-unseren-politikern-mangelt-es-an-visionen/12624898.html* (Stand: 01.01.2017). Gekürztes Vorwort aus folgender Quelle: *Ruch, Philipp:* Wenn nicht wir, wer dann? Ein politisches Manifest. Ludwig 2015

so scheint die Politikergeneration von heute nicht mehr oder nur partiell zu repräsentieren. Trotz erdrückender Realprobleme in der Bildung, der Gesundheit, der Pflege, der Rentenabsicherung, dem Reich-Armut Gefälle, der europäischen Integration und der internationale Sicherheitslage scheinen jene Parteien gestärkt aus diesen Wahlen hervorzugehen, die genau dafür **nur ungenügende Lösungen** vorzuweisen haben. Durch simples Hinweisen auf die Probleme werden Wahlerfolge populistisch „eingekauft", aber danach schnell wieder vergessen. Eine langsame, aber immer stärker wahrnehmbare Verschiebung der Werte und des gesellschaftlichen Verständnisses ist in diversen Schichten erkennbar und wird uns die kommenden Jahre noch beschäftigen. Während die Führungseliten (politische oder wirtschaftliche Eliten)[100] damit beschäftigt sind, den Machterhalt und das wirtschaftliche Gefüge am Laufen zu halten, ist die breite „Basis" damit beschäftigt, die Auswirkungen genau dieser Politik zu verkraften, und scheint nicht mehr willens zu sein, alles tragen zu wollen.

Die Bürger haben es satt, dass Konzerne in Steueroasen flüchten, um sich nicht an der Fortentwicklung des Staates und damit der gesamten Gesellschaft beteiligen zu müssen. Auf der einen Seite des Gesellschaftsspektrums seien die Panamapapers und Steuer-CDs aus der Schweiz sowie die schwarzen Konten in Liechtenstein oder anderen Steuerparadiesen genannt. Auf der anderen Seite seien der wachsende Kostendruck der unteren Einkommensschichten oder der KMUs, der tägliche Kampf ums Überleben, der oft mit mehreren unterbezahlten Jobs abgedeckt werden muss, und der sich immer stärker verringernde Wert an Arbeit genannt. Das alles schafft eine wachsende Spannung. Dies führt nicht nur dazu, dass die politischen Entscheidungseliten zusehends an Glaubwürdigkeit verlieren,[101] [102] das Ergebnis ist auch eine Verschlechterung der „demokratischen Qualität". Durch die mangelhafte Transparenz und Undurchsichtigkeit der eigentlichen Interessen der Entscheidungsträger steigt die Frustration der kollektiven Wahrnehmung über die sogenannten Eliten.

Wenngleich der Beweis dafür nicht einfach ist, so scheint die öffentliche Wahrnehmung dieses Bild durch bekundete Hilfslosigkeit, durch die geringe Teilnahme an Wahlen, durch geringe Partizipation auf regionaler oder lokaler Ebene sowie durch das Aufkommen rechtsnationaler Parteien und Tendenzen zu bestätigen. Ein Nachweis scheint auf den zweiten Blick dann doch gar nicht so schwer zu sein: Lobbyismus und marktherrschendes Verhalten ist ein Privileg, das nur bestimmen Kreisen vorbehalten ist.

---

[100] Oligarchen wäre das wissenschaftlich richtige Wort, aber auch dieser Terminus ist mittlerweile politisch eingefärbt und quasi „gekidnappt".

[101] *Matuschek, Katrin/Lange, Valerie:* Politik und Glaubwürdigkeit. November 2016. *https://library.fes.de/pdf-files/akademie/mup/13066.pdf*

[102] *Sarcinelli, Ulrich:* Medien und Politik in der Glaubwürdigkeitskrise. Zwischen „Lügenpresse", Kampagnenjournalismus und Aufklärung. In: *Mauler, Sandra/Ortner, Heike/Pfeiffenberger, Ulrike (Hrsg.):* Medien und Glaubwürdigkeit. Interdisziplinäre Perspektiven auf neue Herausforderungen im medialen Diskurs. Innsbruck University Press 2017, S. 23 – 37. *https://mediarep.org/bitstream/handle/doc/3628/Medien_Glaubwuerdigkeit_23-37_Sarcinelli_Glaubwuerdigkeitskrise_.pdf?sequence=7*

Das haben nun auch die „untersten“ Einkommensschichten verstanden.[103] [104] Daran scheint sich seit der industriellen Revolution nicht viel geändert zu haben. Nur dass gegenwärtig der sogenannte „Klassenkampf“, wie er noch bis zu den 1980er-Jahren als Terminus geläufig war, nicht mehr stattfindet. Seit dem Untergang der ehemaligen Sowjetunion und des „Ostblocks“ sind solche Begriffe nicht mehr salonfähig.

Es scheint, als sei die „Arbeiterschaft“ dem Begriff des „Konsumenten“ und des „Beitragszahlers“ gewichen. Dennoch sind die Probleme geblieben und nehmen im tagtäglichen Leben der unteren Einkommensschichten einen breiten Raum ein. Eine Ursache ist auf die schlechte Wohlstandsverteilung innerhalb der gesellschaftlichen Schichten und die Konzentration des Kapitals hin zu den wirtschaftlichen und insbesondere finanziellen Eliten zurückzuführen. Die historisch und politisch so viel gepriesene Arbeit hat an Wert verloren.[105] [106] So sehr sich Politiker ihrem Diskurs nach bemühen, immer wieder Arbeitsplätze zu „schaffen“ oder „abzusichern“, wird dies im Rahmen des vielzitierten Hamsterrades ein sinnloses Unterfangen und ein populistisches Geschwätz bleiben. Fassen wir Arbeit aus wirtschaftlicher Sicht als eine Einnahmequelle auf, so sind die untersten Einkommensschichten zunehmend nicht mehr in der Lage, die täglichen Kosten mit einer einzigen Beschäftigung abzudecken. Das hat zur Folge, dass eine zunehmende Verarmung schleichend eintritt und diese in der Altersarmut einen Höhepunkt findet oder dass Arbeiter mehrere Arbeitsplätze bedienen müssen, um über die Runden zu kommen.

Zu dieser laufenden Auseinandersetzung kommen die Ängste um die sich annähernde Klimakatastrophe hinzu. Die globale Erwärmung und die damit verbundene Angst um die Zukunft und jener der nachkommenden Generationen beginnt nun auch die Jüngsten zu mobilisieren.[107] Die heutige Jugend sieht die Notwendigkeit, sich damit zu beschäftigen, wie sie mit all den Herausforderungen fertig werden wird, die wir ihr hinterlassen. Schrumpfende Ressourcen, eine kaputte Umwelt, verdreckte Meere und verpestete Luft – ist das das Ergebnis der Werte der Babyboomer und der Generation X? Es scheint wohl eher das Ergebnis des Systems des in den 1980er-Jahren etablierten, viel bejubelten Neoliberalismus zu sein. „Weniger Staat, mehr privat“ und „Der Markt wird es steuern“ – das war die Prämisse von Milton Friedman Ende der

---

[103] *Lavaud, Barbara:* Ungleichheit gefährdet die Demokratie. 11.01.2022. *https://kompetenz-online.at/2022/01/11/ungleichheit-gefaehrdet-demokratie* (Stand: 19.07.2022)

[104] *Dauderstädt, Michael:* Einkommensungleichheit in der EU. 100. Jahrgang, 2020, Heft 8, JEL: C81, D30, F15, S. 628 – 632. *https://www.wirtschaftsdienst.eu/inhalt/jahr/2020/heft/8/beitrag/einkommensungleichheit-in-der-eu.html* (Stand: 19.07.2022)

[105] *Grabka, Markus M./Halbmeier, Christoph:* Vermögen im europäischen Vergleich. 10.03.2021. *https://www.bpb.de/kurz-knapp/zahlen-und-fakten/datenreport-2021/private-haushalte-einkommen-und-konsum/329977/vermoegen-im-europaeischen-vergleich* (Stand: 19.07.2022)

[106] *Hans Böckler Stiftung:* Die egoistischen Eliten. Quelle: *Hartmann, Michael:* Elitenstruktur und soziale Ungleichheit in Europa. In: WSI-Mitteilungen 3/2008. *https://www.boeckler.de/de/boeckler-impuls-die-egoistischen-eliten-8081.htm* (Stand: 19.07.2022)

[107] *Steiner, Bettina:* Die Jugend verliert die Geduld. diepresse.com, 30.12.2019. *https://www.diepresse.com/5744326/die-jugend-verliert-die-geduld* (Stand: 03.01.2020)

1960er-Jahre. Ein halbes Jahrhundert später spricht das Ergebnis Bände. Im Gegensatz zur europäischen politischen Elite scheint das mittlerweile sogar die Jugend verstanden zu haben. Die Jugend verliert langsam die Geduld und das ist gut so.[108)]

1.9 Disruption und Digitalisierung als Beitrag zur Nachhaltigkeit

Die Notwendigkeit und der immer stärkere Druck zur Nachhaltigkeit sind unverkennbar. Nachhaltigkeit wird in der zukünftigen Gesellschaft einen breiteren, wenn nicht gar den ersten Platz einnehmen.[109)] Sie wird nach und nach die wichtigste Determinante des wirtschaftlichen Handels werden. Die Partizipation ist ein zunehmend wichtiger werdendes Instrument.[110)] Sie ist ein gesellschaftspolitischer Baustein, der auf allen Ebenen des nachhaltigen Handelns platziert und mit dem Demokratiegedanken eng verbunden ist. Sie findet in unserem gegenwärtigen Gesellschaftsmodell allerdings nur unzureichend Anwendung.[111)] In der Vergangenheit dachte man, dass durch demokratische Institutionen wie Parteien und Vereine die Partizipation einer breiten Masse bei demokratischen Entscheidungen für alle gesellschaftlichen Bereiche ausreichen würde. Dass die Wirtschaft aufgrund geänderter Rahmenbedingungen im Sinne der Ressourcenverknappung früher oder später ebenfalls auf eine „geänderte“ Basis gestellt werden müsste, das hatten die Gestalter der modernen Demokratien nach dem Zweiten Weltkrieg nicht voraussehen können. Die Entstehung bzw. die Anwendung dieser gestalterischen Instrumente fand zu einer Zeit statt, als es noch keine Ressourcenknappheit gab bzw. die Kenntnis über die Ressourcenverfügbarkeit, wie wir sie jetzt haben und erleben, noch gar nicht Gegenstand der Fragestellung war.[112)] Im Laufe der Geschichte hat sich gezeigt, dass neue Regeln immer dann notwendig wurden, wenn sich die Menschheit auf eine Katastrophe zubewegt hat oder bereits eine erlitten hatte.[113)] Die verstärkte Form der Bürgerbeteiligung kann in Zukunft ein Schlüssel für den Erfolg

108 *Steiner, Bettina:* Die Jugend verliert die Geduld. diepresse.com, 30.12.2019. *https://www.diepresse.com/5744326/die-jugend-verliert-die-geduld* (Stand: 03.01.2020)

109 Siehe Trends zu nachhaltigem Marketing, nachhaltigen Investmentportfolios, zur Regionalisierung in der Nahrungskette etc.

110 Weitere Instrumente der Nachhaltigkeit: grüner Fußabdruck, Regionalität, bewusster Konsum, kollektive Ziele zu langfristigem Handeln, „Enkelbewertung“ als Betrachtung nachhaltigen Handelns etc.

111 *Hierlemann, Dominik/Roch, Stefan:* Europa fehlt eine funktionierende Infrastruktur für die politische Beteiligung der BürgerInnen. 05.05.2022. *https://www.bertelsmann-stiftung.de/de/themen/aktuelle-meldungen/2022/mai/europa-fehlt-eine-funktionierende-infrastruktur-fuer-die-politische-beteiligung-der-buergerinnen*

112 Mit der Ausnahme von Öl; als Beispiel seien hier die Maßnahmen genannt, die Mitte der 1980er-Jahre ergriffen wurden, um den sauren Regen zu stoppen, oder das Verbot von FCKW-Stoffen in Kühlschränken zur Reduktion des Ozonlochs.

113 Völkerbund nach dem Ersten Weltkrieg, Menschenrechtscharta nach dem Zweiten Weltkrieg, Kontrolle über das Atompotenzial nach Hiroshima und Nagasaki

jeder technologisch-nachhaltigen Transformation sein, wenn man die demokratischen Rahmenbedingungen so beibehalten will, wie sie gegenwärtig sind, und das ist der absolute Mindeststandard, den es zu halten gilt.[114]

Nachhaltigkeit ist kein Konzept, das an Demokratien gebunden ist. Sie kann auch von schwach demokratischen oder diktatorischen Systemen zwangsweise auferlegt werden.[115] Es stellt sich aber unweigerlich die Frage, ob Demokratie in unserem Verständnis für künftige Gesellschaftsformen erhalten werden kann, wenn die Ressourcenknappheit immer stärker wird?[116] Wie wird sich das demokratische Verständnis vor diesem Hintergrund in künftigen wirtschaftspolitischen Gesellschaften verändern? Die Möglichkeit (auch als „Gefahr" zu verstehen) eines nicht ganz friedlichen Daseins besteht. Die Frage lässt sich heute sicher nicht beantworten. Soziologen und Philosophen sind gefordert.[117]

In diesem Buch gehe ich auf disruptive Technologien wie Smart Technologies, Smart Grids, Smart Cities, Smart Transport usw. ein. Sie bedeuten seit dem Jahrtausendwechsel eine Trendumkehr im System, indem sich die Nachfrage an der Verfügbarkeit orientiert und nicht umgekehrt. Die Nachhaltigkeit wird in dieser Betrachtung zum Leitbild.[118] Der Trend zeigt eine Änderung der Ausgangsbasis, die bislang implizierte, dass die natürlichen Ressourcen unendlich verfügbar waren und es teilweise noch sind (z. B. Licht und Wind). Es ist aber hinlänglich bekannt, dass die Ressourcen auf diesem Planeten endlich sind.[119]

Die smarten Technologien sollen nun dabei helfen, die Ressourcen- und Verteilungsfragen zu vereinfachen oder gar erst zu ermöglichen. Der hohe Grad an Automatisierung dieser neuen disruptiven Technologien zeigt eindeutig den Schritt in Richtung einer Produkt- und Dienstleistungsbereitstellung auf, in der die Nachhaltigkeit implizit eingefasst wird. Dabei wird die gesellschaftliche Wohlfahrt als Maxime beibehalten und „lediglich" das technologische Fundament ausgetauscht (wenngleich das System

---

[114] Partizipation kann auch auf diktatorische Weise diktiert werden. Dies ist aber mit unserem Demokratieverständnis westlicher Prägung nicht vereinbar. Autokratische und diktatorische Regime neigen in bestimmten Fällen dazu, Bürgerbeteiligungen zuzulassen, jedoch nur dann, wenn dies dem Machterhalt dienlich ist. Partizipation darf jedoch nicht mit Meinungsfreiheit verwechselt werden. Man kann in einem diktatorischen Regime auch im Sinne der Nachhaltigkeit partizipativ handeln, was nicht gleichzeitig einen Freibrief für das Regime darstellen muss.

[115] Siehe z. B. China, Brasilien, Russland

[116] Das ist eine andere Fragestellung, die nicht hier beantwortet wird. Eine weitere Diskussion ist jedoch angedacht und empfehlenswert. Sie ist nicht zuletzt auch notwendig, um demokratische Strukturen hinsichtlich ihrer Wirksamkeit und Zukunftsfähigkeit zu überprüfen.

[117] Empfehlung: *Precht, Richard David:* Freiheit für alle. Das Ende der Arbeit wie wir sie kannten. Goldmann 2022. *Harari, Yuval Noah:* 21 Lektionen für das 21. Jahrhundert. C.H.Beck 2024

[118] Zumindest sollte sie es sein, da sie bisher auch im Sinne der Gewinnmaximierung oder Kostenreduktion angedacht wurde.

[119] *International Assessment of Agricultural Knowledge, Science and Technology for Development (IAASTD):* Weltagrarbericht. Synthesebericht. Hamburg University Press/Verlag der Staats- und Universitätsbibliothek Hamburg Carl von Ossietzky 2009. *https://www.weltagrarbericht.de/wp-content/uploads/IAASTDSyntheseDeutsch.pdf* (Stand: 15.02.2026)

des kapitalistischen Handelns bisher nicht infrage gestellt wird). Kann das funktionieren? Ist Nachhaltigkeit, die durch disruptive Technologien befördert wird, die Antwort auf alles? Oder muss langfristig das gegenwärtige Wirtschaftssystem infrage gestellt werden? Was passiert, wenn einzelne Ressourcen komplett aufgebraucht sind? Können wir dann noch nach dem Prinzip des Angebots und der Nachfrage agieren? Einen kleinen Einblick in das Verhalten der Märkte konnten wir in der aktuell laufenden Auseinandersetzung der Gaskürzungen aus Russland gewinnen.[120)]

Es scheint so, dass Nachhaltigkeit die neue aufkommende Doktrin zu werden vermag. Nachhaltigkeit ordnet sich allerdings nach wie vor der Produktivität und dem Wachstum unter.[121)] Sie bildet jedoch ein neues, ressourcenbasiertes Verständnis bzw. ist das neue Element des wirtschaftlich-sozialen Handelns mit zukünftiger Prägung. Dies macht allerdings auch ein neues Denken, zusätzliche Intelligenz in der Produktion, neue Vermarktungsstrategien[122)], detailliertere und granulare Verteilungsfunktionen sowie eine Analyse der Nachfragefunktion und des Konsumentenverhaltens erforderlich. Die Nachhaltigkeit wird künftig die neue Säule des wirtschaftlichen Handels sein und über Erfolg oder Misserfolg von Produkten und Dienstleistungen entscheiden. Sie könnte jedoch auch die Basis für neue wirtschaftliche Standards oder gar Gesellschaftsmodelle sein. Die „smarten" Technologien können dabei ein Steigbügel sein, um die Ziele einer gerechteren Verteilung der Ressourcen, einer partizipativen Gesellschaft und eines langfristig nachhaltigen Wirtschaftssystems zu erreichen. Sie könnten demzufolge als ein notwendiges Werkzeug für den Erhalt der natürlichen (Bio-) Diversität und der Erhaltung der Spezies verstanden werden.[123)] [124)]

Smarte Technologien allein sind jedoch keine Option. Sie werden nicht die allumfassende Lösung sein. Sie sind lediglich das Instrument, um die Nachhaltigkeit zu ermöglichen oder zu fördern. Sie werden nicht per se eine Ökonomie nachhaltig gestalten. Disruption und Digitalisierung kann auch in traditionellen Wirtschaftssegmenten implementiert werden, wie z. B. im Transportwesen, in der Stahlindustrie oder der öffentlichen Verwaltung. Ob es sich bei der Implementierung von smarten Technologien um E-Vehicle oder Verbesserungen ölbasierter Fortbewegung handelt, wird nicht durch die Digitalisierung von Dienstleistungen definiert. Mit anderen Worten: Auch

---

[120] Die Intervention von Staaten in Firmen, die als kritisch für den Fortbestand von Gesellschaften betrachtet werden, ist seit der Eurokrise bekannt. Die „Parole" der Verstaatlichung von Verlusten und die Privatisierung von Gewinnen wird vermutlich immer stärker werden. Dies stellt das Axiom zu Angebot und Nachfrage direkt in Zweifel, zumindest für jene Bereiche, die als gesellschaftlich überlebensrelevant betrachtet werden, also kritische Infrastruktur betreffen.

[121] Es stellt sich die Frage, wie lange das möglich ist oder die Menschheit sich das leisten kann.

[122] Siehe Digital Marketing und Shopportale

[123] *Aevermann, Tim:* Entwicklung einer Indikatorik für nachhaltige Wirtschaftssysteme. Im Grenzbereich von Ökologie und Ökonomie. VDM Verlag Dr. Müller 2010

[124] *Altmeppen, Klaus Dieter/Zschaler, Frank/Zademach, Hans Martin/Böttigheimer, Christoph/Müller, Markus (Hrsg.):* Nachhaltigkeit in Umwelt, Wirtschaft und Gesellschaft: Interdisziplinäre Perspektiven. Springer VS 2017

CO_2 emittierende Wirtschaftssegmente können digitalisiert werden, ohne dadurch nachhaltig zu werden. Die Digitalisierung auf allen Ebenen ermöglicht lediglich, neue Produktionsmechanismen aufzubauen und darüber hinaus virtuelle Märkte oder Vertriebskanäle zu erschließen, die bislang nicht oder nur bestimmten Sektoren zugänglich waren. Sie fordert aber auch eine stärkere Partizipation des „Konsumentens" im Produktlebenszyklus. Ich werde darauf noch näher eingehen.

1.10 Weitere damit zusammenhängende Fragen

Kriege aus anderen Regionen kommen heute zusehends über Terror und nun auch direkt durch die Berichterstattung der Abendnachrichten und Social Media nach Europa.[125] Dies ist zuletzt darin begründet, dass die Welt globaler geworden ist und der Nahe Osten oder die Ukraine in wenigen Flugstunden erreicht werden können. Die Medien überschütten uns mit Kriegsmaterial und vermitteln damit ein Gefühl der unmittelbaren Nähe zu den Konfliktherden, was seit dem Ukrainekrieg ja auch tatsächlich der Fall ist.

Während Europa noch damit beschäftigt ist, einen zukunftsfähigen Weg in der Union der 27 zu finden und die politisch, organisatorisch und wirtschaftlich nahezu konzeptarme und zu rasche Osterweiterung zu verkraften,[126] brechen globale Konflikte immer stärker in das tagespolitische Geschehen Europas ein. Das Bild ist nachhaltig geprägt, wie es die Flüchtlingskrise des Jahres 2015 oder wie es die Terrorattentate in Großbritannien, Frankreich, Spanien und Deutschland in den letzten Jahren verdeutlichen. Der Krieg in der Ukraine ist die aktuelle Eskalation in diesem Sinne. Es kann durchaus erwartet werden, dass es nicht die letzte sein wird.

Auch die USA sind in einer Art Politstarre versetzt. Die ursprünglich hohen Erwartungen an die Obama-Ära wurden nicht erfüllt.[127] Anstatt Konfliktlösungen im Nahen Osten voranzutreiben, fanden Drohnenkriege und Islamischer Staat, das Produkt einer Kette von Ereignissen einer desaströsen US-amerikanischen Außenpolitik, statt[128] und zeugen damit von einer Konzept- und Visionslosigkeit der aktuellen Politikergenerati-

---

[125] *Tauber, Andre:* Ein Drittel der IS-Kämpfer ist zurück in Europa. 01.04.2016. *https://www.welt.de/politik/ausland/article153904400/Ein-Drittel-der-IS-Kaempfer-ist-zurueck-in-Europa.html* (Stand: 29.06.2017)

[126] Wie es die französische Europaabgeordnete Sylvie Goulard am 01.05.2014 im Deutschlandfunk darstellte: „Wir haben leider viel mehr Wert daraufgelegt, dass diese Länder sich entwickeln und manche Bedingungen erfüllen. Wir haben uns nicht die Frage gestellt, was müssen wir alte Mitgliedsländer tun, damit die EU besser funktioniert mit mehr Mitgliedern." Quelle: *https://www.deutschlandfunk.de/eu-osterweiterung-zehn-jahre-10-plus-100.html*

[127] *Marschall, Christoph von:* Acht Jahre US-Präsident: Was bleibt von Obama? tagesspiegel.de, 07.11.2016. *http://www.tagesspiegel.de/politik/acht-jahre-us-praesident-was-bleibt-von-obama/14801640.html* (Stand: 03.01.2017)

[128] *Lüders, Michael:* Wer den Wind sät. Was westliche Politik im Orient anrichtet. C.H.Beck 2015

on,[129] wie sie es in der jüngeren Vergangenheit nach dem Zweiten Weltkrieg noch nicht gegeben hatten. Auch durch die Wahl von Trump und Biden hat sich das Bild nicht gebessert. Es ist sogar noch verheerender geworden.

Ich werde im Buch jedoch nur partiell auf diese Themen eingehen, dafür aber vermehrt auf die Vorteile einer inneren Stabilität Europas hinweisen, was bei uns weit mehr bewirken könnte als die gegenwärtig in den Medien so priorisierte außenpolitische Stabilität der USA oder anderer Regionen. Allerdings ist leider zu bemerken, dass Europa ins Abseits gerät und unter Zugzwang steht. Die gegenwärtige Lage der europäischen Wirtschaftspolitik ist besorgniserregend. Eine Außenpolitik ist aus internationaler Sicht schlichtweg nicht vorhanden oder wird einfach zu gering bis gar nicht wahrgenommen.[130] Will man den europäischen Bürgern einen nachhaltigen und gesicherten Lebensstandard zukommen lassen, so wird man um die Fragen nach der aktuellen politischen Führung, der Verteilung von Ressourcen und der Absicherung des Wohlstandes für die breite Masse nicht herumkommen. Diese Analyse kann auch für andere Länder und Regionen beispielgebend sein. Dies wird jedoch von den Ergebnissen der Analyse abhängen und wie man Trends hin zu neuen Visionen oder Konzepten und Möglichkeiten bewertet und umsetzt.[131] Die laufende Digitalisierung ist einer der Blickwinkel, die in der Analyse berücksichtigt werden müssen. Sie kann Lösungen für die Nachhaltigkeit ermöglichen, sie kann sich aber auch verheerend auf die Vernichtung von Arbeitsplätzen auswirken. Digitalisierung wirkt in nahezu alle Segmente hinein, von der simplen Lernplattform über den Gesundheitsbereich, die Administration bis hin zum Verkehr und insbesondere zur Energieversorgung. Gerade hier findet eine große Umwälzung statt. Durch die immer stärker werdende Integration von erneuerbaren Energiequellen ist eine Digitalisierung in diesem Segment immer spürbarer. Ursächlich getrieben von dem Willen, die CO_2-Emissionen fossiler Energieträger zu reduzieren, ist der Wunsch nach energetischer Unabhängigkeit aktuell der wichtigste Treiber einer Energiewende. Ich werde in den folgenden Kapiteln auf diese Thematik eingehen und den aktuellen Stand der Energietransformation erörtern.

Einige Fragen werden jedoch bestehen bleiben, wie z. B. die Frage, ob wir jemals in der Lage sein werden, unseren immer stärker wachsenden Energiehunger ausschließlich

[129] *Ruch, Philipp:* „Zentrum für Politische Schönheit"-Gründer: „Unseren Politikern mangelt es an Visionen". 23.11.2015. *http://www.tagesspiegel.de/kultur/zentrum-fuer-politische-schoenheit-gruender-unseren-politikern-mangelt-es-an-visionen/12624898.html* (Stand: 01.01.2017). Gekürztes Vorwort aus folgender Quelle: *Ruch, Philipp:* Wenn nicht wir, wer dann? Ein politisches Manifest. Ludwig 2015

[130] Sind die Britin Catherine Ashton und die Italienerin Federica Mogherini noch ein Begriff? Sie waren Josep Borrells Vorgänger als außen- und sicherheitspolitische Sprecher der EU. Die aktuelle Außenamtsprecherin reiht sich nahtlos in die aufbauende Bedeutungslosigkeit ein.

[131] Die zunehmende „dekadente" Existenz von „Superreichen" mit einer hohen Konzentration an Kapital und Macht führt das System genauso ad absurdum wie der zunehmende viel beschworene Populismus und die Konzentration von Massenmedien mit einseitiger, ja fast geradezu absichtlicher Fehlinformation. Will man an der Gestaltung einer postfossilen Gesellschaft arbeiten, so sind die aktuellen Entwicklungen in diesen Bereichen auch Herausforderungen, die es zu lösen gilt.

durch erneuerbare Energien zu stillen. Oder jene, ob die Menschheit je eine Zeit nach der fossilen Energiezeit erleben wird. Wie werden wir künftig unseren gegenwärtigen Lebensstil erhalten können? Wird die globale Erwärmung unumkehrbar sein? Es werden vermutlich viele Fragen aus gegenwärtiger Sicht unbeantwortet bleiben. Wie befinden uns erst am Anfang einer neuen Epoche. Die postfossile Ära hat bereits begonnen, mit uns oder ohne uns. Wer das verkennt, wird vom Rad der Geschichte erdrückt werden. Die wichtigste Frage wird folglich sein, ob wir die richtigen Zeichen zur richtigen Zeit deuten können. Entscheidungen von heute werden die Ergebnisse von morgen sein. So erscheint es gerade heute wichtiger denn je zu sein, Entscheidungen, Beschlüsse und Regulatorien aus gesellschaftlich-politischer, technischer und vor allem menschlicher Sicht zu treffen, um das Überleben der Menschheit auf lange Sicht sicherzustellen. Viel Zeit bleibt uns nicht. In den kommenden 20 Jahren werden die Würfel fallen – im Guten wie im Schlechten, das wird von uns abhängen.

Wissenschaftlicher Mehrwert

Der Mehrwert dieses Buches liegt darin, den Einsatz von digitalen und disruptiven Lösungen im Energie- und Ressourcenbereich zu verstehen und das Potenzial und den möglichen Beitrag zur Nachhaltigkeit zu bestimmen. Zukünftige energiewirtschaftliche Modelle können darauf basierend erörtert und diskutiert werden.[132)]

Die Gesellschaft von morgen wird eine digitale sein. Daran besteht kein Zweifel. Unsere gesamte soziale Struktur, bestehend aus öffentlicher Verwaltung, Partizipation, Bildung, Gesundheit, Energieversorgung, Transport usw., wird zusehends digitalisiert. Internet of Things (IoT) lautet das zugehörige Schlagwort. Diese Tendenz wird starken Einfluss auf die Ressourcennachfrage haben.[133)] So wird die Nachfrage nach Lithium und seltenen Erden aufgrund der fortschreitenden Nutzung von elektronischen Devices wachsen. Die Dienstleistungen, die uns solche Lösungen bringen, beeinflussen die Art und Weise unserer Kommunikation, die Art, wie wir Information verarbeiten, wie wir leben und wie wir Entscheidungen treffen.

Welche Säulen und Werte diese Gesellschaft zukünftig tragen werden, hängt davon ab, wie wir heute diese Gesellschaft mitgestalten wollen und welche Werte und Strukturen wir aus heutiger Sicht für zukünftige Gesellschaftsmodelle als relevant definieren. Eine gute Gesellschaft gestaltet sich nicht von selbst, sondern muss aktiv durch alle mitgestaltet und mitgetragen werden. Die immer knapper werdende Verfügbarkeit von Ressourcen und die Konsequenzen der Nutzung fossiler Energien erfordert demzufolge eine tiefgehende Auseinandersetzung mit unseren Werten, unserem Handeln und der gegenseitigen Wertschätzung. Dies kann lediglich als Basis für eine zukünftige Neugestaltung des globalen Miteinanders verstanden werden.

---

[132] Nicht Teil dieses Buches

[133] *Fraunhofer-Gesellschaft:* Trends für die digitale Zukunft. 2016. *https://www.fraunhofer.de/content/dam/zv/de/Forschungsfelder/Kommunikation-Wissen/trends-fuer-die-digitale-zukunft.pdf* (Stand: 07.07.2017)

2 Kritische Betrachtung des aktuellen Standes der Energiewirtschaft

Der aktuelle Forschungsstand der Energiewirtschaft und der Energiepolitik konzentriert sich überwiegend auf den Bereich der nachhaltigen Wirtschaftssysteme unter Berücksichtigung von ökologischen Wirtschaftsmechanismen, von Energiepreisen und deren Einflussmechanismen, von Energieeinsparpotenzialen, von urbaner Partizipation sowie von Versorgungs- und Verteilungsprinzipien.[1] Außerdem findet Forschung im technischen Bereich statt, bei der die intermodale Mobilität, die Digitalisierung der Energiewirtschaft (Stichworte Smart Metering und Smart Energy), die emissionsfreie Erzeugung von Energie sowie die Steigerung der Energieeffizienz die gegenwärtigen Themenschwerpunkte bilden.[2] Eine breite Diskussion im Sinne einer holistischen Zukunftsoption, gepaart mit gesellschaftlichen Veränderungsprozessen und mit Themen wie Lebensmittelverteilung, Bodenerosion usw., findet nur selten bis fast gar nicht statt. Die vorangehend genannten Beispiele für Forschungsthemen könnten eine Basis für Wirtschaftstheorien der Zukunft bilden, also z. B. einer Kreislaufwirtschaft, und einen Beitrag leisten, wie die Energie effizienter genutzt werden kann. Diese Themenbereiche sind aber nur wenig bis gar nicht miteinander verzahnt. Daher liefern sie für die energiewirtschaftlichen Fragestellungen im Sinne einer ganzheitlichen Alternative mit interdisziplinärer Lösung, die auf einer Entkoppelung von fossilen Energieträgern basiert, nur ungenügende Antworten. Diese sind insofern ungenügend, als dass sie die Verteilungsfunktionen und die Versorgungsknappheit zwar sporadisch ansprechen, aber kaum ganzheitliche Lösungen liefern und das Thema nicht auf gesellschaftlicher oder auf politisch-wirtschaftlicher Ebene angehen. Das Problem der Ressourcenknappheit ist und bleibt ein kombiniertes Problem, das finanzielle, gesellschaftliche, politische und technische Fragestellungen aufwirft, die es langfristig zu lösen gilt. Die stärker werdende Verknappung der natürlichen Ressourcen rast wie ein Schnellzug auf uns zu und anstatt uns damit zu befassen, wie wir ihn bremsen können, arbeiten wir gerade daran, wie wir diesen beschleunigen.

---

1 Beispiel: Universität Münster. *https://www.uni-muenster.de/Fuchs/forschung/forschungsfelder/energiepolitik.html*

2 Beispiel: TU Wien, Institut für Energie und Umwelt. *https://energiewelten.tuwien.ac.at/forschung*

Wirtschaftlicher Stand der Forschung

Die realwirtschaftlichen Auswirkungen der Ressourcenknappheit sind beim Endverbraucher langfristig vermutlich nur durch neue Technologien im Bereich des Recyclings, neue Produktionsprozesse sowie neue Technologien im Allgemeinen (wie z. B. Smart Grids, Smart Cities und Smart Markets) zu lösen. Die Auseinandersetzungen im gesellschaftspolitischen Kontext sind insofern wichtig und wegweisend, als dass sie bei der Implementierung von entsprechenden Rahmenbedingungen wegweisend sein müssen. Die Betrachtung der **gesellschaftspolitischen Aspekte einer postfossilen Epoche** wird jedoch innerhalb bestehender Forschungsfelder kaum angesprochen, wenngleich diese sehr starke Motivationsträger, ja sogar Katalysatoren, sein können. Ich werde an späterer Stelle noch darauf zurückkommen.

Es scheint so, dass – rein subjektiv gesprochen – die westliche (meist europäische) Hemisphäre „gestern“ noch im Auftrag der internationalen Entwicklungspolitik mit der Bekämpfung von Armut, der Förderung von Bildung und der Verbesserung des Zugangs zu Nahrung beschäftigt war,[3) 4)] und heutzutage plötzlich von weitaus größeren Schwierigkeiten überrollt wurde. Dabei sollte die Lösung integrativ sein. Nicht die Lösung eines Faktors nach dem anderen wird Klarheit bringen, sondern eine holistische Betrachtung der Lösung, also auch der Interdependenzen einzelner Faktoren im Sinne eines Ganzen.[5) 6)] Fehlt es an Bildung, fehlt es an Entwicklung. Fehlt es an sozialer Gerechtigkeit, leidet die Partizipation usw. Gesellschaftsstrukturen greifen ineinander. Wenngleich ich mich hier nur auf die energiepolitischen und energiewirtschaftlichen Fragestellungen konzentrieren werde, so darf ich dabei die genannten wichtigen Faktoren nicht außer Acht lassen. Ich werde schrittweise auf diese Faktoren eingehen, immer dann, wenn es Sinn ergibt und zum Verständnis des Themas beiträgt.

---

3 *Dehmer, Dagmar:* Eine kleine Chronologie der Entwicklungshilfe: Von der Hilfe zur „Partnerschaft“. tagespiegel.de, 07.04.2013. *http://www.tagesspiegel.de/politik/eine-kleine-chronologie-der-entwicklungshilfe-von-der-hilfe-zur-partnerschaft/8028204.html* (Stand: 29.06.2017)

4 Aus meiner Sicht ist dies auch eine teilweise mangelhafte, verfehlte oder einseitige Entwicklungspolitik, die im Schatten des Kalten Krieges unterschiedliche Interessen verfolgte. Die Rolle der Weltbank im Sinne einer Kreditvergabepolitik, die an ökonomische Strukturreformen gekoppelt wurde, hat zu einer Abhängigkeit der Entwicklungsländer beigetragen. Auch hier muss die Frage erlaubt sein, inwiefern Entwicklungspolitik nicht auch als strategisches Element genutzt wurde, um wirtschaftliche und hier insbesondere technologische Exportmärkte zu schaffen, und inwieweit dadurch auch Abhängigkeiten in Kauf genommen wurden. Entwicklungshilfe im Sinne einer Partnerschaft kam erst gegen Ende der 1990er-Jahre mit der neu aufkommenden Globalisierung zustande. Siehe auch: *Göbel, Heike:* Warum schadet Entwicklungshilfe? faz.net, 28.04.2008. *http://www.faz.net/aktuell/wirtschaft/wirtschaftswissen/erklaer-mir-die-welt-97-warum-schadet-entwicklungshilfe-1543009.html* (Stand: 29.06.2017)

5 Solch ganzheitliche Denkansätze gibt es bei der Welternährungsorganisation FAO schon länger. Siehe: *Food and Agriculture Organization of the United Nations:* The Water-Energy-Food Nexus: A new approach in support of food security and sustainable agriculture. Paper. Rom 2014. *https://openknowledge.fao.org/server/api/core/bitstreams/86fe97cc-4a38-4511-a37f-8eb8ea8fe941/content* (Stand: Dezember 2024)

6 *Endoa, Aiko/Tsurita, Izumi/Burnett, Kimberly/Orencio, Pedcris M.:* A review of the current state of research on the water, energy, and food nexus. In: Journal of Hydrology: Regional Studies, Volume 11, June 2017, pp. 20 – 30. *http://www.sciencedirect.com/science/article/pii/S2214581815001251*

3 Die Zukunft der Ressourcen

Die Menschheit hat in den letzten 30 Jahren bereits 25 % der noch auf dem Planeten verfügbaren natürlich vorkommenden Ressourcen verbraucht.[1] Umgekehrt dargestellt bedeutet dies, dass wir den Welterschöpfungstag (engl. *Earth Overshoot Day*) immer früher im Kalender auffinden werden. Hierbei handelt es sich um den Tag, ab dem wir mehr natürliche Ressourcen der Welt verbraucht haben werden als nachwachsen können. Im Jahr 2021 fand dieser Tag am 29. Juli statt, im Jahr 2022 bereits am 28. Juli (Bild 3.1).

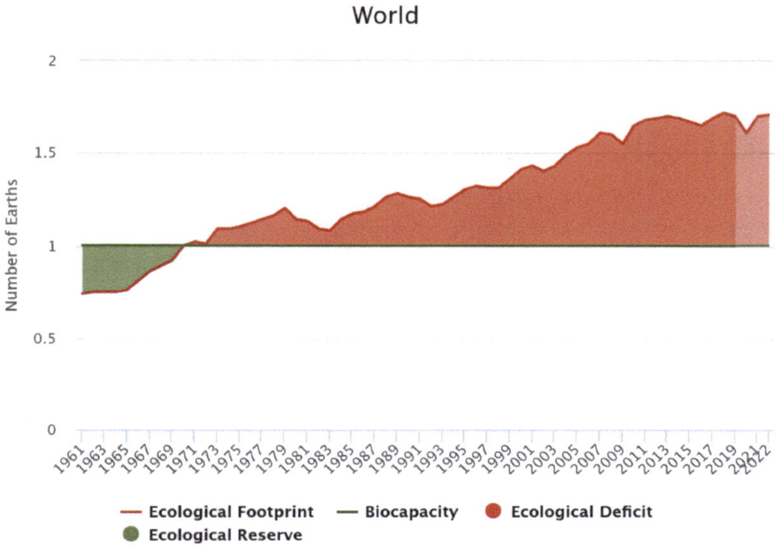

Bild 3.1 Das ökologische Defizit der Welt[2]

---

[1] *Global Footprint Network:* Ecological Footprint of the World. *http://data.footprintnetwork.org/#/countryTrends?cn=5001&type=earth* (Stand: 25.01.2024)

[2] © Bild: Global Footprint Network (*https://data.footprintnetwork.org*)

Rechnet man das hoch, so ist unschwer zu erkennen, dass bei wachsender Weltbevölkerung, hohem Konsum und *Business as Usual*-Verhalten in den kommenden 70 bis 90 Jahren die letzten noch natürlich vorkommenden Ressourcen auf diesem Planeten aufgebraucht sein werden. All jene, die vor 1990 geboren wurden, werden diese Situation vermutlich nicht mehr erleben, all jene danach aber vermutlich schon. Nicht alle künftigen Begleiterscheinungen dieser Entwicklung lassen sich gänzlich absehen, doch ein Teil von ihnen ist bereits im Gang. Die Entwicklungen werden aller Wahrscheinlichkeit nach noch konfliktreicher werden, sobald die Verknappung zunimmt und der Zugang zu den Ressourcen schwieriger wird oder durch lokale Protektionismen oder andere politische Interessen gar nicht mehr möglich ist. Eine genauere Analyse ist also sinnvoll, weshalb ich das Thema in diesem Kapitel detaillierter darstellen werde.

3.1 Zentrale Hypothese

Zunächst teile ich die Ressourcen in verschiedene Kategorien ein, um eine bessere und übersichtlichere Darstellung zu erzielen. Folgende Ressourcen werden wir dabei betrachten:

1. Energieressourcen (Kapitel 4)
2. Wasserressourcen (Abschnitt 3.2)
3. Nahrung (Abschnitt 3.3)
4. seltene Erden und Halbleiter (Abschnitt 3.4)
5. andere relevante Ressourcen

Die Darstellung der Ressourcenverfügbarkeit ermöglicht es uns, in der darauffolgenden Analyse der smarten Technologien zu überprüfen, inwieweit die Verknappung der Ressourcen durch den Technologieeinsatz eingedämmt werden kann oder inwieweit eine effizientere Ressourcennutzung möglich ist. Eine Hauptthese dieses Buches ist, dass Digitalisierung dazu beitragen kann, die Verfügbarkeit der Ressourcen zu verlängern, mehr aber auch nicht. Die These basiert darauf, dass durch verbesserte Informationen zur Verfügbarkeit und zum Verbrauch der Ressourcen eine effizientere Ressourcennutzung möglich ist und in der weiteren Folge die Verbrauchs-, Verarbeitungs- und Konsumprozesse effizienter gesteuert werden können.

Bild 3.1 zeigt den Zusammenhang zwischen der Ressourcenverfügbarkeit und der Nutzung digitaler Technologien. Ziel ist es, die Digitalisierung der Energie- und Ressourcenwirtschaft auf ihre Effizienz und auf ihren Anteil an der Nutzungsoptimierung und der Nachhaltigkeit hin zu prüfen. Es wird hier implizit die These aufgestellt, dass die Digitalisierung ein wesentlicher Baustein zukünftiger Lösungen[3] der Ressourcenfrage sein wird. Diese Erwartungshaltung ist im alltäglichen Diskurs sehr oft wiederzufinden.[4] Ob das zutreffend ist, werden wir in den folgenden Kapiteln (insbesondere in Kapitel 8) überprüfen.

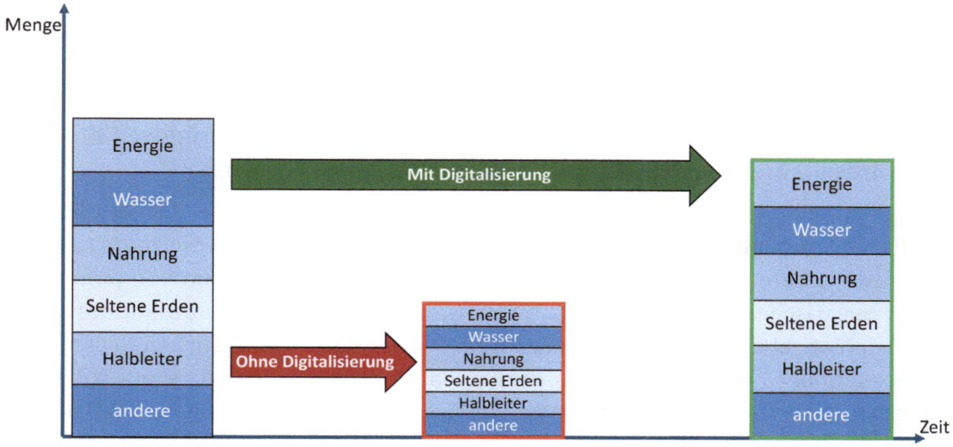

Bild 3.2 Hypothese: Trägt die Digitalisierung zur „Streckung" der Ressourcen bei?

Die Frage, was danach passieren wird, d. h., wenn alle Ressourcen aufgebracht worden sind, wird vermutlich wesentlich schwieriger zu beantworten sein. Dies gilt auch für die Frage, was auf dem Weg hin zu diesem Szenario aus der gegenwärtigen globalen Ordnung werden wird. Wie werden sich die Machtverhältnisse verändern und zu welchem Preis? Die hier gestellten Fragen werden uns in der energiepolitischen Diskussion künftig oft begegnen und Sie auch in diesem Buch permanent begleiten. Schließlich sind genau dies die aktuell wohl wichtigsten Fragen der Menschheit, da sie unser Überleben betreffen. Eines kann klarerweise gleich vorweggenommen werden: Die endgültige Antwort kenne ich nicht und wie sich gegenwärtige Entwicklungen ergeben werden, kann nur in Form von Projektionen oder Spekulationen gemutmaßt werden. Nichtdestotrotz können Indikatoren helfen, Trends zu erkennen, und sie erlauben mir, Schlüsse zu ziehen. Dies kann eine Basis für weiteres Handeln sein, garantiert jedoch keinen reibungsfreien Verlauf. Es gar nicht erst zu wagen, käme jedoch einer programmierten sozialen Explosion gleich.

---

[3] Soweit eine „Lösung" überhaupt möglich ist. Vermutlich wird aus heutiger Sicht nur eine Streckung der Ressourcen möglich sein. Eine Lösung würde bedeuten, dass die Ressourcen nicht ausgehen.

[4] Quelle: *https://www.hamburg.de/ressourcen-und-materialeffizienz/9188772/weniger-ressourcenverbrauch-dank-digitalisierung* (Stand: 03.01.2020)

3.2 Die Ressource Wasser

„Wenn in naher Zukunft weitere Kriege ausbrechen, dann werden sich diese wohl um die Ressource Wasser drehen.“ [5] [6] [7]

Viel zu sehr scheint sich die öffentliche Aufmerksamkeit auf den Mangel an Ressourcen wie seltene Erde, Öl oder Nahrung zu konzentrieren. Weniger bewusst[8] ist uns die Tatsache, dass der Mangel an Wasser viel stärker, schneller und vermutlich auch mit viel mehr „Gewalt“ in unser Bewusstsein und in die Gesellschaft drängen wird. Wie kaum ein anderes Gut ist Wasser das wichtigste Grundbedarfsmittel. Ohne Wasser würde die Menschheit binnen kürzester Zeit zugrunde gehen.

Die anhaltende interne und externe Migration innerhalb und aus Afrika und dem Mittleren Osten nach Europa und in Süd- und Mittelamerika nach Nordamerika und Richtung anderer führender Wirtschaftsregionen[9] [10] ist abgesehen von politischen und kriegerischen Auseinandersetzungen, Nahrungsknappheit und Diktaturen auch auf den Mangel an Wasser zurückzuführen. Wasser wird zum täglichen Bedarf, zum Trinken, in der Landwirtschaft, für die Tierhaltung, die industrielle Produktion, den Bergbau genutzt. Überall wirkt Wasser als jedwede Basis des Lebens und des Handelns. Der Mangel an Wasser schadet der Wirtschaft und setzt Menschen innerhalb kürzester Zeit, nachdem das Gut knapp geworden ist, unweigerlich in Bewegung. Laut der Weltgesundheitsorganisation hatten im Jahr 2017 2,1 Milliarden Menschen keinen gesicherten Zugang zu Wasser und 4,5 Milliarden Menschen (!) keinen Zugang zu angemessenen sanitären Einrichtungen.[11] [12] [13]

Der Wasserbedarf hat sich in den letzten 100 Jahren mehr als verzehnfacht. Während in einigen Teilen der Erde das Gut nahezu unerschöpflich zu sein scheint, ist es in

---

5 *Putzier, Konrad:* Der Krieg der Zukunft geht ums Wasser. welt.de, 30.07.2012. *https://www.welt.de/politik/ausland/article108412963/Der-Krieg-der-Zukunft-geht-ums-Wasser.html* (Stand: 30.07.2012)

6 *Bigalke, Katja:* Neues Konfliktpotential im Nahen Osten. Deutschlandfunk Kultur, 27.08.2018. *https://www.deutschlandfunkkultur.de/kriege-um-wasser-neues-konfliktpotential-im-nahen-osten.979.de.html?dram:article_id=426523* (Stand: 27.08.2018)

7 *Gebhardt, Hans/Nüsser, Marcus:* Kriege um Wasser – eine übertriebene Befürchtung? Universität Heidelberg. *https://www.geog.uni-heidelberg.de/md/chemgeo/geog/human/gebhardt_kriege_wasser.pdf*

8 Zumindest nicht im notwendigen Ausmaß

9 *Statista:* Statistiken zum Einwanderungsland USA. 21.01.2022. *https://de.statista.com/themen/6918/usa-geschichte-der-immigration/#topicHeader__wrapper* (Stand: 24.07.2022)

10 *Christliche Initiative Romero:* Migrationskarawanen aus Mittelamerika. Ursachen für Fluchtbewegungen Richtung Norden. 21.01.2021. *https://www.ci-romero.de/migrationskarawanen-mittelamerika* (Stand 15.02.2026)

11 *World Health Organization (WHO):* Water Sanitation and Health. *https://www.who.int/teams/environment-climate-change-and-health/water-sanitation-and-health* (Stand: 13.01.2019)

12 *https://www.weltagrarbericht.de/aktuelles/nachrichten/news/de/32687.html* (Stand: 25.07.2017)

13 *World Health Organization (WHO)/United Nations Children's Fund (UNICEF):* Progress on Drinking Water, Sanitation and Hygiene. 2017 Update and SDG Baselines. 2017. *http://apps.who.int/iris/bitstream/handle/10665/258617/9789241512893-eng.pdf;jsessionid=02896E39D89DA66EF9CE475D6B24D61B?sequence=1* (Stand: 13.01.2019)

anderen Erdteilen ein mangelndes Gut. Im Jahr 2005 betrug der durchschnittliche Wasserskonsum eines Menschen in Afrika 47 Liter.[14] Im gleichen Zeitraum betrug der Konsum eines US-Amerikaners durchschnittlich 578 Liter.[15] Betrachten wir aktuellere Werte, so stieg der Wasserkonsum in den letzten 300 Jahren um das 35-Fache.[16] Der Verbrauch ist in den Ländern Nordamerikas mit ca. 300 Litern fast doppelt so hoch wie jener der europäischen Länder mit etwa 150 Litern pro Tag und ca. das 150-Fache jenes ausgewählter afrikanischer Länder mit 20 Litern pro Tag.

„Weltweit leiden derzeit etwa 30 Länder unter Wassermangel. In den nächsten drei Jahrzehnten werden noch weitere 40 dazukommen.“[17]

Allein diese Tatsache und die Herausforderung, die Verfügbarkeit von Wasser langfristig zu sichern, sollte vielen politischen und wirtschaftlichen Entscheidungsträgern zu denken geben, um spezielle Initiativen aufzusetzen. Wenngleich die Ressource an sich durch Transformation von Salzwasser oder durch Purifikation (Reinigung) verfügbar wäre, scheint sich die Erkenntnis für die Notwendigkeit einer nachhaltigen Lösung noch nicht durchgesetzt zu haben (Bild 3.3). Dabei wäre die Lösung technisch umsetzbar. Durch die Nutzung von Entsalzungs-, Filterungs- und Kläranlagen wäre Wasser aus diversen Quellen wieder verfügbar.[18] Wir sind heute in der Lage, Wasser so zu transformieren, dass es den hohen Standards an Qualität und Gesundheit entspricht.

Doch die hohen Investitions- und Betriebskosten[19], die Korruption und der Mangel an Visionen langfristiger Lösungen verhindern eine rasche Lösung auf regionaler oder international-kooperativer Ebene. Es gibt keine allgemein bekannte Strategie, um der Wasserknappheit zu begegnen. Jahr für Jahr wird auf den Mangel hingewiesen, jedoch sind zuständige Entscheidungsträger mit anderen Dingen beschäftigt. Wassermangel betrifft überwiegend ärmere Länder und hier überwiegend die unteren, bildungsfernen Schichten, also Menschen ohne Lobby in der Politik und ohne Möglichkeiten, selbst

---

14 *Peters, Freia:* Der weltweite Wasserverbrauch hat sich in 100 Jahren verzehnfacht. welt.de, 27.02.2005. *https://www.welt.de/print-wams/article124390/Der-weltweite-Wasserverbrauch-hat-sich-in-100-Jahren-verzehnfacht.html* (Stand: 15.02.2026)

15 *Peters, Freia:* Der weltweite Wasserverbrauch hat sich in 100 Jahren verzehnfacht. welt.de, 27.02.2005. *https://www.welt.de/print-wams/article124390/Der-weltweite-Wasserverbrauch-hat-sich-in-100-Jahren-verzehnfacht.html*

16 *wasserwerk.at:* Wasserressource/Weltweit. *http://www.wasserwerk.at/home/alles-ueber-wasser/wasserressource/17* (Stand: 17.02.2023)

17 *wasserwerk.at:* Wasserressource/Weltweit. *http://www.wasserwerk.at/home/alles-ueber-wasser/wasserressource/17* (Stand: 17.02.2023)

18 Entsalzungsanlagen haben den Nachteil, dass sie Salzlaugen produzieren. Wenn diese nicht ordnungsgemäß entsorgt und stattdessen wieder zurück ins Meer oder in den Fluss geleitet werden, führt das zu Fischsterben und Umweltschäden. Für jeden Liter Trinkwasser, der durch eine Entsalzungsanlage gewonnen wird, wird ca. 1,5 Liter Salzlauge erzeugt. Bei richtiger Behandlung ließen sich mehrere Produkte und Derivate mit der Salzlauge herstellen oder ermöglichen. Die Produktion von nutzbaren Algen ist ein Beispiel dafür. Quelle: *Christliche Initiative Romero:* Migrationskarawanen aus Mittelamerika. Ursachen für Fluchtbewegungen Richtung Norden. 21.01.2021. *https://www.ci-romero.de/migrationskarawanen-mittelamerika* (Stand: 24.07.2022)

19 *Lenntech B. V.:* Reverse Osmosis Desalination Cost Analysis. *https://www.lenntech.de/prozesse/entsalzung/energie--und-kostenaufwand.htm* (Stand: Oktober 2024)

aus dieser Situation herauszufinden. Um das Wasserthema besser in den Griff zu bekommen, müssen Staaten enger kooperieren, sich gemeinsame Ziele setzen, investieren und Infrastrukturen für die Wasseraufbereitung und den Wassertransport aufbauen. Es ist jedoch davon auszugehen, dass Wasserknappheit oder die Verteilungsungleichheit des Wassers weiterhin ein ungelöstes Problem, insbesondere in den ärmeren (und wasserlosen) Regionen des Planeten, bleiben wird, zumindest bis zur nächsten größeren Migrationsbewegung oder bis die nächste weltweite Hungerskrise ausbricht und das Problem der Wasserverknappung wieder ins Bewusstsein rückt. Kriege wird es um Wasser vermutlich zuerst und überwiegend in jenen Regionen geben, in denen der Mangel akut wird und Grenzkonflikte um Seen oder Flüsse betroffen sind, die bereits in der Vergangenheit für Spannungen gesorgt haben. Jordan, Euphrat, Silala und andere Flüsse waren und sind solche Konfliktherde der Vergangenheit, womöglich aber auch der Zukunft.[20] [21]

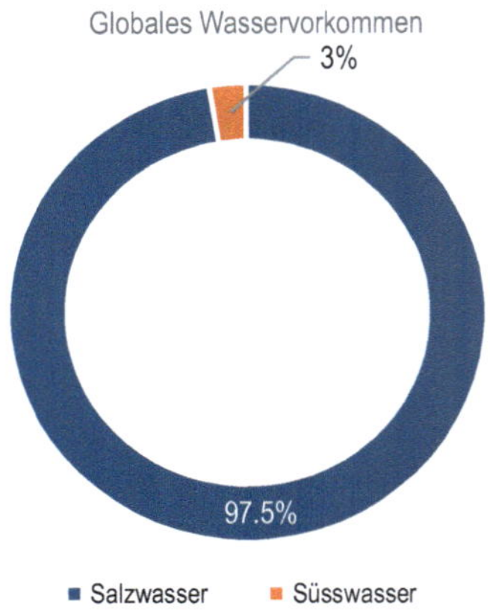

Bild 3.3 Globales Wasservorkommen, aufgeteilt in Salz- und Süßwasser[22]

Das Wasserproblem ist ein Kostenproblem. Solange lokale bewaffnete Auseinandersetzungen „weniger" kosten (im monetären Sinne) als die Lösung des Problems der Wasserverteilung oder des Wassermangels selbst, wird sich an der Lage nicht viel ändern.[23] Es sind nicht schnelle Lösungen gefordert, sondern gute nachhaltige Lösungen mit einem gerechten Wasserzugang für alle, sowohl für Mensch als auch Tier, Landwirtschaft, Industrie und Gewerbe. Das entspricht jedoch nicht den Zielsetzungen korrupter Entscheidungsträger.

---

[20] *Kunig, Philip:* Konflikte um das Wasser. Was sagt das Völkerrecht? *https://www.fu-berlin.de/presse/publikationen/fundiert/archiv/2004_02/04_02_kunig/index.html* (Stand: 24.07.2022)

[21] *Aufmkolk, Tobias:* Konfliktstoff Wasser. Erstveröffentlichung: 2011. Letzte Aktualisierung: 22.03.2021. *https://www.planet-wissen.de/natur/umwelt/wassernot/pwiekonfliktstoffwasser100.html* (Stand: 24.07.2022)

[22] Datenquelle: *https://www.quarks.de/umwelt/faq-so-viel-wasser-gibt-es-auf-der-erde* (Stand: 11.09.2025)

[23] *Harari, Yuval Noah:* Eine kurze Geschichte der Menschheit. Pantheon 2015

Technisch ist Wasseraufbereitung heutzutage keine Herausforderung mehr. Der finanzielle Aufwand dafür ist jedoch, je nach geografischer Gegebenheit, erwartungsgemäß hoch und daher äußerst kostspielig. Es müssen große Wassermengen von Orten mit übermäßiger Wasserverfügbarkeit zu jenen mit Wassermangel transportiert werden. Entsalzungsanlagen, Wasseraufbereitungsanlagen und Verteilungsinfrastruktur müssen erstellt werden. Dazu müssen technische und je nach Lage oft auch geografische Grenzen überwunden werden. Die Grenzen des menschlichen Umsetzungswillens bleiben die größte Herausforderung.

Es bleibt zu hoffen, dass sich zukünftige Auseinandersetzungen auf wenige Regionen beschränken werden. In der jüngeren Vergangenheit konnte man aber durch die Migrationsbewegungen aufgrund von Krisenherden erkennen, dass auch lokale Konflikte schnell Konsequenzen auf einer globalen Ebene erzeugen können. In der westlichen Hemisphäre werden uns solche Probleme jedoch erst bewusst, wenn die Konsequenzen schon an unsere Tür klopfen. Bis dahin betrachten wir diese Herausforderungen als „fremde Probleme" oder Angelegenheiten anderer Staaten, in die wir uns nicht einzumischen haben. Kurioserweise mischen sich die Entscheidungsträger aber immer dann ein, wenn ihre sogenannten „eigene Interessen" betroffen sind oder durch interessenbasierte Entwicklungshilfe neue Absatzmärkte erschlossen werden können. Dann wird aus entfernten Konflikten schnell die „Verteidigung der Freiheit", der Menschenrechte oder anderer überzeugender Argumente, warum man beispielsweise am Hindukusch die deutsche Freiheit verteidigen sollte. Wir kennen diese meist wirkungslose, aber oft kostspielige Politik des sinnlosen Tötens bereits, etwa aus Afghanistan und dem Irak, aus der jüngeren Vergangenheit während der Zeit der Dekolonialisierung[24)] und aktuell aus den Konfliktherden im Sudan, der Ukraine und im Nahen Osten.

3.2.1 Das privatisierte Wasser

Dass Wasser auch ein einträgliches Geschäftsmodell sein kann, ist dem chilenischen Beispiel zu entnehmen. Hier wurde Wasser bereits Ende der 1980er-Jahre „privatisiert". Sobald jemand ein Loch gräbt und auf Wasser stößt, gehört dieser Person das Wasser. Sie bekommt also ein Eigentumsrecht an dem Wasser (Anmeldung vorausgesetzt).[25)] Diese ungewöhnliche Eigenheit führte zu dem Ergebnis, dass Chile heute weltweit den höchsten Preis für Trinkwasser hat, Seen austrocknen und Flüsse permanent untersetzt sind – eine Erfahrung, die anderen Ländern als mahnendes Beispiel dienen könnte,

---

[24] Siehe z. B. der Algerienkrieg. Quelle: *Krais, Jakob:* Traum und Trauma. Der Algerienkrieg und seine Folgen. 01.11.2014. *https://www.disorient.de/magazin/traum-und-trauma-der-algerienkrieg-und-seine-folgen* (Stand: 24.07.2022). Siehe des Weiteren die im Kapitel „Weiterführende Literatur" empfohlenen Bücher.

[25] Código de Aguas, Chile. DFL Número 1.122, 29.10.1981. *http://fiscalia.mop.cl/marconormativo/Documents/mop/DFL_1122_1981_Codigo_de_Aguas.pdf*

wollten sie denn den gleichen Weg gehen. Entsprechende Tendenzen lassen sich bereits in mehreren Ländern ausmachen.[26] [27]

Wenngleich die Wasserknappheit nicht direkt mit der Ölknappheit in Verbindung gebracht werden kann, so ist die Korrelation fast naturgegeben. Jene Länder, die am meisten Ölreserven haben, zeichnen sich dadurch aus, gleichzeitig am wenigsten Süßwasserressourcen zu haben. Der gesamte Nahe Osten kann hierfür als Beispiel herhalten. Somit gewinnt der Aspekt, wie Wasser aus den Herstellungs- und Reinigungszentren besser und schneller verteilt werden kann, zunehmend an Bedeutung. In den Regionen, in denen keine Aquädukte aufgebaut werden können, wird die Nutzung von Lastwagen die einzige Möglichkeit bleiben, um Wasser zu den Konsumenten zu bringen. Das verteuert das Wasser. So wird dieses Gut auch wieder von der Ressource Öl abhängig. Denkansätze in Richtung einer nachhaltigen Wasserversorgung sind daher dringend zu empfehlen. Einen ersten Beitrag hierzu könnte die Digitalisierung des Wassers leisten. Was genau das bedeutet, lesen Sie in Abschnitt 3.2.2.

3.2.2 Die Digitalisierung des Wassers

Der Wasserkonsum wurde, ähnlich wie der Energiekonsum, in der Vergangenheit mithilfe analoger Zähler festgehalten. Im Rahmen der Implementierung von digitalen Stromzählern wird auch die Wasserversorgung zusehends auf digitale Zähler umgestellt. Dies geschieht gegenwärtig überwiegend im Trinkwassersektor. In ländlichen Gebieten der Agrarindustrie ist diese Tendenz nur partiell zu beobachten (meistens dort, wo die Wasserknappheit deutlich spürbar ist). So werden etwa im eben genannten chilenischen Beispiel, aber auch in anderen Ländern Südamerikas, der arabischen Halbinsel und der europäischen Mittelmeerregion vollautomatische (also digitalisierte) Beregnungsanlagen genutzt, die genau festlegen, wie viel Wasser jede Pflanze pro Woche oder Tag und Stunde bekommt. Die Ergebnisse sind positiv. Eine genaue Kontrolle erhöht nicht nur die effiziente Wassernutzung spürbar, sondern hilft auch, die Wasserversorgung besser zu planen und dabei mehr Bewusstseinsbildung zu schaffen. Ein Nachteil ist allerdings auch festzustellen: Die Produktion ist nicht darauf ausgelegt, Wasserressourcen zu schonen, sondern die verfügbare Wassermenge bestmöglich zu verwerten. So entstand überwiegend, um das Beispiel Chile wieder aufzugreifen, eine Vielzahl an großen monokulturellen Plantagen von Avocados, Kiwis, Rebstöcken und anderen Pflanzen (Bild 3.4). Das war so lange möglich, bis auch der letzte verfügbare Tropfen vergossen wurde. In Chile kam und kommt auch dazu, dass durch die Privatisierung des Wassers ländliche Regionen einfach ohne verfügbares Trinkwasser zurückgelassen wurden. Die unterirdischen Wasserquellen werden angezapft, bis nichts mehr fließt. Die letzten Jahre, in denen es aufgrund des

---

[26] *Matrovic, Sasa:* Die Privatisierung der Wasserversorgung der Dritten Welt. Eine effektive Strategie moderner Entwicklungshilfe? GRIN Verlag 2005. *https://www.grin.com/document/110352*

[27] *Lanz, Klaus:* Die Privatisierung der Wasserversorgung hat sich nicht bewährt. Die Volkswirtschaft, 22.05.2019. *https://dievolkswirtschaft.ch/de/2019/05/lanz-06-2019* (Stand: 25.07.2022)

El Niño-Phänomens[28] kaum geregnet hat, haben dazu geführt, dass ganze Berghänge mit produktiven Pflanzen einfach aufgrund des Wassermangels vertrocknet sind. Phasenweise wird die lokale Bevölkerung mit Wasser aus Lkws versorgt, da nicht genug Sickerwasser aus den Anden verfügbar ist. Es kommt so weit, dass heutzutage in Chile ca. 500 000 Menschen täglich mit Wassertanks aus Lkws versorgt werden müssen.[29] [30]

Bild 3.4 Ausgetrocknete Landschaft (siehe Berg im Hintergrund) im Norden Chiles aufgrund von Übernutzung des Grundwassers: Für die angepflanzten Avocados steht nicht genügend Wasser zur Verfügung (eigenes Bild, Stand 23.10.2019).

Zusammenfassung

Wasser gibt es auf dem Planeten eigentlich zur Genüge. Die immer noch ungelöste Frage nach der Erzeugung von Trink- und Brauchwasser und seiner „gerechten" Verteilung bleibt aber nach wie vor ungelöst. Die Verteilung des Wassers wird in den Regionen, wo akuter Bedarf besteht, nur durch Investitionen in die Wasserinfrastruktur zu lösen sein. Hier werden betroffene Länder sehr eng miteinander kooperieren müssen, insbesondere jene mit einer höheren Wasserverfügbarkeit mit jenen, die ein geringere Verfügbarkeit haben.

Die Digitalisierung des Wassers ist im Sinne einer nachhaltigeren Wassernutzung ein Schritt in die richtige Richtung, löst das Problem der Verteilung aber nicht. Sie macht uns jedoch zunehmend bewusst, wie begrenzt diese Ressource ist und wie wertvoll diese für eine nachhaltige Gesellschaft und ein nachhaltiges Wasserwirtschaftssystem ist. Die Digitalisierung hilft, die Ressource besser zu verteilen und korrekte Dosierungen für die Zielnutzung zu berechnen. Dies erleichtert die Aufgabe, die Ressource besser zu strecken und eine laufende Information über ihre Verfügbarkeit zu haben. Dies

---

28 Deutsches Komitee für UNICEF e. V.: El Niño: Wetterphänomen bringt Kinder in Lebensgefahr. *https://www.unicef.de/informieren/projekte/einsatzbereiche-110796/el-nino-111196/gefaehrliche-wetterextreme/103254* (Stand: 15.02.2026)

29 Derechos de Agua. 19.01.2015. *http://www.chilesustentable.net/derechos-de-agua* (Stand: 03.01.2020)

30 Das ist nicht viel im Vergleich mit anderen Ländern aus Afrika oder Asien. Bei Chile handelt es sich jedoch um ein OECD-Land. Das Land ist im Vergleich zu anderen Ländern Südamerikas am weitesten entwickelt.

wiederum verhilft dazu, eine bessere und effizientere Planung für die Nutzung zu erstellen. Dadurch lassen sich Wasserqualität, Verbrauchsentwicklungen und eventuelle Engpässe oder Verluste mit Nutzung der künstlichen Intelligenz besser vorhersehen bzw. vermeiden.

Eine nachhaltige Wasserversorgung sollte allerdings vom Öl entkoppelt werden, denn zum Pumpen des Wassers, insbesondere in der Landwirtschaft, werden vermehrt fossilbetriebene Pumpen genutzt. Die Entkopplung wird jedoch nur durch Nutzung alternativer Treibstoffe möglich sein. Vermutlich könnten hierfür die Nutzung von PV-Anlagen als Stromquelle für Pumpsysteme[31] und die Nutzung von E-Vehikels zum Transport eine Lösung sein. Neue Konzepte sind gefragt.

3.3 Zukünftige Nahrungsketten und Nahrungsverteilung

Eine im Vergleich zum Wasser noch stärkere Korrelation gibt es zwischen der Ölindustrie und der Nahrungsmittelindustrie. Für den Transport, die Herstellung und die Verarbeitung von Nahrung wird Öl gebraucht. Als Erstes gilt das z. B. für die Traktoren und Maschinen in der Landwirtschaft, dann in differenzierter Art für die Energiebereitstellung in der Lebensmittelverarbeitung in Industrie und Gewerbe und im letzten Abschnitt der Verteilungskette für den Transport der Nahrungsmittel zu den Verteilzentren und Märkten.

Die Nahrungsmittelindustrie ist folglich direkt mit der Nachfrage nach fossilen Energieträgern in Form von Erdöl oder Gas verbunden. Wenngleich aus Erdöl keine Nahrungsmittel hergestellt werden, so ist die Abhängigkeit von den Schwankungen der Rohölpreise dennoch direkt ersichtlich. Nahrungsmittel müssen durch landwirtschaftliche Maschinen gesät oder geerntet werden. Rohprodukte müssen zu Verarbeitungszentren transportiert werden. Nach einer Verarbeitung müssen sie dann in die Verteilzentren weitertransportiert werden. Dies geschieht überwiegend mit Lkws. Der Import von schnell verderblichen Gütern wird mit Flugzeugen bewerkstelligt. Auch hier ist die Abhängigkeit vom Erdöl direkt gegeben. Jahr für Jahr werden die Nahrungsmittel deshalb den steigenden Ölpreisen angepasst (kurioserweise seltener den sinkenden Ölpreisen). Die Global Alliance for the Future of Food schätzt, dass mindestens 15 % des globalen Verbrauchs an fossiler Energie der Lebensmittelproduktion und Verteilung zuzurechnen ist.[32]

Nachhaltige Lebensmittelerzeugung muss folglich das Ziel zukünftiger Gesellschaften sein. Dies kann am schnellsten und kostengünstigsten durch stärkere Nutzung von regionalen Produkten erreicht werden. Dies leistet einen direkten Beitrag zur Reduktion

[31] Beispiel: RGS Energie in Chile: *www.rgsenergia.cl* (Stand: 27.07.2022)

[32] *Global Alliance for the Future of Food:* Food systems account for at least 15% of all fossil fuels burned globally, new research shows; urgent transformation needed. 2. November 2023. *https://futureoffood.org/food-systems-account-for-at-least-15-of-all-fossil-fuels-burned-globally* (Stand: 15.02.2026)

des biologischen Fußabdrucks, also zur Reduktion der Nutzung von nachhaltigen Grünflächen sowie zur Reduktion von CO_2 und anderer Grünhausgase im Nahrungsmittelsegment. Es stärkt zusätzlich die regionale Landwirtschaft. Basierend auf den Klimazonen sind aber nicht alle Länder oder Regionen der Welt mit geeigneten geografischen oder klimatischen Gegebenheiten versehen, die eine florierende Landwirtschaft ermöglichen. Wüsten, Sumpfgebiete und Bergregionen sind auch Ortschaften, in denen sich Menschen niedergelassen haben. Auch sie gilt es, mit Nahrungsmitteln zu versorgen. Es wird folglich immer eine Notwendigkeit für den Transport von Nahrungsmitten geben. Das bedeutet, dass ein nachhaltiger Transport und die Nutzung von alternativen Kraftstoffen die Nahrungsmittelkette umweltfreundlicher machen würde.[33] Dies darf jedoch nicht dazu führen, dass landwirtschaftliche Flächen dazu genutzt werden, grünen Treibstoff zu produzieren.

Eine sehr viel tiefergehende Diskussion ist jene über die Produktion von Lebensmitteln mithilfe gentechnischer Manipulation von Pflanzen und Saatgut. Das ist ein Thema, das es zu beachten und zu verfolgen gilt. Die Beschäftigung mit diesem Thema würde jedoch den Rahmen dieses Buches sprengen, in dem die gesellschaftlichen und technologischen Veränderungen im Vordergrund stehen, die durch die Umstellung auf alternative Energiesysteme und die damit verbundene Nutzung digitaler Systeme losgetreten werden, und kann demzufolge nicht weiter ausgeführt werden.

Alternative Transportmöglichkeiten werden künftig wohl die gesamte Nahrungsmitteltransportkette berücksichtigen müssen, wenn man diese nachhaltig gestalten will. Es ist davon auszugehen, dass dies einen enormen Wandel im Konsum und der Nahrungsmittelerzeugung mit sich bringen wird. Der Konsument wird verstärkt auf regionale Produkte setzen, aber wahrscheinlich auch nicht auf Importfrüchte verzichten müssen. Sollten alternative Kraftstoffe die fossilen nicht zeitnah ersetzen, so ist davon auszugehen, dass der Preis für Importfrüchte und Importgemüse langfristig mit zunehmenden Ölpreisdruck steigen wird. Dies wird wohl den Druck auf die Gentechnikindustrie erhöhen, moderne Produktionsmittel für den Anbau solcher Produkte in weniger geeigneten Klimazonen zu erzeugen. Vermutlich werden hier neue Wirtschaftssegmente der lokalen Landwirtschaft entstehen, etwa neue großflächige Gewächshäuser, in denen Ananas, Bananen, Passionsfrüchte ebenso wachsen werden wie Avocados und andere Gemüsesorten, die in eher kälteren Klimaregionen der Welt nicht geläufig sind. Dabei wird die bislang vorhandene Skepsis bezüglich der Gentechnik vermutlich langsam der erhöhten Notwendigkeit und dem Druck des Marktpreises und der steigenden Transportkosten weichen. Auch die Forschung in diesem Bereich wird sicher dazu beitragen, dass die Akzeptanz langfristig erhöht wird, wenngleich die aktuelle Generation dem nicht viel abgewinnen kann, da die langfristigen Auswirkungen und mögliche Folgeschäden noch weitgehend unbekannt sind.

[33] *KiVVON Media:* Anteil fossiler Brennstoffe in der Lebensmittelindustrie nimmt zu. 2. November 2023. *https://www.kivvon.com/de/krisenkinder/anteil-fossiler-brennstoffe-in-der-lebensmittelindustrie-nimmt-zu* (Stand: 15.02.2026)

Zurück zu den Treibstoffen: Den Treibstoff der Zukunft werden wohl auf der einen Seite Strom für elektrische Fahrzeuge und auf der anderen Seite Wasserstoff für Verbrennungsmotoren stellen. Aus heutiger Sicht werden Flüssigtreibstoffe aus biologischer Erzeugung, wie z. B. aus Mikroalgen oder Biogasen, zwar einen kleinen Beitrag zum zukünftigen Kraftstoffmix beitragen, diesen jedoch nicht allein tragen können und eher in einem niedrigeren Prozentbereich verbleiben. Es wird sich dabei vermutlich nur um Übergangslösungen handeln, bis das Transportwesen komplett auf Strom und Wasserstoff umgestellt ist. Außerdem stehen Biotreibstoffe zu sehr in Konkurrenz zu anderen Wirtschaftssegmenten (insbesondere bei den Mikroalgen, die im Bereich der Medizin und der Nahrungsmittelergänzung auf erhöhtes Interesse stoßen). Hinzu kommt, dass andere Industriezweige die Nutzung von z. B. Biogas dringender brauchen, z. B. für die Strom- oder Wärmeerzeugung im Haushalts- oder Gewerbebereich. Die Menge an flüssigem Treibstoff, die durch die biologische Ausnutzung bei Algen oder anderen Energieträgern erzeugt werden kann, ist immer noch sehr gering. Ein besseres Bild zeigt sich hier bei der Nutzung von Biogas, das im Energiemix immer noch stark unterrepräsentiert ist. Insgesamt lag die Nutzung von Biotreibstoffen in Deutschland im Jahr 2012 bei unter 7 %.[34] Dieser Anteil hat sich bis zum Jahr 2023 nicht wesentlich geändert. Damals lag der Wert bei 6,3 % (Bild 3.5).

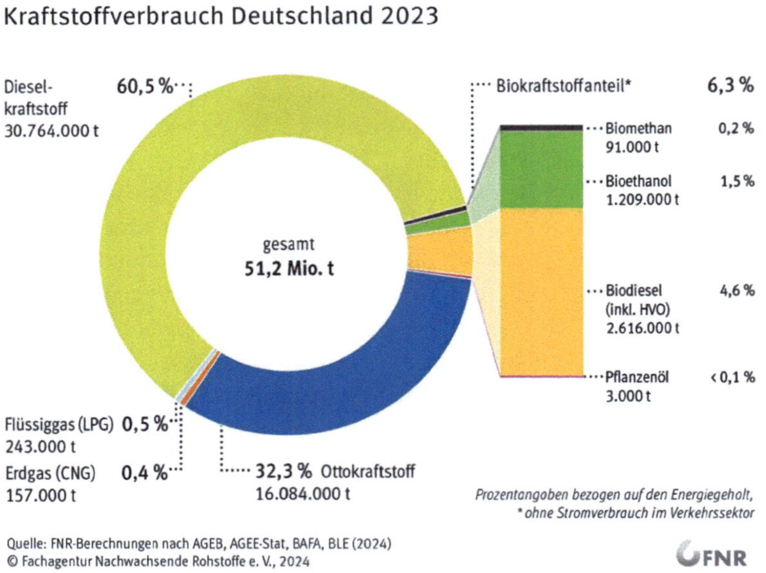

Bild 3.5 Vergleich des fossilen und biologischen Treibstoffverbrauchs in Deutschland im Jahr[35]

[34] Quelle: *Agentur für Erneuerbare Energien e. V.:* Biomasse. *https://www.unendlich-viel-energie.de/erneuerbare-energie/bioenergie/biokraftstoffe/kraftstoffe-aus-biomasse-marktentwicklung-2012* (Stand: 03.01.2020)

[35] © Bild: Fachagentur Nachhaltige Rohstoffe e. V. (Bild)quelle: *Fachagentur Nachhaltige Rohstoffe e. V.:* Kraftstoffverbrauch Deutschland im Jahr 2023. *https://biokraftstoffe.fnr.de/kraftstoffe/aktuelle-marktsituation* (Stand: Oktober 2024)

Es ist also nicht davon auszugehen, dass biologische Flüssigtreibstoffe in unmittelbarer Zukunft eine führende Rolle im Transportwesen einnehmen werden. Das bedeutet folglich für Lebensmitteltransporte, dass die nachhaltige Landwirtschaft verstärkt auf regionale Produkte beschränkt bleiben sollte. In Österreich ließen sich bis zu 13 % der Treibhausgase aus dem Lebensmitteltransportsektor einsparen, wenn man verstärkt auf regionale Lebensmittel setzen würde (Bild 3.6).[36]

Bild 3.6 Vergleich der Transportwege importierter und regionaler Lebensmittel in Österreich[37]

Global betrachtet wird das existierende Problem der Lebensmittelverteilung also vorläufig ungelöst verbleiben. Obwohl es genug Nahrungsmittel auf der Welt gibt, ist die Verteilung derselben nach wie vor nicht zufriedenstellend geregelt. Digitale Technologien könnten hier eventuell einen Ausweg schaffen. Dies geht jedoch nur, wenn jenen Ländern mit den größten Nahrungsmittelproblemen solche Technologien auch zugänglich gemacht werden, d. h. Technologien zum effizienten Nutzen des Wassers, was eine effizientere Produktion von Nahrungsmitteln ermöglicht. Dies wird eine grundlegende Voraussetzung sein, um das Verteilungsproblem auch in anderen Erdteilen langfristig zu lösen. Dies ist bekanntlich keine neue Forderung. Es sind überwiegend wirtschaftliche Interessen internationaler Konzerne und politische Interessen von Industrieländern, die es schwierig bis unmöglich machen, in diesem Segment Lösungen zu finden bzw. kommerziell günstige technische Lösungen auszurollen. Hinzu kommt, dass Institutionen wie die World Trade Organisation (WTO) nicht immer im Interesse jener Staaten agieren, die am meisten einer Unterstützung bedürfen. Hier kollidieren Interessen der Industriestaaten mit jenen des globalen Südens.[38]

---

[36] *Landwirtschaftskammer Niederösterreich:* Wer regional isst, schont das Klima. Letzte Veröffentlichung: 2020. *https://www.landwirtschaft-verstehen.at/landwirtschaft-fuer-alle/umwelt-klima/wer-regional-isst-schont-das-klima* (Stand: Januar 2025)

[37] © Bild: Hager Electro Ges.m.b.H. Bildquelle: *https://www.landwirtschaft-verstehen.at/landwirtschaft-fuer-alle/umwelt-klima/wer-regional-isst-schont-das-klima* (Stand: 11.09.2025)

[38] *Lama, Chonyi:* Who Truly Benefits from Free Trade? A Critical Analysis of the WTO. April 2022. *https://theobserver-qiaa.org/critical-analysis-of-the-wto* (Stand: Januar 2025)

3.4 Seltene Erden, Silikate und die Halbleitertechnologie

Eine digitalisierte Gesellschaft ist ohne Ressourcen wie Silizium, seltene Erden oder andere Elemente nicht denkbar. Digitale Lösungen brauchen Ressourcen zur Herstellung von Halbleitern, Magnete, beschichtete Oberflächen oder Absorptionselemente. Diese werden in der Elektronik, in der Nuklearmedizin oder in Atomkraftwerken verwendet, um nur einige Anwendungsbereiche zu nennen. Sie sind jedoch nicht überall auf dem Planeten erhältlich. Doch was genau sind eigentlich diese seltenen Erden und Silikate? Wozu braucht man diese Elemente in der digitalen Welt? Hierzu möchte ich im Folgenden einen kleinen Ausblick geben, um das Verständnis zu schärfen.

3.4.1 Seltene Erden

Seltene Erden sind überwiegend Metalle. Es gibt siebzehn so klassifizierte Metalle oder besser gesagt „Mineralien", die zu dieser Kategorie gezählt werden können. Nicht alle werden in der Halbleiter- und Elektronikindustrie verwendet. Im Laufe der Zeit wurde mehrfach die Toxizität und Radioaktivität einzelner Materialen untersucht und nachgewiesen. Dies führt dazu, dass der Einsatz solcher seltenen Erden immer wieder neu überdacht wird bzw. ihr Einsatz auf das ausschließlich Notwendigste reduziert wird. Dies hat die Nachfrage jedoch nicht sinken lassen, da die nachhaltige Energieerzeugung, die Halbleiterproduktion, die mobile Kommunikation sowie die Elektromobilität und andere Segmente nicht ohne diese seltenen Erden auskommen. Ein treibender Faktor für die Nutzung dieser Elemente ist auch die Militärindustrie.

In den nachfolgenden Ausführungen wird ein Auszug der bekannten und industriell benutzen seltenen Erden beschrieben. Die Beschreibung jedes einzelnen dieser Stoffe soll Ihnen das Verständnis für den Gebrauch näherbringen und gleichzeitig auch die Abhängigkeit der digitalen Welt von diesen seltenen Erden sichtbar machen.

Da ich davon ausgehe, dass nicht jeder von Ihnen der Chemie vollends mächtig ist und die komplizierten chemischen Zusammensetzungen dieser Erden nicht einfach zu erklären sind, greife ich hier auf Zitate und Erklärungen einschlägiger Fachgruppierungen bzw. verlässlicher Internetseiten wie jener des Instituts für Seltene Erden und Metalle zurück. Ich habe dabei ein verstärktes Augenmerk auf die exklusive Verwendung dieser Metalle gelegt und die Erklärung vielfach reduziert und vereinfacht, um Ihnen ein leichteres Verständnis der Materie zu ermöglichen.

Scandium

Scandium wird in Hochleistungs-Hochdruck-Quecksilberdampfleuchten, wie z. B. Stadionbeleuchtungen, verwendet. Oft wird es auch in Brennstoffzellen eingesetzt. Scandium wird außerdem zur Herstellung von Laserkristallen verwendet. In der modernen Fahrradindustrie wird Scandium zur Herstellung von Leichtmetall-Rennrädern benutzt. Fallweise findet man Scandium auch in der Röntgentechnik vor.[39)]

Yttrium

Am meisten ist Yttrium für seine Verwendung in Leuchtstofflampen bekannt. Auch bei LCD- und Plasmabildschirmen findet es breite Anwendung. Als Yttrium-Aluminium-Granat spielt es zudem auch eine bedeutende Rolle beim Einsatz von YAG-Lasern, welche wiederum zur Behandlung von Hautkrankheiten benutzt werden. Des Weiteren wird Yttrium für LEDs oder in Brennstoffzellen benutzt.[40)]

Lanthan

Lanthan ist ein Bestandteil im Mischmetall. Es wird in der Metallurgie als Reduktionsstoff verwendet. Bei der Herstellung von hochwertigen Kathoden wird es zur Erzeugung von freien Elektronen als Ersatz für Wolframdraht (Glühbirne) verwendet. Weitere Einsatzbereiche für Lanthan sind Rußpartikelfilter, Brennstoffzellen und Gläser mit hohem Brechungsindex für Kameralinsen.[41)]

Cer

Cer wurde vielfach in Autokatalysatoren verwendet. Er dient darüber hinaus als Rußpartikelfilter und wird bei der Herstellung von Ultraviolettstrahlung-Schutzgläsern verwendet. Cer findet Verwendung als Poliermittel in der Glasherstellung. Darüber hinaus wird Cer als Leuchtstoff in Gasentladungsröhren verwendet.[42)]

Praseodym

„Praseodym wird in Legierungen mit Magnesium zur Herstellung von hochfestem Metall für Flugzeugmotoren verwendet.“ In Verbindung mit Cobalt und Eisen wird es auch in Dauermagneten eingesetzt, welche wiederum in Elektromotoren breiten Einsatz finden. Auch bei der Glas- und Emaillefärbung wird Praseodym verwendet (Beleuchtungsindustrie).[43)]

---

[39] *Institut für Seltene Erden und Metalle AG:* Scandium, Sc, Ordnungszahl 21. *https://institut-seltene-erden.de/seltene-erden-und-metalle/seltene-erden/scandium* (Stand: 30.10.2022)

[40] *Gesellschaft Deutscher Chemiker e. V. (GDCh):* Yttrium – kaum bekannt aber viel genutzt. *https://faszinationchemie.de/wissen-und-fakten/news/yttrium-kaum-bekannt-aber-viel-genutzt* (Stand: 30.10.2022)

[41] *Institut für Seltene Erden und Metalle AG:* Lanthan, La, Ordnungszahl 57. *https://institut-seltene-erden.de/seltene-erden-und-metalle/seltene-erden/lanthan* (Stand: 30.10.2022)

[42] *Institut für Seltene Erden und Metalle AG:* Cerium oder Cer – Ce – Ordnungszahl 58. *https://institut-seltene-erden.de/seltene-erden-und-metalle/seltene-erden/cerium* (Stand: 30.10.2022)

[43] *Institut für Seltene Erden und Metalle AG:* Praseodym, Pr, Ordnungszahl 59. *https://institut-seltene-erden.de/seltene-erden-und-metalle/seltene-erden/praseodym* Stand 30.10.2022

Neodym

Neodym wird zur Herstellung von starken Dauermagneten (z. B. in Elektromotoren, Windkraftanlagen, Kernspintomografen, Festplatten) verwendet. Es wird zudem bei der Glasfärbung oder bei der Laserherstellung eingesetzt. Neodym wird auch zur Einfärbung von Gläsern eingesetzt, um diese als Schutzgläser gegen starkes Licht oder Sonnenstrahlung zu verwenden. Als Neodym-Eisen-Borverbindungen wird es zur Herstellung von Magneten für Kernspintomographen benutzt. Auch Servomotoren und Schnittmotoren, also sogenannte permanent erregte Gleichstrommaschinen, nutzen Neodym als Basismaterial.[44)]

Promethium

Promethium findet Einsatz in Leuchtziffern oder wird als Wärmequelle in Raumsonden und Satelliten eingesetzt. Promethium ist ein leicht radioaktives Element und wird daher nur in sehr geringen Mengen verwendet. Dennoch findet man es z. B. als Langzeitenergiequelle bei Herzschrittmachern vor.[45)]

Samarium

Samarium wird bei der Herstellung von Dauermagneten mit einem hohen Widerstand gegen Entmagnetisierung verwendet. Diese Magneten werden folglich in Schnittmotoren oder in Motoren für die Raumfahrt eingesetzt. Auch in der Medizin wird Samarium zur Hydrierung (Wässerung) und Dehydrierung (Entwässerung) von Alkohol verwendet. In den nuklearen Anwendungen kann man Samarium als Neutronen-Absorber vorfinden.[46)]

Europium

Europium wird überwiegend bei der Produktion von Leuchtstofflampen und Plasmamonitoren (oder -Fernsehern) verwendet. *„In Quecksilberhochdrucklampen, die etwa bei der Straßenbeleuchtung eingesetzt werden, wird Europium dotiertes Yttriumvanadat auf das Glas aufgebracht, damit das Licht weiß und natürlicher erscheint. […] Europium kann auf Grund seiner Eigenschaft als Neutronenabsorber in Steuerstäben für Kernreaktoren eingesetzt werden.“* Bei den Eurobanknoten wird Europium als Fluoreszenzmittel zur Stärkung der Fälschungssicherheit benutzt.[47)]

---

[44] *Institut für Seltene Erden und Metalle AG:* Neodym, Nd, Ordnungszahl 60. *https://institut-seltene-erden.de/seltene-erden-und-metalle/seltene-erden/neodym* (Stand: 30.10.2022)

[45] *Royal Society of Chemistry:* Promethium. *https://www.rsc.org/periodic-table/element/61/promethium* (Stand: 30.10.2022)

[46] *Institut für Seltene Erden und Metalle AG:* Samarium, Sm, Ordnungszahl 62. *https://institut-seltene-erden.de/seltene-erden-und-metalle/seltene-erden/samarium* (Stand: 30.10.2022)

[47] *Institut für Seltene Erden und Metalle AG:* Europium, Eu, Ordnungszahl 63. *https://institut-seltene-erden.de/seltene-erden-und-metalle/seltene-erden/europium* (Stand: 30.10.2022)

Gadolinium

Gadolinium ist stark paramagnetisch und wird somit als Kontrastmittel zur Stärkung der Kontrastwirkung eingesetzt. Es gibt jedoch starke Zweifel an der Sinnhaftigkeit dieses Mittels beim Einsatz in der Medizin, da sich die Gadolinium-Ionen auch noch Jahre nach dem Einsatz in Leber und Knochensystem nachweisen lassen. Einen toxischen Einfluss hat Gadolinium in der Muskulatur, den Mitochondrien und bei der Blutgerinnung.[48)]

Des Weiteren findet Gadolinium als grüner Leuchtstoff auch Einsatz bei Radar-Bildschirmen. Dies ist ein sehr häufiger Einsatzfall in der Rüstungs- und Luftfahrtindustrie. Auch in der optischen Speicherung von Daten findet Gadolinium durch erhöhte Oxidationsbeständigkeit von Eisen und Chromlegierungen einen zentralen Einsatz. Künftig könnte Gadolinium auch in Kühlgeräten eingesetzt werden, da es einen Curie-Punkt nahe der Zimmertemperatur besitzt.[49)]

Terbium

Terbium wird zur Herstellung von Halbleitern und Festplatten verwendet. Es dient auch der *„Gefüge-Stabilisierung in Hochtemperatur-Brennstoffzellen"*. Als Oxid findet es zudem vermehrt Einsatz als grüner Leuchtstoff in Bildröhren und Fluoreszenzlampen. In der Laserindustrie ist Terbium als Lasermaterial zur Erzeugung von kohärentem grünem Licht unerlässlich. Als Zusatz in der Kombination Neodym-Eisen-Bor-Magneten erhöht Terbium die Koerzitivität, also die Entmagnetisierungs-Resistenz bei Magneten, die somit länger leistungsfähig und beständig bleiben. *„Der transparente künstliche Kristall Terbium-Gallium-Granat [Tb3Ga5O12] verursacht einen starken Faraday-Effekt und wird daher für optische Isolatoren verwendet."* [50)]

Dysprosium

„Die Haupteinsatzgebiete von Dysprosium sind Legierungszusätze zu Nd2Fe14B-Permanentmagnetwerkstoffen (bei denen ein Teil des Neodym durch Dysprosium ersetzt ist), um sowohl den Curie-Punkt als auch insbesondere die Koerzitivfeldstärke zu erhöhen und damit das Hochtemperaturverhalten der Legierung zu verbessern. Das Metall ist auch Bestandteil des magnetostriktiven Terfenol D (Tb0.3Dy0.7Fe2). Dysprosium wird wegen seines relativ hohen Neutronenabsorptionsquerschnitts in Steuerstäben für Kernreaktoren verwendet; seine Verbindungen wurden zur Herstellung von Lasermaterialien und Phosphoraktivatoren sowie in Halogen-Metalldampflampen verwendet."

---

[48] *Blaurick-Busch, Eleonore:* Kontrastmittelzusatz Gadolinium und die Nephrogene Systemische Fibrose. 2011. *https://microtrace.de/fileadmin/uploads/pdf/de/Gadolinium_AZN.pdf*

[49] *chemie.de:* Gadolinium. *https://www.chemie.de/lexikon/Gadolinium.html* (Stand: 30.10.2024)

[50] *strategic-elements.com:* Terbium. *https://www.strategic-elements.com/seltene-erden/terbium* (Stand: 30.10.2024)

„Wirtschaftliche und technische Bedeutung von Dysprosium sind relativ gering. So wird seine Fördermenge auf weniger als 100 Tonnen pro Jahr geschätzt. Es findet Verwendung in verschiedenen Legierungen, in Spezialmagneten und mit Blei legiert als Abschirmmaterial in Kernreaktoren. Jedoch gerade die Verwendung in den Magneten für Windkraftanlagen hat diese Metalle der seltenen Erden zum raren Rohstoff gemacht, zudem drosselt der weltweit größte Lieferant China seine Lieferung, um die eigene Wertschöpfung zu erhöhen." […] Gefördert wird es in den USA, China, Russland, Australien und Indien." [51]

Holmium

„Holmium weist besondere magnetische Eigenschaften auf. In seinen ferromagnetischen Eigenschaften ist es dem Eisen weit überlegen. Mit 10,6 μB besitzt es das höchste magnetische Moment eines natürlich vorkommenden chemischen Elements. Mit Yttrium bildet es magnetische Verbindungen. […] Wegen seiner hervorragenden magnetischen Eigenschaften verwendet man Polschuhe aus Holmium für Hochleistungsmagnete zur Erzeugung stärkster Magnetfelder."

Zudem wird es verwendet zur *„Dotierung von Yttrium-Eisen-Granat (YIG), Yttrium-Aluminium-Granat (YAG) und Yttrium-Lithium-Fluorid (YLF) für Festkörperlaser (Holmium-Laser mit einer Emissionswellenlänge von 2,1 μm [7]) und Mikrowellenbauteile in der Medizintechnik."* [52]

Erbium

„Erbium 3+ Ionen haben optische Eigenschaften, die die meisten Anwendungen des Elements ausmachen. Erbium-dotierte Gläser und Kristalle werden als Laserverstärkungsmedien, Glasfasern und Verstärker in faseroptischen Kommunikationssystemen verwendet. Erbium-Laser werden auch häufig in der Medizin, Dermatologie und Dentaltechnik eingesetzt, und stärkere Erbium-Ytterbium-Laser werden beim Metallschneiden und Schweißen eingesetzt. Die gleichen unterschiedlichen Absorptions- und Emissionsspektren, die Erbium für funktionelle optische Anwendungen nützlich machen, ergeben die deutliche Rosafärbung von Erbium 3+-Verbindungen, so dass Erbium auch ästhetisch als Farbstoff für Gläser, Keramiken und Zirkoniumdioxid verwendet werden kann."

„Neben seinen optischen Eigenschaften ist Erbium nützlich für seine Fähigkeit, freie Neutronen leicht aufzunehmen, was es für den Einsatz in Steuerstäben in Kernreaktoren geeignet macht. Darüber hinaus werden Erbiumlegierungen wegen ihrer hohen spezifischen Wärmekapazität in Kryokühlern für den Einsatz bei flüssigen Heliumtemperaturen verwendet.

[51] *Institut für Seltene Erden und Metalle AG:* Dysprosium, Dy, 66. *https://institut-seltene-erden.de/seltene-erden-und-metalle/seltene-erden/dysprosium* (Stand: 30.10.2024)

[52] *Institut für Seltene Erden und Metalle AG:* Holmium, Ho, Ordnungszahl 67. *https://institut-seltene-erden.de/seltene-erden-und-metalle/seltene-erden/holmium* (Stand: 30.10.2024)

Erbium-dotierte Lichtwellenleiter werden für optische Verstärker verwendet, die in der Lage sind, ein Lichtsignal zu verstärken, ohne es zuvor in ein elektrisches Signal zu wandeln.“[53]

Thulium

Thulium wurde überwiegend bei der Herstellung von Fernsehern als Leuchtstoff für die Bildschirmfläche verwendet. Darüber hinaus wird es in Dosimetern bei der Messung niedriger Strahlendosen eingesetzt. In der Halbleiterindustrie findet man Thulium bei Dioden-gepumpten Festkörperlasern vor.[54]

Ytterbium

„Ytterbium kann zur Kornfeinung und zur Verbesserung der mechanischen Eigenschaften von rostfreien Stählen verwendet werden. Das radioaktive Isotop 169Yb (Halbwertszeit 32 Tage) wird vereinzelt als γ-Strahlenquelle in der Nuklearmedizin benutzt.

Ytterbium-Cobalt-Eisen-Mangan-Legierungen sind für besonders hochwertige Dauermagnete geeignet.

Ytterbiumdotierte Kristalle (vornehmlich Yb:YAG) werden als Verstärkungsmaterial in Lasern verwendet.“[55]

Lutetium

„Lutetium wird in Szintillator-Kristallen für die Positronen-Emissions-Tomographie verwendet. Eines der prominentesten Beispiele ist mit Cer dotiertes Lutetiumoxyorthosilicat (LSO). Das Radionuklid 177Lu kann als Therapie gegen neuroendokrine Tumore verwendet werden.

Für Lutetium wurde bisher noch keine biologische Funktion gefunden.

Lutetium und Lutetiumverbindungen sind gering toxisch. Die Metallstäube sind feuer- und explosionsgefährlich, wie viele andere auch.“[56]

Im Wesentlichen werden seltene Erden oder eigentlich seltene Metalle zur verstärkten Magnetisierung anderer Materialien verwendet. Leuchtstoffmittel sind zwar immer noch gebräuchlich, der Einsatz solcher Mittel verringert sich jedoch langsam zugunsten des starken Einzugs der LED-Technologie. Dies ist auch durch den kompletten Wegfall von kommerziellen Röhrenfernsehern vor über 20 Jahren leicht erklärbar. Die Nutzung von modernen, hoch integrierten Geräten erfordert jedoch auch wieder seltene Erden.

---

[53] *Institut für Seltene Erden und Metalle AG:* Erbium, Er, Ordnungszahl 68. *https://institut-seltene-erden.de/seltene-erden-und-metalle/seltene-erden/erbium* (Stand: 30.10.2024)

[54] *Institut für Seltene Erden und Metalle AG:* Thulium, Tm, Ordnungszahl 69. *https://institut-seltene-erden.de/seltene-erden-und-metalle/seltene-erden/thulium* (Stand: 30.10.2024)

[55] *Institut für Seltene Erden und Metalle AG:* Ytterbium, Yb, Ordnungszahl 70. *https://institut-seltene-erden.de/seltene-erden-und-metalle/seltene-erden/ytterbium* (Stand: 30.10.2024)

[56] *Institut für Seltene Erden und Metalle AG:* Lutetium, Lu, Ordnungszahl 71. *https://institut-seltene-erden.de/seltene-erden-und-metalle/seltene-erden/lutetium* (Stand: 30.10.2024)

Fallweise wird in speziellen Anwendungen z. B. dennoch Europium verwendet. Der Einsatz solcher Leuchtstoffe wird noch anhalten, wenngleich in geringerem Maße als es bislang der Fall war. Einzig der verstärkte Einsatz von speziellen LED-Leuchttechnologien oder Laseranwendungen wird für einen weiteren Einsatz von Leuchtstoffmitteln sorgen.

Bei der nachhaltigen Energieversorgung sind Permanentmagnete wichtig für die Herstellung von Elektromotoren oder Generatoren. Diese werden in Windkraftanlagen oder Wasserkraftwerken eingesetzt. Sie sind somit einer der wichtigsten Bausteine bei der Herstellung von mechanisch erzeugtem Drehstrom. Auch in der sich zusehends transformierenden Automobilindustrie hin zur Elektromobilität spielen Elektromotoren eine verstärkte Rolle, womit davon auszugehen ist, dass diese Seltenerdmetalle eine immer größere Nachfrage erfahren werden.

Die weltweiten Ressourcen an seltenen Erden werden auf ca. 120 Millionen REO-Tonnen (REO = Rare Earth Oxide) geschätzt.[57)] [58)] Die Förderung und Verarbeitung der seltenen Erden sind sehr aufwendig und mit hohen Kosten verbunden. Die weltweite Produktion an reinen seltenen Erden betrug im Jahr 2020 rund 214 000 t (metrische Tonnen).[59)] Im Jahr 2023 waren es bereits 255 000 t an Abbau und 243 850 t an verarbeitetem Material (Verschmelzung).[60)] Eine leichte Überschlagsrechnung zwischen der Ressourcenverfügbarkeit von 120 Millionen REO-Tonnen durch die jährliche Produktion von 214 000 t (Jahr 2020) ergäbe eine theoretische Verfügbarkeit von ungefähr weiteren 560 Jahren. Andere Rechnungen gehen von einer längeren Verfügbarkeit aus.

Die Nachfrage korreliert jedoch stark mit der Anzahl der weltweit mit dem Internet verbundenen IoT-Geräte, da hier seltene Erden verwendet werden (Dioden, Ferritkerne etc.). Waren es 2020 noch ca. 11,3 Milliarden Geräte, so ist diese Zahl im Jahr 2025 auf 21,1 Milliarden Geräte angestiegen. Das entspricht einer Steigerungsrate von 86,7 %. Bis zum Jahr 2035 wird diese Zahl auf über 50 Milliarden Geräte weiter anwachsen, was einer Steigerungsrate um das 2,4-Fache entspräche.[61)] Nehmen wir zum leichteren Verständnis an, die Korrelation sei lediglich linear abhängig, so würde sich 2035 eine notwendige Produktionsmenge von ca. 513 600 t an seltenen Erden ergeben.

In der Publikation „Wireless Communication Technologies in Internet of Things: A critical Evaluation“ von 2018 geht man davon aus, dass bis zum Jahr 2050 die 100-Milliarden-Marke an mit dem Internet verbundener Geräte erreicht sein wird (exponentielles

[57] REO-Tonnen (Rare Earth Oxide Tons)

[58] *Statista:* Reserven an Seltenen Erden in ausgewählten Ländern im Jahr 2024. *https://de.statista.com/statistik/daten/studie/217157/umfrage/reserven-an-seltenen-erden-in-ausgewaehlten-laendern* (Stand: 06.11.2022)

[59] *Statista:* Anteil der wichtigsten Erzeugerländer an der weltweiten Minenproduktion von Seltenen Erden im Jahr 2024. *https://de.statista.com/statistik/daten/studie/281730/umfrage/anteil-fuehrender-erzeugerlaender-an-der-weltproduktion-seltener-erden* (Stand: 06.11.2024)

[60] *Tang, Lucy:* China boosts quota for first batch of rare earth production in 2024. 07.02.2024. *https://www.spglobal.com/commodityinsights/en/market-insights/latest-news/metals/020724-china-boosts-quota-for-first-batch-of-rare-earth-production-in-2024* (Stand: November 2024)

[61] *Sinha, Satyahit:* State of IoT 2024. Number of connected IoT devices growing 13 % to 18.8 billion globally. IoT Analytics GmbH, 03.09.2024. *https://iot-analytics.com/number-connected-iot-devices* (Stand: November 2024)

Wachstum wurde vorausgesetzt).[62] In diesem Fall wäre die theoretische Verfügbarkeit an seltenen Erden bei anhaltender linearer Progression lediglich weitere 116 Jahre lang gesichert. Allerdings würde man in diesem Fall von einem kompletten Abbau aller Ressourcen ausgehen, was praktisch nicht erreichbar ist. Geht man von einer Abbaufähigkeit von bis zu 70 % der globalen Ressourcen (reine Abschätzung) aus, so wären diese Reserven nur mehr für 80 Jahre bei Abbau natürlicher Ressourcen verfügbar.

Wir können somit im Allgemeinen resümieren, dass bei den bisher bekannten und vermutlich noch andauernden Wachstumsraten der mit dem Internet verbundenen elektronischen Geräten die potenzielle Grenze der natürlichen Verfügbarkeit an seltenen Erden noch vor der nächsten Jahrhundertwende (oder um sie herum) erreicht sein wird. Dabei handelt es sich lediglich um eine absolute Annäherung erster Ordnung, die nicht den Anspruch auf Verlässlichkeit erhebt. Sie soll aber zeigen, dass diese Ressourcen endlich sind, zumal wir bei der Berechnung nicht die rasant wachsende Nachfrage berücksichtigt haben, die von den erneuerbaren Energiegeräten oder von der Elektroautoindustrie ausgehen. Diese werden die Verbrauchskurve vermutlich noch um weitere Prozente belasten. Investitionen in das Recyceln von Elektroschrott ist somit langfristig absolut erforderlich.

3.4.2 Produktion und Raffinerie von seltenen Erden

Bislang hat China mit 57 % Förderquote eine marktbeherrschende Stellung in der **Förderung und Produktion von seltenen Erden** inne.[63] Diese konnte im Jahr 2021 auf 60 % erhöht werden. Bei der Bereitstellung von „raffinierten“ oder verfeinerten seltenen Erden erreicht China bereits einen Markanteil von 85 %.[64] Die USA sind der zweitgrößte Rohproduzent mit 15,36 %, gefolgt von Myanmar mit 9,29 %.[65]

Norwegen meldet aktuell den Fund der größten in Europa vorhandenen Reserven an seltenen Erden mit einer Kapazität von rund 8,8 Millionen t. Bisher waren die Reserven in Schweden mit rund 2 Millionen t das größte Vorkommen in Europa.[66]

[62] *Karunarathne, G. G. K. W. M. S. I. R/Kulawansa, K. A. D. T/Mohamed Firdhous:* Wireless Communication Technologies in Internet of Things. A critical Evaluation. Dezember 2018 *https://www.researchgate.net/publication/330245871_Wireless_Communication_Technologies_in_Internet_of_Things_A_Critical_Evaluation* (Stand: November 2024)

[63] Ca. 10 000 t werden in China vermutlich illegal abgebaut. Quelle: *Bundesanstalt für Geowissenschaften und Rohstoffe:* Seltene Erden. *https://www.bgr.bund.de/DE/Gemeinsames/Produkte/Downloads/Informationen_Nachhaltigkeit/seltene_erden.pdf?__blob=publicationFile&v=3* (Stand: 06.11.2022)

[64] *Statista:* Anteil der wichtigsten Erzeugerländer an der weltweiten Minenproduktion von Seltenen Erden im Jahr 2024. *https://de.statista.com/statistik/daten/studie/281730/umfrage/anteil-fuehrender-erzeugerlaender-an-der-weltproduktion-seltener-erden* (Stand: 06.11.2022)

[65] *Statista:* Anteil der wichtigsten Erzeugerländer an der weltweiten Minenproduktion von Seltenen Erden im Jahr 2024. *https://de.statista.com/statistik/daten/studie/281730/umfrage/anteil-fuehrender-erzeugerlaender-an-der-weltproduktion-seltener-erden* (Stand: 06.11.2022)

[66] *zeit.de:* Bergbaukonzern meldet Fund von riesigem Vorkommen an Seltenen Erden; 06.06.2024. *https://www.zeit.de/wirtschaft/2024-06/groesstes-vorkommen-seltene-erden-norwegen*

Im Bereich der seltenen Erden, die für die Herstellung von Permanentmagneten verwenden werden, prognostiziert die Agentur Roskill (nun Wood Mackenzie) in ihrem neuen Bericht „Seltene Erden Outlook“ bis 2030 einen Anteil von 40 % an der Gesamtnachfrage. Dies wird überwiegend durch die stark steigende Nachfrage im Rahmen der Elektromobilität erklärt. Im Jahr 2020 betrug der Anteil noch 29 %. Das bedeutet, dass das jährliche Wachstum bei ca. 17,5 % liegen wird.[67)]

Viel komplizierter gestaltet sich die Weiterverarbeitung des Rohmaterials zu einem brauchbaren Element für die Magnetproduktion, die Magnetanreicherung oder andere Anwendungen. Durch die Notwendigkeit des Einsatzes einer Schmelzelektrolyse für die Trennung und einer weiteren Elektrolyse zur Reduktion der Seltenerdoxide zu SE-Metallen ist die Produktion aufgrund der Komplexität und der kostenintensiven Herstellung auf wenige Standorte reduziert. Die meisten davon findet man in China. Dies erhöht die Abhängigkeit des Weltmarktes von der chinesischen Produktion. Weitere Produktionsstätten gibt es in Japan, Malaysia und Vietnam sowie Australien.

Eine weitere Möglichkeit, Seltenerdoxide zu erhalten, wäre das Recyceln von Elektroschrott. Das Recyceln dieser Stoffe ist gegenwärtig jedoch nicht weit fortgeschritten und bedarf weiterer technischer Forschung und Entwicklung. Da viele dieser seltenen Erden leicht toxisch oder radioaktiv sind, ist ein Recyceln sehr empfehlenswert, jedoch auch sehr aufwendig. Es gibt Ansätze, die seltenen Erden durch Müllverbrennung und Auswertung aus der Schlacke zurückzugewinnen. Dieses Verfahren scheint aber noch nicht wirtschaftlich erfolgreich zu sein, da der dafür notwendige Elektromüll „zu gering“ für die zu erwartende Gewinnung der Seltenerdmetalle ist.[68)] [69)] Einer der Gründe dafür dürfte der noch nicht effiziente Recyclingzyklus an Elektroschrott sein. Zudem kommt hinzu, dass ein beträchtlicher Anteil des Elektroschrotts im Hausmüll landet.[70)]

Laut eines Berichts des WEEE-Forums (*Waste of Electrical and Electronic Equipment*) aus dem Jahr 2019 wurden lediglich 17,4 % der 53,6 Millionen t des Elektroschrotts der Welt recycelt.[71)] Eine rasante Erhöhung des Elektroschrotts ist durch die zuneh-

---

[67] *BioAge Group, LLC:* Roskill: rare earth magnet applications to account for ~40% of total RE demand by 2030, up from 29% in 2020. 03.02.2021. *https://www.greencarcongress.com/2021/02/20210203-roskill.html* (Stand: 06.11.2022)

[68] *Baden-Württemberg, Ministerium für Ernährung, Ländlichen Raum und Verbraucherschutz (MLR) und Ministerium für Umwelt, Klima und Energiewirtschaft (UM):* Landesstrategie Nachhaltige Bioökonomie Baden-Württemberg. *https://www.biooekonomie-bw.de/fachbeitrag/aktuell/mit-bakterienhilfe-wertvolles-aus-muellheizkraftwerken-gewinnen* (Stand: 06.11.2022)

[69] *Dong, Ziye/Mattocks, Joseph A./Deblonde, Gauthier J.-P./Hu, Dehong/Jiao, Yongqin/Cotruvo, Joseph A. Jr./Park, Dan M.:* Bridging Hydrometallurgy and Biochemistry. A Protein-Based Process for Recovery and Separation of Rare Earth Elements. In: ACS Central Science, Volume 7, Issue 11, 8th of October 2021. *https://pubs.acs.org/doi/full/10.1021/acscentsci.1c00724?source=cen*

[70] *Deutsche Recycling Service GmbH:* Elektroschrott Recycling – der beste Weg für Recycling. *https://deutsche-recycling.de/blog/e-schrott-elektroaltgeraete-recycling*

[71] *Peters, Fabian:* So viel Elektroschrott wie nie zuvor. Umweltschützer schlagen Alarm. 14.10.2021. *https://www.basicthinking.de/blog/2021/10/14/so-viel-elektroschrott-wie-nur-zuvor-umweltschuetzer-schlagen-alarm* (Stand: 12.11.2022)

mende Digitalisierung und die Elektromobilität zu erwarten. Im gleichen Bericht ist erwähnt, dass sich bereits im Jahr 2020 der Wert auf 55,5 Millionen t erhöht hat. Für das Jahr 2021 wurde mit einem neuen Höchstwert von 57,4 Millionen t gerechnet, der bis zum Jahr 2030 auf einem Anteil von 74 Millionen t ansteigen wird.[72] Dies würde einer Steigerung von 38 % zwischen den Jahren 2019 und 2030 entsprechen (Bild 3.7).

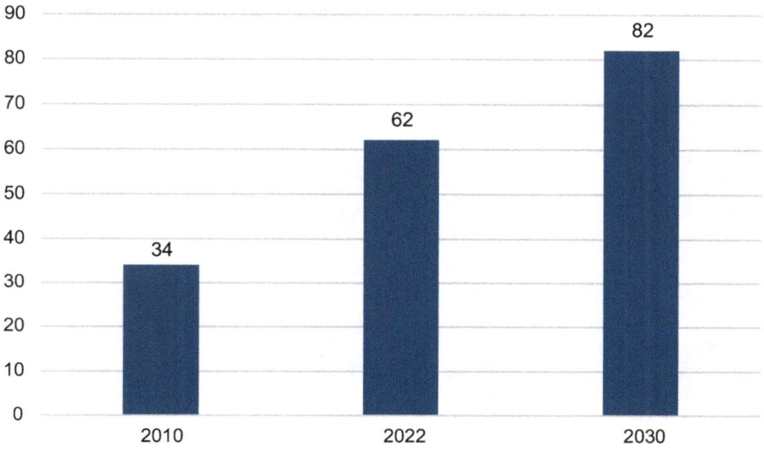

Bild 3.7 Weltweite Produktion an Elektroschrott in Millionen t[73]

Ein effizienteres Recycling von Elektroschrott würde zukünftig eine wichtige Ressourcenquelle darstellen, nicht zuletzt, da sich aus diesem Material auch Gold, Silber, Nickel und andere Metalle wiedergewinnen ließen.

3.4.3 Halbleiter und ihre Ressourcen

Ein Thema, das immer wieder für divergierende Informationen bezüglich der Verfügbarkeit sorgt, ist das Thema der Halbleiter. Hier ist zwischen diversen Begrifflichkeiten zu unterscheiden, die in den Medien sehr oft mangelhaft oder einfach falsch wiedergegeben werden. Wir unterscheiden zwischen dem Sand als industriellem Gut, der überwiegend im Bauwesen Verwendung findet, und dem Quarzsand, der in einem hohen Reinheitsgrad für das Gewinnen von Silizium verwendet werden kann.

---

[72] *diepresse.com:* 2021 dürfte neuen Höchstwert an Elektroschrott bringen. 13.10.2021. *https://www.diepresse.com/6046889/2021-duerfte-neuen-hoechstwert-an-elektroschrott-bringen*

[73] Datenquelle: *https://ewastemonitor.info/wp-content/uploads/2024/12/GEM_2024_EN_11_NOV-web.pdf* (Stand 11.09.2025)

Industrieller Sand

Sand wird in vielen Bereichen der Wirtschaft, insbesondere der Bauwirtschaft, verwendet. Pro Jahr werden ca. 15 Milliarden t Sand verarbeitet.[74] Der Sand wird überwiegend im Bausektor und für das Auffüllen von Arealen zur Gewinnung neuer Landmassen genutzt (Bild 3.8). Dies konnte z. B. in Dubai bei der Aufschüttung der berühmten Palmeninseln beobachtet werden. Doch auch in anderen Küstengebieten wie in Nordeuropa wird Sand zum Schutz und Erhalt der Küstengebiete benutzt. Meistens wird der Sand dafür direkt vor Ort aus dem Meer gewonnen, in anderen Fällen wird er aus anderen Erdteilen importiert.

Bild 3.8 Beispiel für eine Sandaufschüttung mit Planierraupen[75]

Aufgrund der steigenden Nachfrage nach Sand ist mit einem baldigen Mangel zu rechnen. Der unregulierte Abbau von industriellem Sand und dazu noch die breiten Anwendungsmöglichkeiten des Produkts machen eine „Sandkrise" wahrscheinlich bzw. geradezu unabwendbar.[76]

Ein zusätzlicher Belastungsfaktor, der die Nachfrage nach Sand steigen lässt, ist den steigenden Meeresspiegeln zuzurechnen, und zwar auf der einen Seite durch die zuneh-

[74] *Bundesministerium für Bildung und Forschung:* Forschende wollen Sandaufspülungen optimieren. 22.11.20219. *https://www.bmbf.de/bmbf/shareddocs/kurzmeldungen/de/forschende-wollen-sandaufspuelungen-optimieren.html* (Stand: 20.11.2022)

[75] *Bundesministerium für Bildung und Forschung:* Forschende wollen Sandaufspülungen optimieren. 22.11.20219. *https://www.bmbf.de/bmbf/shareddocs/kurzmeldungen/de/forschende-wollen-sandaufspuelungen-optimieren.html* (Stand: 20.11.2022). Bild: KI-generiert (ChatGPT)

[76] *ScineXX:* Droht eine globale Sand-Krise? Forscher warnen vor Sandknappheit und ökologischen Folgen des Ressourcen-Raubbaus. 11.09.2017. *https://www.scinexx.de/news/geowissen/droht-eine-globale-sand-krise* (Stand: 20.11.2022)

mende Unzugänglichkeit für den Abbau des Sandes und auf der anderen Seite, um der Steigung des Meeresspiegels etwas entgegenzusetzen und Schutzdämme zu errichten. Die Bilanz schaut dementsprechend langfristig nicht positiv aus. Es sei hier auf entsprechende Literatur verwiesen, da dieses Thema den Umfang des Buches sprengen würde, die begriffliche Erklärung aber als notwendig betrachtet wird.

Quarzsand

Im Unterschied zum „normalen" oder „industriellen" Sand wird zur Herstellung von Halbleitern abhängig von ihrer Beschaffenheit und Verarbeitung (z. B. Granularität, Struktur usw.) der spezielle Quarzsand verwendet. Folgendes Zitat dient zur besseren Erklärung des Unterschieds:

„Quarzsand auch Weiß Sand oder Industriesand genannt, besteht aus zwei Hauptelementen: Quarz und Sauerstoff (auch bezeichnet als Siliziumdioxid SiO2). Bei der Bezeichnung ‚Quarzsand' handelt [es] sich um ein Material, das mindestens 95 % SiO2 und weniger als 0,6 % Eisenoxid enthält. Ansonsten gilt der Quarzsand als ‚normaler' oder ‚industrieller' Sand." [77)]

Siliziumdioxid

Eine der wichtigsten Produktionen auf Basis von Quarzsand ist, wie vorangehend beschrieben, das Siliziumdioxid. Verwendet wird es zur Produktion von integrierten Schaltungen, auch Mikrochips genannt. Auch die für die Energieerzeugung wichtige Produktion von Solarzellen wird mit mono oder polykristallinem Siliziumdioxid durchgeführt.

Weltweit steigt die Nachfrage nach Solarzellen stark. Im Jahr 2017 wuchs der weltweite Anteil der installierten Leistung an Solarkraftwerken um mehr als 100 Gigawatt, was eine Steigerung um 30 % gegenüber dem Vorjahr bedeutete.[78)] Nur fünf Jahre später erreichte die prognostizierte Steigerung für das Jahr 2022 die 200-Gigawatt-Leistungsgrenze. Dies entspricht einer Verdopplung der Prognose.[79)] Gleichzeitig sinken die Produktionskosten der Solarpaneele. Dies ist auf modernere Produktionswerke und die Inbetriebnahme neuer Siliziumwerke zurückzuführen.

Der Ukrainekrieg und der damit einhergehende Wunsch nach erhöhter Entkopplung der Energieabhängigkeit von fossilen Energieträgern aus Russland hat die Nachfrage nach erneuerbaren Energiequellen im Jahr 2022 zusätzlich angekurbelt. Es ist somit zu erwarten, dass die Nachfrage nach Solarpanels im bisher eher schwachen europäischen

---

[77] *Victory Minerals:* Was ist Quarzsand und wofür wird er verwendet? *https://victory-minerals.com/de/ressourcen-quarzsand*

[78] *Neidlein, Hans-Christian:* CleanEnergyProject. 31.10.2017. *https://www.cleanenergy-project.de/energie/solarenergie/weltweiter-solarmarkt-mit-rekordwachstum*

[79] *Enkhardt; Sandra:* BNEF erwartet erstmals mehr als 200 Gigawatt weltweiten Photovoltaik-Zubau und leicht sinkende Modulpreise 2022. 01.02.2022. *https://www.pv-magazine.de/2022/02/01/bnef-erwartet-erstmals-mehr-als-200-gigawatt-weltweiten-photovoltaik-zubau-und-leicht-sinkende-modulpreise-2022*

Solarmarkt im Vergleich zu anderen Marktregionen[80] wieder steigen wird. Doch auch andere Regionen setzen vermehrt auf Solarenergie. Somit ist zu erwarten, dass die Nachfrage in den kommenden fünf Jahren weiterhin Rekordwerte erreichen wird.

Siliziumdioxid kommt in der Natur zwar häufig vor, doch um es nutzen zu können, muss es durch komplexe Herstellungsprozesse vorverarbeitet, gereinigt und veredelt werden. Die gegenwärtige Knappheit an Mikrochips (veredeltes Siliziumdioxid, das zu Wafern verarbeitet wird) ist folglich auf die begrenzten Produktionskapazitäten zurückzuführen. Zusätzliche Produktionsstätten, überwiegend in den USA, China, Deutschland und Japan, haben für eine kurzfristige Entspannung auf dem Halbleiterrohstoffmarkt gesorgt. Die Weiterverarbeitung zu speziellen integrierten Schaltungen oder Mikrochips erfordert jedoch einen zusätzlichen Produktionsaufwand. Patente schützen auf der einen Seite zwar den Fortschritt bestimmter Länder und Regionen in der Produktion solcher Mikrochips, auf der anderen Seite erschweren geopolitische Interessen aber die Verbreitung von Wissen, um gegenwärtige und zukünftige Nachfragen decken zu können. Die einhergehende Entwicklung einer sogenannten „multipolaren" Welt wird vermutlich zu einer Spaltung der Märkte für Halbleiter führen. Hier haben die „westlichen" Staaten[81] gegenwärtig den größeren Vorteil, da sie über eine größere Zahl an Produktionskapazitäten und das spezielle Wissen, also die Patente, verfügen.[82] Es kann jedoch davon ausgegangen werden, dass die BRICS-Staaten China, Russland und Indien in den kommenden Jahren nachrüsten werden. China hat nur wenige Firmensitze für die Halbleiterproduktion, ist aber als Produktionsstandort mit 23 % der weltweiten Produktionskapazitäten stark vertreten. Dies ist auch auf die Verfügbarkeit des Rohmaterials selbst und von seltenen Erden zurückzuführen, die eng mit der Produktion von elektronischen Geräten verbunden ist. Bild 3.9 und Bild 3.10, die sich auf einer Publikation des deutschen Bundestags[83] beziehen, zeigen die gegenwärtige Gliederung der Firmensitze und der Produktionsstandorte für Halbleiter. Es ist zu erkennen, dass der größere Anteil der Produktion mit 79 % der Produktionskapazitäten überwiegend in Asien ansässig ist, während der überwiegende Teil der Firmensitze in der westlichen Hemisphäre sitzt. Die USA und die EU sind mit 60 % Firmensitzanteilen auch die Wissensvorreiter.

---

[80] *Internationales Wirtschaftsforum Regenerative Energien:* Solar-Boom in China 2022: 52,6 GW in neun Monaten – PV-Produktionskapzitäten klettern rasant. 29.11.2022. *https://www.iwr.de/news/solar-boom-in-china-2022-52-6-gw-in-neun-monaten-pv-produktionskapzitaeten-klettern-rasant-news38156*

[81] Japan, USA, Taiwan, Südkorea und die EU-Staaten

[82] *Wissenschaftlicher Dienst Deutscher Bundestag:* Einzelfragen zur Halbleiterproduktion. Dokumentation WD 5 – 3000 – 004/22. April 2022. *https://www.bundestag.de/resource/blob/900450/25b9b36d92928f932b242efc8578386a/WD-5-004-22-pdf-data.pdf#%5B%7B%22num%22%3A738%2C%22gen%22%3A0%7D%2C%7B%22name%22%3A%22XYZ%22%7D%2C358.543321%2C280.012461%2C0%5D*

[83] *Wissenschaftlicher Dienst Deutscher Bundestag:* Einzelfragen zur Halbleiterproduktion. Dokumentation WD 5 – 3000 – 004/22. April 2022. *https://www.bundestag.de/resource/blob/900450/25b9b36d92928f932b242efc8578386a/WD-5-004-22-pdf-data.pdf#%5B%7B%22num%22%3A738%2C%22gen%22%3A0%7D%2C%7B%22name%22%3A%22XYZ%22%7D%2C358.543321%2C280.012461%2C0%5D*

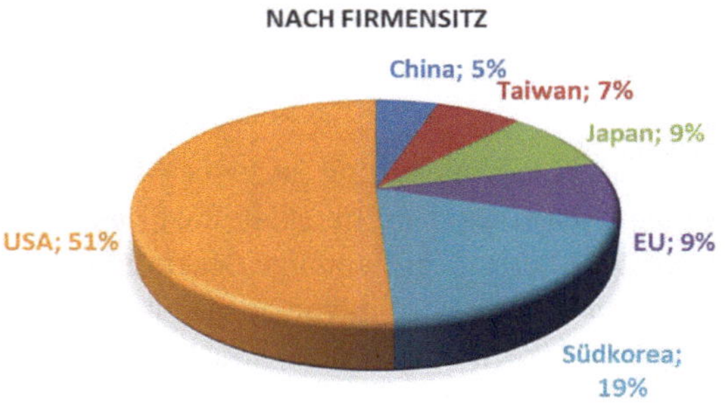

Bild 3.9 Halbleiterproduktion nach Firmensitz[84]

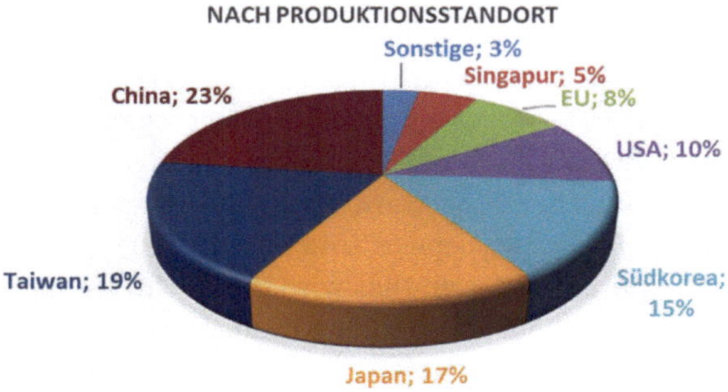

Bild 3.10 Halbleiterproduktion nach Standort[85]

Zusammenfassung

Die Produktion von Halbleitern ist prinzipiell langfristig gesichert. Die Beschränkungen in der Verfügbarkeit sind überwiegend auf geopolitische Interessen zurückzuführen oder weil die Produktion von reinem Silizium sehr komplexe und moderne Technologien und Kenntnisse erfordert, die nur bestimmte Länder besitzen. Halbleiter für die Herstellung von Mikrochips sind in der Zwischenzeit ein geopolitischer Machtfaktor geworden. Im aktuell stattfindenden Wirtschaftskrieg der sogenannten multipolaren Welt wird dieses Thema sehr emotional ausgetragen.[86] Es gilt, den Wissensvorteil zu erhalten. Ausgetragen wird dieser Wirtschaftskrieg jedoch auf Kosten der Konsumenten und sekundär auch einer trägeren technologischen Entwicklung anderen Erdregionen, da sie weder an der Rohstoffgewinnung noch an der Produktion beteiligt sind und somit gänzlich auf die Zulieferung von Halbleitern aus Industrieländern angewiesen sind. Es

---

[84] Datenquelle: *https://imreg.de/wp-content/uploads/2021/09/imreg-STP-Branche_07-2021_Auto_4_Elektro.pdf* (Seite 3, Stand: 14.09.2025)

[85] Datenquelle: *https://imreg.de/wp-content/uploads/2021/09/imreg-STP-Branche_07-2021_Auto_4_Elektro.pdf* (Seite 3, Stand: 14.09.2025)

[86] *Hofer, Joachim:* Chipmangel und Ukraine-Krieg: Infineon Chef warnt vor starken Abhängigkeiten. 22.03.2022. *https://www.handelsblatt.com/technik/lieferketten-chipmangel-und-ukraine-krieg-infineon-chef-warnt-vor-starken-abhaengigkeiten/28178366.html* (Stand: 22.01.2023)

ist ebenfalls davon auszugehen, dass wegen der verschiedenen Standorte der Rohstoffvorkommen und der Verarbeitungsstätten die Engpässe an Mikrochips auf dem Weltmarkt weiter anhalten wird.

Aufgrund der immer weiter voranschreitenden Digitalisierung ist jedoch von einer stetig wachsenden Nachfrage nach Halbleitern auszugehen. Im „Metallurgical Grade Silicon Market Outlook Report" von August 2022 betrug der damalige Gesamtmarkt an reinem Silikon (> 98 % Reinheit) 6,7 Milliarden US$. Es wird davon ausgegangen, dass dieser eine Wachstumsrate (Compound Annual Growth Rate, CAGR) von 4,1 % pro Jahr erreicht. Das würde einen Marktanteil von ca. 10,1 Milliarden US$ bis Ende 2032 bedeuten, also eine knappe Verdopplung in elf Jahren.[87]

Im Bereich der Solarpanels ist ebenfalls mit einer verstärkten Wachstumsrate zu rechnen. Der Trend zu mehr Solarenergie wird zum einen die Abhängigkeit von fossilen Energieträgern reduzieren, zum anderen jedoch die Nachfrage nach zusätzlichen Produktionskapazitäten enorm steigern. Hinzu kommt die ungünstige Eigenschaft der erneuerbaren Energieträger, sich volatil zu verhalten. Das Thema werde ich in den folgenden Kapiteln näher erörtern. Vorab kann aber gesagt werden, dass die Kompensation der Volatilität zweier Elemente bedarf. Das erste Element sind Speicher, die elektronisch und vollautomatisiert gesteuert werden müssen. Dies wird die Nachfrage nach Speichermedien und weiteren Halbleitern erhöhen. Das zweite Element ist die Intelligenz, die in Smart Devices dafür sorgt, dass die intelligenten Energiesysteme funktionieren. Diese Smart Devices verzeichnen gegenwärtig starke Wachstumstrends. Sogenannte Smart Home Devices oder andere elektronische Geräte zur Beobachtung des Stromnetzes oder zur eigenen Produktion von Strom auf dem PV-Solardach kommen gehäuft auf den Markt und werden in Zukunft ein wesentlicher Bestandteil der intelligenten Energielösung sein. Es wird geschätzt, dass der globale Smart Home-Markt im Jahr 2030 537 Milliarden US$ erreichen wird. Das entspräche einer Wachstumsrate von 27 % pro Jahr.[88]

---

[87] Metallurgical Grade Silicon Market Outlook (2022 – 2032). FACT1568MR. August 2022. *https://www.factmr.com/report/1568/metallurgical-grade-silicon-market* (Stand: 22.01.2023)

[88] *globenewswire.com:* Smart Home Market Size, Share & Trends Analysis Report By Application, By Region And Segment Forecasts, 2022 – 2030. 07.07.2022. *https://www.globenewswire.com/news-release/2022/07/07/2475951/0/en/Smart-Home-Market-Size-Share-Trends-Analysis-Report-By-Application-By-Region-And-Segment-Forecasts-2022-2030.html*

4 Primäre Energieressourcen

Primäre Energieressourcen lassen sich in verschiedene Kategorien einteilen:

1. fossile Energieressourcen
2. Energie aus Atomkraft
3. Energie aus Wasserkraft
4. Energie aus erneuerbaren Energieträgern (jenseits der Wasserkraft)

In diesem Kapitel wird auf jede einzelne der Kategorien eingegangen. Die Auswahl der aufgelisteten Energieressourcen basiert auf ihrer Einzigartigkeit. Diese korrelieren nicht mit- oder gegeneinander. Sie ergänzen sich im Energieportfolio eines Landes. Die fossilen Energieressourcen und die Energie aus Atomkraft werden thermisch in elektrische Energie transformiert und sind nicht nachhaltig. Die Energie aus Wasserkraft und anderen erneuerbaren Energieträgern sind der Kreislaufwirtschaft zuzuordnen.

Dieses Kapitel soll Ihnen einen Überblick geben, wie lange die verfügbaren Energieressourcen auf dem Planeten aus heutiger Sicht noch ausreichen könnten, insbesondere die fossilen Energieressourcen und die Energie aus Atomkraft. Dass diese nicht endlos verfügbar sind, dürfte Ihnen bereits klar sein, es bedarf aber einer eingehenden Untersuchung, wie lange die Menschheit noch von diesen Ressourcen zehren darf.

Kritische Beobachter werden sicherlich gleich auf die Problematik der CO_2-Emissionen hinweisen wollen. Diese wird mitbehandelt und in Relation zur jeweiligen Ressource gesetzt. Dies soll helfen, jede einzelne Ressource auf differenzierte Art und Weise bewerten zu können. Eine nachträgliche Gesamtübersicht rundet das Bild schließlich ab. Vorab brauchen wir jedoch zunächst Klarheit, wie es aktuell um die einzelnen Energieressourcen steht.

4.1 Fossile Ressourcen

Jahr für Jahr hört man von der Verknappung der Ölressourcen auf unserem Planeten. Man spricht vom sogenannten Peak Oil, dem Ölfördermaximum, d. h. dem Zeitpunkt, zu dem die maximale Fördermenge von Erdöl erreicht wird. Dabei weichen die Voraussagungen über das tatsächliche „Aus" für das Öl enorm voneinander ab.[1] In Bild 4.1 ist zu erkennen, dass es unterschiedliche Szenarien und Berechnungsmodelle für die Verfügbarkeit von Erdöl gibt. Diese zeigen jedoch alle eindeutig einen Trend nach unten, der um die Jahre zwischen 2030 bis 2050 beginnt. Danach geht es radikal steil nach unten in der Kurve, bis diese um die Jahre 2080 bis 2100 die Talsohle erreicht. Die Periode ab 2030 dürfte wohl die kritischste Phase in der Transition zu einer fossilfreien Zukunft sein. Wer bis dahin noch kein alternatives Energiekonzept erarbeitet hat, wird enorme Probleme zu erwarten haben. Bevor wir auf die Analyse eingehen, ist es vermutlich empfehlenswert, noch andere Quellen zu berücksichtigen.

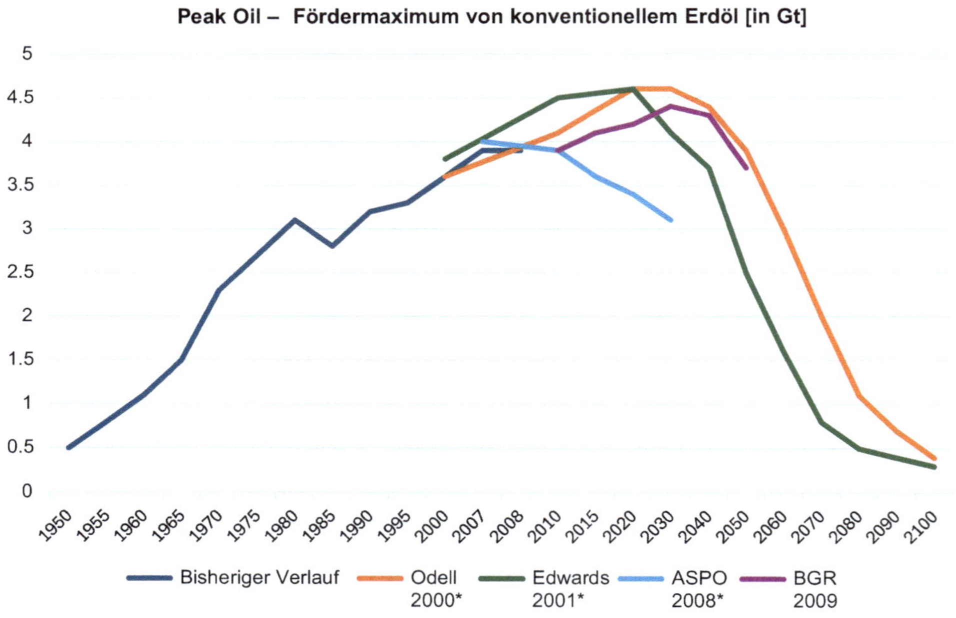

Bild 4.1 Prognostizierte Ölförderverläufe von 1950 bis 2100 inklusive Peak Oil (= Ölfördermaximum)[2]

[1] Bundeszentrale für politische Bildung: *https://www.bpb.de/kurz-knapp/zahlen-und-fakten/globalisierung/52761/peak-oil. Bundesanstalt für Geowissenschaften und Rohstoffe (BGR):* Energiestudie 2014. Stand: Juli 2024

[2] *Bundesanstalt für Geowissenschaften und Rohstoffe (BGR):* Energiestudie 2014. Stand: Juli 2024. Datenquelle: *https://www.bpb.de/system/files/dokument_pdf/09_07_0.pdf* (Seite 34, Stand: 11.09.2025)

4.1.1 No Peak Oil

Am 7. Oktober 2017 veröffentlichte „Forbes“ einen Artikel mit der Überschrift: „No peak oil for America or the World“. In diesem Artikel wird die Theorie von M. King Hubbert verworfen, bei welcher der Peak-Oil-Zeitpunkt spätestens 1970 zu erwarten gewesen wäre. Der Autor James Conca geht auf die Diskrepanz ein, in der sich die Peak-Oil-Theorie gegenwärtig befindet:

„Öl ist reichlicher vorhanden, als Sie sich vorstellen können. Und wir finden immer einfachere und wirtschaftlichere Wege, es aus dem Boden zu holen.“ [3]

Demzufolge ist Erdöl in größeren Mengen vorhanden als vermutet wird. Die Peak-Oil-Theorie von M. King Hubbert besagte im Jahr 1939, dass der Peak Oil auf der Hälfte der gewinnbaren konventionellen Ölreserven basiert und folglich für die USA um das Jahr 1969 erreicht werden würde. Danach würde die Erdölproduktion sinken. Die weltweiten Ölreserven würden Hubberts Theorie folgend um das Jahr 2010 erreicht werden (Bild 4.2).

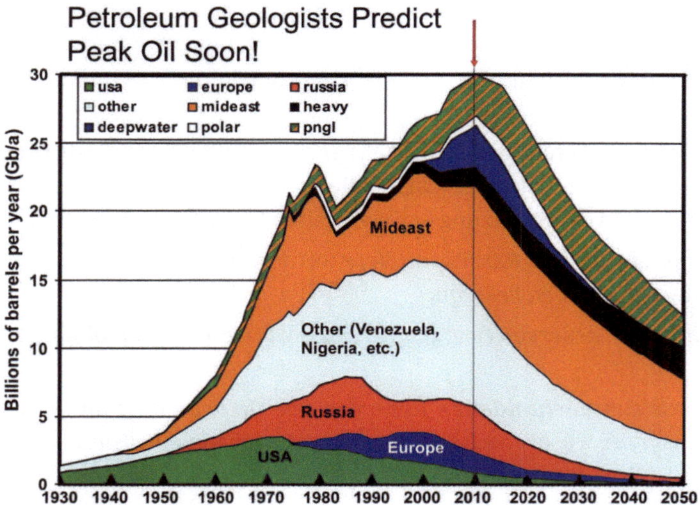

Bild 4.2 M. King Hubberts Peak Oil Forecast[4]

Seit nunmehr 20 Jahren macht die Ölfördertechnologie jedoch große Fortschritte bei der Suche und Förderung von Ölreserven. Ein wichtiger Faktor, der insbesondere für die USA großes Gewicht bei der Öl- und Gasförderung hat, ist das Fracking. Spencer

---

3 *Conca, James:* No Peak Oil For America Or The World. 02.03.2017. *https://www.forbes.com/sites/jamesconca/2017/03/02/no-peak-oil-for-america-or-the-world* (Stand: Juli 2024, eigene Übersetzung)

4 Bildquelle: *https://warosu.org/biz/image/8AhlPYG2dLG3xe0-gkEBgg*

Dale, ein britischer Wirtschaftstreibender, machte dies mit folgender Aussage deutlich:

„Für jedes Barrel Öl, das in den letzten 35 Jahren verbraucht wurde, wurden zwei neue Barrel entdeckt.“ [5]

James Conca zieht daraus folgende Schlussfolgerung:

„Und es gibt keine Anzeichen dafür, dass sich dieser Trend in naher Zukunft verlangsamen wird. Der Peak Oil liegt nun in weiter Ferne.“ [6]

Dem Artikel von James Conca folgend werden die weltweiten Ölreserven falsch vermessen und sind daher permanenten Änderungen unterworfen. James Conca beschreibt zwei Arten der Reserven und damit der Produktion (im Sinne von Extraktion) von Erdöl. Die erste ist die konventionelle Art der Produktion, indem Ölbohrtürme on- oder offshore nach Ölkavernen bohren. Die zweite unkonventionelle Art ist eine horizontale Ablagerung von Ölreserven auf multiplen Ebenen, die Schicht für Schicht, meistens durch Fracking, abgetragen werden müssen. Conca beschreibt dies als Donut- oder Tiramisu-Formationen, wobei diese illustrative Darstellung auf Jim Scherrer zurückzuführen ist (Bild 4.3). Er schrieb in seiner Publikation „New Oil & Gas Drilling: A Schematic (‚Time for Tiramisu‘)“ vom 17. September 2019, dass sich die Öl- und Gasbohrtechniken immer weiter verbessern würden.[7] Es gäbe bereits nahezu revolutionäre horizontale Bohrtechniken entlang felsigen Gesteins, die als unkonventionelle Bohrtechniken bekannt geworden sind.

Gemäß James Conca beruht der Fehler der Peak-Oil-Theorie und der damit verbundenen Berechnung der Rohölreserven darin, dass nicht alle Szenarien berücksichtigt werden. Er listet folgende vier Arten der Schätzung der weltweiten Öl- und Gasreserven auf:

„1) ***die wirtschaftlich gewinnbaren Reserven*** *(diese werden am häufigsten verwendet), auch als nachgewiesene Reserven bekannt,*

2) ***die technisch gewinnbaren Reserven*** *(wir glauben, dass wir diese in Zukunft fördern können),*

3) ***die gesamten oder vor Ort vorhandenen Reserven*** *(die Gesamtmenge an Öl und Gas, die uns bekannt ist, von der wir aber wissen, dass wir sie noch nicht vollständig fördern können), und*

4) ***die unbekannten Reserven*** *(die uns noch nicht bekannt sind, hauptsächlich unter Eisschichten).“* [8]

---

5 *Conca, James:* No Peak Oil For America Or The World. 02.03.2017. *https://www.forbes.com/sites/jamesconca/2017/03/02/no-peak-oil-for-america-or-the-world* (Stand: Juli 2024, eigene Übersetzung)

6 *Conca, James:* No Peak Oil For America Or The World. 02.03.2017. *https://www.forbes.com/sites/jamesconca/2017/03/02/no-peak-oil-for-america-or-the-world* (Stand: Juli 2024, eigene Übersetzung)

7 *Scherrer, James S.:* New Oil & Gas Drilling: A Schematic (‚Time for Tiramisu‘). 17.09.2019. *https://www.masterresource.org/resourceship/the-drilling-revolution-an-analogy-time-for-tiramisu*

8 *Conca, James:* No Peak Oil For America Or The World. 02.03.2027. *https://www.forbes.com/sites/jamesconca/2017/03/02/no-peak-oil-for-america-or-the-world* (Stand: Juli 2024)

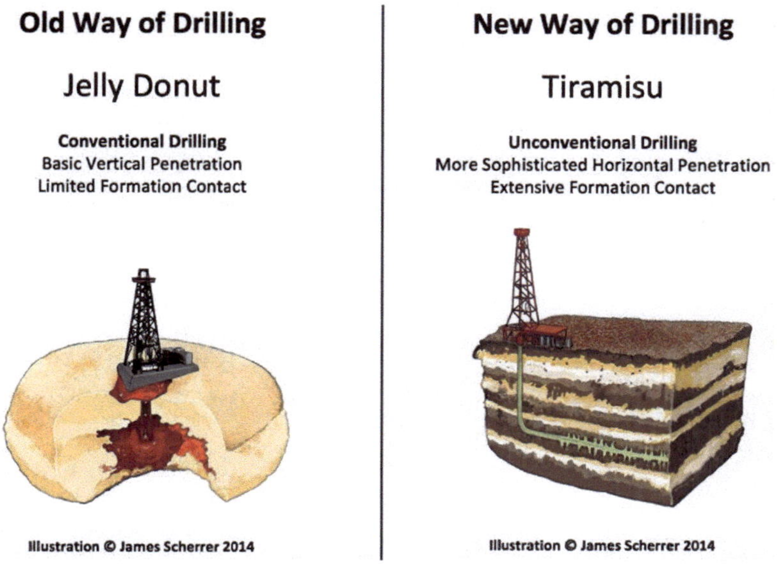

Bild 4.3 Donut- und Tiramisu-Bohrschemata zu konventionellen und unkonventionellen Bohrtechniken für die Öl- und Gasextraktion[9)]

Nach James Conca werden zur Reserveberechnung immer nur die ersten zwei Arten berücksichtigt. Daher werden die ständigen Korrekturen der tatsächlichen Reserven immer notwendig bleiben.

4.1.2 Peak Oil never went away

Eine weitere Betrachtung der Peak-Oil-Situation liefert ein Artikel aus dem Jahr 2020 von Blair Fix.[10)] Fix kommt darin zu dem Schluss, dass der Peak Oil für die konventionelle Produktion bereits erreicht ist. Er geht davon aus, dass das Hubbert-Modell korrekte Prognosen geliefert hat. Demzufolge sieht er die konventionelle Ölproduktion vor dem Kollaps.

Bis Ende der 2000er-Jahre ging die Ölproduktion in den USA tatsächlich zurück, wie es Hubbert vorhergesagt hatte. Ab dem Jahr 2008 begann die Ölproduktion in den USA jedoch wieder stark zu steigen. Dies ist auf den Schieferölboom zurückzuführen, den die USA seit 2008 erleben. Diesen Boom hatte Hubbert nicht vorhergesehen, weswegen seine Peak-Oil-Theorie in die Diskussion geriet.

---

9 © Bild: James S. Scherrer, 2014. Bildquelle: *Scherrer, James S.:* New Oil & Gas Drilling: A Schematic (‚Time for Tiramisu'). 17.09.2019. *https://www.masterresource.org/resourceship/the-drilling-revolution-an-analogy-time-for-tiramisu*

10 *Fix, Blair:* Peak oil never went away. 16.11.2020. *https://economicsfromthetopdown.com/2020/11/16/peak-oil-never-went-away*

Laut Blair Fix ist die Euphorie jedoch unberechtigt, da auch das Schieferöl eine endliche Ressource darstellt, die irgendwann erschöpft sein wird. Hubbert wusste bereits seit 1956 vom Schieferöl. Hubbert schätzte damals die Schieferölreserven auf ca. 1 Milliarde Barrel ein (ca. fünfmal größer als jene Reserven der konventionellen Ölproduktion). Damals war allerdings die Technik noch nicht so weit und eine kommerzielle Nutzung folglich nicht erstrebenswert, womit diese Reserven nicht in seinem Peak-Oil-Modell berücksichtigt wurden.

Allen Diskussionen zum Trotz kann Hubbert im Nachhinein recht gegeben werden. Seine Prognosen decken sich weitgehend mit jenen der aktuellen Analysen (Bild 4.4).

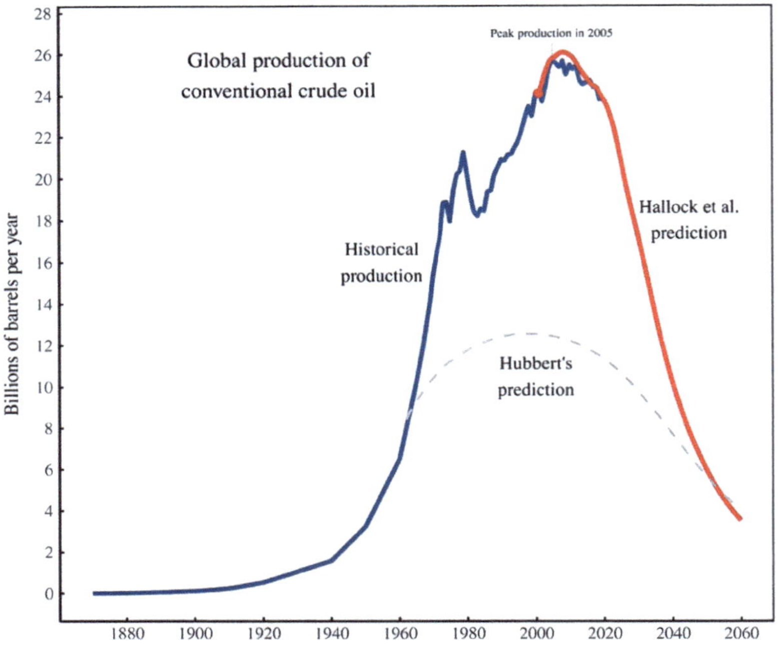

Bild 4.4 Peak-Oil-Prognose von M. King Hubbert[11]

Ein wesentlicher Faktor, der bei der Diskussion der Peak-Oil-Modelle nicht berücksichtig wird, ist die Gegenseite. Wie sieht demgegenüber der Peak Oil Demand aus? Unter dem Peak Oil Demand versteht man den Ölnachfrage-Höhepunkt, d. h. den Zeitpunkt, an dem die Nachfrage nach Erdöl ihren Höhepunkt erreicht, unabhängig davon, ob die Fördermenge ihren Peak bereits überschritten hat oder nicht. Wird die Menschheit darauf warten, bis der letzte Tropfen Öl aufgebraucht ist, um auf alternative Produkte auszuweichen? Vermutlich nicht. Es ist folglich wichtiger, sich auf die Nachfrageseite zu konzentrieren, da hier mehr Handlungsoptionen verfügbar sind, um den Peak Oil Demand, also die Nachfrage nach Erdöl, zu steuern. In Abschnitt 4.1.3 wird diese Situation untersucht.

[11] © Bild: Blair Fix (CC BY 4.0). Bildquelle: *Fix, Blair:* Peak oil never went away. 16.11.2020. *https://economicsfromthetopdown.com/2020/11/16/peak-oil-never-went-away*

4.1.3 Peak Oil Demand in der wissenschaftlichen Betrachtung

Was sagt die Wissenschaft dazu? Ein Blick in den „World Energy Outlook" ermöglicht einen aktuellen Überblick. Laut dem Bericht „Oil 2023" aus dem Juni 2023 sieht die International Energy Agency in Paris eine **sinkende Nachfrage nach Erdöl** für die Periode von 2022 bis 2028 vor.[12] Als Grund für den Rückgang der Nachfragesteigerung sieht die IEA den stärkeren Fortschritt in der globalen Energiewende (engl. *Energy Transition*). Somit ist auch der Peak Oil Demand, also der Spitzenwert der Nachfrage nach Erdöl, näher gerückt. Dies ist vermutlich die weitaus wichtigere Erkenntnis in Bezug auf die Diskussion Erdöl vs. GHG-Emissionen (GHG = Green House Gas, dt. Treibhausgas). Weitere Zunahmen in der Erdölnachfrage sieht die IEA in den Segmenten der petrochemischen Rohstoffe und im Flugbetrieb, wo die Nachfrage nach Kerosin steigt. Dies führt dazu, dass der Gesamtverbrauch weiter zunehmen wird. Es wird geschätzt, dass der weltweite Erdölbedarf im Jahr 2028 rund 105,7 Millionen Barrel/Tag betragen wird. Das sind ca. 5,9 Millionen Barrel/Tag mehr als noch im Jahr 2022 gemessen wurden. Dies entspricht einer Steigerung von 5,5 % für die Beobachtungsperiode, folglich einer Steigerung von 0,92 % pro Jahr. Vergleicht man diese mit der Steigerungsrate von 2000 bis 2010 mit ca. 1,5 % pro Jahr und jener zwischen 2010 bis 2020 mit ca. 1,2 % pro Jahr, so ist dies eine signifikante Reduktion mit Werten von unter 1 % (Bild 4.5).

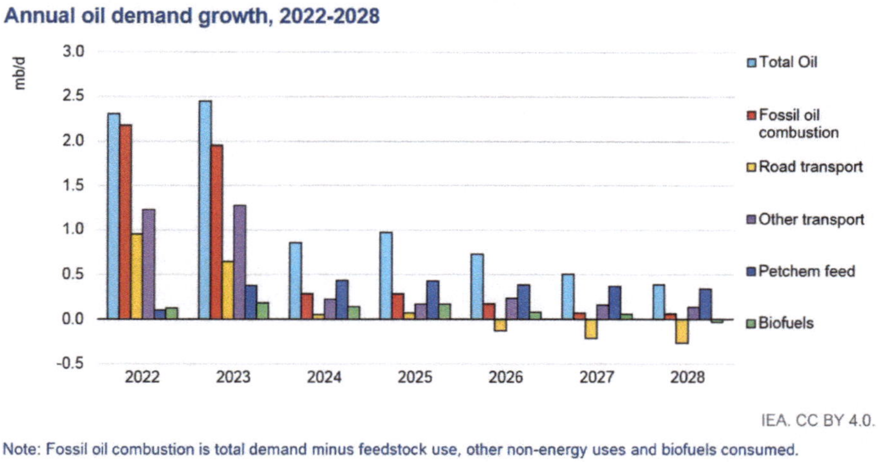

Bild 4.5 Die weltweite Nachfrage nach Erdöl sinkt laut IEA.[13]

Ein positiver Trend ist dem Bericht zufolge dem Transportsektor zu entnehmen. Lange Zeit stand der Kraftstoffverbrauch bei der Erdölnachfrage an oberster Stelle. Die IEA

[12] *IEA (International Energy Agency):* Oil 2023. Analysis and forecast to 2028. June 2023. *https://iea.blob.core.windows.net/assets/6ff5beb7-a9f9-489f-9d71-fd221b88c66e/Oil2023.pdf*

[13] © Bild: IEA (CC BY 4.0.) *IEA (International Energy Agency:* Oil 2023. Analysis and forecast to 2028. June 2023. *https://iea.blob.core.windows.net/assets/6ff5beb7-a9f9-489f-9d71-fd221b88c66e/Oil2023.pdf* (Seite 11, Stand 11.09.2025)

erwartet, dass der Kraftstoffverbrauch im Transportsektor ab 2025 eine Trendumkehr erfahren wird und die Werte nur leicht über jenen der Pandemiejahre liegen werden. Die prognostizierte Nachfrage für 2028 würde folglich ohne die Einsparungen der neuen elektrischen Antriebe (Stichwort E-Autos) und die immer besser werdende technische Effizienz im Allgemeinen um den Wert 7,8 Millionen Barrel/Tag höher ausfallen. Dies würde einer Steigerungsrate von ca. 2,15 % pro Jahr entsprechen, und das für einen Beobachtungszeitraum von lediglich sechs Jahren. Das bedeutet folglich, dass Effizienzsteigerungen und Elektroautos mit ausschließlich grünem Stromantrieb dafür sorgen können, die Nachfrage nach Erdöl um einen Beitrag von 1,25 % pro Jahr zu reduzieren.

4.1.4 Peak Oil Demand in 2030

Vergleicht man die Studie „Oil 2023" mit jener, die 2016 im World Economic Forum veröffentlicht wurde, so wird die Tendenz zur **Reduktion der Erdölnachfrage** von unterschiedlichen Quellen bestätigt. Im Jahr 2016 veröffentlichte Matthew Nitch Smith einen Artikel mit dem Titel „Demand for oil will peak in 2030, says research".[14] Er stellt fest, dass die Nachfrage von 2020 bis 2030 noch steigen werde, um dann einen Spitzenwert zu erreichen. Danach würde die Nachfrage signifikant absinken (Bild 4.6).

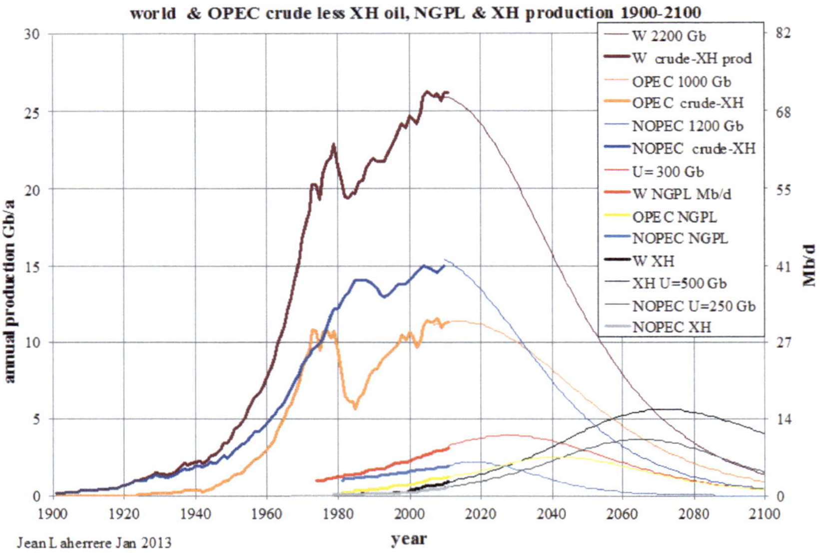

Bild 4.6 Der Peak Oil Demand wird im Jahr 2030 erreicht.[15]

[14] *Nitch Smith, Matthew:* Demand for oil will peak in 2030, says research. World Economic Forum, 27.04.2016. *https://www.weforum.org/agenda/2016/04/demand-for-oil-will-peak-in-2030-says-research* (Stand: Juli 2024)

[15] © Bild: Jean Laherrère. Bildquelle: *https://www.resilience.org/stories/2018-03-12/the-world-oil-supply-is-infinite-i-know-that-because-i-believe-it*

Laut dem Forschungsergebnis von Bernstein Research, das dem Artikel zugrunde liegt, hat die westliche Hemisphäre bereits 2005 den Peak Oil Demand erreicht. Der weitere Anstieg in der Nachfrage bis 2030 sei auf die aufstrebenden Märkte von China und Indien zurückzuführen. Die wichtigsten Dämpfer der Nachfrage nach Erdöl seien die verbesserte Kraftstoffeffizienz, die Diversifizierung der Kraftstoffe zu nachhaltigeren Produkten sowie der immer stärker werdende Druck des Klimawandels und der damit einhergehenden Folgen.

Diese Vorausschau deckt sich mit der von Goldman Sachs, die im Artikel „Peak oil demand is still a decade away" vom 17. Juni 2024 geliefert wird.[16] Im Gegensatz zur Aussage von Matthew Nitch Smith wird der Peak Oil Demand in diesem Artikel auf das Jahr 2034 festgelegt (Bild 4.7).

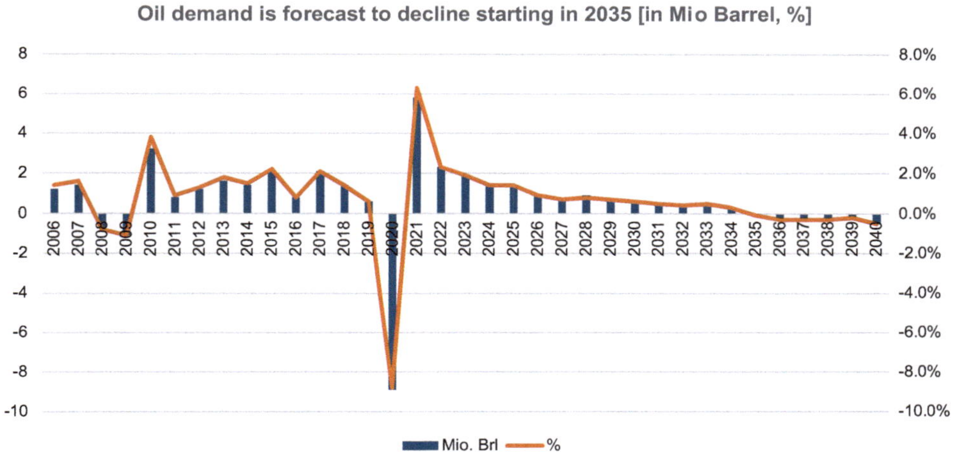

Bild 4.7 Der Peak Oil Demand wird laut Goldman Sachs erst im Jahr 2034 erreicht werden.[17]

Der Studie folgend wird der gesamte Verbrauch im Jahr 2034 ca. 110 Millionen Barrel/Tag betragen. Das sind 4,3 Millionen Barrel/Tag mehr als die Studie der IEA für das Jahr 2028 voraussieht. Sollte die massive Einführung von Elektroautos langsamer vonstattengehen als in der Studie erwartet, so würde sich der maximale Anstieg der Nachfrage auf das Jahr 2040 mit 113 Million Barrel/Tag verschieben (Bild 4.8).

In einem Punkt deckt sich diese Studie mit jener der IEA, und zwar in der Aufgliederung der Sektoren, die zur Steigerung bzw. Dämpfung der Nachfrage beitragen. Bei den Ölprodukten wird der Studie zufolge die Nachfrage nach Benzin um das Jahr 2028

[16] *Goldman Sachs:* Peak oil demand is still a decade away. 17.06.2024. *https://www.goldmansachs.com/intelligence/pages/peak-oil-demand-is-still-a-decade-away.html*

[17] Datenquelle: *Goldman Sachs:* Peak oil demand is still a decade away. 17.06.2024. *https://www.goldmansachs.com/intelligence/pages/peak-oil-demand-is-still-a-decade-away.html*

ihren Höhepunkt erreichen. Die Nachfrage nach petrochemischen Produkten könnte diesen Trend ausgleichen, da sie nach wie vor stark zunimmt.

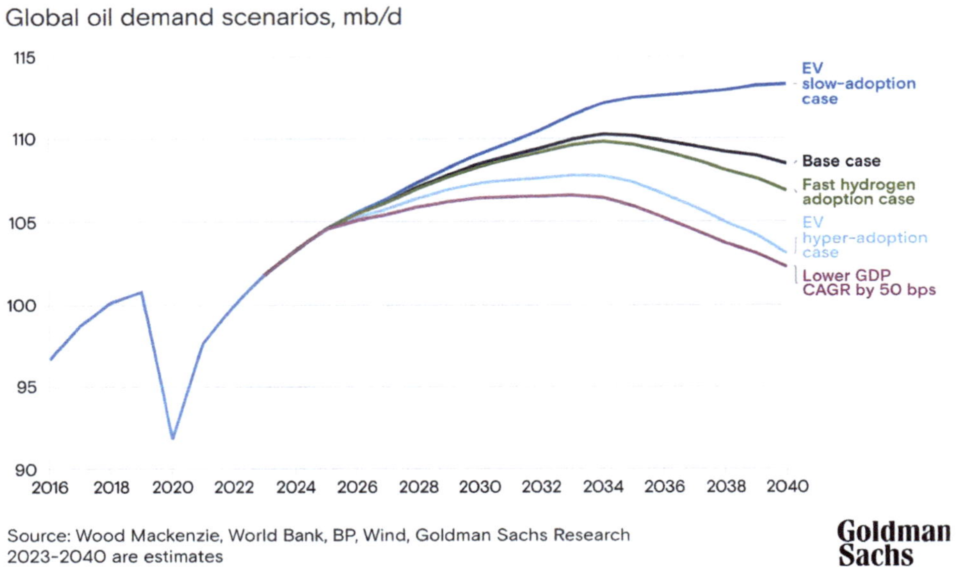

Bild 4.8 Der Anteil an Elektroautos kann den Peak Oil Demand beeinflussen.[18]

4.2 Strom aus Öl und Gas

Wollen wir als Gesellschaft aus den fossilen Brennstoffen aussteigen, so wird jegliche Art der fossilen Stromerzeugung ersetzt werden müssen. Diese Aufgabe ist alles andere als einfach. Laut dem World Resources Institute befanden sich im Juni 2021, basierend auf einer weltweiten Erhebung, 2116 **ölgetriebene Kraftwerke** in Betrieb, mit einer gesamten nominalen elektrischen Leistung von 121,3 Terawatt.[19] Hinzu kommen 3761 **mit Gas betriebene Kraftwerke** mit einer gesamten nominalen elektrischen Leistung von 36,7 Terawatt (aus der gleichen Quelle). Gemeinsam mit den anderen fossil basierten Kraftwerken wie Kohle, Cogeneration und Petcoke ergibt das einen Anteil von 18,76 % der gesamt installierten Leistung.

---

[18] © Bild: Goldman Sachs Research, Wood Mackenzie, World Bank, BP, Wind. Bildquelle: *https://www.roadtoautonomy.com/autonomy-leaderboard-july-2024*

[19] *World Resources Institute:* Global Power Plant Database. Version 1.3.0. Juni 2021. *https://datasets.wri.org/dataset/globalpowerplantdatabase*

Betrachtet man die erzeugte Strommenge von 1990 bis 2022 nach Energieträger, die von der Internationalen Energie Agentur veröffentlicht wurde, so ist der Trend einer zunehmenden fossilen Nutzung bei der Stromerzeugung zu erkennen (Bild 4.9). Wind und Solarkraftwerke (hellblau über dem Wind in Bild 4.9 dargestellt) verzeichnen zwar seit der Jahrtausendwende eine zunehmende Präsenz in der Erzeugungsstatistik, doch sind sie noch weit davon entfernt, den Anteil, den fossile Energieträger zur Stromerzeugung leisten, zu ersetzen.

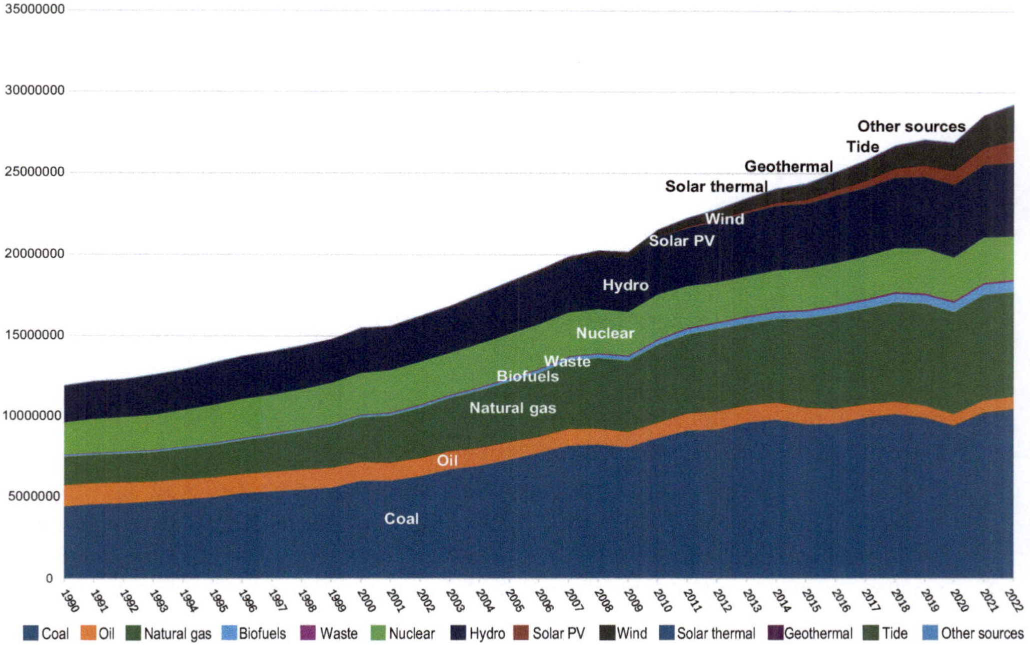

Bild 4.9 Weltweite Stromerzeugung in Gigawattstunden (GWh) von 1990 – 2022, basierend auf den primären Energieträgern[20)]

Betrachtet man allein das Jahr 2021, so sind 62 % der weltweit erzeugten Strommenge auf Basis von fossilen Energieträgern entstanden. Wenn man die ca. 10 % an Atomkraft hinzunimmt, ergibt das einen Wert von 71 % an **nicht erneuerbaren Energiequellen**, die kurz- oder langfristig ausgeschöpft sein werden (Bild 4.10).

[20] Datenquelle: *IEA (International Energy Agency):* Data and Statistics. Energy Supply 1990 – 2021. *https://www.iea.org/data-and-statistics/data-tools/energy-statistics-data-browser?country=WORLD&fuel=Energy%20supply&indicator=ElecGenByFuel* (Stand: Juli 2024)

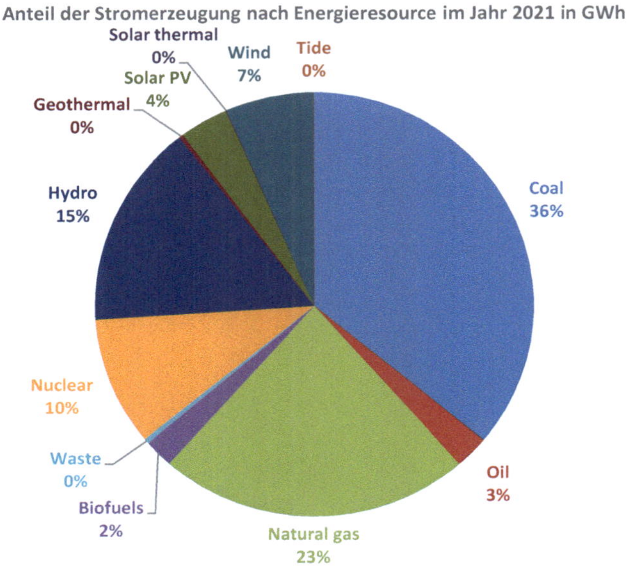

Bild 4.10 Prozentueller Anteil der Stromerzeugung nach primärem Energieträger im Jahr 2021 in Gigawattstunden (GWh)[21)]

Betrachtet man die damit verbundenen CO_2-Emissionen, die nur für die Stromerzeugung verursacht wurden, so ergibt sich Bild 4.11.

Aus Bild 4.10 ist auch zu erkennen, dass Öl nicht den größten Anteil an der Stromerzeugung ausmacht. Der Anteil von Öl betrug im Jahr 2021 lediglich 3 % des gesamten Stromerzeugungsmarktes. Dies ist ein Anteil von 4,8 %, gemessen an allen beteiligten fossilen Energieträgern (Kohle, Öl und Gas). Dementsprechend ist auch der Anteil der Emissionen im Vergleich zu den Elementen Gas und Kohle eher gering.

Entsprechend den gegebenen Umständen sieht die Zukunft von ölbefeuerten Kraftwerken sehr überschaubar aus – und zwar aus mehreren Gründen. Die Dekarbonisierungsstrategie verschiedener Länder setzt diese Technologie unter Druck. Hinzu kommt, dass die Wettbewerbsfähigkeit fossilbetriebener Anlagen wegen der immer besser werdenden Effizienzen erneuerbarer Technologien bei der Stromerzeugung immer mehr abnimmt. Auch die Öffentlichkeit spricht sich zunehmend für eine nachhaltigere Energiekreislaufkette aus und da sind Öl und Kohle eben nicht dabei. Dennoch gibt es für ölbefeuerte Kraftwerke eine Art „*Second Life*"-Option.

Als ein Beitrag zur Verbesserung der GHG-Emissionssituation von ölbefeuerten Kraftwerken kann die Technologie *Carbon Capture and Storage* (CCS) genannt werden. Die Preise für diese Technologie sind über die letzten Jahre zwar nicht wesentlich gesun-

[21] Datenquelle: *IEA (International Energy Agency):* Data and Statistics. Energy Supply 1990 – 2021. *https://www.iea.org/data-and-statistics/data-tools/energy-statistics-data-browser?country=WORLD&fuel=Energy%20supply&indicator=ElecGenByFuel* (Stand: Juli 2024)

ken, man geht aber davon aus, dass durch die vermehrte Anzahl an CCS-Projekten Skaleneffekte entstehen werden und so die kommenden Jahre der Preis sinken wird. Des Weiteren besteht die Chance, dass CO_2 als Rohstoff gewonnen werden kann und somit CCS-Technologien schlagartig kommerziell interessanter werden könnten. CO_2 kann z. B. bei der Karbonatisierung von Beton genutzt werden, was dazu führt, dass weniger Zement gebraucht wird, da Beton durch das Beimischen von CO_2 härter wird und sich seine Qualität insgesamt verbessert. Auch bei der Herstellung von synthetischem Kalkstein kann CO_2 mit Mineralien kombiniert werden. In der Chemieindustrie wird CO_2 ebenfalls als Rohstoff für diverse Chemikalien und Kunststoffe verwendet. In der Landwirtschaft kann CO_2 zur Herstellung diverser Düngemittel genutzt werden. CO_2 wird also auch künftig ein wichtiger Rohstoff bleiben. CCS-Technologien bei Kraftwerken könnten dadurch eine immer wichtigere Rolle in der Kreislaufwirtschaft einnehmen. Somit könnten emittierende Kraftwerke wie jene, die mit Öl oder Gas befeuert werden, einen grüneren Fußabdruck erhalten. Dennoch wird sich insbesondere die ölbasierte Technologie langfristig vermutlich nicht weiter ausbauen lassen.

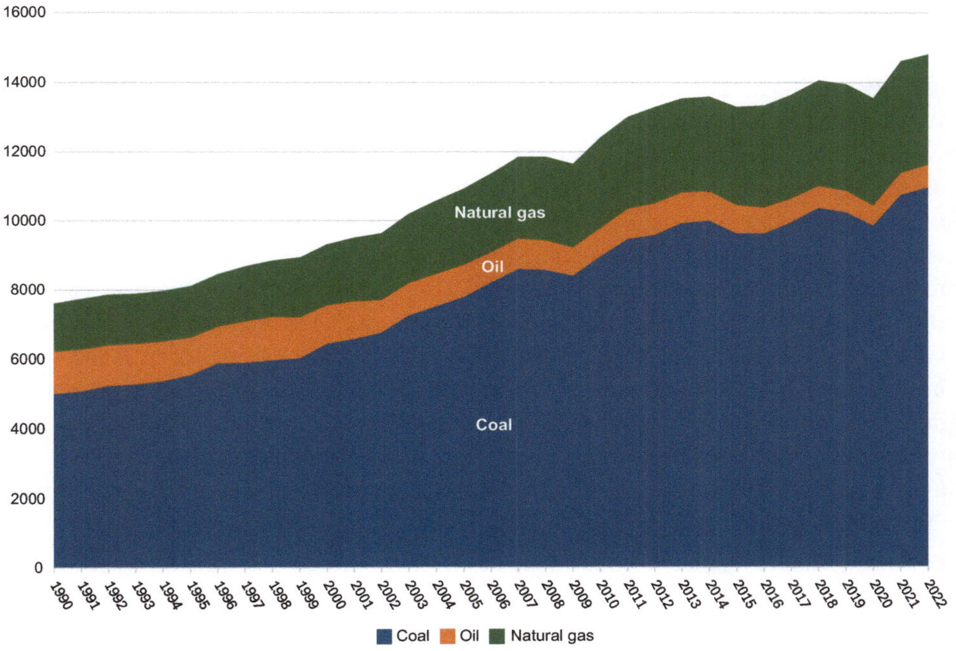

Bild 4.11 CO_2-Emissionen aus Strom und Wärme von 1990 bis 2021 in Megatonnen (Mt), basierend auf fossilen Primärenergieträgern (Quelle: International Energy Agency[22])

[22] *IEA (International Energy Agency):* Data and Statistics. CO2 Emissions 1990 – 2021. *https://www.iea.org/data-and-statistics/data-tools/energy-statistics-data-browser?country=WORLD&fuel=CO2%20emissions&indicator=CO2EleBySource* (Stand: 11.09.2025)

Diese Kraftwerke könnten eine wichtige Transformation erfahren, wenn sie auf den Betrieb mit Wasserstoff umgerüstet werden könnten. Wasserstoff hat mit einem Heizwert von 33,3 kWh/kg einen höheren kalorischen Wert als Öl mit einem Heizwert von 11,9 kWh/kg. Hierzu müssten allerdings die Technologien für den Transport und die Speicherung von Wasserstoff deutliche Fortschritte machen. Diese Fortschritte werden optimistisch betrachtet aktuell erst für 2030 vorausgesehen. Pessimistische Einschätzungen gehen erst ab dem Jahr 2040 davon aus, dass Wasserstoffspeicher kommerziell und technologisch sinnvoll nutzbar sein werden. Bis dahin werden vermutlich einige Kraftwerke bereits ausrangiert sein und Öl zur Stromerzeugung wird kaum mehr eine Rolle spielen.

Ein ähnliches Bild ergibt sich bei der Untersuchung von Gas als primärem Energieträger zur Stromerzeugung. Gas hat einen kalorischen Heizwert von lediglich 9,5 kWh/kg, also weniger als ein Drittel desjenigen von Wasserstoff. Gas emittiert pro erzeugter Kilowattstunde mit 0,2 kg CO_2 zwar weniger als Erdöl oder Heizöl mit jeweils 0,25 und 0,3 kg CO_2 pro Kilowattstunde, doch im Vergleich zu Wasserstoff, das einen wesentlich höheren kalorischen Wert hat und kein CO_2 emittiert, ist das nicht konkurrenzfähig.

Bei der Umstellung von Gaskraftwerken auf Wasserstoffkraftwerke haben die gasbetriebenen Technologien einen wesentlichen Vorteil. Erdgas wird in dem Fall auf Wasserstoffgas, also von einer gasförmigen Substanz auf eine andere, umgetauscht. Technologisch betrachtet werden dazu jedoch höherwertige Gasspeicher gebraucht, die die Diffusion, also den Verlust, von Wasserstoff besser beherrschen. Auch die Zuleitungen müssen auf eine neue Technologie umgestellt werden, da auch hier mit Verlusten in der gegenwärtigen Technologie gerechnet werden muss und diese somit technisch und kommerziell unbrauchbar sind. Zum Gesamtbild kommt hinzu, dass die Handhabung von Wasserstoff sensibel ist und die Speicherung und der Transport in einer abgesicherten Umgebung erfolgen muss. Das wird zu erheblichen Mehrkosten bei der Umstellung der Technologien führen. Bei Erdöl ist eine Umrüstung nicht direkt möglich und insofern mit wesentlichen Mehrkosten verbunden. Die Umstellung ölbetriebener Kraftwerke erfordert eine komplette Demontage aller Speicher, Zuleitungen und Verbrennungssysteme. Vermutlich ist ein kompletter Neubau aus gegenwärtiger Sicht naheliegender.

Es wird deshalb noch lange dauern, bis die fossilen Energieträger im Stromsektor auf nachhaltigere Technologien umgestellt werden können. Wenn man davon ausgeht, dass die Wasserstoffspeichertechnologie erst ab 2040 eine einsatzfähige Reife erreicht, wird die Umstellung der Kraftwerke weitere 10 bis 20 Jahre dauern. Erst 2050 ist folglich eine deutliche Trendumkehr der CO_2-Emissionen im Stromerzeugungssegment basierend auf dieser Technologie zu erwarten. In einem optimistischeren Szenario würde man vermutlich nicht vor 2040 damit rechnen.

4.3 Strom aus Kohle

Folgendes Gedicht von Julius Sturm, einem Dichter der Spätromantik aus dem 19. Jahrhundert, zeigt, welchen Stellenwert Kohle zu Beginn der industriellen Revolution hatte:

„Lob der Kohle
Schwarz ist dein Antlitz, doch dein Herz voll Glanz,
Du nährend Glied im Kreislauf der Natur.
Aus Moder ward dein Wesen erst geboren,
Doch nun bist du des Lebens Kraft und Spur.
Du schlummertest in Tiefen tausend Jahre,
Bis dich der Mensch zutage fördernd hob.
Nun bist du Licht und Wärme, Kraft und Stärke,
Und treibst das Werk in seiner Hand empor.
Du schmiedest Eisen, du bewegst die Räder,
Du webst das Tuch und färbst es bunt und schön.
Du bringst den Menschen Nahrung, Kleidung, Güter,
Und machst ihn reich an Geist und Tat und Lohn.
Drum sei gepriesen, du Geschenk der Erde,
Du schwarze Kohle, du des Feuers Hort!
Du bist der Arbeit Segen und der Werke Zierde,
Und deines Glanzes Strahl erleuchtet fort.“

Kaum eine andere Ressource in Europa hat eine so tiefgehende Bedeutung und so einen Stellenwert in der sozialen und politischen Geschichte der Neuzeit und Moderne. Durch die industrielle Revolution, die eng mit der Kohle und Grubenarbeitern verbunden ist, wurden Begriffe wie Klassengesellschaft und Kapitalismus erst bekannt. Sie sollten über die folgenden ca. 200 Jahre im Vordergrund der politischen und gesellschaftlichen Transformation Europas stehen. Bis zur Gegenwart bleiben soziale Themen wie Verteilungsgerechtigkeit, Chancengleichheit und Arbeitnehmerschutz sowie andere, die durch die Industrialisierung angestoßen wurden, aktuell, wenngleich sie im Laufe der Geschichte diverse Interpretationen und Transformationen durchlebt haben. Im Kern behalten sie jedoch nach wie vor eine gewisse Aktualität. Die Kohle trug hierzu einen wesentlichen Teil bei. Gewerkschaften wurden gegründet, um die Arbeitsbedingungen in Gruben zu verbessern. Auch das Verbot der Kinderarbeit in Europa und die Einhaltung von Ruhephasen und Urlaubsansprüche lassen sich auf jene Zeit zurückführen, in der solche Rechte weitgehend unbekannt waren und von den Bergwerkseigentümern sogar unterbunden und bekämpft wurden.

Im Bereich der primären und sekundären Energiegewinnung spielte Kohle als Energiequelle für die industrielle Revolution eine entscheidende Rolle. Zuerst wurde sie in überschaubaren Mengen zur Erzeugung von Dampf genutzt, in der primären Phase der industriellen Revolution überwiegend im ländlichen Bereich für den Betrieb von Landmaschinen. Danach kam die massive Nutzung von Kohle bei der Verarbeitung von Stahl zum Tragen. Das erhöhte die Nachfrage nach Kohle zusehends. Im Anschluss wurde Kohle zur Erzeugung von Strom benutzt. Das erste Kohlekraftwerk der Welt wurde im September 1882 in New York City in Betrieb genommen. Das erste bekannte thermische Kraftwerk in Deutschland war die Centralstation Markgrafenstraße in Berlin, die 1885 errichtet wurde und in Betrieb ging. Dies gilt als Meilenstein der Elektrifizierung Deutschlands, da es auch den Beginn der öffentlichen Versorgung mit Strom bedeutete. Viele kohlebetriebene Kraftwerke sollten in den darauffolgenden Jahren folgen. Bis zu ca. 300 Kraftwerke sollten es in Deutschland in den 1950er- und 1960er-Jahren werden, ein absolutes Allzeithoch, wenngleich eine genaue Zahl nicht verfügbar ist. Das Maximum in Europa war in den 1970er- bis 1980er-Jahren erreicht.

Mit dem zunehmenden Bau neuer Kohlekraftwerke nahmen allerdings auch die Bedenken zu. Anfänglich galten die gesundheitlichen Bedenken gegenüber der Kohle dem Prozess des Abbaus in den Kohlegruben. Die oft fehlende bis mangelhafte und schwierige Versorgung der Schächte mit Sauerstoff führte zu einer verunreinigten Luft, die mit Kohle, Stein, Feuchte und Erdpartikeln durchsetzt war. Nach Jahren der Tätigkeit im Untertagebau litten die Kumpels unter schweren Lungenkrankheiten wie Kohlenstaublunge (Pneumokoniose oder Silikose), chronischer Obstruktion der Lunge (COPD) oder Lungenkrebs. Kohlebergarbeiter hatten damals eine der kürzesten Lebenserwartungen in der Arbeiterschaft.

Die Sorge um die Umwelt- und Gesundheitsrisiken durch das Verbrennen der Kohle entstand jedoch sehr viel später. Zwar wurde der Treibhauseffekt bereits um 1824 durch den französischen Wissenschaftler Joseph Fourier erkannt. Doch erst gegen Ende der 1950er- bis Anfang der 1970er-Jahre wurden durch wissenschaftliche Studien der Zusammenhang zwischen CO_2-Emissionen und der globalen Erderwärmung und durch medizinische Fortschritte der Einfluss der Umweltbelastung auf die menschliche Gesundheit erkannt. Die tatsächliche massive potenzielle Bedrohung eines unumkehrbaren Klimawandels wurde auf der ersten Klimakonferenz von 1979 in Genf (Schweiz) von allen Teilnehmern (an)erkannt. Es sollten noch etliche Klimakonferenzen folgen, ehe die Konferenz von Paris 2015 (36 Jahre später!) verbindliche Maßnahmen zur CO_2-Reduktion bestimmen sollte.

Doch zurück zur Kohleverstromung. In Europa ist der Anteil der Kohle an der Erzeugung von Strom immer noch erheblich. Die Liste wird von Polen angeführt, das im Jahr 2017 einen Anteil von 81 % im Strommix aufwies. Die Anteile weiterer Länder sind Bild 4.12 zu entnehmen.

Der Anteil der Einspeisung von Strom aus Kohle sank in Deutschland im Jahr 2023 um –30,8 % im Vergleich zum Vorjahr und lag bei 26,1 % (2022: 33,2 %). In Österreich lag der Kohlestromanteil im Strommix im Jahr 2023 bei etwa 3 %.[23] Im gesamteuropäischen Strommix lag der Anteil bei ca. 14 %.[24] Der Anteil ist im Vergleich zum Jahr 2000 auf weniger als die Hälfte gesunken.

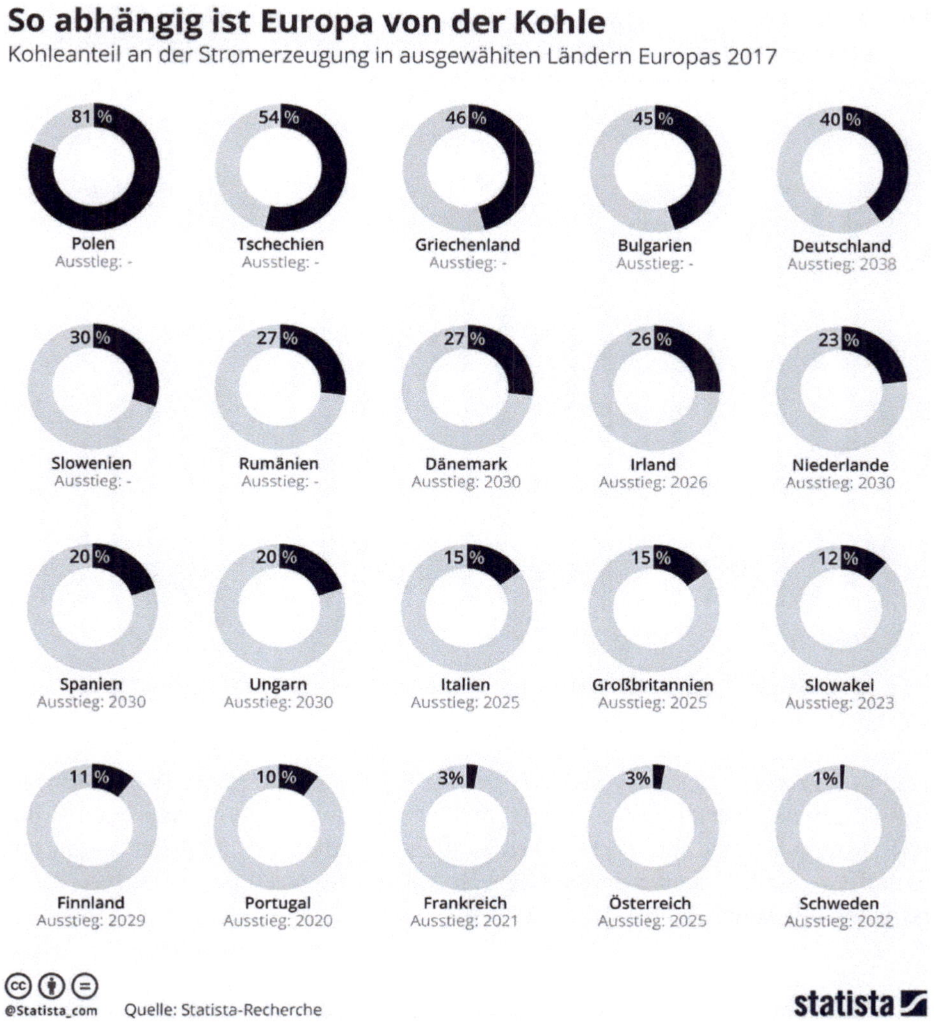

Bild 4.12 Kohleanteil an der Stromproduktion in ausgewählten Ländern Europas[25]

[23] Stromerzeugung in Österreich 2023. *https://positionen.wienenergie.at/grafiken/stromerzeugung-in-osterreich*. Quelle: Österreichische Energie E-Control, 2024

[24] *Statista:* Stromerzeugung aus Kohle in der Europäischen Union in den Jahre 2000 bis 2023. Oktober 2024. *https://de.statista.com/statistik/daten/studie/1493678/umfrage/stromerzeugung-aus-kohle-in-der-eu*

[25] © Bild: Statista. Bildquelle: *Janson, Matthias:* So abhängig ist Europa von der Kohle. 18.09.2019. *https://de.statista.com/infografik/19391/kohleanteil-an-der-stromerzeugung-in-europa* (Stand: Oktober 2024)

Wenngleich der Anteil der Stromerzeugung aus Kohle in Europa gesunken ist, so ist er in der weltweiten Betrachtung weiter gestiegen, auch wenn die Steigerung nicht mehr ganz so groß ist (Bild 4.13). Gemeinsam mit Gas und Erdöl sind die fossilen primären Energieträger im Jahr 2023 immer noch mit etwa 59,3 % am gesamten Strommix beteiligt. Der größte Wachstumsanteil an der Stromerzeugung unter den fossilen Energieträgern fällt dabei der Stromerzeugung durch Gas zu, das im Jahr 2023 einen Anteil von ca. 22,4 % hatte, was der größte Anteil seit 1985 ist.

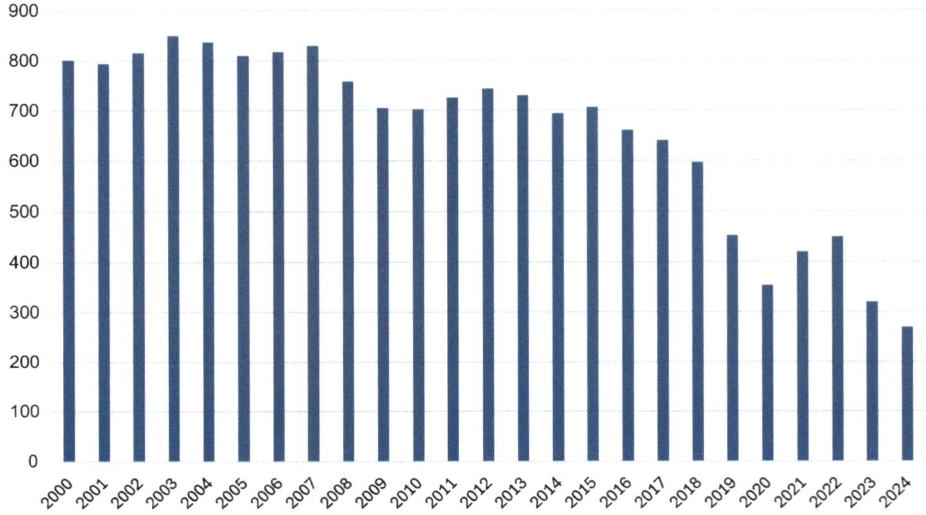

Bild 4.13 Entwicklung der Stromerzeugung aus Kohle in der Europäischen Union von 2000 bis 2024 in TWh[26]

In Bild 4.9 ist der weltweite Anteil der erneuerbaren Energieträger seit Beginn der 2000er-Jahre deutlich zu erkennen. Der Anteil beträgt etwa 15,2 % des gesamten Strommixes. Nimmt man die Wasserkraft dazu, so steigt der Anteil auf 29,5 % der Gesamtproduktion, was sehr erfreulich ist. Der weltweite Anteil der Stromproduktion aus Atomkraftwerken liegt nahezu konstant bei 9,1 %.

4.3.1 Ausstieg aus der Stromproduktion durch Kohle

Aufgrund der hohen Emissionen, die Kohlekraftwerke verursachen, haben viele Länder weltweit den Ausstieg aus der Stromproduktion durch Kohle beschlossen oder bereits vorgesehen. Europa hat sich das Ziel gesetzt, bis zum Jahr 2050 klimaneutral

[26] Datenquelle: *https://ember-energy.org/data/electricity-data-explorer/?fuel=coal&entity=EU* (Stand: 11.09.2025)

zu werden. Dies impliziert einen kompletten Ausstieg aus der Stromproduktion durch Kohle aller Mitgliedsländer bis zu diesem Zeitpunkt. Betrachtet man Bild 4.12, so ist unschwer zu erkennen, dass sich einige Länder dabei enorm schwertun werden, da ihr Anteil an der Verstromung durch Kohle hoch ist. Alternativen zur Stromproduktion durch Kohle gibt es kaum. Im Bereich der Stromerzeugung durch Gas ließe sich eine Umstellung der Stromproduktion auf Wasserstoffbasis bewerkstelligen. Dies ist aber mit zusätzlichen Investitionen verbunden. Zwar können Gaskraftwerke oder partiell auch moderne Kohlekraftwerke auf Wasserstoffbasis teils oder voll umgerüstet und betrieben werden, bis diese Technologie und genügend Wasserstoff kommerziell verfügbar und wettbewerbsfähig sind, wir es jedoch noch Zeit brauchen. In Europa wird damit nicht vor 2040 zu rechnen sein.

Auf der Landkarte in Bild 4.14 ist zu erkennen, dass sich Länder wie Deutschland, Spanien, Polen, Tschechien und nahezu der gesamte Balkan sehr schwertun, eine Strategie zum Kohleausstieg zu finden. Dabei ist der Weltmarktpreis für Kohle in den letzten 20 Jahren mit kleinen Ruhepausen nahezu ungebremst gestiegen (Bild 4.15).

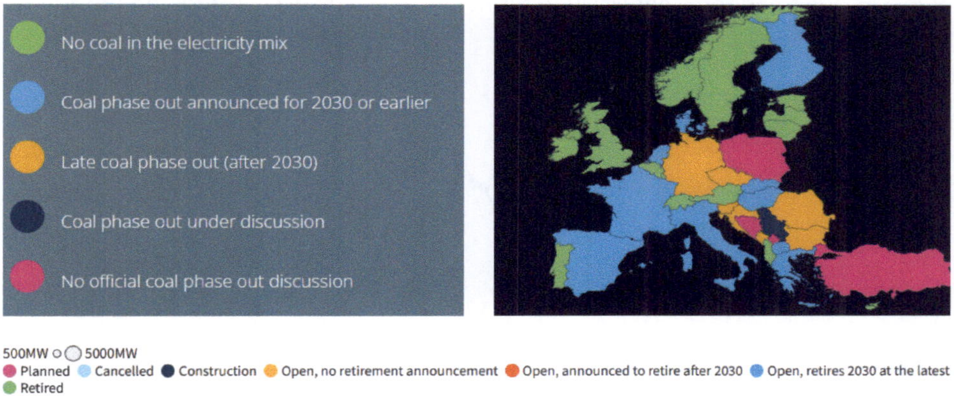

Bild 4.14 Kohleausstieg in Europa[27]

Dies lässt vermuten, dass die weltweite Abhängigkeit von der Kohle ungebremst ist. Speziell seit dem Ende der Pandemie begann ein Anstieg des internationalen Kohlepreises aufgrund der Wirtschaftserholung, der knappen Versorgung Europas mit Erdgas und des Produktionsrückgangs im Kohleabbau in China. Eine kurzfristige Erholung der Preise wurde jäh durch den Beginn des Ukrainekrieges und die damit verbundene Energiekrise in Europa unterbrochen. Die Preise stiegen auf astronomische Werte (Bild 4.16). Erst ab April 2023 stabilisierte sich der Preis wieder.

[27] © Bild: Beyond Fossil Fuels e. V. Bildquelle: *Beyond Fossil Fuels e. V.:* Europe's coal exit. Overview of national coal phase out commitments. *https://beyondfossilfuels.org/europes-coal-exit* (Stand: 20. Juni 2025)

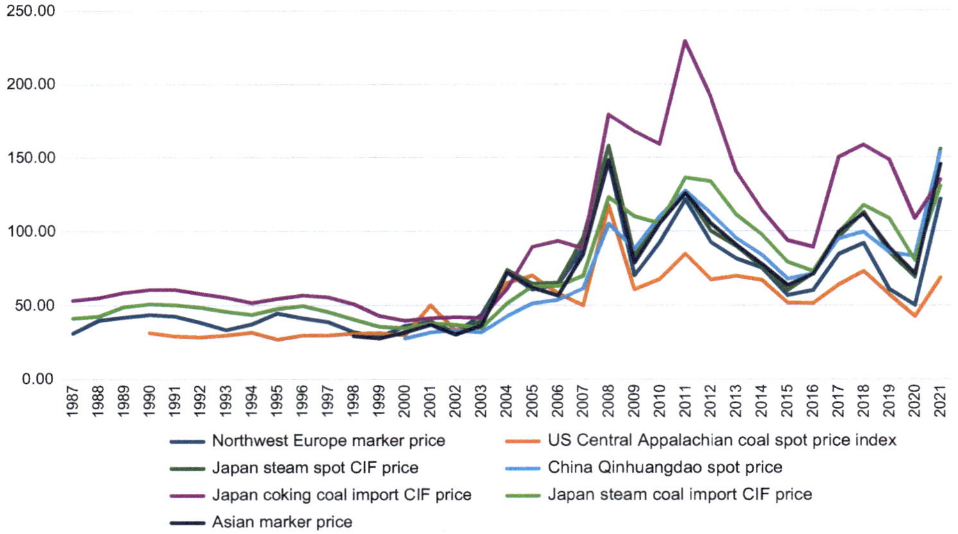

Bild 4.15 Weltmarktpreisentwicklung für Kohle unterschiedlicher Herkunft pro Tonne in US-Dollar[28)]

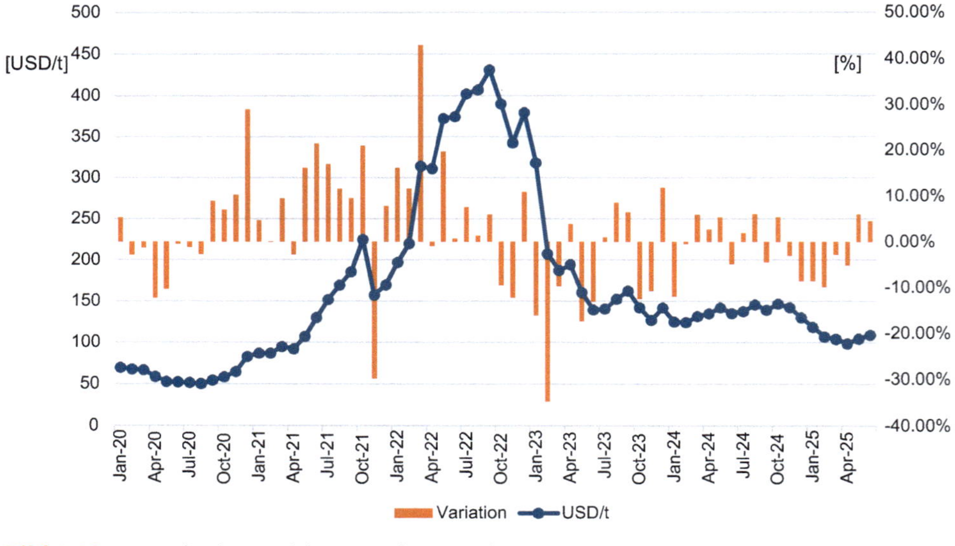

Bild 4.16 Australischer Kohlepreis-Chart und Preisvariation von 2020 bis 2025 in US-Dollar und % pro Tonne[29)]

---

[28] Datenquelle: *https://www.bp.com/content/dam/bp/business-sites/en/global/corporate/xlsx/energy-economics/statistical-review/bp-stats-review-2022-all-data.xlsx* (Stand 12.09.2025)

[29] Datenquelle: *https://www.indexmundi.com/de/rohstoffpreise/?ware=australische-kohle&monate=240* (Stand: 12.09.2025)

Eine Möglichkeit zur längeren Nutzung von Kohlekraftwerken bestünde darin, die Emissionen durch Carbon Capture and Storage (CCS) zu bearbeiten, also durch das Einfangen und Speichern der CO_2-Emissionen, die von den Kraftwerken verursacht werden. Diese Möglichkeit besteht auch für alle anderen Arten fossilbasierter thermischer Kraftwerke. Gegenwärtig ist diese Technologie jedoch teuer in der Anschaffung. Auch der Betrieb einer solchen Anlage erfordert einen hohen Energiebedarf, was den allgemeinen Wirkungsgrad der Kraftwerke spürbar reduziert. Hinzu kommt, dass die Speicherqualität von CO_2 noch nicht vollends geklärt ist. Es ist auch noch nicht geklärt, wie lange solche Speicherungen dauern müssten, bzw. es ist noch zu klären, was man langfristig aus dem CO_2 machen kann. Ideen gibt es viele, die Umsetzung ist jedoch kompliziert, teuer und aufwendig. Abschließend muss darauf hingewiesen werden, dass Kohle ein nicht nachwachsender Rohstoff ist. Die aktuell bekannten und nutzbaren Reserven werden auf ca. 130 Jahre geschätzt. Der Zeitpunkt, zu dem die gesamte verwertbare Kohle aufgebraucht ist, wird jedoch von weiteren Reservefunden abhängig sein. Die gegenwärtigen Schätzungen sind mit großen Unsicherheiten behaftet.

4.3.2 Strom aus Kohle und die digitale Transformation der Energieversorgung

Kohlekraftwerke sind Kraftwerke, die üblicherweise die Grundlast abdecken. Diese Kraftwerke sind fast zur Gänze der Gruppe der „Economy of scale"-Kraftwerke zuzuordnen und decken damit normalerweise große Anteile der Stromnachfrage in der Grundlast ab. Kohlekraftwerke sind im Vergleich zu Pumpspeicherkraftwerken, Batteriespeichern oder Gaskraftwerken sehr träge in der Steuerbarkeit. Sie brauchen längere Hochfahrzeiten und müssen graduell dem Netz zugeschaltet oder von ihm weggeschaltet werden. Wenn sie mit der Eigenschaft des *District Heatings*, also der Fernwärme, ausgestattet sind und diese Funktion erfüllen, so ist ihre Schaltbarkeit für sich schnell verändernde Lastsituation auf dem Netz noch weiter reduziert bzw. meist nicht vorhanden. Daher werden Kohlekraftwerke vorwiegend für die Abdeckung von Grundlasten herangezogen. Für schnelle Demand-Response-Aktivitäten sind sie folglich eher nicht geeignet. Sehr wohl dienen sie aber der Erhaltung der Frequenzstabilität. Durch ihre hohe Trägheit aufgrund der rotierenden Massen von Turbine und Generator erhöhen sie die Fähigkeit des Selbstregeleffekts des Netzes in Kraftwerksgruppen. Sie dienen demnach – so wie andere thermische Kraftwerke – der Stabilität des Netzes, wenn Ladungssprünge vorkommen und diese nicht unmittelbar von anderen Kraftwerkstypen aufgenommen werden können.

4.4 Strom aus Atomkraft

Die elektrische Energie aus Atomkraft erlebt eine Renaissance. Das ist mittlerweile ein Faktum. Am 06.07.2022 hat das Europäische Parlament Erdgas und Atomkraft, entgegen allen Bedenken aus Fachkreisen, sogar als nachhaltig eingestuft. Mit diesem Beschluss wurden die damit verbundenen Taxonomieregeln, also die Förderungen von privaten Investitionen in nachhaltige Energiesysteme, für den Finanzmarkt freigegeben. Die ist eine Trendumkehr und ein starkes Zeichen an den Investitions- und Finanzmarkt, sowie an dem Strom- und Zertifikatsmarkt.

Die Diskussion um die Atomenergie ist so alt wie die Technologie selbst. Dass diese nun als nachhaltig für den Versorgungsbereich eingestuft wird, bedeutet eine absolute Trendwende. Doch wie schaut es um die langfristige Zukunft dieser Energieversorgung aus? Atomenergie basiert auf angereichertem Uran, einem giftigen und radioaktiven Material, das bei falscher Lagerung, bei Missbrauch oder bei Reaktorunfällen in die Umwelt gelangen kann und diese für Jahrtausende verseucht.

Die Presseaussendung der Internationalen Atomenergiebehörde vom 16.09.2021 wies zum ersten Mal seit Jahren eine deutliche Steigerung der Atomstromerzeugung aus. Dies fand eine Dekade nach dem Atomunfall von Fukushima im Jahr 2011 statt.[30] Die Renaissance der Technologie lässt sich unter anderen durch die Notwendigkeit erklären, Treibhausgasemissionen, insbesondere CO_2, reduzieren zu müssen. Im Allgemeinen wird Atomkraft als emissionsfrei im Sinne der GHG-Emissionen betrachtet. Hinzu kommen der Gedanke und der Wunsch der Entkopplung der Stromerzeugung von fossilen Energieträgern.

Ganz so einfach ist es allerdings nicht. Bei der Aufbereitung des Urans zu Brennstäben entstehen Emissionen. Hinzu kommen der jahrelange Auf- und Abbau vor und nach der aktiven Lebenszeit, in denen ebenfalls Emissionen entstehen. Zu guter Letzt gibt es die Phase der Endlagerung der Brennstäbe, die ebenfalls Emissionen verursacht.[31] Brennstäbe müssen hier über einen längeren Zeitraum abgekühlt werden, bevor sie in ein Zwischenlager übergeführt werden können. Die potenzielle Gefahr, die die Atomspaltung birgt, ist latent und wird wohl noch länger bestehen bleiben. Durch die Katastrophen der letzten Jahrzehnte sind die Gefahren in der öffentlichen Wahrnehmung sehr präsent. Allen Atomkraftgegnern zum Trotz erwartet die IAEA bis zum Jahr 2050 jedoch eine installierte Leistungskapazität von Atomreaktoren von 792 Gigawatt. Dies entspricht einer Verdopplung der im Vergleichsjahr 2020 installierten Leistung von 393 Gigawatt.

---

[30] *International Atomic Energy Association:* IAEA Increases Projections for Nuclear Power Use in 2050. 16.09.2021. *https://www.iaea.org/newscenter/pressreleases/iaea-increases-projections-for-nuclear-power-use-in-2050*

[31] *Umweltbundesamt:* Ist Atomstrom wirklich CO_2-frei? 27.11.2019. *https://www.umweltbundesamt.de/service/uba-fragen/ist-atomstrom-wirklich-co2-frei* (Stand: 30.01.2023)

Wie sieht es mit der Uranversorgung aus? Laut IPCC-Bericht aus dem Jahr 2014[32] beträgt das weltweit verfügbare Uran 100 Teratonnen (Tt). 25 Tt befinden sich in der Erdkruste in bis zu 1,6 km Tiefe, also an einer zugänglichen Stelle. Darüber hinaus befindet sich Uran im Meerwasser. Dieses ist jedoch mit den gegenwärtigen Technologien nicht extrahierbar und folglich nicht nutzbar. Im Bericht der IAEA aus dem Jahr 2012[33] werden die aktuell zur Verstromung brauchbaren Uranressourcen auf 130 Jahre geschätzt. Wenn dazu noch alle konventionell abbaubaren Uranvorkommen berücksichtigt werden, dann würden diese bis zu ca. 250 Jahre ausreichen. Diese Schätzung beruht auf Verbrauchsdaten der zweiten Dekade dieses Jahrtausends. Wenn man davon ausgeht, dass sich die Ausbauleistung bis 2050 verdoppeln wird, so wird vermutlich auch der Uranverbrauch rapide steigen. Bei gleichbleibendem Wirkungsgrad würde die Verfügbarkeit deshalb um circa die Hälfte sinken. Die Uranressourcen würden demnach bestenfalls noch ca. 75 bis maximal 125 Jahre reichen, also eine nicht sehr lange Zeit. Es kommt noch ein anderer Faktor zum Tragen. Etwa 60 % des in europäischen Atomkraftwerken eingesetzten Urans kommt aus Krisenregionen der Welt oder Ländern, mit denen wir aktuell nur bedingt gute Beziehungen pflegen. Dazu zählen Russland (20,21 %), Kasachstan (19,17 %) oder Niger (20,29 %).[34]

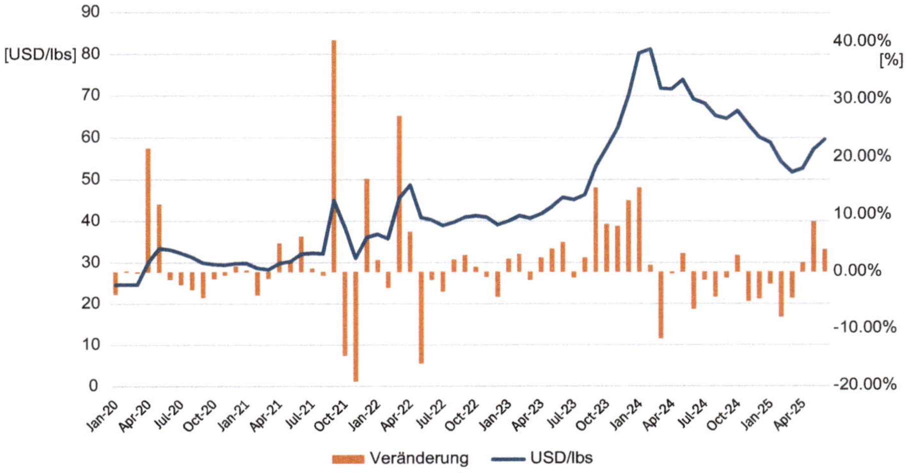

Bild 4.17 Uranpreisentwicklung (U308) von 2000 bis 2025 in US-Dollar/lbs: Die Preissteigerungen sind deutlich erkennbar.[35]

---

[32] *Intergovernmental Panel on Climate Change (IPCC):* AR5 Climate Change 2014. Mitigation of Climate Change. Chapter 7.4.3 Nuclear Energy. 2014. *https://www.ipcc.ch/site/assets/uploads/2018/02/ipcc_wg3_ar5_chapter7.pdf* (Stand: 30.01.2023)

[33] *Nuclear Energy Agency:* Uranium 2011. Resources, Production and Demand. A Joint Report by the OECD Nuclear Energy Agency and the International Atomic Energy Agency. 2012. *https://www.oecd-nea.org/jcms/pl_14760/uranium-2011-resources-production-and-demand?details=true*

[34] *GLOBAL 2000:* Atomkraft führt zu neuen Import-Abhängigkeiten. Presseaussendung. 23.03.2022. *https://www.global2000.at/atomkraft-fuehrt-zu-neuen-importabhaengigkeiten*

[35] Datenquelle: *https://www.indexmundi.com/de/rohstoffpreise/?ware=uran&monate=300#google_vignette* (Stand: 12.09.2025)

Die Beziehungen Europas zu Russland und Niger brauchen nicht näher betrachtet zu werden. Es ist zu erwarten, dass es auch längerfristig keine energiepolitische Lösung dieser Krisenherde geben wird. Uran wird somit eine schwer zugängliche primäre Energiequelle bleiben. Der Weltmarktpreis hat sich nach den Turbulenzen etwa um den Wert von 85 US$ stabilisiert (Juli 2024) und beläuft sich gegenwärtig im Durchschnittswert auf 72 US$. Dies liegt um das 2,5-Fache über dem langjährigen Wert des Vergleichszeitraumes vor 2021 von damals um die 30 US$ (Bild 4.17).

4.4.1 Verlängerung der AKW-Lebenszeiten

Eine Möglichkeit, um die Lebensdauer von Atomreaktoren zu verlängern, besteht in der Aufbereitung bereits verwendeter Brennstäbe. Das Recyceln von Brennstäben ist schon seit längerer Zeit Forschungsgegenstand und wäre eine Möglichkeit, bereits gebrauchtes Material wieder nutzbar zu machen. Die Technologie ist aber noch nicht ausgereift und kommerziell mit hohen Kosten verbunden. Wenn eine kommerzielle Variante gefunden werden sollte, würde man diese vermutlich sofort in Erwägung ziehen. Dies würde die Ressourcenverfügbarkeit allerdings maximal verdoppeln, womit wir wieder bei maximal 250 Jahren Verfügbarkeit lägen.

Das sind jedoch nur Gedankenexperimente. Die Realität sieht leider anders aus. Bis zum Jahr 2080 wird mit rund 10 500 t hochradioaktiver Abfälle aus bereits ausrangierten Brennelementen gerechnet.[36] Hierfür ist noch kein Endlager vorhanden. Ein Dreivierteljahrhundert nach der Inbetriebnahme der Atomtechnologie zur Stromerzeugung hat noch kein Land ein vorgesehenes oder gar gebautes Endlager für den hochradioaktiven Atommüll. In dieser Sache scheinen sich Forschung und Politik bewusst dumm zu stellen oder es traut sich niemand, ein Endlager anzukündigen, weil es politischem Selbstmord gleichkäme.

Folgende Frage steht deshalb im Raum: Wohin mit dem ganzen radioaktiven Müll? Wenn die hochradioaktiven Abfälle „nur" in Zwischenlagern abgelegt werden, wie lange werden diese Zwischenlager verfügbar sein? Laut der deutschen Bundesregierung wurde Anfang der 2000er-Jahre die Dauer für Zwischenlagerung von in Castorbehältern abgelegten Brennelementen auf 40 Jahre beschränkt.[37] In der gleichen Initiative wurde die Errichtung eines Endlagers im Jahr 2030 angekündigt. Es ist jedoch davon auszugehen, dass die Zwischenlagerung in Deutschland mindestens über die 40 Jahre hinausgehen wird, da im Jahre 2017 die Suche nach einem Endlager für hochradioaktive Abfälle neu begonnen wurde. Das Finden der Nadel im Heuhaufen dürfte leichter sein. „Suchet, so werdet ihr finden", heißt es in der Bibel ...

[36] *EU-Recycling:* Die „Entsorgung" atomarer Abfälle gerät allzu leicht in Vergessenheit. In: EU-Recycling Magazin, 03/2022, S. 6. *https://eu-recycling.com/Archive/34467* (Stand: 30.01.2023)

[37] *Bundesamt für die Sicherheit der nuklearen Entsorgung:* Zwischenlagerung/Transport. 01.06.2019. *https://www.base.bund.de/DE/themen/ne/zwischenlager/laufzeiten-zwl/laufzeiten-zwl_node.html*

4.4.2 Nukleare Ausbauleistung

Laut World Nuclear Association sind gegenwärtig (2021) 438 Atomkraftwerke mit einer Leistungskapazität von ca. 394,8 Gigawatt elektrisch (GWe) installiert. In Bau befinden sich 59 Reaktoren mit einer Kapazität von 60,9 GWe. Demgegenüber befinden sich 207 Reaktoren mit einer Kapazität von 99,2 GWe in der End- bzw. Abbauphase. Der weltweite Anteil an von Atomkraftwerken produziertem Strom belief sich im Jahr 2020 auf 2,6 Gigawattstunden. Dies entspricht einem Anteil von 10 % der weltweiten Stromleistung.[38] Verglichen mit dem Anteil von Kohle, Gas und Öl von 61,3 %, ist das nicht sehr viel und liegt in etwa mit den erneuerbaren Ressourcen von Wind, Solarkraft und Geothermie sowie Gehzeitenkraftwerken gleichauf, die bei 9,4 % liegen.[39]

Atomkraftwerke haben, so wie andere „Large scale economy"-Kraftwerke, den Vorteil der Stabilisierung der Energieverfügbarkeit und der kommerziellen Eigenschaft einer lokalen „Glättung" der Strompreise. Blenden wir die großen Nachteile dieser Technologie gedanklich für einen Moment aus, so ist der Beitrag der Atommeiler wesentlich. In den letzten Jahren gab es langanhaltende Diskussionen über das Aus der Atomkraftwerke, in denen die vorangehend genannten Vorteile zur Sprache kamen. Die Abdeckung der Energienachfrage durch die wegfallenden Erzeugungskapazitäten ist eine Herausforderung, wenngleich diese am Ende ja doch noch gelöst wurde. Dennoch wurde die Kompensation der Erzeugungslücke über lange Jahre hinweg eher vernachlässigt. Diese wurde durch die stetige Zunahme an Offshore-Windkraftanlagen und durch die verbesserte europäische Marktintegration (Stichwort Engpassmanagement) gelöst.

Doch die anfänglich hochgepriesene deutsche Energiewende ist nunmehr praktisch zum Erliegen gekommen. Lange Bewilligungszeiten für Projekte der erneuerbaren Energien, mangelhafte Förderungen, lokale Streitereien zum Aufbau von Hochspannungsnetzen und weitere Hürden erschweren den Aufbau der dringend gebrauchten Infrastruktur. Mittlerweile werden wieder Kohlekraftwerke ans Netz angeschlossen, um die steigende Nachfrage nach Energie zu decken. Noch absurder erscheint die Tatsache, dass auch Atomstrom aus Frankreich und Tschechien und Kohlestrom aus Polen durch halb Europa transportiert wird, um die volatile Nachfrage der überwiegend im Norden Europas vorhandenen Windkraftanlagen zu kompensieren. Dies bringt die Netze wahrhaftig zum Glühen. Man hat sich nahezu schlagartig von einer Technologie getrennt, um sich von der gleichen, nur im Ausland gelegen, wieder abhängig zu machen.

---

[38] *World Nuclear Association:* Nuclear Power in the World Today. © 2016–2023 World Nuclear Association, registered in England and Wales, number 01215741. *https://world-nuclear.org/information-library/current-and-future-generation/nuclear-power-in-the-world-today*

[39] *World Nuclear Association:* Nuclear Power in the World Today. © 2016–2023 World Nuclear Association, registered in England and Wales, number 01215741. *https://world-nuclear.org/information-library/current-and-future-generation/nuclear-power-in-the-world-today*

4.4.3 Zusammenfassung

Wollten wir die fossilen Energieressourcen für die Erzeugung von Strom durch Atomenergie ersetzen, so wäre diese Möglichkeit vermutlich nur ganz wenigen Ländern vorbehalten. Die weltweite Nachfrage nach Strom ist mit Atomenergie allein nicht zu decken. Diese Technologie ist – zumindest aus heutiger Sicht – auch nicht nachhaltig. Selbst wenn neue Recyclingtechnologien aufscheinen, die die Wiederaufbereitung von bereits verwendeten Brennstäben ermöglichen sollten, so werden diese höchstwahrscheinlich nicht ökonomisch sein und die Linearwirtschaft des Urans nicht zu einer Kreislaufwirtschaft umwandeln können. Es kann höchstens davon ausgegangen werden, dass die Lebensdauer der Brennelemente verlängert werden kann.

Vielfach wird in Publikationen von der Übergangstechnologie der Atomenergie gesprochen. Diese Übergangstechnologie ist jedoch relativ zu betrachten, da aus Sicht der Verfügbarkeit auch fossile Energieressourcen „nur" einer Übergangstechnologie, nämlich der fossilthermischen Stromerzeugungdienen. Das hält die Menschheit auch nicht davon ab, diese zu nutzen und weiterhin Gas- und Kohlekraftwerke zu bauen. Vielmehr scheint der Begriff in der aktuellen Diskussion irreführen zu wollen, um eben einer solchen Technologie eine Daseinsberechtigung zu verleihen. Gehen wir jedoch von der Maxime der nachhaltigen Kreislaufwirtschaft aus, so sind weder die Atomenergie noch die fossilen Kraftwerke Übergangstechnologien. Sie sind ein Irrweg der Menschheit auf dem technologischen Entwicklungspfad, gepaart mit dem Wunsch nach ewiger und billiger Energieverfügbarkeit, was bekannterweise beide Technologien nicht sind. Damals, als die ersten fossilen Kraftwerke errichtet wurden, wusste man noch nicht bzw. konnte man nicht erahnen, was neben der Energieerzeugung noch so erzeugt wurde. Dies sei somit aus dem simplen Fakt der Unkenntnis entschuldigt, jedoch bisher nicht gelöst. Bei der Stromerzeugung aus Atomkraft war aber bereits von Anfang an klar, dass man irgendwann mit der Herausforderung der Endlagerung konfrontiert werden würde. Man hat das Problem damals einfach auf die nächste Generation verschoben und wir scheinen dies aktuell genauso zu handhaben.

Nichtsdestotrotz haben beide Technologien zu einer beachtlichen Entwicklung in mehreren Bereichen beigetragen. Die Industrialisierung bekam mit der Errichtung thermischer Kraftwerke seit Ende des 19. Jahrhunderts einen enormen Schub. Die Wirtschaftswunderjahre in Europa, den USA und Japan in den 1960er-Jahren, die mit Höhen und Tiefen eigentlich bis zur Gegenwart andauern, wären vermutlich ohne Atomstrom nicht ganz so ausgeprägt gewesen, wie sie es waren. Dennoch muss eine Alternative angedacht werden. Atomstrom kann mittelbar Herausforderungen der Abhängigkeit von fossilen Energieträgern reduzieren, er wird aber sicher nicht die langfristige Lösung sein.

4.5 Strom aus Wasserkraft

Wie bereits in Abschnitt 3.2 zur Ressource Wasser beschrieben, ist die Verfügbarkeit dieses Gutes limitiert. Strom aus Wasser ist nachhaltig und hinterlässt keine giftigen Residuen wie z. B. Atomstrom, wenngleich die Errichtung von Wasserkraftwerken meistens sehr kostenintensiv und aufwendig ist. Das weltweite technische Potenzial an Wasserkraft wird je nach Studie auf ca.13,7 bis 26 Petawattstunden pro Jahr (PWh/Jahr) errechnet. Die tatsächlich ausschöpfbaren Potenziale liegen bei 8,77 bis 16 Petawattstunden pro Jahr. Diese Berechnungen gehen von einer 30%igen Durchflusssicherheit aus (siehe Flüsse) und werden je Autor mit unterschiedlichen Genauigkeiten der digitalen Höhenmodelle[40)] mit 25 km und 50 km angegeben.[41)]

Im Jahr 2024 betrug die weltweit installierte Wasserkraftwerksleistung laut der International Hydropower Association ca. 1443 Gigawatt. Das entspricht einer Stromerzeugungskapazität von 4578 Terawattstunden (die IEA geht von 4500 Terawattstunden aus) reiner wasserkraftbasierter erneuerbarer elektrischer Energie.[42)] Laut der International Energy Agency (IEA) besitzt Wasserkraft immer noch den größten Anteil an nachhaltiger Stromerzeugung im Vergleich zu allen anderen nachhaltigen Erzeugungstechnologien zusammengerechnet (Solar, Wind, Biomasse etc.). In den Null-Emissions-Szenarien wird Wasserkraft in den Jahren von 2022 bis 2030 eine Wachstumsrate von ca. 3 % zugerechnet. Das entspricht einer Stromerzeugungskapazität von bis zu 5700 Terawattstunden.[43)] Trotz dieser beeindruckenden Zahlen sank die Stromproduktion aus Wasserkraft im Jahr 2021 um etwa 0,4 % (15 Terawattstunden) und ebenso gab es sinkende Werte für das Jahr 2022. Diese Entwicklung (und vermutlich auch dieser Trend) ist trotz gleichzeitiger Steigerung der Leistungskapazitäten um 35 Gigawatt im ebengleichen Bemessungsjahr 2021, erfolgt.

---

[40] *Equator:* What is a Digital Elevation Model (DEM)? Where can I Download Data? (and other answers). 09.08.2022. *https://equatorstudios.com/what-is-a-digital-elevation-model-dem* (Stand: 17.02.2023)

[41] *Tefera, Wasu Manawko/Ksiviswanathan, K. S.:* A global-scale hydropower potential assessment and feasibility evaluations. In: Water Resources and Economics, Volume 38, April 2022, 100198. *https://www.sciencedirect.com/science/article/abs/pii/S2212428422000068*

[42] *International Hydropower Association:* World Hydropower Outlook 2025. Opportunities to Advance Net Zero. *https://acrobat.adobe.com/id/urn:aaid:sc:us:db959509-2d23-4039-9142-40761ea85d92* (Stand: 18.02.2025)

[43] *International Energy Association (IEA):* Hydroelectricity. 7. Oktober 2025. Bild: IEA (*CC BY 4.0*). *https://www.iea.org/energy-system/renewables/hydroelectricity*

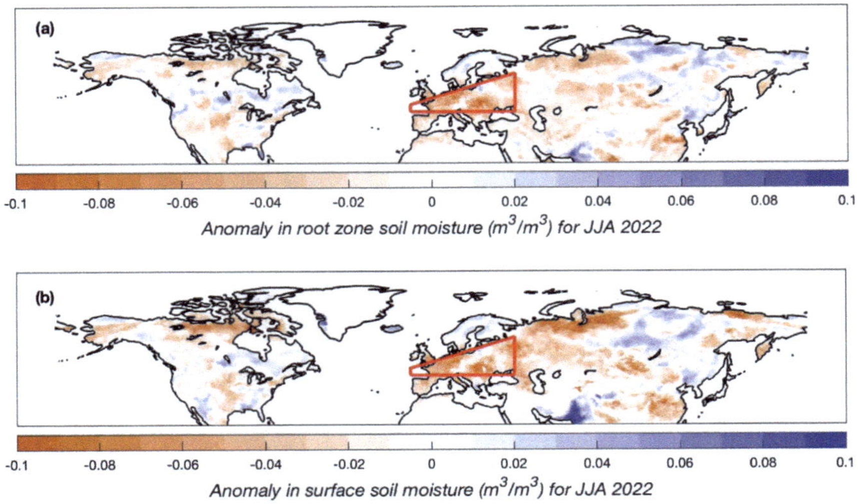

Bild 4.18 Die Bodentrockenheit ist im westlichen Mitteleuropa am schlimmsten (2022).[44]

Die Reduktion ist auf starke lokale Dürreereignisse und länger anhaltende Dürreperioden in diversen Erdteilen zurückzuführen.[45] Solche Dürreperioden kamen im gleichen Beobachtungszeitraum in Brasilien, den USA, der Türkei, China, Indien und Kanada vor. Dies führte zu einer Reduktion des Stromproduktionsanteils der jeweiligen Länder in der Stromerzeugungsmatrix.[46] Laut einer Studie von Carbon Brief[47] war der Sommer 2022 in Europa der trockenste der letzten 500 Jahre. Die Trockenheit wurde von stark erhöhten Temperaturen begleitet. Dies führte unweigerlich zu einer Reduktion der Wasserstände in den Flüssen, einer vermehrten Anzahl an Waldbränden und deutlichen Ernteausfällen (was neben dem Ukrainekrieg zur weiteren Steigerung der Lebensmittelpreise führte). Wir erinnern uns an die Meldungen zu den „Hungersteinen“ im Rheinbett.[48] Noch schlimmer erging es im gleichen Jahr dem Westen der USA. Die hohe Trockenheit wurde als die schlimmste der letzten 1200 Jahre eingestuft. Auch Chinas längster Fluss, der Jangtse, erreichte den niedrigsten Pegel seit 1865. Dies wurde auf die extreme Trockenheit und den deutlichen

[44] © Bild: World Weather Attribution. Bildquelle: *World Weather Attribution:* High temperatures exacerbated by climate change made 2022 Northern Hemisphere droughts more likely. 05.10.2022. *https://www.worldweatherattribution.org/high-temperatures-exacerbated-by-climate-change-made-2022-northern-hemisphere-droughts-more-likely* (Stand: 17.02.2023)

[45] *International Energy Association (IEA):* Hydroelectricity. 7. Oktober 2025. Bild: IEA (*CC BY 4.0*). *https://www.iea.org/reports/hydroelectricity*

[46] *International Energy Association (IEA):* Hydroelectricity. September 2022. *https://www.iea.org/reports/hydroelectricity*

[47] *Tandon, Ayesha:* Climate change made 2022's northern-hemisphere droughts 'at least 20 times' more likely. Carbon Brief, 05.10.2022. *https://www.carbonbrief.org/climate-change-made-2022s-northern-hemisphere-droughts-at-least-20-times-more-likely*

[48] Beispiel aus Worms: *Stadt Worms:* Hungersteine im Rhein – Erinnerung an große Not. *https://www.worms-erleben.de/erleben/erleben-und-feiern/kultur/Geschichte/anekdoten/hungersteine.php* (Stand: 17.02.2023)

Ausfall an Regen zurückgeführt. Laut der World Weather Attribution werden diese Trockenperioden alle 20 Jahre statt der bisher ermittelten 400 Jahre Abstand stattfinden. Am stärksten werden diese Dürreperioden die nördliche Hemisphäre betreffen, insbesondere stark das westliche Mitteleuropa.[49] Ein Indikator für die Trockenheit ist die Bodenfeuchte. Diese wurde in der beobachteten Region als besonders niedrig gemessen (Bild 4.18).

Hält man sich diese Situation vor Augen, muss man unweigerlich zum dem Schluss kommen, dass weitere Wasserkraftwerke vermutlich nur kompensierend wirken werden und nicht zu einer Erhöhung der Stromproduktionskapazität führen werden. Dennoch führt an weiteren Wasserkraftwerken kein Weg vorbei, da diese ein wesentliches Rückgrat der erneuerbaren Stromwirtschaft darstellen. Anders gesagt: Ohne Wasserkraft wird es nicht gehen.

Wasserkraftwerke als Kompensationselemente

Ein wichtiger Teil der Wasserkraftwerke sind Pumpspeicherkraftwerke. Sie dienen nicht nur der Stabilisierung fluktuierender Lasten in den Übertragungsnetzen und bei kleineren Wasserkraftwerken in den Verteilernetzen, sie sind auch ein exzellentes Medium zur mittel- und langfristigen Speicherung von Energie (Bild 4.19). Die Speicherung von Überschussenergie aus Solar- und Windkraftanlagen oder anderen thermischen Kraftwerken kann sehr schnell in Pumpspeicherkraftwerken durchgeführt werden. Pumpspeicherkraftwerke sind ein wichtiges Kompensationselement bei Über- oder Unterversorgung. Sie bilden somit ein perfektes Komplement zur Kreislaufwirtschaft und erzeugen auch langfristig keine Emissionen (wenn man jene der Bauphase vernachlässigt). Die weltweite Speicherkapazität durch Pumpspeicherkraftwerke wird auf ca. 9000 Gigawattstunden errechnet, was gegenwärtig weit über jener der Li-Ionen-Batteriespeicher oder anderer Speichertechnologienkapazität liegt.[50]

Der Beitrag zur Digitalisierung ist relevant. Digitalisierung lebt von verfügbarer Energie, insbesondere von elektrischer Energie. Pumpspeicherkraftwerke helfen, die Energiezufuhr über vordefinierte Zeiträume konstant und sicher zu halten. Das Pumpspeicherkraftwerk selbst bedarf dazu einer telemetrisch-digitalen Regelung. Regelbare Pumpspeicherkraftwerke erhöhen je nach Größe die Flexibilität in Energienachfrage und -angebot und tragen somit zum Demand-Response-Verhalten bei, einem wichtigen Baustein der Smart-Grids-Ökonomie. Abschnitt 8.7.3 ist dieser Thematik gewidmet. Durch geeignetes Monitoring und nachfolgende Berechnungen des Verbrauchs und bei erneuerbaren Energieressourcen auch der voraussichtlichen Erzeugungsleistung lässt sich durch Forecast-Algorithmen (Stichwort künstliche Intelligenz) der Einsatz von Speicherkraftwerken sehr gut vorausbestimmen.

---

[49] *World Weather Attribution:* High temperatures exacerbated by climate change made 2022 Northern Hemisphere droughts more likely. 05.10.2022. *https://www.worldweatherattribution.org/high-temperatures-exacerbated-by-climate-change-made-2022-northern-hemisphere-droughts-more-likely* (Stand: 17.02.2023)

[50] *International Hydropower Association:* Pumped Storage Hydropower. Water batteries for the renewable energy sector. *https://www.hydropower.org/factsheets/pumped-storage* (Stand: 17.02.2023)

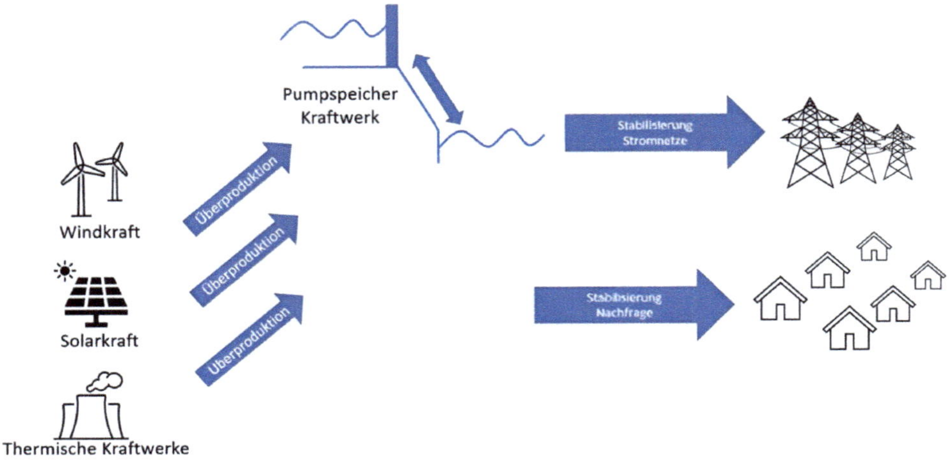

Bild 4.19 Pumpspeicherkraftwerke erhöhen die Flexibilität in der Energieversorgung.

4.6 Strom aus anderen erneuerbaren Energiequellen

Erneuerbare Energieerzeuger nehmen einen immer wichtigeren Platz in der Stromerzeugungsmatrix ein. Betrug im Jahr 2015 die gesamte weltweit installierte Leistung aller erneuerbaren Energieträger noch 1851 Gigawatt, so hat sich dieser Wert bis zum Jahr 2024 um das 2,4-Fache erhöht und beträgt laut der International Renewable Energy Agency (IRENA) nun 4448 Gigawatt (Bild 4.20).[51] Dies entspricht einer durchschnittlichen Wachstumsrate von etwa 9,7 % pro Jahr, was eine durchaus erfreuliche Entwicklung ist (Bild 4.21).

Die deutliche Steigerung in der installierten Kapazität erneuerbarer Energieträger ist beachtlich, insbesondere weil die Steigerungsraten in allen Erdteilen weit über 100 % liegen (Bild 4.22).

Dementsprechend ist die Steigerung der Stromproduktion aus erneuerbaren Energiequellen ebenfalls konstant (Bild 4.23). So betrug die Stromproduktion im Jahr 2012 insgesamt 4744 Terawattstunden. Diese konnte bis zu Jahr 2021 auf 7857 Terawattstunden gesteigert werden. Dies entspricht einer durchschnittlichen Steigerung von 6,5 % pro Jahr.

[51] *IRENA (International Renewable Energy Agency):* Renewable Energy Capacity Statistics 2025. Abu Dhabi. *https://www.irena.org/-/media/Files/IRENA/Agency/Publication/2025/Mar/IRENA_DAT_RE_Capacity_Statistics_2025.pdf* (Stand: 15.07.2025)

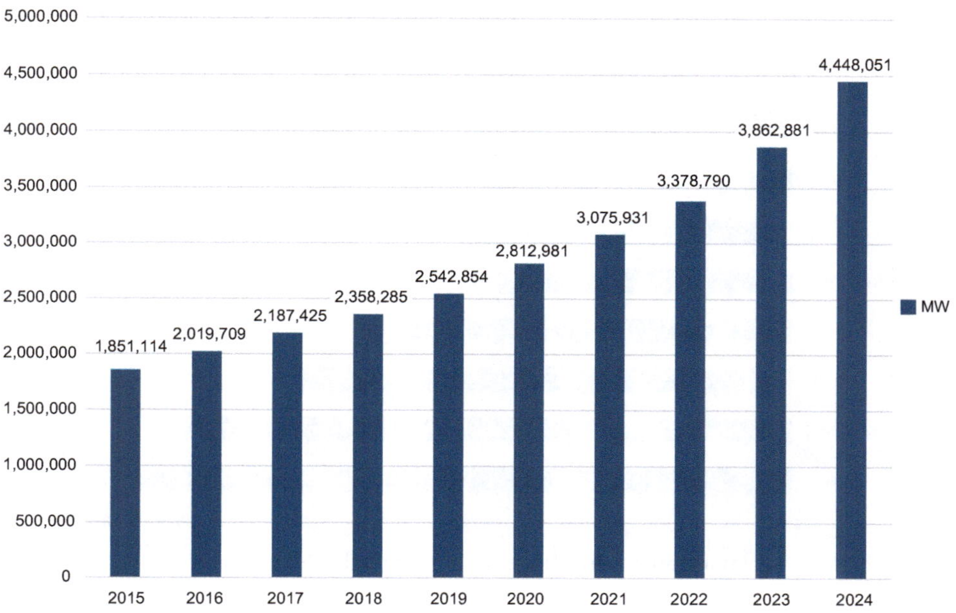

Bild 4.20 Die weltweit installierte Leistung erneuerbarer Energieträger bis 2024 in MW[52]

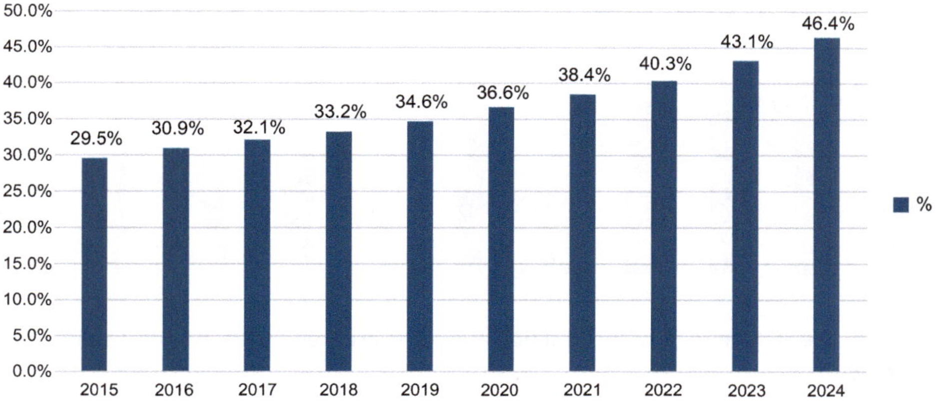

Bild 4.21 Der weltweite Anteil in % für die installierte Leistung erneuerbarer Energieträger bis 2024[53]

---

[52] Datenquelle: *IRENA (International Renewable Energy Agency):* Renewable Energy Capacity Statistics 2025. Abu Dhabi. *https://www.irena.org/-/media/Files/IRENA/Agency/Publication/2025/Mar/IRENA_DAT_RE_Capacity_Statistics_2025.pdf* (Stand: 14.09.2025)

[53] Datenquelle: *IRENA (International Renewable Energy Agency):* Renewable Energy Capacity Statistics 2025. Abu Dhabi. *https://www.irena.org/-/media/Files/IRENA/Agency/Publication/2025/Mar/IRENA_DAT_RE_Capacity_Statistics_2025.pdf* (Stand: 14.09.2025)

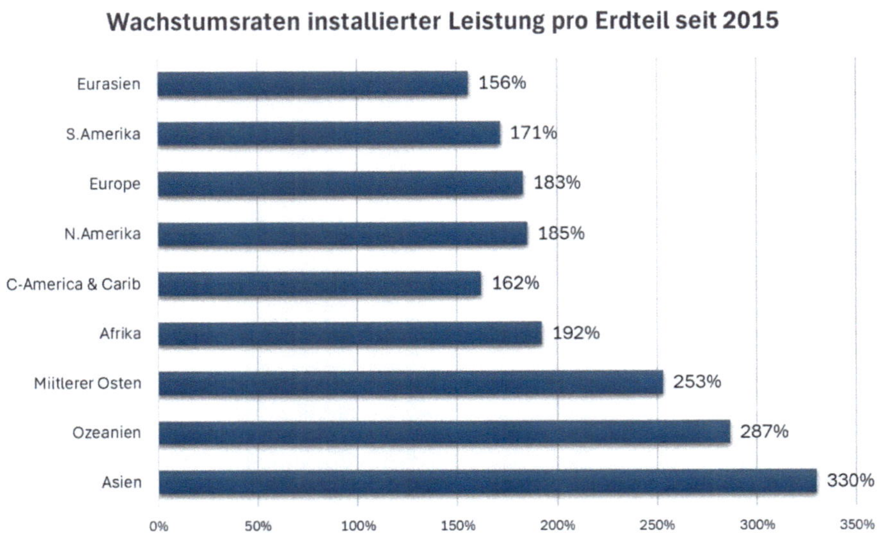

Bild 4.22 Wachstumsraten erneuerbarer Energien nach Weltregion[54]

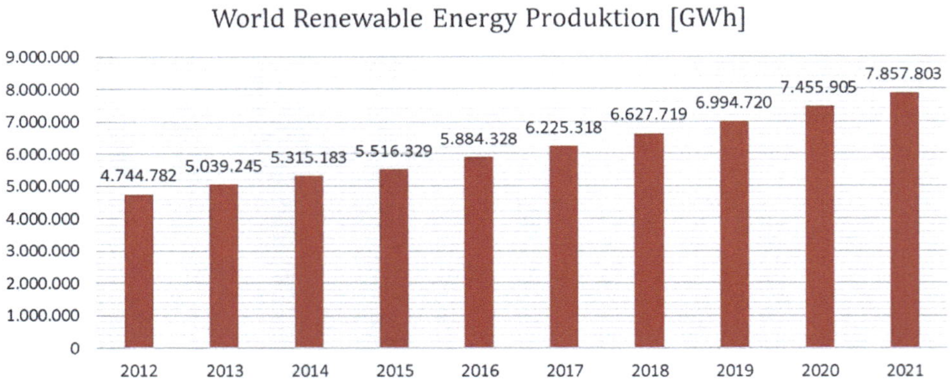

Bild 4.23 Die weltweite Stromproduktion aus erneuerbaren Energieträgern steigt kontinuierlich.[55]

Betrachtet man jedoch die regionale Verteilung an installierter Leistung erneuerbarer Energien in Relation zur weltweiten Gesamtinstallation, so ist klar erkennbar, dass einige Regionen noch einen erheblichen Aufholbedarf haben (Bild 4.24).

---

[54] Datenquelle: *IRENA (International Renewable Energy Agency):* Renewable Energy Capacity Statistics 2025. Abu Dhabi. *https://www.irena.org/-/media/Files/IRENA/Agency/Publication/2025/Mar/IRENA_DAT_RE_Capacity_Statistics_2025.pdf* (Stand: 14.09.2025)

[55] Datenquelle: *IRENA (International Renewable Energy Agency):* Renewable Energy Statistics 2022; Abu Dhabi; *https://www.irena.org/-/media/Files/IRENA/Agency/Publication/2022/Jul/IRENA_Renewable_energy_statistics_2022.pdf?rev=8e3c22a36f964fa2ad8a50e0b4437870* (Stand: 14.09.2025)

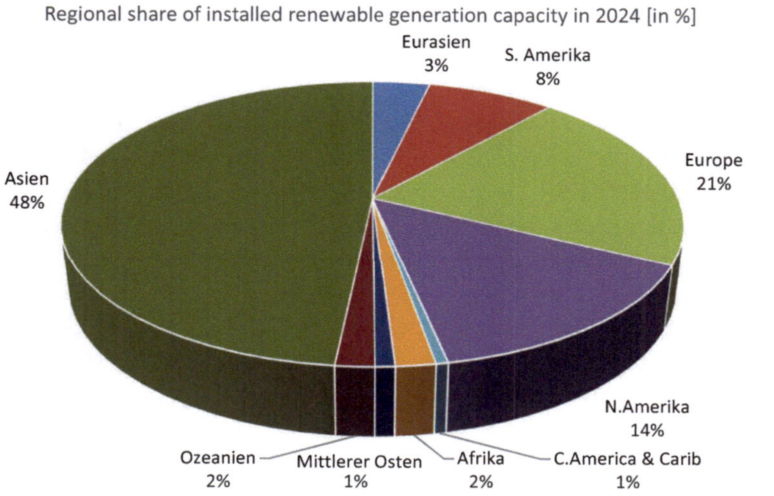

Bild 4.24 Regionale Beteiligung installierter erneuerbarer Energien an der weltweit installierten Leistung im Jahr 2024 in Prozent (%)[56)]

Der klare Löwenanteil entfällt auf Asien und in diesem Fall insbesondere China, das mit einer installierten Leistung an erneuerbaren Energien im Jahr 2022 einen Wert von über 1161 Gigawatt aufweist. Das entspricht aktuell fast der gesamten installierten Leistung von Europa und Nordamerika zusammen (1196 Gigawatt).

Andere Weltregionen weisen trotz wachsender Anteile erneuerbarer Energien, was durchaus sehr begrüßt werden muss, einen erheblichen Nachholbedarf auf. So ist Afrika mit 2 % trotz des hohen Einwohneranteils an der Weltbevölkerung stark unterrepräsentiert. Andere Regionen wie der Mittlere Osten oder Ozeanien haben ebenfalls viel zu geringe Anteile an der Energietransition. Eurasien, zu dem auch Russland gezählt wird, hat ebenfalls viel zu geringe Anteile im Vergleich mit den anderen Weltregionen. Will man das Ziel an erneuerbaren Energien auf Weltebene erreichen, so muss sich diese Leistung bis zum Jahr 2030 zumindest verdreifachen.[57)]

Dementsprechend ist die Aufgabe der spürbaren Reduktion an Treibhausgasen, um das 1,5-Grad-Ziel zu erreichen, noch lange nicht erfüllt, wenngleich die Tendenz im Bereich der Energieerzeugung eindeutig in die richtige Richtung zeigt. Leider weisen die unter anderem auch damit verbundenen CO_2-Emissionen nicht in dieselbe Richtung. Betrachtet man die CO_2-Emissionswerte zwischen 2008 bis 2022, so ist klar erkennbar, dass „nur" durch die zwei großen Krisen der letzten Jahre, nämlich die Finanzkrise und die Pande-

---

[56] Datenquelle: *IRENA (International Renewable Energy Agency):* Renewable Energy Statistics 2022; Abu Dhabi; *https://www.irena.org/-/media/Files/IRENA/Agency/Publication/2022/Jul/IRENA_Renewable_energy_statistics_2022.pdf?rev=8e3c22a36f964fa2ad8a50e0b4437870* (Stand: 14.09.2025)

[57] *IEA (Internationale Energie Agentur):* World Energy Outlook 2023. *https://www.iea.org/reports/world-energy-outlook-2023/executive-summary?language=de* (Stand: 17.01.2024)

mie, die CO_2-Werte gesunken sind.[58] Die CO_2-Werte, wie sie in Bild 4.25 dargestellt sind, müssen ganzheitlich verstanden werden. In Bild 4.25 wird nicht auf die CO_2-Bilanz durch erneuerbare Energien Wert gelegt, sondern das Gesamtbild dargestellt. Bereiche wie Verkehr und Transport sind in Bild 4.25 ebenso beinhaltet wie andere, die CO_2-Emissionen erzeugen (z. B. Industrie, Agrarwirtschaft etc.). Dennoch leistet die CO_2-freie Energieerzeugung einen wichtigen Beitrag zur Treibhausgasreduktion. Die Auswirkungen der Investitionen in erneuerbare Energien müssen folglich in solchen Abbildungen direkt sichtbar sein. Ist dies nicht der Fall, dann kann man davon ausgehen, dass die Ziele der Nachhaltigkeit nicht ausreichend verfolgt werden. Erfahrungsgemäß hat sich in den letzten drei Jahrzehnten gezeigt, dass die Einführung von Nachhaltigkeitsstrategien zuerst bei der Energieversorgung begonnen wurde. Andere Wirtschaftssegmente folgten dem Beispiel mit einigen Jahren Verzögerung.

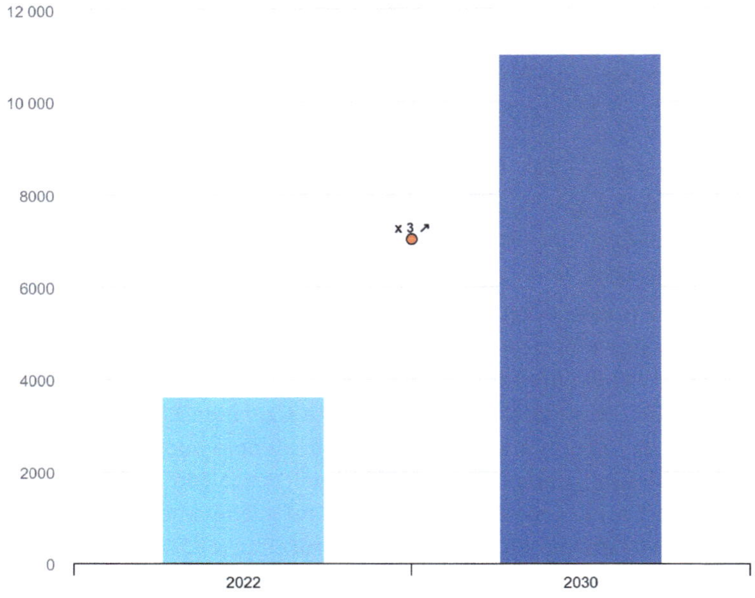

Bild 4.25 Globale Stromkapazität aus erneuerbaren Energien im Netto-Null-Emissionen-Szenario bis 2050 für die Jahre 2022 und 2030[59]

Bei der Betrachtung der regionalen Aufteilung der Anteile am weltweiten Beitrag zu erneuerbaren Energien muss fairerweise eine Ursachenanalyse durchgeführt werden. So sind die Anteile der erneuerbaren Energiegewinnung auf dem afrikanischen Kontinent

58 *Statista:* CO_2-Emissionen weltweit in den Jahren 1960 bis 2023. *https://de.statista.com/statistik/daten/studie/37187/umfrage/der-weltweite-co2-ausstoss-seit-1751* (Stand: 14.01.2024)

59 © Bild: Internationale Energie Agentur (CC BY 4.0). Bildquelle: *IEA (Internationale Energie Agentur):* Global renewables power capacity in the Net Zero Emissions by 2050 Scenario, 2022 and 2030. Paris, 20. September 2023. *https://www.iea.org/data-and-statistics/charts/global-renewables-power-capacity-in-the-net-zero-emissions-by-2050-scenario-2022-and-2030*

sehr bescheiden. Dies kann auf die äußerst prekäre Finanzlage des Kontinents zurückgeführt werden. Wie bereits in Abschnitt 1.4 dargestellt, bemüht sich der afrikanische Kontinent gegenwärtig, sich aus seiner jahrhundertelangen Kolonisation herauszuentwickeln. Permanente lokale und regionale kriegerische Auseinandersetzungen, wie z. B. in Ruanda in den 1990er-Jahren oder aktuell im Sudan sowie in Mali, Westafrika und Sierra Leone, oder die auf dem arabischen nordafrikanischen Kontinent stattgefundenen Revolutionen (Arabischer Frühling 2011) definieren die Agenda dieser Staaten komplett neu. Leider gehört die Implementierung einer nachhaltigen Wirtschaft nicht zu den obersten Prioritäten. Ein Referenzpunkt, zwecks des besseren Verständnisses, kann z. B. Südafrika sein. Das Land hat erst Anfang der 1990er-Jahre die Apartheit überwunden. Es sind gerade mal 30 Jahre, die seither vergangen sind – eine nicht sehr lange Zeit für ein Land, um sich neu zu definieren, Verteilungsgerechtigkeit zu etablieren und zusätzlich nachhaltig zu wirtschaften. Soziale Probleme, ein durch die Apartheit verschuldetes geringes Bildungsniveau und mangelnde Infrastrukturen erschweren zusätzlich die Umsetzung einer Nachhaltigkeitsstrategie. So geht es anderen Ländern auf dem afrikanischen Kontinent auch. Sie haben vielerorts mit den Schatten der kolonialen Vergangenheit zu kämpfen und mit den Herausforderungen der Zukunft zu jonglieren – keine leichte Aufgabe, die zusätzlich mit den schweren Folgen der Klimakatastrophe, die sich in diesen Ländern am stärksten auswirkt, nahezu aussichtslos erscheint. Dennoch macht es auch für diese Staaten Sinn, in zukünftige und insbesondere erneuerbare Energieerzeugungssysteme zu investieren. Dies gilt nicht zuletzt auch deshalb, weil die Unabhängigkeit von fossilen Rohstoffen gerade für sie einen Mehrwert bringt und lokale Wirtschaftssegmente davon profitieren können. Fehlende Netzinfrastruktur kann durch lokale Micro-Grids mit starker Integration erneuerbarer Energiesysteme kompensiert werden.

4.7 CO_2-Emissionen im Blick

Bild 4.26 veranschaulicht auf sehr markante Art und Weise, dass die Emissionen nach wie vor steigen. Zwischen den Jahren 2013 bis 2016 könnte man von einer Abflachung der Kurve sprechen. Danach steigt die Kurve wieder rasant an. Das 1,5-Grad-Ziel rückt damit in weite Ferne, da die noch vorhandenen Reserven, um dieses Ziel zu erreichen, überwiegend aufgebraucht sind. Laut einem Artikel im Wissenschaftsmagazin „Nature“ im Januar 2023 beträgt das verbleibende CO_2-Budget (Remain Carbon Budget, RCB) ca. 250 Gt CO_2:

„Wir kommen zu dem Schluss, dass der RCB für eine 50-prozentige Chance, die Erwärmung auf 1,5 °C zu halten, im Januar 2023 bei etwa 250 Gt CO_2 liegt, was etwa ***sechs Jahren*** *der* ***aktuellen CO_2-Emissionen entspricht****. Bei einer Wahrscheinlichkeit von 50 % auf 2 °C liegt der RCB bei etwa 1200 Gt CO_2.“* [60]

[60] *Lamboll, Robin D./Nicholls, Zebedee R. J./Smith, Christopher J./Kikstra, Jarmo S./Byers, Edward/Rogelj, Joeri:* Assessing the size and uncertainty of remaining carbon budgets. In: Nat. Clim. Chang. 13, 2023, pp. 1360 – 1367. *https://www.nature.com/articles/s41558-023-01848-5* (Stand: 18.01.2024, eigene Übersetzung)

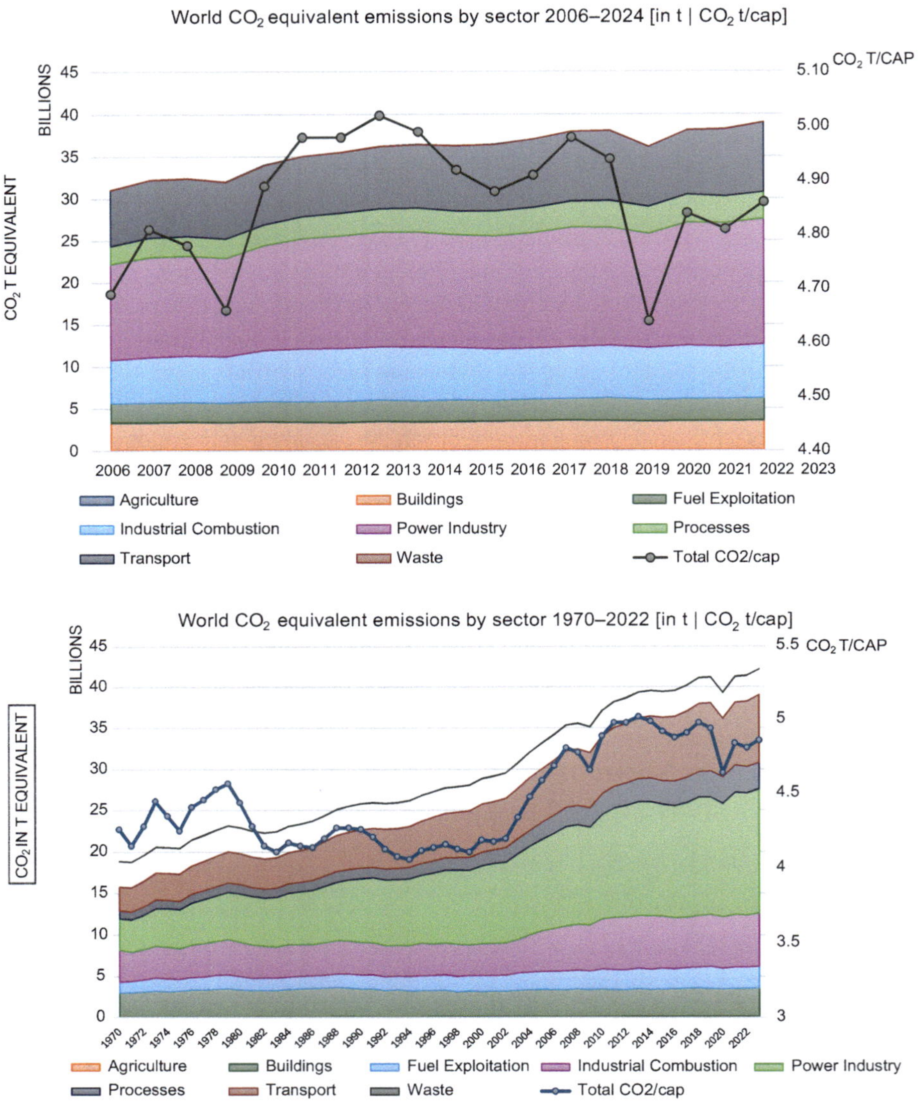

Bild 4.26 Weltweite CO_2-Emissionen zwischen 2006 und 2024 (oben) sowie zwischen 1970 und 2022 (unten)[61]

Demgegenüber kann man jedoch auch sehr positive Trends in der EU-Zone wahrnehmen. Bild 4.27 verdeutlicht dies. Es ist zu beobachten, dass seit dem Jahr 2006 die CO_2-Emissionen in der EU sinken. Auch hier zeichnen die Krisenjahre 2008 und 2020 eine verstärkte Reduktion der Emissionen aus. Die Reduktion beträgt gegenwärtig

[61] Datenquelle: *https://edgar.jrc.ec.europa.eu/country_profile* (Stand: 14.09.2025)

ca. 26,4 %, wenn man die Jahre 2022 (2725 Millionen t CO_2) und 2006 (3707 Millionen t CO_2) gegenübergestellt. Vergleicht man die aktuellen Werte mit dem Bezugsjahr 1990, so ist die Reduktion mit 27 % nur unwesentlich höher. Das hat damit zu tun, dass zwar ab 1990 die CO_2-Emissionen stark gefallen sind, aber zwischen den Jahren 1994 bis 2006 wieder erheblich gestiegen sind.

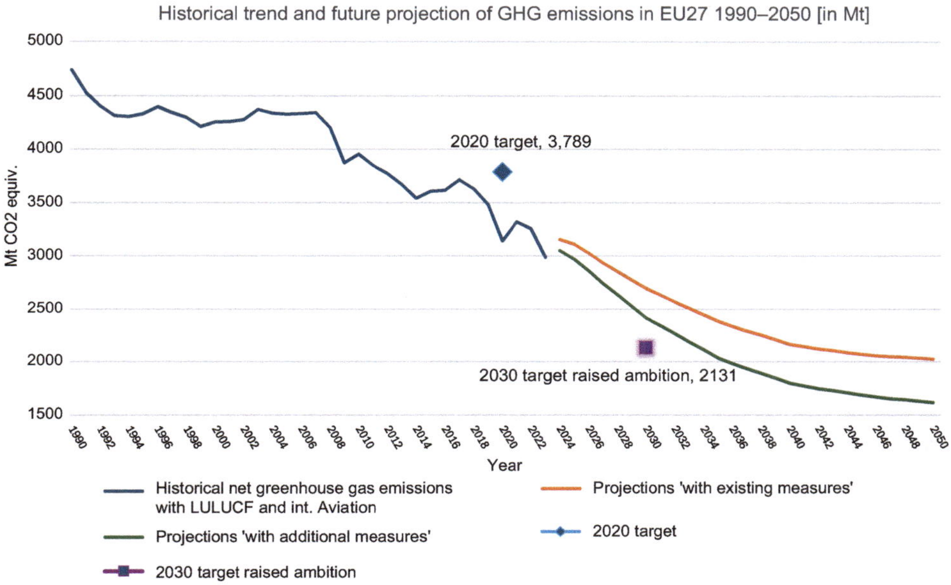

Bild 4.27 CO_2-Emissionen in der EU seit 1990 in Mt mit Zukunftsprojektion bis 2050[62)]

[62] Datenquelle: *https://www.eea.europa.eu/en/analysis/indicators/total-greenhouse-gas-emission-trends* (Stand: 14.09.2025)

5 Umweltkonferenzen und klimapolitische Entwicklungen

Eine Reihe von Umweltkonferenzen, die seit den früheren 1990er-Jahren in unterschiedlichen Ländern der Welt stattfanden, führten aufgrund der mageren Ergebnisse dazu, dass die allgemeine Glaubwürdigkeit der Entscheidungsträger und teilweise auch der Klimaforscher in der öffentlichen Wahrnehmung enorm gelitten hat.[1] Die Ergebnisse dieser scheinbar ewig dauernden Konferenzen gaben ein schwaches Bild der Teilnehmenden ab. Sie offenbarten deren Unfähigkeit, brauchbare Instrumente oder gar Alternativen zu erarbeiten, und zeigten auf, dass sich Industriestaaten und Entwicklungsländer über den Verlauf eines Vierteljahrhunderts nicht einmal auf minimale Standards einigen konnten. Viel zu groß ist die Kluft zwischen den Staatengemeinschaften. Die Ziele, die sie verfolgen, könnten nicht unterschiedlicher sein. In diesem Kapitel gehe ich näher auf die wichtigsten Umweltkonferenzen und klimapolitischen Entwicklungen ein.

5.1 Kyoto-Protokoll

Das Kyoto-Protokoll, das 1997 von der dritten Vertragsstaatenkonferenz der Klimarahmenkonvention der Vereinten Nationen (UN) aufgenommen und 2005 in Kraft getreten ist, wurde von 2008 bis 2012 in einigen Staaten implementiert. Es hat jedoch wenig zur Reduktion von CO_2 beigetragen, wenngleich das Abkommen die Bewusstseinsbildung der vom Menschen gemachten Klimaveränderung an sich sehr unterstützt hat. Die Ergebnisse konnten sich anfänglich auch sehen lassen, insbesondere jene auf politischer Ebene. Am Ende der Periode wurden die versprochenen Ziele aber nur partiell erreicht. Darüber hinaus gab es lange Zeit nach der Kyoto-Periode, die 2012 endete, keine weiteren Bemühungen, internationale Nachhaltigkeitsstandards im Sinne des Klimaschutzes zu definieren, obwohl dies in der ursprünglichen Übereinkunft vorgesehen war. Viel-

1 *global:* (Un)nützliche Klimagipfel? 2013. *http://globalmagazin.com/themen/klima/unnuetzliche-klimagipfel* (Stand: 02.01.2017)

mehr verlagerte sich die Diskussion phasenweise dahin, ob die CO_2-Belastung überhaupt existiert.[2] Diese Diskussion wurde überwiegend von politischen Führern des rechten Spektrums immer wieder angefacht. Nun scheint diese Phase aber überwunden zu sein, wenngleich es wertvolle Zeit der Implementierung korrektiver Maßnahmen gekostet hat, auch aufgrund der Zögerlichkeit der Entscheidungsträger und der starken Lobbys verschiedener Interessengruppen.

5.2 Pariser Klimavertrag

Erst mit dem Vertrag von Paris aus dem Jahr 2015 und etliche Klimakatastrophen später hat sich die internationale Gemeinschaft eindeutig darauf verständigt, dass die Konsequenzen des Klimawandels vom Menschen verursacht werden, dass sie beträchtlich sind und dass folglich etwas passieren muss.[3] Wir stehen jedoch erst am Anfang einer Lösung im Sinne von Instrumenten, die sowohl technisch als auch vertraglich oder wirtschaftlich wirken. Nun ist die Politik an der Reihe und muss entsprechende Regulierungen und Instrumente des Monitorings erarbeiten. Der Vertrag von Paris, so positiv er auch zu bewerten ist, wirft demzufolge auch viele Fragen auf, die bislang ungeklärt bleiben. Es ist zu hoffen, dass zukünftige Klimakonferenzen dazu genutzt werden, konkrete Lösungsansätze zu erarbeiten.

Die Entscheidung der USA, 2019/2020 aus dem Vertrag auszusteigen,[4] warf zudem weitere Fragen auf und wies die tragende Rolle nun der Europäischen Union zu. Hier konnte und kann Europa eine zentrale Rolle übernehmen, jedoch nur, wenn es dafür maßgebliche Initiativen im Sinne der technologischen Entwicklung und der wirtschaftspolitischen Kooperation mit anderen Regionen der Welt anstößt. Kooperation ist das Gebot der Stunde, ein Ansatz, der es ermöglichen kann, eine gemeinsame und für alle Beteiligten sinnvolle und vor allem nachhaltige Strategie zu finden und umzusetzen. Um dies zu erreichen, bedarf es jedoch eines stabilen gesetzlichen Rahmens der von allen Teilnehmern, also der gesamten Weltgemeinschaft, geteilt und gelebt werden muss. Zwar sind die USA dem Pariser Klimaabkommen im Februar 2021 wieder beigetreten, doch hat das Vertrauen auf die Verlässlichkeit der Industriepartner, insbesondere jener, die am meisten Treibhausgase emittieren, einen empfindlichen Schaden erlitten. Zudem kommt hinzu, dass die Folgen des Klimawandels die ärmsten Regionen der Welt am stärksten treffen. Kleinbauern, Viehzüchter, Fischer und andere Produzentengruppen, aber auch die absolut Ärmsten der Einkommenshierarchie sind

[2] *Vahrenholt, Fritz:* Nein, diese Katastrophe findet nicht statt! 06.10.2013. *https://www.welt.de/debatte/kommentare/article120670728/Nein-diese-Katastrophe-findet-nicht-statt.html* (Stand: 02.01.2017)

[3] *Zentrale für politische Bildung:* Internationale Klimapolitik im Kampf gegen den Klimawandel. *http://www.politische-bildung.de/klimawandel.html* (Stand: 02.01.2017)

[4] *faz.net:* Amerika offiziell aus Pariser Klimaabkommen ausgetreten. 04.11.2020. *https://www.faz.net/aktuell/wirtschaft/klima-nachhaltigkeit/usa-offiziell-aus-pariser-klimaabkommen-ausgetreten-17035358.html* (Stand: 26.01.2024)

zunehmend von den schweren Schäden durch Naturkatastrophen betroffen, deren Ursache auf die globale Erwärmung zurückzuführen ist.[5] [6]

5.3 Klimakatastrophen und ihre volkswirtschaftlichen Kosten

Betrachtet man die wachsende Zahl der klimabedingten Katastrophen und die damit verbundenen volkswirtschaftlichen Kosten, so wird zumindest klar, dass der finanzielle Druck, zu einer Lösung zu finden, immer stärker wird. Allerdings scheint genau das Gegenteil zu geschehen. Bild 5.1 kann man entnehmen, dass die Zahl der Klimakatastrophen zwischen den Jahren 1990 und 2016 immer weiter zugenommen hat. Die volkswirtschaftlichen Verluste schwanken je nach Ausmaß der Katastrophe und der mit ihr verbundenen Folgen. Das Jahr 2012 traf es besonders hart. Damals haben der Hurrikan Sandy und eine ausgeprägte Dürre in den USA sowie die starken Überschwemmungen in China und eine lang andauernde Hitzewelle in Russland für erhebliche Schäden gesorgt.

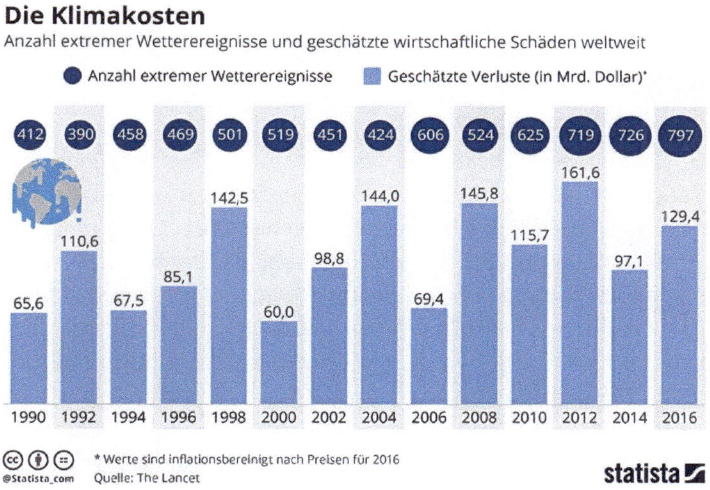

Bild 5.1 Die Klimakatastrophen nehmen von Jahr zu Jahr zu (hier von 1990 bis 2016). Das führt zu immer höheren Kosten, um die Schäden zu beseitigen.[7]

5 *Aktion Deutschland hilft:* Der Klimawandel und die Armut. Mai 2021. *https://www.aktion-deutschland-hilft.de/de/fachthemen/armut/der-klimawandel-und-die-armut* (Stand: 26.01.2024)

6 *World Bank:* Poverty and Climate Change. Reducing the Vulnerability of the Poor through Adaptation. World Bank Publication 52176, December 2009. Section „Climate Change is Happening and Will Increasingly Affect the Poor", p. IX. *https://documents1.worldbank.org/curated/en/534871468155709473/pdf/521760WP0pover1e0Box35554B01PUBLIC1.pdf* (Stand: Juli 2024)

7 © Bild: Statista. Bildquelle: *Loesche, Dyfed:* Extreme Wetterereignisse und wirtschaftliche Schäden weltweit. 06.11.2017. *https://de.statista.com/infografik/11700/extreme-wetterereignisse-und-wirtschaftliche-schaeden-weltweit* (Stand: Juli 2024)

Bild 5.2 zeigt die gesamten weltweit prognostizierten Kosten an Klimaschäden für die Zukunft bis zum Jahr 2050 auf. Die Tendenz weist eindeutig nach oben. Die Ausgaben werden höher eingestuft, da eine vermehrte Anzahl an Katastrophen mit vermutlich auch immer stärkeren Ausmaßen, also größeren Schäden, erwartet wird.

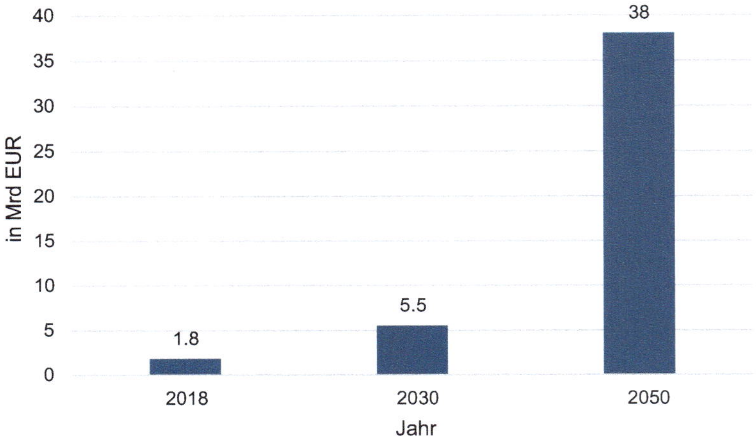

Bild 5.2 Weltweit erwartete Kosten zukünftiger Klimaschäden (in Milliarden Euro)[8]

Kaffeepreis als Indikator für Klimaschäden

Klimakatastrophen wie Hochwasser, Trockenheit oder extreme Kälteeinbrüche sind Situationen, die zwar geografisch lokal auftreten, die aber immer stärker globale Auswirkungen haben. Als Beispiel sei hier der international gehandelte Kaffee genannt. Im Jahr 2014 sorgten Ernteausfälle durch Hitze und andauernde Trockenheit in Brasilien für einen Anstieg der internationalen Kaffeepreise.[9] Schnell waren Spekulanten am Werk, die den Preis zusätzlich unter Druck setzten. Kostete ein Kaffeesack von 60 kg vor der Krise im Jahr 2013 noch 99 €, so stieg er um 66 % auf einen bis dahin registrierten Rekordwert von 159 € pro Sack.

---

[8] Datenquellen: *https://www.imf.org/en/Topics/climate-change/climate-and-the-economy*, *https://unctad.org/sdg-costing/climate-change* und *https://www.pik-potsdam.de/en/news/latest-news/38-trillion-dollars-in-damages-each-year-world-economy-already-committed-to-income-reduction-of-19-due-to-climate-change* (Stand: 15.09.2025). **Hinweise und Anmerkungen:** Die volkswirtschaftlichen Kosten setzen sich aus den Produktivitätsverlusten, die durch die Zunahme der gesundheitlichen Beeinträchtigungen entstehen, und den Behandlungskosten zusammen. Der Produktivitätsverlust umfasst Fehlzeiten, verminderte Leistungsfähigkeit oder vorzeitige, krankheitsbedingte Sterblichkeit. Fehlzeiten wurden anhand der Anzahl der Arbeitstage berechnet, die aufgrund von Krankheit verloren gingen, und schließlich als Verlust des BIP ausgedrückt werden. Die Folgen des Klimawandels umfassen in diesem Fall Dürren, Überschwemmungen, Waldbrände, den Anstieg des Meeresspiegels, Tropenstürme sowie Hitzewellen.

[9] *Caulyt, Fernando:* Dürre treibt Kaffeepreis hoch. 27.05.2014. *https://www.dw.com/de/d%C3%BCrre-treibt-kaffeepreise-hoch/a-17665564* (Stand: Juli 2024)

Beschäftigen wir uns detaillierter mit der Historie der Kaffeepreissteigerungen, so ist festzustellen, dass dies nicht die stärkste Krise war, die der Kaffeehandel aufgrund von Naturkatastrophen hinnehmen musste. In Bild 5.3 sind die jährlichen Preissteigerungen für Kaffee prozentual abzulesen. Das Jahr 1994 erreichte einen übermäßigen Spitzenwert, der die Krise von 2014 noch in den Schatten stellt. Was war geschehen? Die Antwort ist schnell gefunden. Aufgrund einer unerwarteten Frostperiode in zwei Wellen im Juni und Juli 1994 in Brasilien, das ca. 40 % des weltweit gehandelten Arabica-Kaffees produziert, schoss der Preis durch hohe erntebedingte Ausfälle in die Höhe. Zusätzliche politische Fehlentscheidungen in den Jahren zuvor verstärkten die Krise zusätzlich.[10]

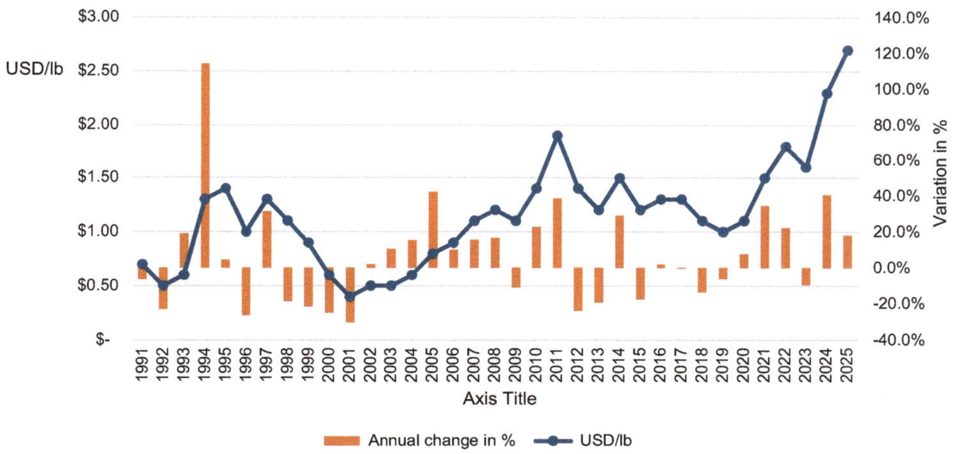

Bild 5.3 Weltmarkt-Kaffeepreis und Variation in USD/lb und % pro Jahr[11]

Unsere historische „Reise“ in die Welt des Kaffeehandels ist noch nicht vorbei. Im Laufe des Jahres 2021 bis Anfang des Jahres 2022 kam es erneut zu einem starken Anstieg des internationalen Kaffeepreises. Man muss kein Wetterfrosch sein, um die Ursache zu finden. Abermals kam es zu einer extremen Dürreperiode in Brasilien. Diese wurde zu allem Übel von einer Frostperiode abgelöst. Die Kaffeepflanzen, die alles andere als „wetterkapriolenresistent“ sind, gingen massenweise ein. Ernteausfälle waren die Folge sowie abermals eine deutliche Steigerung der internationalen Kaffeepreise.

In Bild 5.4 sind diese Tendenzen eindeutig identifizierbar. Auch in der Gegenwart steigt der Kaffeepreis wieder rasant. Wenn wir uns auf die Deutsche Welle beziehen, dann

---

[10] 1989 scheiterte das Abkommen „International Coffee Agreement“ (ICA). Es folgten turbulente Preisperioden, die mit der Reduktion des Angebots aus Brasilien noch verstärkt wurden.

[11] Datenquelle: *IBISWorld:* Weltmarktpreis für Kaffee. 13.06.2024. *https://www.ibisworld.com/de/bed/weltmarktpreis-fuer-kaffee/430* (Stand: 15.09.2025)

ist dies auf den Klimawandel und geänderte Verbrauchergewohnheiten zurückzuführen:

*„**Sorgen auch im Süden***

*Auf der anderen Seite des Fairen Handels, bei den Produzenten im globalen Süden, leiden auch die Kaffeebauern. Der DW erklärte deren Interessenvertretung Fairtrade International, dass **ungünstige Wetterbedingungen**, vor allem in Südostasien und Südamerika die Preise trieben. Dies führe zu einer Angst vor Versorgungsengpässen. Fairtrade teilte uns mit: ‚Das verschärft das ohnehin empfindliche Gleichgewicht von Angebot und Nachfrage. **Lange Dürreperioden in Vietnam**, dem wichtigsten Produzenten von Robusta-Bohnen, haben die Pflanzen beschädigt. Brasilien dagegen, Hauptquelle von Arabica-Bohnen, leidet unter **schweren Regenfällen, die die Ernte beeinträchtigen**.‘ Fairtrade kommt zu dem Schluss: ‚**Die klimatischen Unwägbarkeiten, die Störungen internationaler Handelsrouten und die spekulative Natur vieler Investment-Portfolios** haben einen perfekten Sturm am Kaffeemarkt ausgelöst.‘“* [12]

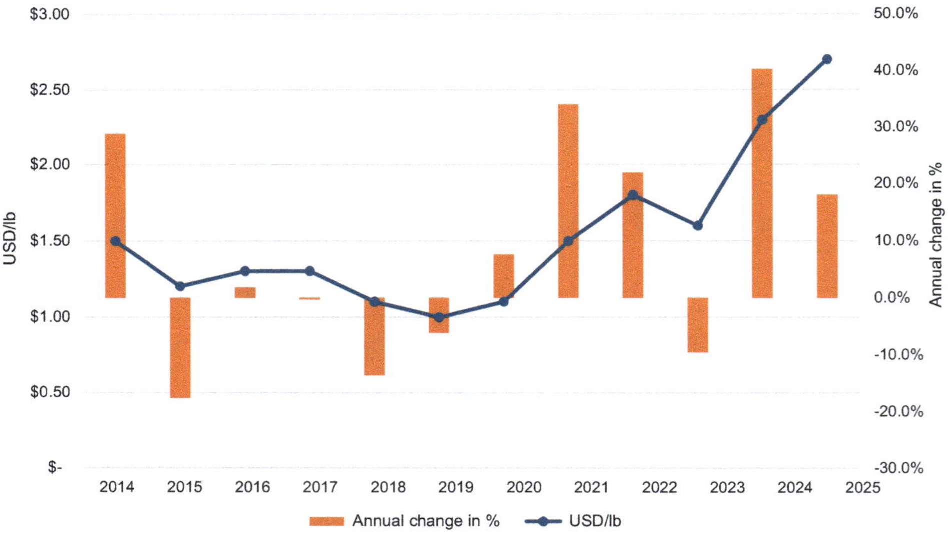

Bild 5.4 Weltmarkt-Kaffeepreis und Variation in USD/lb und % pro Jahr: aktuelle Kaffeepreisentwicklung seit 2014[13]

Die Krise wird durch den Ukrainekrieg und den Nahostkonflikt verstärkt. Die Auswirkungen zeigen sich aufgrund der Klimakrise zunächst in der Preisgestaltung des Produkts

[12] *Kaufmann, Dirk:* Kaffee wird wieder zum Luxusgut. 21.05.2014. *https://www.dw.com/de/kaffee-wird-wieder-zum-luxusgut/a-69110792*

[13] Datenquelle: *IBISWorld:* Weltmarktpreis für Kaffee. 13.06.2024. *https://www.ibisworld.com/de/bed/weltmarktpreis-fuer-kaffee/430* (Stand: 15.09.2025)

selbst und in der weiteren Folge durch die Schwierigkeit der Nutzung von internationalen Handelsrouten, wie z. B. dem Suezkanal. Damit wird eine These der vorangegangenen Kapitel abermals bestätigt: Nicht nur die Ressourcen selbst sind zeitweise nur mangelhaft verfügbar, auch der **Zugang zu den Ressourcen** wird durch geopolitische Interessen und Auseinandersetzungen immer schwieriger. Der globale Weltmarkt ist folglich seinen eigenen Kräften und Interessen ausgesetzt.

Verfolgen wir den historischen Preisanstieg als einen empirischen Indikator für die globale Klimakatastrophe weiter, kommen wir auf die aktuelle Entwicklung des Jahres 2025 zu sprechen. Während zwischen den Klimakatastrophen von 2014 und 2021 noch sieben Jahre lagen, dauerte es nur vier weitere Jahre, bis 2025 die nächste Klimakatastrophe eintrat. El Niño, das extreme Wetterphänomen, meldete sich 2025 in Lateinamerika zurück. Das führt meistens zu überdurchschnittlichen Temperaturen und Niederschlagsdefiziten, so auch in Brasilien. Die Folge sind Hitzeperioden und extreme Trockenheit. Hinzu kommen geopolitische Schwierigkeiten, die gegenwärtig den regen Handel bremsen und so die Preise in die Höhe treiben. In diesen „Cocktail“ werden zusätzlich die hohe Nachfrage nach Kaffee in Asien und die leeren Lagerbestände für Arabica-Kaffee aufgrund der Ausfälle gemischt. So ergibt sich die perfekte Preisexplosion mit einem Allzeitjahreshoch, wie es Bild 5.4 darlegt.

6 Die Zukunft der Märkte

6.1 Digitalisierung der Märkte

Die Zukunft der Märkte wird digital sein, jedoch nicht ausschließlich, wenngleich der Trend – anhand diverser Faktoren erkennbar – stetig und in einigen Fällen sogar unumkehrbar ist. Die wesentlichen Komponenten und Treiber der Transformation des Handels, die sich vermehrt in den Vordergrund drängen, sind folgende:

- Onlinehandel und digitale Handelsplattformen (im Sinne von Trading, Tauschgeschäften oder Endverbraucherabsatzmärkten)
- Dienstleistung als digitales Produkt (im Sinne von E-Government oder privaten Dienstleistungen)
- digitale oder Onlinezahlungssysteme, Self-Payment-Systeme und bargeldlose Zahlungseinrichtungen
- Digitalisierung im Endkundensegment (Supermärkte, Transport, Gesundheit etc.)

Dass die Virtualisierung der Märkte nicht ohne Konsequenzen bleibt, liegt auf der Hand. Auf der einen Seite kämpft der klassische Handel mit sinkendem Umsatz, der Onlinehandel, der immer größere Marktanteile erwirbt, hat auf der anderen Seite mit logistischen Problemen bei der Zustellung zu kämpfen.

Der Vorteil für den Konsumenten ist die Vielfalt, also das breite Spektrum des Angebots. Es gibt mittlerweile kaum noch etwas, das man nicht online erwerben kann. Der große Nachteil ist jedoch, dass diese Onlinehandelsplattformen zu einer Konzentration des Marktes führen.[1)] Schon jetzt haben Amazon und Alibaba den größten Anteil

[1] *Hoffmann, Ilko:* The Winner takes it all: Marktkonzentration bei digitalen Plattformen. 28.01.2020. *https://blog.iao.fraunhofer.de/the-winner-takes-it-all-marktkonzentration-bei-digitalen-plattformen* (Stand: Juni 2024)

am internationalen Onlinemarkt inne. Zu dieser Tendenz kommt hinzu, dass wichtige Produkte des Consumer-Bereichs durch Onlinedienstleistungen verdrängt werden. Beim Musik- oder Videostreaming steht z. B. nicht mehr das Besitzen von Filmen oder Musik-CDs im Vordergrund. Der Fernseher oder der Musikplayer wird zur „Nebensache“, die teilweise durch die Dienstbereitstellung mit abgedeckt wird. Gleiches gilt für Reisebuchungsportale, die zu einer Reduktion physischer Reisebüros geführt haben. Ein weiterer Nachteil dieses Trends ist, dass diese Plattformen ihren Firmensitz überwiegend in Steueroasen haben und deshalb gesellschaftlich (im Sinne von Steuerabgaben) kaum ein Beitrag leisten.[2] [3] Das wiegt schwer im klassischen Handelssystem, das sich dieser Nachteile schmerzlich bewusst ist.

So wichtig die digitalen Handelsplätze auch werden, den traditionellen Handel werden sie nicht gänzlich auslöschen können. Der Mensch ist und bleibt ein soziales Wesen, das sich mit seiner Umwelt austauschen will und muss. Der Handel bildet hierfür eine Instanz, in der nicht nur Geschäftliches getätigt wird, sondern auch soziale Interaktion gepflegt wird. Ein weiterer Vorteil des traditionellen Handelsplatzes ist, dass Kunden die Ware direkt sehen und ertasten können. Der Mensch ist eben auch ein Sinneswesen, woran sich auch in Zukunft wenig ändern wird. Der klassische Handel sollte auf diese Notwendigkeit setzen und entsprechende Angebote machen, wenn er eine reale Alternative zum Onlinehandel bleiben möchte.

6.2 Digitale Zahlungssysteme und bargeldloses Bezahlen

Ein weiteres Einsatzgebiet der Digitalisierung sind digitale Zahlungssysteme, die Bargeldzahlungen nach und nach in den Hintergrund drängen. Eine breite Diskussion über die Abschaffung des Bargeldes ist mittlerweile auf internationaler Ebene im Gange und wird sich in den folgenden Jahren vermutlich noch verstärken. Der Trend zur bargeldlosen Bezahlung ist weit gestreut und in nahezu allen Marktsegmenten zu beobachten. Inzwischen bieten Supermärkte z. B. auch digitale Dienstleistungen wie Zustellungen von vorab im Internet ausgewählten Produkten an, die komplett bargeldlos abgewickelt werden, was bis vor wenigen Jahren noch undenkbar war. Mit Personen besetzte Supermarktkassen werden nach und nach abgeschafft, da sie durch das digitale Zahlen nicht mehr notwendig sind. Das Scannen der Produkte wird aktuell noch durch den Kunden selbst vollzogen, aber vermutlich nach und nach durch Chips ersetzt, die sich von selbst im Kassenbereich melden und die Rechnung erstellen. Pilotprojekte in diese Richtung

---

2 *Sullivan, Arthur:* Ist Irland die größte Steueroase der Welt? 24.07.2020. *https://www.dw.com/de/ist-irland-die-gr%C3%B6%C3%9Fte-steueroase-der-welt/a-54310242* (Stand: Juni 2024)

3 *faz.net:* Amazon siegt vor EuGH und muss keine Steuern nachzahlen. 14.12.2023. *https://www.faz.net/aktuell/wirtschaft/unternehmen/amazon-siegt-vor-eugh-und-muss-keine-steuern-nachzahlen-19384396.html* (Stand: Juni 2024)

gab es bereits. Der Betrag wird dann über die Supermarkt-App direkt vom Konto abgebucht.

Bei solchen Systemen stellt sich jedoch die Frage, inwieweit diese Lösungen dazu beitragen, dass gerade im Niedriglohnsektor Arbeitsplätze verloren gehen, wenn solche Kräfte im Geschäftsprozess nicht mehr gebraucht werden. Diese Diskussion ist für den Digitalisierungsprozess in allen Branchen zu führen und wird uns die kommenden Jahre weiter begleiten, da sie an Intensität zunehmen wird, auch im Hinblick auf die Steuereinnahmen.[4)]

Ein weiteres Beispiel bietet der Bankensektor, in dem das „Filialsterben" der letzten Jahre spürbar war. Das Internetbanking hat dem bis vor einigen Jahren sicher geglaubten Beruf Bankkauffrau/-mann arg zugesetzt. Dem Konsumenten wird durch das Internet oft eine verbesserte Dienstleistung vorgegaukelt, was sich aber bei näherer Betrachtung als Irreführung entpuppt. Heute muss der Konsument alle seine Bankgeschäfte selbst erledigen. Überweisungen, Daueraufträge etc. werden durch Internetportale getätigt, die der Konsument selbst verwalten muss. Der Vorteil ist ersichtlich: Der Kunde hat es selbst in der Hand. Der Nachteil, dass er folglich alles selbst erledigen muss, ist aus zweiter Betrachtung eine Verschlechterung der Servicequalität, insbesondere für ältere Mitmenschen. Das scheint der Branche jedoch keinen Schaden zuzufügen. Der Trend zum Internetbanking ist ungebrochen. In ihrem Windschatten werden ganze Berufsgruppen von Bankkaufleuten bis hin zum Personal von Sicherheits- und Geldtransportfirmen verschwinden, andere dafür aber neu geschaffen.

Doch was hat diese digitale Transformation mit der Ressourcenfrage zu tun? Direkt zunächst einmal nichts. Doch wenn man den Product and Service Lifecycle betrachtet, so wird augenscheinlich klar, dass durch die Digitalisierung des Handels eine Verlagerung der Zuständigkeiten stattfindet, jedoch nicht unbedingt eine Verbesserung der Effizienz. Die Anzahl der Zustelldienste ist rasant angewachsen. Die Post und private Zusteller kommen zu Spitzenzeiten wie an Weihnachten, dem Muttertag oder dem Valentinstag kaum mehr mit dem Zustellen nach. Die Transport- und Zustellstrecken werden dazu überwiegend auf fossil basierten Transporteinheiten wie Schiffen oder Lkws getätigt. Die Herstellung von Produkten wie elektronischen Geräten oder Kleidung findet zum größten Teil in Niedriglohnländern statt. Die Digitalisierung schafft folglich nicht per se eine Effizienzverbesserung oder Ressourcenschonung. Sie kann auch „nur" eine Verlagerung bewirken, die es schafft, den Aufwand für die Herstellung eines Produkts weniger sichtbar zu machen, das Produkt durch Auslagerung konkurrenzlos zu verbilligen und die oft damit einhergehende soziale Ungleichheit zu verbergen. Digitale Zahlungssysteme leisten dazu einen wesentlichen Beitrag, da sie durch Vereinfachung die internationalen Handelstätigkeiten erst ermöglichen und dem Konsumenten mit einem „Click to buy" näherbringen. Dass hierzu wieder Onlineplattformen mit Zahlungsdienstleistun-

---

[4] *Seifried, Tobias:* Digitalsteuer brachte 2023 erstmals mehr als 100 Millionen Euro ein. 14.01.2024. *https://www.leadersnet.at/news/75904,digitalsteuer-brachte-2023-erstmals-mehr-als-100-millionen-euro.html*

gen zum Tragen kommen, ist nur eine logische Konsequenz. Kreditkartenbetreiber und Onlinezahlungsdienstleister erfreuen sich zunehmender Erträge. Diese sind aber oft globale Player, die eine bedeutende Marktmacht im Sinne der Zahlungsströme halten, sehr zum Nachteil der regionalen Dienstleistungsanbieter.

6.2.1 Globale Märkte

In den letzten 15 Jahren ist die globale Vernetzung von Wirtschafts- und Handelsakteuren stark vorangeschritten. An den Börsen haben schon längst intelligente Applikationen das Handeln übernommen. So werden Trackingsysteme darauf angesetzt, Tendenzen der Märkte zu erkennen und intelligent darauf zu reagieren. Meist handelt es sich dabei um Big-Data-Softwarelösungen, die gepaart mit künstlicher Intelligenz und neuronalen Netzen aus dem Verhalten der Akteure lernen und bestimmte Muster erkennen. Dass die Lernkurve solcher Lösungen nicht ohne Reibungsverluste einherging, konnte man in der Finanzkrise von 2008 bis 2014 erkennen. Hier haben Softwarelösungen einen wesentlichen Beitrag dazu geleistet, fallende Kurse noch mehr unter Druck zu setzen und quasi einen unabhängigen virtuellen Handelsplatz zu etablieren, fernab jeder menschlichen Entscheidungsmöglichkeit.[5)] Die unmittelbare Zukunft wird diesem Trend noch weiter nachgehen und vollends automatisierte Handelssysteme hervorbringen. Der menschliche Faktor wird dabei zusehends in den Hintergrund geraten und mehr und mehr zum Beobachterdasein verurteilt, so lange, bis er gar nicht mehr gebraucht wird. Die Märkte werden noch stärker global agieren, als sie es ohnehin schon tun. Dabei ist zu erwarten, dass aufgrund von Angebot und Nachfrage die immer geringer werdende Ressourcenverfügbarkeit das Handelsverhalten stark beeinflussen und die Preise für diese Güter dadurch enorm elastisch reagieren werden. Diese Elastizität birgt aber genau jenen Reiz an Risiko in sich, den internationale Handelsagenten für lukrative Geschäfte brauchen.

Die Finanzkrise führte nicht dazu, dass das System infrage gestellt wird, sondern sorgte dafür, dass die Technik weiter ausgebaut wurde. Big Data und künstliche Intelligenz haben seitdem verstärkt Einzug erhalten. Um das System zu retten, mussten jedoch Milliarden an Fördermitteln getätigt werden. Milton Friedman hat sich als Verfechter des „freien" Marktes ohne staatlichen Eingriff sicher im Grabe umgedreht, denn seine eigenen Jünger haben dafür gesorgt, dass der Staat letztendlich zum Retter des Systems wurde. Natürlich würde Friedman entgegnen, dass es genau der Staat war, der durch seine Intervention die Situation erst herbeigeführt habe. Muss man ihm wohl recht geben, denn erst durch den regulativen Eingriff des Staates (insbesondere der USA) konnten Subprime-Produkte und deren Derivate möglich werden, eine der Ursachen für die Finanz- und Vertrauenskrise im Handelssystem.

---

[5] *Szarek, Danuta:* Die heimlichen Herrscher der Börsen. 09.09.2015. *https://www.focus.de/finanzen/boerse/die-heimlichen-herrscher-der-boersen-elektronische-handelssysteme_id_2226207.html* (Stand: Oktober 2024)

Durch den staatlichen Eingriff in die Steuersysteme können sich global agierende Firmen steuerliche Vorteile gönnen, die anderen nicht zustehen. Bizarr wirkte das Agieren der irischen Regierung, als 2018 die EU Google besteuern wollte und sich der Staat Irland als Beschützer des Konzerns gerierte, nur um zu verhindern, dass Google seinen Hauptfinanzplatz woandershin verlegt. Da kommt unweigerlich die Frage auf, welche Rolle der Staat in diesem Wirtschaftsspiel eigentlich noch hat. Ist er der Rettungsanker, wenn alles den Bach runtergeht, oder werden hier Partikularinteressen einzelner Eliten durch den Staat in den Vordergrund gestellt? Mit dem Argument des Dominoeffekts und der Systemrelevanz haben während der Finanzkrise 2008 bis 2014 und während der Pandemie einige Milliarden Euro vonseiten der öffentlichen Hand als „Rettungsanker“ ihren Weg in Richtung privater Eigentümer gefunden.

6.2.2 Lokale und regionale Märkte

Die Welt ist seit dem Aufkommen der Globalisierung, gepaart mit einem aggressiven Turbokapitalismus, der ursächlich für sie ist, deutlich kleiner geworden. Dem Konsumenten werden Produkte angeboten, die vor ein paar Jahren für den westlichen Konsumenten noch unbekannt waren. Passionsfrucht aus Südostasien, Avocados aus Chile, Kiwis aus Neuseeland, Karambolsaft aus Indien – viele Produkte, die nicht aus der eigenen Region kommen, standen plötzlich zur Auswahl in den Regalen. Dieser Trend ist ungebrochen, doch mit dem Millenniumswechsel kam auch ein Gegentrend auf. Nachhaltigkeit und regionale Produkte wurden aufgewertet und in den Vordergrund gestellt. Dem Konsumenten wurden lokale, also heimische Alternativen angeboten. Dies geschieht auch, um die lokale Wirtschaft zu stärken, da sie aufgrund des Importdrucks durch Waren aus billigen Dritte-Welt-Ländern, heute globaler Süden genannt, zunehmend verdrängt wird.

6.2.3 Mikromärkte

Als Mikromarkt würde ein Volkswirt wohl einen normalen Gemüsemarkt definieren, auf dem Gemüsehändler ihre Waren anbieten und Marktgänger diese erwerben. Diese ureigene Form des Handels, wie wir sie schon seit Jahrtausenden kennen und praktizieren, wird ebenfalls eine Restrukturierung erfahren. Mikromärkte gibt es bereits in mehreren Wirtschaftssektoren – und zwar in digitaler Form. So kann man in diversen kleinen Wertpapierhandelsplattformen Aktienanteile, Fonds oder Termingeschäfte abwickeln. Auch der „normale“ Konsument nutzt solche Mikromärkte vermehrt für Produkte und Dienstleistungen. So gibt es eigene Plattformen, auf denen man Facharbeiter „anheuern“ kann oder auf denen Bioproduktanbieter einer Region ihre Waren feilbieten.[6] Man findet solche Mikromärkte in

6 Beispiel Österreich: *www.myhammer.at*

Form von Reiseveranstaltern oder Supermärkten, die auslaufende Ware am Ende des Tages über Apps billig veräußern, Gutscheintauschbörsen, Eventanbieter, Sportveranstalter und vieles mehr. Künftig werden solche Mikromärkte, auch in der digitalen Ausprägung, stark zunehmen. So wird beispielsweise überschüssige Energie eines Gebäudes direkt an ein Nachbargebäude vermarktet werden können. Durch die Nutzung von intelligenten Zertifikaten, die sich aus der Blockchain-Technologie entwickelt haben, wird dies komplett automatisiert möglich werden. Es werden eigene Handelsplattformen entstehen, welche Nachbarn direkt nutzen können, um beispielsweise Strom für das Elektroauto zu tanken. Dazu werden andere Nachbarn entweder die Überschussenergie aus ihrer Solaranlage oder dem Blockheizkraftwerk direkt auf Stundenbasis in solchen Mikromärkten anbieten können. In Abschnitt 8.7.1 werde ich wieder auf diese Thematik zurückkommen.

7 Ressourcen im Kontext aktueller politischer und gesellschaftlicher Entwicklungen

7.1 Einführung

Um den langen und schwierigen Weg der Digitalisierung des Energiesektors zu verstehen, bedarf es eines Einblicks in die aktuelle politische und gesellschaftliche Situation. Bekanntlich ist der Weg das Ziel. Gegenwärtig sieht der Weg etwas steinig aus. Der massive Ausbau von erneuerbaren Energien trägt dazu bei, die derzeit fossilbasierte Energiewirtschaft zu transformieren. Das ist so weit klar und bekannt. Es ist allerdings festzuhalten, dass dies im Kontext einer konservativen und überwiegend neoliberalen Wirtschaftsordnung geschieht. Die Liberalisierung der Stromwirtschaft hat bereits in den 1980er-Jahren unter neoliberalen Wirtschaftstheorien und Denkführern begonnen, zu denen unter anderem die Ökonomen Milton Friedman (USA), Friedrich Hayek (Österreich) und James McGill Buchanan (USA) gehören. Sie alle hatten und haben nach wie vor einen entscheidenden Einfluss auf die Wirtschaftspolitik, die damals ihren Ursprung fand. Margaret Thatcher und Ronald Reagan setzten sie als Erste eisern in die Praxis um, nicht ohne Konsequenzen für die gesamte Art des Wirtschaftens. Die Reformen von damals prägen lokale und globale Wirtschaftsverhältnisse bis heute. Die entsprechenden staatlichen Instrumente der neoliberalen Wirtschaftsdoktrin lassen sich, wie bereits in vorangegangenen Kapiteln erläutert, der Liste der Empfehlungen des Konsenses von Washington entnehmen.[1] Zwar waren diese Empfehlungen damals vordergründig für Entwicklungsländer angedacht, sie fanden sich jedoch in abgeschwächter Form nach und nach auch in den Industrieländern wieder. Ab den 1990er-Jahren, nach dem Fall der Sowjetunion, konnten diese Mechanismen der Markttransformation auch in Europa vollends implementiert werden. Daher ist es nicht verwunderlich, dass nahezu alle Strommarktreformen in Europa ihre Wurzeln in den Marktreformen der

[1] Konsens von Washington: Marktfundamentalismus, Deregulierung, Privatisierung, Liberalisierung und Fiskaldisziplin

1990er-Jahre haben, wenngleich die Implementierungen im Ausmaß und in der Form unterschiedlich waren.

Diese Strukturierungen hatten zunächst das Ziel, staatliche oder teilstaatliche Unternehmen wettbewerbsfähig zu machen und die teure Stromversorgung der alleinigen Verantwortung des Staates zu entziehen bzw. sie profitabler zu machen. Durch den langsamen Einzug der erneuerbaren Energien nahmen die Technologien, Akteure sowie Dienstleistungen des Strommarktes zu und wurden dadurch komplexer. Anfänglich wurden die erneuerbaren Energien nicht als Konkurrenz betrachtet, da sie nur einen sehr geringen Teil des Marktes abdecken konnten. Mit der Zeit wuchs dieser Anteil jedoch beträchtlich an und erhielt eine enorme Bedeutung, wenn nicht gar die wichtigste in einigen Fällen. Man könnte folglich meinen, dass der Einzug der erneuerbaren Energien ein kompletter Erfolg auf ganzer Linie war, doch so einfach ist die Sache nicht. Der Einzug der Erzeuger erneuerbarer Energien transformierte zwar den Markt, schuf die Basis für den Einzug neuer Technologien in die Energiewirtschaft und bildete damit eine grundlegende Basis für die digitale Transformation, doch die großen Gewinner der energetischen Transformation waren in erster Linie die Finanzinstitute, große Investoren und bereits herrschende Marktführer oder gar regionale Strommarktmonopolisten. Das neoliberale Wirtschaftsmodell wurde auf die erneuerbaren Energien ausgeweitet. Hierzu wurden auch enorme Summen an Fördermitteln vergeben. Diese wurden meistens direkt von der EU und fallweise auch von einzelnen Mitgliedsstaaten verwaltet. Programme wie NER 300 haben zwischen den Jahren 2010 bis 2017 an die 2,1 Milliarden € an Fördermitteln erhalten und verteilt. Große Solarparks in Spanien und Italien wurden ebenfalls mit EU-Mitteln gefördert. Auch heute noch werden Programme der EU wie Horizont Europa (Horizon Europe) mit Mitteln der EU gefördert.[2)]

Die Transformation der Energiewirtschaft wurde folglich mit öffentlichen Mitteln unterstützt. Daran ist anfänglich nichts zu kritisieren, da dies die technologische Entwicklung der erneuerbaren Energien gefördert hat und auch deren Implementierung in den aktiven Strommarkt erleichtert hat. Doch scheint die Förderpolitik auch ihre Schattenseite zu haben. So wird kritisiert, dass viel zu oft große Projekte unter Beteiligung großer Konzerne bevorzugt werden, dass bestimmte Technologien eher zum Zug kommen als andere oder dass die Förderungen oft wettbewerbsverzerrend wirken, da die Verteilung der Förderungen an bestimmte Player diesen einen Forschungsvorteil auf ökonomischer

---

[2] Anmerkung meinerseits: Der Stromausfall auf der Iberischen Halbinsel am 28.04.2025 ist unter anderem auf die jahrelange mangelnde Investitionsbereitschaft in Stromnetze und smarte Technologien sowie Sicherheitstechniken zurückzuführen. Das sind Technologien, die zunächst viel Geld kosten, aber deren Rentabilität nur durch Umwege erzielt werden kann oder gänzlich wegfällt. Die Auswirkung einer einseitigen Entwicklung kann sich somit fatal auswirken. Die potenzielle Gefahr eines weiteren Blackouts auf europäischer Ebene ist für die kommenden Jahre nicht auszuschließen. Mehrere Länder Europas sind in der Ausweitung der Kapazitäten der Netze und der Implementierung intelligenter Netzmanagementlösungen hinter dem Markterfordernis und, was schlimmer ist, hinter der Versorgungssicherheitsstrategie zurück.

Basis verschafft.[3] Dies ist nichts Neues, wenn man die Förderpolitik in anderen Sektoren wie Landwirtschaft, Chemie oder Pharmazie betrachtet. Ich möchte hier allerdings keine Pauschalverurteilung aussprechen. Ich möchte lediglich darauf hinweisen, dass die Konzepte der Förderpolitik jenen der Wirtschaftsdoktrin entsprechen. Mit anderen Worten: Es wird nicht die Verteilungsgerechtigkeit gestärkt, es wird nicht vordergründig die Ressourcenschonung gefördert oder die Nachhaltigkeit begünstigend unterstützt, sondern eher die leichtere Penetration des Marktes mit neuen Technologien von Playern gefördert, die bereits Marktführer sind, wenngleich natürlich nicht ausschließlich. Es wird aber immer offensichtlicher, dass das Denken der europäischen Entscheidungsträger nach wie vor von der Economy of Scale geprägt ist, die viel besagte Kreislaufwirtschaft auf breiter Basis aber nur wenig zum Zug kommt. Erst durch die Pandemie und den Ukrainekrieg setzt langsam ein Umdenken ein. Meine Wahrnehmung ist jedoch, dass die Versorgungssicherheit zunehmend (wenngleich bisher nur im geringen Maße) von der öffentlichen Verantwortung auf die privaten Endnutzer transferiert wird.[4] Es scheint, dass die öffentliche Hand der Verantwortung einer Versorgungssicherheit auf breiter Linie (und damit sind neue Technologien und die zunehmende Volatilität gemeint) nicht gewachsen oder willens ist. Oder sind hier wieder Interessengruppen am Werk, die nicht mehr willens sind, die Verantwortung zu tragen? In den folgenden Abschnitten werde ich diese Aspekte eingehender betrachten, analysieren und zur Diskussion stellen.

7.2 Politische und gesellschaftliche Einflussfaktoren

Die innerstaatliche Hegemonialpolitik von Interessengruppen[5] hat in den letzten Jahren zu einer Verschlechterung der Ressourcen- und Einkommensverteilung (Stichworte Einkommenskluft, Kaufkraftverlust) geführt. Im Jahr 2015 hat die Süddeutsche Zeitung noch aus einer OECD-Studie berichtet, dass die Einkommenskluft größer sei als vor 50 Jahren:

„Das durchschnittliche verfügbare Einkommen der reichsten zehn Prozent der Bevölkerung stieg im OECD-Raum demnach auf über das Neunfache des Einkommens der ärmsten zehn Prozent. Vor einem Vierteljahrhundert war es nur siebenmal so hoch.“ [6]

Das führt laut der gleichen Studie, die im Jahr 2021 von der OECD wiederholt wurde, dazu, dass die empfundene Einkommensungleichheit mit der tatsächlichen Ungleich-

---

3 Greenpeace, WWF, Friends of Earth und Europäischer Rechnungshof

4 Beispiele: erhöhte Fördermittel für den Aufbau von PV-Anlagen im privaten Sektor, Förderung von Energiegemeinschaften mit dem Ziel der Erhöhung der Energieunabhängigkeit

5 Was lediglich einer politisch korrekten Umschreibung für Oligarchien oder einfach Eliten entspricht

6 *sueddeutsche.de:* OECD: Einkommenskluft so groß wie seit 50 Jahren nicht. 13.06.2017. *https://www.sueddeutsche.de/karriere/arbeitsmarkt-oecd-einkommenskluft-so-gross-wie-seit-50-jahren-nicht-dpa.urn-newsml-dpa-com-20090101-170613-99-833657* (Stand: 09.06.2024)

heit zunehmend korreliert. Das bedeutet folglich nichts anderes, als dass jene Ungleichheit, die jeden Monat bei den unteren Einkommensbeziehern spürbar ist, auch tatsächlich der von der OECD gemessenen Ungleichheit entspricht. Dies ist insbesondere in jenen Ländern am deutlichsten spürbar, in denen die Ungleichheit am schnellsten wächst, wie z. B. in Österreich, Belgien, Kanada oder Griechenland. Die Hoffnung auf eine Besserung der Einkommensverteilung und damit einhergehend auch der Ressourcenverteilung ist nicht in Sicht. Es macht sich eher Pessimismus breit, dies gestützt z. B. durch Befragte aus Österreich, die davon ausgehen, dass 10 % der Kinder der ärmsten Haushalte auch als Erwachsene noch zu den 10 % der ärmsten Bevölkerungsschicht gehören werden.[7)]

Die ungleiche Verteilung der Einkommen erzeugt zunächst Frustration und führt langfristig zur Spaltung der Gesellschaft. Es entstehen Gruppierungen mit einem dichotomen Diskurs, also einer „Die da oben und wir hier unten“-Mentalität. Diese ist nur schwer aus den Köpfen der Menschen zu bekommen, zumal die Kluft jährlich größer wird.[8)] [9)] Am deutlichsten sind solche Tendenzen in Ländern des globalen Südens zu erkennen. Hier spielt die soziale Zugehörigkeit oft eine entscheidende Rolle bei der Beurteilung von Faktoren wie der Schule der Kinder, dem Wohnort, den Gesundheitseinrichtungen oder sogar Freundschaften. Vulnerable soziale Gruppen sind dann leicht empfänglich für politische Demagogen oder Lösungspropheten, die meist am extremen rechten Rand des parteipolitischen Spektrums zu finden sind. Der Zulauf dieser Parteien ist seit den letzten 30 Jahren auch in Europa konstant zu beobachten. Diese Tendenz haben auch die letzten Europawahlen bestätigt.[10)]

Einkommenskonzentration führt in der modernen und globalen Wirtschaftswelt, in der fast ausschließlich der Erfolg zu zählen scheint, unweigerlich zu einer Machtkonzentration bei jenen, die auf der diametral anderen Seite der Einkommensschere stehen, also den Gewinnern des Systems. Sie vereinen sich in entsprechenden Interessengruppen und sorgen dafür, dass die gewonnenen Privilegien (also materiellen Profite) nicht bedroht werden. Dies geschieht durch aktive Teilnahme am politischen Geschehen über Lobbyisten oder durch direkte Teilnahme in entsprechenden Gremien. Dabei geht es uns in den westlichen Industrieländern noch gut, vergleicht man die Situation mit der in anderen Regionen.

Doch was hat dies mit der Ressourcenverteilung zu tun? Es stellt sich heraus, dass die unteren Einkommensschichten am stärksten von Teuerungsraten betroffen sind. Nach-

---

[7] *OECD (Organisation for Economic Co-operation and Development):* OECD: Does inequality matter? Paris/Berlin, 18. November 2021. *https://www.oecd.org/berlin/presse/die-einkommenskluft-in-oecd-laendern-waechstund-bereitet-den-meisten-menschen-sorgen.htm* (Stand: 09.06.2014)

[8] *sueddeutsche.de:* Oxfam: Kluft zwischen Arm und Reich wird immer größer. 15.01.2024. *https://www.sueddeutsche.de/wirtschaft/oxfam-studie-bericht-davos-arm-reich-vermoegen-1.6332957*

[9] *spiegel.de:* Weltbank warnt vor historischem Rückschritt im Kampf gegen Armut. 15.04.2024. *https://www.spiegel.de/wirtschaft/soziales/weltbank-warnt-vor-historischem-rueckschritt-im-kampf-gegen-armut-a-327d7262-09a6-49d0-8ef2-8ffd20cfa5fe*

[10] *Landeszentrale für politische Bildung Baden-Württemberg:* Rechtsruck in Europa. Rechtspopulistische und rechtsextreme Parteien in Europa. *https://www.europawahl-bw.de/rechtsruck-in-europa* (Stand: 10.06.2024)

haltige Energie oder nachhaltige Lebensmittel können sie sich kaum leisten. Das führt oft dazu, dass z. B. beim Heizen auf ineffiziente Technologien, die auf Primärenergie wie Heizöl oder Kohle beruhen, gesetzt wird. Investitionen in moderne und effiziente Technologien wie Wärmepumpen, Infrarotheizungen oder Wärmekonvektoren mit geringem Verbrauch können nicht getätigt werden. Es wird auch bei der Nahrung oft nur auf den Preis geschaut, was einerseits zu einer einseitigen und ungesunden Ernährung führt und andererseits die ineffizienteste und meist auch gesundheitlich schädlichste Produktionskette befördert. Vielfach wird nämlich auf vorverarbeitete Produkte der Massenproduktion wie vorverarbeitete Fleischprodukte, kohlenhydrathaltige Beilagen wie verarbeitete Kartoffeln, Nudeln oder Reis und zuckerhaltige Getränke zurückgegriffen. Sie sind oft billiger als frisches Gemüse und meist auch schneller in der Zubereitung. Verfolgt man diese Produktionskette nach hinten, so wird man schnell Ineffizienzen ausmachen. Lange Kühlzeiten, noch längere Transportwege sowie aufwendige Verpackungs- und Konservierungsprozesse sind damit verbunden. In der Entstehungsphase werden auf den Ackerflächen häufig Monokulturen betrieben, bei denen die Böden oft mit übersäuerten Düngemitteln behandelt werden. Dies schädigt nicht nur die Böden, sondern belastet zusätzlich die Wasserquellen im Unterbodenbereich.

Hinzu kommt, dass vielfach Transfette in der Endverarbeitung von Lebensmitteln verwendet werden. Dies kommt z. B. sehr oft in Fastfood-Produkten (Stichwort Junkfood) vor. Palmöl wird hier oft genannt, ein Fett, das in fast jedem Verarbeitungsschritt von essbaren Produkten wie Pizza, Snacks, künstlichen Margarinen, Instantsuppen, Schokolade und Pralinen oder auch nicht essbaren Produkten wie Waschmittel vorkommt. Sie alle werden partiell oder ganz mit Palmöl durchsetzt. Palmöl ist ungesund, da bei der Raffination die Stoffe Glycidyl, 3-Monochlorpropandiol sowie 2-MCPD-Fettsäureester entstehen.[11] Hierbei handelt es sich um Stoffe, die von der Europäischen Behörde für Lebensmittelsicherheit (EFSA) entweder als erbgutschädigend oder krebserregend eingestuft werden. Sie können auch direkt Nierenschäden verursachen. Betrachtet man darüber hinaus die Produktionsweise von Palmöl, so stellt man schnell fest, dass diese auf der Nutzung von großflächigen Monokulturen mit vorausgehender Rodung von Naturwäldern in anderen Kontinenten ihren Ursprung findet, womit wir wieder bei der Ressourcennutzung ankommen. Eine zukunftsfähige und auf Basis einer Kreislaufwirtschaft basierende Gesellschaft wird nur gelingen, wenn die gegenwärtige Generation es schafft, diesem linearen Wirtschaftsmodell zu entkommen. Mit der derzeit vorherrschenden Gesellschaftsstruktu, die als Kultur des Wirtschaftens zu verstehen ist und die auf Konsum und Verbrauch ausgerichtet ist, ist dies nur schwer vorstellbar. Allerdings ist eine neue Definition für eine bessere Ressourcennutzung in einer homogenen und auf gleichberechtigtem Zugang basierenden Gesellschafts- bzw. Wirtschaftsstruktur nicht in Sicht. Hier sind Philosophen, Sozialwissenschaftler und Ökonomen gefragt.

Welche Privilegien sind wir bereit aufzugeben, um eine langfristige Lebensfähigkeit unserer unmittelbaren Umgebung und unseres gesamten Planeten zu ermöglichen? Wie

---

[11] *AOK:* Was Sie über Palmöl wissen sollten. Gesundheitsmagazin. 24.09.2021. *https://www.aok.de/pk/magazin/ernaehrung/lebensmittel/was-sie-ueber-palmoel-wissen-sollten*

viel wollen wir als hoch industrialisierte Länder Menschen anderer Erdteile gewähren, damit auch sie Schritte in Richtung eines besseren Lebensstandards gehen können, ohne die gleichen Irrwege zu durchlaufen, die wir in der westlichen Welt die letzten 200 Jahre seit Beginn der industriellen Revolution durchwandert haben und noch immer durchwandern? Entweder ist die Menschheit bereit und fähig, sich irgendwo in der Mitte zu treffen oder es sieht für ihr langfristiges Überleben nicht sonderlich gut aus. Vielleicht wäre eine Definition der „Mitte“ und des Terminus „gleichberechtigt“ mal ein erster Schritt in die richtige Richtung. Betrachtet man allein die Diskussionen zwischen dem sogenannten „kollektiven Westen“ und dem „globalen Süden“ über die Verantwortung für Schäden durch die Klimakatastrophen, so ist nicht davon auszugehen, dass es bald zu einer globalen Einigung kommt. Bereits an dieser Stelle wird ersichtlich, dass es bei der Verteilung der Kosten für den Klimawandel zu einer Schieflage kommt.[12)] Entwicklungsländer leiden stärker an den Folgen des Klimawandels. Sie sind stärker dem Willen der Natur ausgesetzt, da sie überwiegend auch in den Trockenzonen der Erde aufzufinden sind. Ihre Wirtschaftssysteme sind nach Jahrhunderten der Kolonisierung in vielen Fällen überwiegend auf rudimentärer Landwirtschaft oder Monokulturen aufgebaut, was die Exposition noch verstärkt. Durch mangelhafte Infrastrukturen und eine schlechte technologische Entwicklung haben diese Länder auch wenig Möglichkeiten, aus der Situation auszubrechen. Wachsende Trocken- und Dürreperioden wechseln sich mit horrenden Landüberschwemmungen ab. Ackerböden werden zerstört und Erosionen veröden die Landschaft, was sich bei Hochwassersituationen verheerend auswirkt. Die unkontrollierte Abholzung und anschließende Errichtung von Monokulturen verschlimmert die Situation zusehends. Die im regelrechten Sinne „Verwüstung“ der Landschaft wird ungebremst fortgesetzt.[13)]

Das jüngste dieser Ereignisse konnte man im Mai 2024 in Brasilien erleben, als weite Teile des Landes von einem extremen Hochwasser betroffen waren.[14)] Zwar wurden verspätete Maßnahmen zum Schutz von Hochwasser getroffen (wie ein Bericht der Deutschen Welle[15)] darlegt), doch auch die konnten leider nicht viel verhindern. Die brasilianische Biologin und YouTube-Bloggerin Samantha Klein hat eine tiefergehende Erklärung

---

[12] *Hamburger Bildungsserver:* Kosten des Klimawandels (einfach). Wiki. *https://wiki.bildungsserver.de/klimawandel/index.php/Kosten_des_Klimawandels_(einfach). oekosystem-erde.de:* Die Kosten des Klimawandels. Eine Zusammenfassung des „Stern-Reports“ aus dem Jahr 2006. *https://www.oekosystem-erde.de/html/stern_report.html aus dem Jahre 2006* (Stand: Juni 2024). *Stern, Nicolas:* The Economics of Climate Change. Ein Bericht im Auftrag des britischen Schatzkanzlers. 30.10.2006

[13] In Europa wird durch Betonierung und Asphaltierung der Landschaft ebenfalls Natur zerstört und der Boden für „Naturkatastrophen“ bereitet. Aus meiner Sicht sind es eigentlich auch keine „Naturkatastrophen“, sondern vom Menschen verursachte Zerstörungen des natürlichen Gleichgewichts. Die Katastrophe findet schleichend über Jahre hinweg statt. Das Hochwasser oder die Trockenperioden sind die Konsequenz, nicht die eigentliche Katastrophe.

[14] *Eisele, Ines:* Massive Überschwemmungen in Brasilien: Was lief falsch? 16.05.2024. *https://www.dw.com/de/massive-%C3%BCberschwemmungen-in-brasilien-was-lief-falsch/a-69087791*

[15] *Eisele, Ines:* Massive Überschwemmungen in Brasilien: Was lief falsch? 16.05.2024. *https://www.dw.com/de/massive-%C3%BCberschwemmungen-in-brasilien-was-lief-falsch/a-69087791*

für die Hochwasserkatastrophe, deren Ursprung bereits einige Jahre zurückliegt. Die massive Abholzung der letzten Jahre in den betroffenen Gebieten und dem Umland habe zu einer massiven Verschlechterung der lokalen Lage bei der Absorption des Wassers geführt (Bild 7.1). Waldböden, die das Wasser hätten aufsaugen, zurückhalten und in das tiefere Erdreich weiterleiten können, fehlten nun, was zu einem Aufstauen des Wassers auf der Oberfläche führe, da die Böden ohne Wald durch die extremen Temperaturen schnell austrocknen und verhärten. Der natürliche Kreislauf, in dem die Bäume auch wieder zur Verdampfung des Wassers beitragen und somit ein lokaler Mikroklimakreislauf entsteht, sei unterbrochen worden. Durch die kalten Süd- und Westwinde, die mit Wasser angereichert sind, entstünden in der Region schlagartig massive Regenfälle, die die Landschaft fluten und unter massiven Schlammmassen begraben.[16]

Bild 7.1 Die massive Abholzung des Regenwaldes führt zu Monokulturen und zu Umweltkatastrophen.[17]

Wenngleich die Schäden solcher Katastrophen lokal am stärksten zu spüren sind, sind die Auswirkungen allemal globalen Charakters. Zunächst trifft es die lokalen Kleinbauern, die mit Ernteausfällen und der zerstörten Landschaft und Infrastruktur zu kämpfen haben. Es trifft aber auch die lokale Agrarindustrie, die ebenfalls mit hohen Ernteausfällen zu kämpfen hat. Der Kaffeeertrag hat, wie bereits in Kapitel 5 erwähnt, durch klimawandelbezogene Umweltkatastrohen in den letzten Jahren z. B. enorm gelitten. Der internationale Preis für Kaffee ist demzufolge gestiegen (im Jahr 2021 um 4,4 US$ pro Kilo). Die Pflanze bedarf eines konstanten und ausgeglichenen Klimas, um zu gedeihen.[18] Ähnliche Entwicklungen sehen wir bei anderen Produkten wie Olivenöl (überwiegend durch Waldbrände betroffen), Wein oder Kakao.

---

[16] *Klein Samanta:* Mi Jardin en el Desierto. YouTube-Kanal. Mai 2024. *https://www.youtube.com/watch?v=6giaW2sndUk*

[17] © Bild: Araquém Alcântara. Bildquelle: *https://conexaoplaneta.com.br/blog/10yearschallenge-engajado-as-tragedias-de-brumadinho-e-rio-doce-desmatamento-mudancas-climaticas-plastico-nos-oceanos/x10yearschallenge-cerrado-conexaoplaneta*

[18] *coffeecircle.com:* Klimawandel. Ist Kaffee bedroht? *https://www.coffeecircle.com/de/e/klimawandel* (Stand: Juni 2024)

7.2.1 Innerstaatliche Themenführerschaft

Die Gruppe derjenigen, die innerstaatlich die Themenführerschaft für sich behaupten, ist aus meiner Sicht definiert durch die Konzentration von Kapital und Macht bei einzelnen Akteuren innerhalb eines Landes,[19] also bei einer reduzierten Zahl von Personen. Dieser Konzentrationsfaktor ist sehr wichtig, da dieser Faktor in mehreren Ländern überwiegend politisch bestimmend ist und Entscheidungen nationale oder auch internationale Auswirkungen haben. Die Wahl Donald Trumps zum Präsidenten der USA (erste Amtszeit) und das Aufkommen von Populisten in Europa sind z. B. deutliche Hinweise auf den Machtanspruch von Gruppierungen mit zumindest diskussionswürdigen Gesellschafts- oder Zukunftskonzepten.[20] [21] Phasenweise anachronistische politische und gesellschaftliche Ziele (z. B. in den USA während Trumps erster Amtszeit, keine Moslems mehr ins Land zu lassen, da diese als Feindbild deklariert wurden[22]) werden von diesen Akteuren z. B. in den USA und vereinzelt auch in Europa vorgetragen, meist in Verbindung mit der Islamismus-Diskussion und teilweise gepaart mit angstmachenden Parolen bezüglich des Untergangs des Abendlandes und des Verlusts der abendländischen Kultur.[23] Milliardenschwere Kampagnen werden zur Untermauerung diverser Thesen angeschoben und sprechen, wie bereits vorangehend genannt, gerade jene an, die überwiegend die Verlierer der Globalisierung sind, die also genau auf der anderen Seite der Verteilungskette stehen als besagte Themensetzer.[24] Die meisten dieser Diskurse bieten jedoch keine nachhaltigen Lösungen an.[25] *„Die populistische Ideologie basiert zunächst also auf der vertikalen Dichotomie Volk – Elite (‚wir da unten, ihr da oben‘).“*[26]

---

[19] *Piketty, Thomas:* Das Kapital im 21. Jahrhundert. C.H.Beck 2014

[20] *Schellenberg, Britta/Schellenberg, Anna:* Die Radikale Rechte im europäischen Vergleich. Kernelemente und Unterschiede. bpb.de, 14.10.2024. *https://www.bpb.de/themen/parteien/rechtspopulismus/240093/rechtspopulismus-im-europaeischen-vergleich-kernelemente-und-unterschiede* (Stand: 04.12.2024)

[21] *Bauer, Werner T.:* Rechtsextreme und rechtspopulistische Parteien in Europa. Österreichische Gesellschaft für Politikberatung und Politikentwicklung 2016. *https://politikberatung.or.at/fileadmin/_migrated/media/Rechtspopulismus_01.pdf* (Stand: 04.12.2024)

[22] Anmerkung meinerseits: Dies stellt eine Pauschalverurteilung ganzer Nationen dar. Das Dekret wurde zeitweise von Richtern außer Kraft gesetzt, aber dann wieder partiell bestätigt. *spiegel.de:* Trump verhängt Einreisestopp für sieben muslimische Staaten. syd/dpa, 28.01.2017. *http://www.spiegel.de/politik/ausland/donald-trump-verhaengt-einreisestopp-fuer-sieben-muslimische-staaten-a-1132129.html* (Stand: 29.06.2017)

[23] *Kerth, Cornelia:* Pegida: AfD, Neonazis und der deutsche Stammtisch gemeinsam auf der Straße. 07.01.2015. *http://www.vvn-bda.de/pegida-afd-neonazis-und-der-deutsche-stammtisch-gemeinsam-auf-der-strasse* (Stand: 03.01.2017)

[24] *Schinwald, Bernhard:* Eine Rache der Globalisierungsverlierer? 05.06.2016. *https://nzz.at/oesterreich/europa/eine-rache-der-globalisierungsverlierer* (Stand: 03.01.2017)

[25] *Bauer, Werner T.:* Rechtsextreme und rechtspopulistische Parteien in Europa. Österreichische Gesellschaft für Politikberatung und Politikentwicklung 2016. *https://politikberatung.or.at/fileadmin/_migrated/media/Rechtspopulismus_01.pdf* (Stand: 03.01.2017)

[26] *Bauer, Werner T.:* Rechtsextreme und rechtspopulistische Parteien in Europa. Österreichische Gesellschaft für Politikberatung und Politikentwicklung 2016. *https://politikberatung.or.at/fileadmin/_migrated/media/Rechtspopulismus_01.pdf* (Stand: 03.01.2017)

Das Ziel mancher politischer Akteure scheint die Destabilisierung des Systems (des sogenannten „Establishments“) zu sein bzw. den Aufbau einer „neuen“, auf traditionellen „Werten“ basierenden Definition von Gesellschaft zu erzwingen.[27] Tatsächlich handelt es sich hierbei oftmals um Existenzängste, die von fragwürdigen politischen Anführern gerne geschürt und fehlgeleitet werden, um sich selbst mit undurchdachten Zielsetzungen und schnellen Antworten, in den Vordergrund zu drängen. Am Brexit-Votum und dem darauffolgenden Verhalten von Leitfiguren, die den Brexit erst ermöglichten, konnte man leicht erkennen, dass solche zu kurz gedachten Zielsetzungen, die populistisch mit großen Medienkampagnen durchgedrückt werden,[28] nicht nur verantwortungslos sind, sondern auch aus kontinentaleuropäischer Sicht beträchtlichen Schaden hinterlassen können. Hinzu kommt, dass die Akteure nicht einmal fähig sind, für das Chaos, das sie hinterlassen haben, Verantwortung zu übernehmen.[29] Es stellt sich folglich die Frage, woher die Geldsummen für solche Kampagnen kommen und wer ein Interesse daran hat, bestehende, gegenwärtig offensichtlich vulnerable Wirtschaftssysteme (mehr als vorher vermutet wurde) zusätzlich zu belasten bzw. zu destabilisieren? Denn soweit die britische Erfahrung gezeigt hat, war hinter der Brexit-Entwicklung von Anfang an außer leerer Versprechen und kraftvoller Floskeln keine gangbare alternative Strategie erkennbar, woran sich bis heute nichts Augenscheinliches geändert hat. Hier wird vor allem der Zukunftsraub an der Jugend offensichtlich, also gerade an jenen, für die wir Lösungen im Sinne eines gemeinschaftlichen, transgenerationalen und nachhaltigen Handelns erarbeiten sollten.

Im energiepolitischen Kontext und in der Frage der Ressourcenknappheit verfolgen populistische Tendenzen, zumal öfters solche aus dem rechten Spektrum, meist gegenläufige Tendenzen zu der allgemein wissenschaftlich anerkannten Notwendigkeit eines nachhaltigen Handelns. Vielfach vertreten solche politischen Gruppierungen die Meinung, dass eine nachhaltige Gesellschaft nicht angestrebt und im Sinne einer ausgrenzenden, neonationalistischen Sicht nach innen schlicht und einfach eingeschränkt[30] werden sollte. Dabei gilt es jedoch zu unterscheiden, dass Entscheidungsträger à la Donald Trump (in der jüngeren Vergangenheit auch Bush) in den USA ganz andere Interessen verfolgen als Rechtspopulisten mit einem ähnlichen Diskurs in Europa. Hat der eine, der US-Politiker, überwiegend hegemoniale und

---

27 *Grumke, Thomas:* Right wing populism and extremism as a real challenge for German democracy. 04.12.2015. *http://www.neweasterneurope.eu/interviews/1813-right-wing-populism-and-extremism-as-a-real-challenge-for-german-democracy* (Stand: 03.01.2017)

28 Es stellt sich hier unweigerlich immer die Frage, welche „Deep State“-Gruppen Interesse an solchen Kampagnen haben, welche Ziele damit verfolgt werden und ob die Konsequenzen eingehend bedacht wurden. Im Hinblick auf das Brexit-Beispiel muss man ernsthafte Zweifel haben, ob das für die Allgemeinheit so positiv war.

29 *tagesschau.de:* „Ich will mein Leben zurück“. UKIP-Chef Farage tritt zurück. 04.07.2016. *http://www.tagesschau.de/ausland/farage-ruecktritt-103.html* (Stand: 02.01.2017)

30 *Wiegandt, Klaus:* Mut zur Nachhaltigkeit. 12 Wege in die Zukunft. Kapitel: „Nationalismus und Populismus“. Fischer 2016

geopolitische Bestrebungen und vertritt Interessen von globalen Wirtschaftstreibenden und der Militärindustrie, so glänzen die anderen, die Populisten in Europa, eher mit Konzeptlosigkeit und dummer Nachplauderei.

Wie die zukünftige Gesellschaft mit einer gerechten Verteilung der immer knapper werdenden Ressourcen aussehen könnte, wird nur am Rande betrachtet. Rechtsextreme oder populistische Parteien in Europa betrachten die Nachhaltigkeit eher als eine Art linkspopulistischen Zeitvertreib.[31)] [32)] Es scheint so, als bestünde bei diesen Gruppierungen der Wunsch, dass das bisher vorhandene „Schlaraffenland" auf ewig bestünde. Das sich daraus ableitende Weltbild gestaltet sich wie folgt: keine Klimadebatte, keine Ölknappheit, keine Migration, der Ölpreis immer dem eigenen Portemonnaie entsprechend, der Winter ist kalt, der Sommer ist heiß und das CO_2-Problem gibt es schlicht und einfach nicht. Dieses Denken entsprich dem Stand der Wirtschaftswunderzeit der 1970er-Jahre,[33)] wenn man genau hinsieht eigentlich der sozialdemokratischen Blütezeit Westeuropas, da die meisten europäischen Länder zu jener Zeit von sozialdemokratischen Parteien regiert wurden.[34)] Bei den rechtskonservativen Parteien und Rechtspopulisten scheinen in dieser Hinsicht oft ganze Entwicklungen und Realitäten der damaligen Zeit wie weggefiltert zu sein (allerdings auch vermehrt bei den Linkspopulisten und einigen sozialdemokratischen Gruppierungen der Gegenwart).

Wie man seit der letzten Europawahl erkennen kann, gibt es diese Kopf-in-den-Sand-Mentalität und die entsprechenden Themensetzer heutzutage vielfach in Europa. Die Akteure dieses Denkens sind da auch nicht weit, unter anderem in Frankreich mit dem „Rassemblement National" (früher „Front National"), in den Niederlanden mit der „Partei für die Freiheit", in Deutschland mit der „Alternative für Deutschland", in Österreich mit der „Freiheitlichen Partei Österreichs", in Ungarn mit der „Fides" und in Polen mit der „PiS"-Partei. Die Liste ließe sich noch fortsetzen. Ob in der Regierung oder in der Opposition, sie sind einflussreiche Akteure, die visionslose Politiker in den jeweiligen Regierungen vor sich hertreiben, oder durch eigene Regierungsbeteiligungen bereits selbst Themensetzer, die die veröffentlichte Meinung zugunsten der politischen oder wirtschaftlichen Machteliten, lokal oder global, manipulieren. Nur selten, und wenn dann zum eigenen Nutzen werden nachhaltige rationale Denkansätze aufgenommen. Die Einseitigkeit der Themensetzer ist deutlich erkennbar (Migration und Asylpolitik, Islamophobie, Wertediskussion, Untergang des Abendlandes etc.), während die langfristige Absicht nur auf den zweiten Blick deutlich wird.

---

31 *Sommer, Bernd/Schad, Miriam/Kadelke, Philipp/Humpert, Franziska/Möstl, Christian:* Rechtspopulismus vs. Klimaschutz? Positionen, Einstellungen, Erklärungsansätze. Bundeszentrale für politische Bildung. *https://www.bpb.de/system/files/dokument_pdf/Quantum_Sommer_Rechtspopulismus_Ausgabe_BpB_Leseprobe.pdf* (Stand: 04.12.2024)

32 *Sommer, Bernd/Schad, Miriam:* Rechtspopulismus, das Klima und die Umwelt. 30.06.2023. Aus: Ökologisches Wirtschaften. Sonderheft 01 – 2023. Postwachstum von rechts. oekom Verlag. *https://www.oekom.de/beitrag/rechtspopulismus-das-klima-und-die-umwelt-458* (Stand: 04.12.2024)

33 *Faulenbach, Bernd:* Das sozialdemokratische Jahrzehnt. Von der Reformeuphorie zur neuen Unübersichtlichkeit. Die SPD 1969 – 1982. Die deutsche Sozialdemokratie nach 1945, Band 3. J. H. W. Dietz Verlag 2011

34 Schweden, Norwegen, Dänemark, Deutschland, die Niederlande und Österreich

Um die gegenwärtige Krise der repräsentativen Demokratie zu verstehen, bedarf es eines genauen Blicks auf die leider nicht immer transparenten Machtverhältnisse, die sich in den letzten Jahrzehnten herausgebildet haben. In westlichen Demokratien erkennt man eine zunehmende Diskrepanz zwischen dem demokratischen Anspruch und der politischen Realität. Diese Entwicklung ist nicht das Ergebnis einer Verschwörung, sondern vielmehr die Folge eines historisch gewachsenen, komplexen Geflechts aus strukturellen, meist wirtschaftlich getriebenen Machtasymmetrien, basierend auf Partikularinteressen auf der einen Seite und einer schwachen institutionellen Struktur eines völlig überladenen Verwaltungsapparats auf der anderen Seite. Dem einfachen Bürger fällt es schwer, die Ziele der Repräsentanten zu erkennen oder zu verstehen. Durch Globalisierung, Deregulierung und Steuerpolitik hat sich in den letzten Jahrzehnten eine beispiellose Konzentration von wirtschaftlicher Macht bei transnationalen Konzernen und Finanzinstituten ergeben. Diese Akteure verfügen über erhebliche Ressourcen, um politische Entscheidungen zu beeinflussen – sei es durch Lobbyarbeit, die Finanzierung von Wahlkämpfen oder durch die glaubhafte Androhung von Standortverlagerungen.[35] Gleichzeitig haben traditionelle Gegengewichte wie Gewerkschaften, mitgliederstarke Parteien und eine kritische, unabhängige Presse an Einfluss verloren. Dies führt zu einem Ungleichgewicht: Die Interessen von Kapital und Vermögensbesitzern werden im politischen Prozess systematisch besser repräsentiert als die Interessen von abhängig Beschäftigten oder zukünftigen Generationen.[36]

Hinzu kommt, dass sich eine enge, oft intransparente Verflechtung zwischen Spitzenpositionen in Politik, Verwaltung, Wirtschaft und Medien etabliert hat. Diese personelle und institutionelle Verflechtung führt zu einer gemeinsamen Weltsicht und Interessenlage, die nicht notwendigerweise auf geheimer Absprache beruht, aber dennoch dazu tendiert, Reformen zu blockieren, die den Status quo dieser Akteure infrage stellen würden. Demokratische Verfahren werden dabei nicht grundsätzlich abgeschafft, aber ihr Gestaltungsspielraum wird durch Sachzwänge wie Verschuldungsregeln, internationale Verträge oder den Standortwettbewerb so weit eingeengt, dass systemverändernde Alternativen kaum mehr mehrheitsfähig erscheinen. Diese strukturelle Schieflage hat tiefgreifende gesellschaftliche Folgen. Große Teile der Bevölkerung, insbesondere jene mit niedrigem sozioökonomischem Status, fühlen sich von der Politik nicht mehr oder nur unzureichend vertreten. Die Wahrnehmung, dass es „den da oben" ohnehin nur um eigene Interessen geht, führt zu sinkender Wahlbeteiligung und einer Entfremdung von den demokratischen Institutionen. In dieses Repräsentationsvakuum stoßen politische Kräfte vor, die einfache Lösungen für komplexe Probleme anbieten. Sie artikulieren die

---

35 *Angerler, Eva/Komar, Andrea:* Standort-Poker. Managementinstrument zum Sozialabbau. Gewerkschaft GPA, August 2020. *https://www.gpa.at/content/dam/gpa/downloads/themen/digitalisierung/grundlagen_broschuere_standortpoker_A4_2022_digital.pdf*

36 *Gilens. Martin/Page. Benjamin I.:* Testing Theories of American Politics. Elites, Interest Groups, and Average Citizens. In: Perspectives on Politics 2014, 12 (3), pp. 546 – 581. *Schäfer/Streck:* Die Politik der Staatsverschuldung. 2010. *Nordhaus, William D.:* The Political Business Cycle. In: The Review of Economic Studies, Vol. 42, Issue 2, April 1975, pp. 169 – 19. *Jacobs, Alan M.:* Governing for the Long Term. Democracy and the Politics of Investment. Cambridge University Press 2011

berechtigte Wut und Frustration der Abgehängten, kanalisieren sie aber oft in Ressentiments gegen Minderheiten oder politische Gegner. Der „kleine Mann“ wird von diesen Bewegungen zwar rhetorisch in den Mittelpunkt gestellt, eine nachhaltige Verbesserung seiner Lage ist durch deren Politik jedoch meist nicht zu erwarten.[37]

Die mediale Öffentlichkeit ist in diesem Gefüge nicht einfach das Sprachrohr einer Elite, sondern ein komplexes, widersprüchliches Feld, das jedoch unter spezifischen ökonomischen und technologischen Bedingungen operiert. Der Konkurrenzdruck, die Suche nach Aufmerksamkeit und die Abhängigkeit von wenigen großen Medienkonzernen führen zu einer Homogenisierung der Berichterstattung und einer Tendenz zur Skandalisierung und Personalisierung.[38] [39] Eine unabhängige, investigative Berichterstattung, die komplexe gesellschaftliche Zusammenhänge erklärt, wird so zur Rarität. Algorithmen in sozialen Netzwerken verstärken bestehende Meinungen und erschweren den Austausch zwischen unterschiedlichen Lagern.[40] Dies begünstigt die Bildung von sogenannten Echokammern, in denen sich extreme Positionen gegenseitig radikalisieren können. Das Beispiel der Klimaproteste ist hier lehrreich. Die öffentliche Debatte um die „Klimakleber“ ist ein Paradebeispiel für diese Dynamik. Die Proteste der Letzten Generation, die mit einer moralisch aufgeladenen Notwendigkeit, ja gar Verzweiflung, begründet wurden, stießen auf die Lebensrealität und die Empörung vieler Autofahrer. In den Medien und sozialen Netzwerken wurde dieser Konflikt dann oft auf einen Schlagabtausch reduziert, bei dem es mehr um die Form des Protests als um das zugrundeliegende Problem ging. Die Bezeichnung "Klimaterroristen" ist der aus heutiger Sicht eher bedauernswerte Ausdruck dieser skalierenden Polarisierung. Eine fruchtbare gesellschaftliche Debatte müsste eigentlich beide Seiten, die Dringlichkeit des Klimaschutzes und die Notwendigkeit sozialverträglicher, partizipativer Lösungen, ernst nehmen und nach Wegen suchen, bei diesen gegensätzlichen Perspektiven zu vermitteln, anstatt anzuprangern.

---

[37] Diese Beobachtung wird in der Politikwissenschaft häufig unter dem Stichwort „Populistisches Paradoxon“ oder „Exkludierender Populismus“ diskutiert. Die Rhetorik verspricht Schutz für die „hart arbeitende Bevölkerung“, während die tatsächliche Gesetzgebung oft marktradikal ist oder Eliteninteressen bedient. *Deutsches Institut für Wirtschaftsforschung (DIW):* Das AfD-Paradox. Die Hauptleidtragenden der AfD-Politik wären ihre eigenen Wähler. Studie. 2023. *Hacker, Jacob S./Pierson, Paul:* Let Them Eat Tweets. How the Right Rules in an Age of Extreme Inequality. 2020

[38] *Hope, Wayne:* Time, Communication and Global Capitalism. Palgrave Macmillan 2016. Hope beschreibt, wie der globale Konkurrenzdruck und die Beschleunigung dazu führen, dass Redaktionen kaum noch Eigenrecherchen leisten, was zur „homogenisierten News-Time“ führt.

[39] *Herman, Edward S./Chomsky, Noam:* Manufacturing Consent. The Political Economy of the Mass Media. 1988. Das darin beschriebene „Propaganda-Modell“ zeigt, wie die Eigentümerstruktur (Großkonzerne) und die Abhängigkeit von Werbeeinnahmen als Filter wirken, die den Meinungskorridor verengen. *Meyer, Thomas:* Mediokratie. Die Kolonisierung der Politik durch das Mediensystem. Suhrkamp 2001. Thomas beschreibt hierin, dass die Politik die „Logik des Mediensystems“ (Unterhaltung, Skandal, Personalisierung) übernehmen muss, um überhaupt noch Gehör zu finden.

[40] *Pariser; Eli:* The Filter Bubble. What the Internet Is Hiding from You.Viking 2011. Eli Pariser prägte den Begriff der „Filterblase“. Sein Argument: Da Algorithmen darauf programmiert sind, die Verweildauer zu maximieren, zeigen sie uns primär Inhalte, die unseren bisherigen Vorlieben entsprechen. Dadurch werden wir von gegensätzlichen Meinungen isoliert.

Die skizzierten Probleme sind nicht das Werk einer finsteren, allmächtigen Elite[41], sondern das Ergebnis eines komplexen Zusammenspiels aus ökonomischen Strukturen, politischen Versäumnissen, medialen Dynamiken und kulturellen Spaltungen. Die Herausforderung besteht darin, demokratische Institutionen und Verfahren so zu stärken und weiterzuentwickeln, dass sie der konzentrierten Macht des Kapitals etwas entgegensetzen können. Dies erfordert eine Rückbesinnung auf die Idee der Demokratie als einen Prozess der kollektiven Selbstbestimmung, der über die bloße Wahl von Repräsentanten hinausgehen muss, und die Schaffung neuer partizipativer Foren wie Bürgerräte oder direkte Volksentscheide, eine Stärkung der Unabhängigkeit des Journalismus sowie eine offene, respektvolle Debattenkultur ermöglicht. Nur so kann das Versprechen der Demokratie, eine Herrschaft des Volkes zu sein, unter den Bedingungen des 21. Jahrhunderts eingelöst werden. Man bekommt aber unweigerlich den bitteren Geschmack, dass es gegenwärtig nicht in diese Richtung tendiert. Die Diskussion sei hiermit eröffnet.

Statt einer Zukunftsdiskussion erkennen wir jedoch Frust und Desintegration sowie das Aufkeimen von extremnationalistischen Tendenzen. Nur selten in der Vergangenheit wurde unsere Gesellschaft von ähnlich kompetenzlosen und ignoranten Politikern geführt wie in der Gegenwart.[42] Durch den Wegfall der Ideologien und den damit einhergehenden eher prekären Diskurs über die beste Variante der Zukunft des Wohlfahrtstaates macht es nunmehr keinen Unterschied, wer uns regiert. Die Diskussion ist mit dem „Ende der Geschichte" abgewürgt worden. Das Ergebnis des tagtäglichen Handelns scheint folglich immer das gleiche zu sein.

Die Geschichte ist bekanntlich nicht nach dem Fall des Eisernen Vorhangs zu Ende gegangen, wie damals kolportiert wurde.[43] Vielmehr ist die Geschichte durch fehlende humanistischere Ideale mit dem aufkommenden Neokapitalismus und der rasanten Globalisierung in eine neue Richtung aufgebrochen. Heutzutage meldet sie sich mit der bitteren Erkenntnis fehlender Instrumente und der Unterwerfung der Menschheit unter das Prinzip des Stärkeren und der endlosen Gier nach Macht und Geld – nicht viel Neues folglich aus der Geschichte, sondern lediglich eine moderne

---

[41] Dies wird durch die Abhaltung von „Konferenzen" wie Bilderberg, Sicherheitskonferenz oder WEF in Davos, in denen ausschließlich Vertreter der politischen und wirtschaftlichen Eliten zusammenkommen, in der öffentlichen Wahrnehmung zumindest als „befremdlich" wahrgenommen. Björn Wendt (2020) und Simone Miller (2015) kritisierten diese Art der „Hinterbühnenpolitik" als Legitimationskrise der Eliten, in der die Abkehr von Transparenz und Accountability als ein schweres demokratisches Defizit wahrgenommen wird.

[42] These der „Professionalisierung" also „Der Berufspolitiker". Der Soziologe Max Weber unterschied bereits früh zwischen Menschen, die für die Politik leben, und solchen, die von der Politik leben.; Quelle 2: *Hartmann, Michael:* Die Abkehr der Eliten von der Bevölkerung. Campus 2018. Zitat: „Da sie nie außerhalb des ‚politischen Biotops' gearbeitet haben, fehlt ihnen die praktische Erfahrung und das Verständnis für die Lebensrealität von Arbeitnehmern. Dies wird vom Bürger als Kompetenzmangel in Alltagsfragen wahrgenommen."

[43] Yoshihiro Francis Fukujama (1991), US-amerikanischer Politikwissenschaftler neokonservativer Orientierung und Schüler von Allan David Bloom (Philosoph)

Form der politisch-wirtschaftlichen „Tyrannei".[44] Die vorhandene und immer stärker werdende Einkommenskluft zeugt von dem gegenwärtigen Trend, der sich gerade auf die Vulnerabelsten unserer Gesellschaft auswirkt,[45] und vor allem auch auf die Umwelt und auf die zunehmend schlechter werdenden Lebensbedingungen in anderen Weltregionen (Stichwort Klimakatastrophen), aber immer mehr auch bei uns.

Zusammenfassend kann gesagt werden, dass das Brexit-Beispiel, wie bereits veranschaulicht, ein wichtiger Beweis dafür ist, was eine populistische und verantwortungslose Politik verursachen kann. Auch wenn es vermutlich viele innerbritische Erklärungen für den Brexit gibt, ist er aus europäischer Sicht ein Beispiel dessen, was visionslose Politik bewirkt. Auch der Ukrainekrieg ist das Zeugnis für eine verkommene Politik der Gier und Korruption sowie ein Indikator für den Kampf der Eliten um die geopolitische Vorherrschaft und um den Besitz der noch vorhandenen Ressourcen des Planeten. Es ist zu befürchten, dass der Ukrainekrieg nicht der letzte Krieg dieser Art sein wird, doch dieser Krieg trifft uns im Herzen Europas.

Der in der Nachkriegszeit viel diskutierte gesellschaftliche Wandel im Sinne von mehr Gerechtigkeit und Partizipation verkommt zusehends zu simplen Floskeln. Stattdessen treten immer mehr Diskurse um die Rettung des Abendlandes, die Wahrung westlicher Werte und den Mangel an Fachkräften in den Vordergrund. Und wie zu erwarten war, tauchen am Horizont erneut Untergangspropheten und Kriegstreiber auf. Dies ist ein weiteres Zeichen dafür, wie sehr es den Machteliten aus Politik und Wirtschaft an Zukunftsvisionen mangelt und wie inkompetent sie in die Zukunft stolpern.

7.2.2 Internationale Hegemonialpolitik

Nachdem in Abschnitt 7.2.1 die innerstaatlichen Themenführer angesprochen wurden, soll es in diesem Abschnitt um eine weitere Personengruppe gehen. Diese zweite Gruppe ist die logische Konsequenz der ersten: Es sind die inneren Hegemonieträger, die nach außen agieren. Manchmal sind es auch die gleichen Akteure.

Analysiert man die geschichtlichen Ereignisse seit dem Zweiten Weltkrieg, so ist kaum ein internationaler Konflikt zu nennen, an dem westliche Demokratien nicht beteiligt gewesen wären, sei es indirekt oder direkt, wie beim Vietnamkrieg, bei Konflikten im mittleren Osten und in Afghanistan, beim Zerfall Jugoslawiens oder bei Konflikten um Libyen, Syrien, den Irak, Sudan, Ägypten und andere. Dabei spielten die Interessen westlicher Demokratien, eigentlich westlicher Konzerne, eine wesentliche Rolle bei der Um-

---

44 Anmerkung meinerseits: Oft auch als „Autokratie" bezeichnet, ein Terminus der mir in der gegenwärtigen Kriegssituation als viel zu schwach erscheint, um die tatsächlichen „Machenschaften" elitärer Gruppierungen zu beschreiben.

45 *ORF:* Einkommensschere geht auseinander. 2011. *http://newsv1.orf.at/100528-51716/index.html* (Stand: 02.01.2017)

setzung von marketingtechnisch kolportierten „Demokratisierungsaktivitäten" einzelner Staaten wie den USA, Großbritannien oder Frankreich.

Seit dem Putsch im Iran[46)] [47)] im Jahr 1953 und 20 Jahre später im Jahr 1973 in Chile[48)] ist die direkte Beteiligung der CIA oder des MI6 bei der Destabilisierung gewählter Volksvertreter kein Geheimnis mehr. Die Akteure im Hintergrund sind bekannt. War die British Petrol (BP) ein Hauptinteressent des Putsches gegen Mohammad Mossadegh, so war die ITT der Hauptakteur beim Putsch gegen Salvador Allende. Im Iran standen Ölinteressen im Vordergrund, in Chile waren hingegen die weltweit größten Kupferreserven der Hauptgrund für die Intervention. Man wollte keine Steuern dafür berappen. Es waren folglich Kriege um Ressourcen und um politische Hegemonie, damals noch im Schatten des Kalten Krieges. Beide Länder haben bis heute mit den Konsequenzen dieser Ereignisse zu kämpfen.

Betrachtet man die Hintergründe der aktuellen Konflikte in der Ukraine, in Syrien, Libyen[49)] oder Katar[50)], so kann man unschwer erkennen, dass es auch hier um Ressourcen geht. Vielfach stehen lokale oder regionale Interessen den dominierenden Interessen des Imperiums der USA und des kollektiven Westens diametral gegenüber. Die NATO-Intervention in Libyen hat zu einer Destabilisierung des Landes geführt. Der Konflikt um die Ölreserven ist seit dem Jahr 2011 im Gange.[51)] Dies schien jedoch nicht die letzte Stufe in der Eskalation gewesen zu sein. In der gänzlich unverständlichen Ambition westlicher Themenführer sowie Entscheidungsträger, die als westliche Weltordnung verstandene Nachkriegsordnung zu demontieren,[52)] [53)] [54)] haben der Ukrainekrieg und der jüngste Konflikt im Israel-Palästina-Gebiet die Situation sowohl verschlimmert als auch mögliche Lösungen, die im Interesse europäischer Gesellschaften (und in weiterer Folge auch der Konsumenten) lägen, weiter in die Ferne gerückt. Auch hier sind die Interessen an Ressourcen und geopolitische Hegemoniegelüste erkennbar.[55)]

---

[46] Stark, Florian: CIA bekennt sich zu Militärputsch 1953 im Iran. 19.08.2013. *https://www.welt.de/geschichte/article119180782/CIA-bekennt-sich-zu-Militaerputsch-1953-im-Iran.html* (Stand: 02.01.2017)

[47] *Lüders, Michael:* Wer den Wind sät. Was westliche Politik im Orient anrichtet. C.H.Beck 2015

[48] *Neue Züricher Zeitung:* „Save Chile!" – Akten der CIA im Internet. Bericht vom 09.09.2003. *http://www.nzz.ch/article92UTG-1.300721* (Stand: 02.01.2017)

[49] *Becker, Johannes M./Sommer, Gert:* Der Libyen-Krieg. Das Öl und die „Verantwortung zu schützen". LIT 2012

[50] *Bidder, Benjamin:* Darum geht es beim Konflikt am Golf. 05.06.2017. *http://www.manager-magazin.de/politik/weltwirtschaft/katar-die-hintergruende-des-konflikts-mit-saudi-arabien-a-1150743.html* (Stand: 07.07.2017)

[51] *Krüger, Paul-Anton:* Erst das Öl, dann das Land. 13.09.2016. *http://www.sueddeutsche.de/politik/libyen-erst-das-oel-dann-das-land-1.3159860* (Stand: 07.07.2017)

[52] *Böhm, Andrea:* Das Ende der westlichen Weltordnung. Eine Erkundung auf vier Kontinenten. Pantheon Verlag 2017

[53] *Busse, Nikolas:* Entmachtung des Westens. Propyläen Verlag 2009

[54] *Acemoglu, Daron/Robinson, James A.:* Warum Nationen scheitern. Die Ursprünge von Macht, Wohlstand und Armut. S. Fischer Verlag 2013

[55] *Münkler, Herfried:* Welt in Aufruhr. Die Ordnung der Mächte im 21. Jahrhundert. Rowohlt 2023

Es gibt nicht eine einzige Debatte über gemeinsame internationale Entscheidungen, wie Ressourcen weltweit am besten verteilt werden könnten, sodass alle bestens bedient und vorhandene Ressourcen möglichst lange genutzt werden könnten. Bei jedem Versuch keimen sofort ideologische Grabenkämpfe mit gegenseitigen Vorwürfen auf. Hier ist die akademische Welt mit Lösungskonzepten, Ideen und Diskussionen gefordert. Diese scheint jedoch gegenwärtig mit einer einseitig berichtenden Medienwelt zu kämpfen, um sich überhaupt Gehör zu verschaffen. Hinzu kommt noch, dass die auf der Empfindungsseite viel zu rasant wahrgenommene Veränderung der aktuellen Weltordnung ein Verständnisvakuum erzeugt, das nur sehr langsam der Entwicklung folgend gefüllt wird. Es scheint, als wäre die akademische Elite aus Politik, Wirtschaft, Sozialem und Philosophie gänzlich untergetaucht oder als käme sie aus dem Entsetzen nicht mehr heraus. Die starken Veränderungen auf mehreren Ebenen der Versorgungskette (insbesondere der Energieversorgung), der Machtverlust des Westens über weite Teile der Weltgeografie, wie sie durch Kolonialismus und Neokolonialismus noch aufrechterhalten werden konnte, die starke Verschiebung der Markt- und Themenführerschaft in Richtung BRICS-Plus-Staaten, der immer stärker eskalierende Krieg in der Ukraine und dem Nahen Osten mit immer stärkerer indirekter Beteiligung westlicher Staaten sorgt für Sprach- und Verständnislosigkeit. Dabei wären gerade jetzt in Zeiten des Übergangs zu einer neuen Gesellschafts- und Weltordnung und der anstehenden Entscheidung, wohin sich die Menschheit weiterentwickeln sollte, helle Köpfe mit Weitblick gefragt. Diese müssten sich dann aber auch das notwendige Gehör verschaffen, um nicht in der qualitätslosen Medienlandschaft der Gegenwart unterzugehen.

Der Beginn des Verlusts der westlichen Hegemonie wird von vielen Experten mit dem Anschlag des 11. Septembers 2001 begründet. Vermutlich wird man ihn schon zehn Jahre früher mit dem Untergang der Sowjetunion besser datieren können. Hatten westeuropäische Gesellschaften bis dahin noch intakte und vor allem (partiell) selbstständige Entscheidungsträger mit gesellschaftsgestaltenden Visionen für die Zukunft, so ist 30 Jahre später das Bild ein gänzlich anderes. Die Lobbyisten von damals, die vor den Parlamenten lechzend auf die Kundschaft der Volksvertreter warteten und sie mit „zukunftsweisenden Alternativoptionen“ von Markt, Wachstum und Produktivität vollschwatzten, sitzen nun selbst in den Parlamenten und treffen Entscheidungen für ihre Auftraggeber, die nicht immer mit den Erwartungen des wählenden Volkes übereinstimmen. Zwar gilt es noch, die Lebensstandards möglichst lange oben zu halten, der (Armuts-)Druck steigt jedoch rasant an. Als Beispiel sei hierfür wieder Großbritannien nach dem Brexit genannt oder die stark zunehmende Altersarmut in Deutschland und anderen EU-Staaten. Die Auswirkungen sind sowohl innen wie außen zu spüren. Doch auch Frankreich, Deutschland und andere Staaten kämpfen gegenwärtig mit zunehmender Verarmung, abwandernden Firmen, steigender Inflation mit Teuerungsraten und zunehmenden Migrationsströmen aus Krisengebieten, die sie fallweise selbst verursacht haben oder wofür sie lange zuvor das Pflänzchen gesetzt haben.[56)]

[56] *Schumann, Gerd:* Kolonialismus, Neokolonialismus, Rekolonisierung. PapyRossa Verlag 2016

Hier macht sich die Verteilungsungerechtigkeit, wie sie Piketty in seiner Analyse über das Kapital ungeschminkt beschrieben hat, wieder deutlich bemerkbar.[57)]

All diese Themen münden früher oder später in der Ressourcendiskussion, die überall auf der Welt unterschiedliche Interessen verfolgt. Die industrialisierten Länder haben ein Interesse daran, den eigenen hohen Lebensstandard zu erhalten und an der Spitze der technischen Entwicklung zu verbleiben. Hinzu kommt, dass zur Steigerung der Produktivität und des damit einhergehenden stetigen Wachstums ein nahezu unerschöpflicher Fluss an natürlichen Ressourcen und primären Energieträgern nötig ist. Diese sind jedoch beide nur eingeschränkt bis gar nicht in den industrialisierten Ländern verfügbar. Der Wunsch der Länder mit primärer Ressourcenverfügbarkeit, aber ohne Technologie ist es dagegen, aus der Armutssituation herauszukommen und sich dem Lebensstandard des Westens anzunähern. Korruption und die jahrelange Kontrolle durch Autokraten, die nicht selten im Sinne von westlichen Hegemonien oder Oligarchen agierten, haben diese Ziele aber meistens unmöglich gemacht. In diesem Wechselspiel der Mächte bleiben die Machtlosen auf dem Verliererweg. Nicht selten machen sich diese aufgrund von Armut, Trockenheit oder Kriegen auf den Weg in Richtung Europa. Der größere Teil von ihnen bleibt auf der Strecke hängen und der kleinere Teil, so sie die Überquerung des Mittelmeeres schaffen, gelangt mit einer ungewissen Zukunft auf den europäischen Kontinent.

Ein Paradigmenwechsel ist notwendig. Der arabische Frühling schien ein hoffnungsvoller Anfang gewesen zu sein. Die Demokratisierung Nordafrikas hätte den Beginn einer Trendwende bedeuten können. Allerdings haben die jungen aufkommenden Demokratien den Weg des im Westen durch den Krieg gegen den Islam verhassten muslimischen Glaubens und jene demokratischen Parteien gewählt, die dem entsprachen. Das hat im Westen für Diskonformität gesorgt, im Fall Ägyptens sogar für einen Putsch mit vermutlich bisher noch nicht bestätigter westlicher Beteiligung.[58)] Hinzu kommt, dass diese jungen Demokratien die lange aufgestauten Reformen der Vergangenheit nicht alle auf einmal angehen konnten, während in der lokalen Bevölkerung die Erwartungen zu hoch waren, weswegen die Unzufriedenheit bis heute immer stärker wird.

Ein weiterer Hinderungsgrund für eine positive Entwicklung mit besserer Verteilungsfunktion ist der fehlende Wille westlicher Staaten, für Ressourcen aus diesen Ländern mehr (oder einfach gerechter) als bisher zu bezahlen. So wurde laut „Industrial Info Resources" in Niger für ein Kilogramm Natur-Uran vor dem Militäraufstand im September 2023 0,80 € bezahlt.[59)] Dies wurde fast zu 100 % von Frankreich vermarktet. Der

---

[57] *Piketty, Thomas:* Das Kapital im 21. Jahrhundert. Erste Veröffentlichung: August 2014. 8. Auflage. C.H.Beck 2016

[58] *Knipp, Kersten:* Ägyptens Hassliebe zum Westen. 20.08.2013. *https://www.dw.com/de/%C3%A4gyptens-hassliebe-zum-westen/a-17030502* (Stand: 02.06.2024)

[59] *Industrial Info Resources:* Niger Raises Uranium Price, Impacting French Imports. 20.09.2023. *https://www.industrialinfo.com/news/abstract/niger-raises-uranium-price-impacting-french-imports--323781* (Stand: 03.12.2024)

Preis auf dem Weltmarkt betrug zum gleichen Zeitpunkt ca. 66 € pro Kilogramm, also das 83-Fache.[60)] Digitalisierung braucht spezielle Ressourcen. Der Fall in Niger mit dem Uran ist hierfür nur ein Beispiel. Weitere Schwierigkeiten lassen sich bei anderen Ressourcen wie Silizium, seltenen Erden oder Metallen erahnen. Die weltpolitische Lage wird immer eng mit der Digitalisierung verzahnt sein. Zwar soll die Digitalisierung für eine bessere, also eine effizientere Nutzung der auf der Erde verfügbaren Ressourcen sorgen, aber die Ressourcen werden immer schwieriger zu besorgen sein. Andere verfolgen mit der Digitalisierung die Steigerung der eigenen Produktivität, um auch künftig die eigene Wirtschaftsposition absichern zu können. An einer besseren Nutzung natürlicher Ressourcen herrscht da wenig bis kein Interesse.

Geopolitische Auseinandersetzungen wie Sanktionen, Wirtschaftskriege oder tatsächliche Kriege werden auch künftig das Bild prägen. Wie es scheint, ist die neu aufkommende Multipolarität der Trend der Zukunft. Es stellt sich jedoch die Frage, ob alle zu dieser Multipolarität gehören werden (und gehören wollen) oder ob sich bestimmten Staaten den Kuchen einfach neu aufteilen wollen. Die Zeit wird es zeigen, und das recht bald.

[60] *wallstreet-online.de:* Uran Preis. *https://www.wallstreet-online.de/rohstoffe/uranpreis#t:3y||s:lines||sfill:true||a:abs||v:week||ads:null* (Stand: 03.12.2024)

8 Digitalisierung der Energiewirtschaft

Nachdem es in Kapitel 7 um politische und gesellschaftliche Akteure und Einflussfaktoren der Energiewirtschaft ging, widme ich mich in diesem Kapitel der Digitalisierung der Energiewirtschaft. Durch den Einblick in diverse Bereiche der Einflussfaktoren sollte es nun möglich sein, die Auswirkungen, die die Digitalisierung hat, besser zu verdeutlichen. Die ursprüngliche These war, dass Digitalisierung die Ressourcen- und Energieknappheit nicht lösen kann. Durch einen gezielten Einsatz lässt sich die effiziente Nutzung und Verteilung von Ressourcen allerdings besser bewerkstelligen. Hierzu ist eine funktionierende Erfassung von Verbrauchs- und Erzeugungsdaten zwingend erforderlich. Es kann keine Effizienzverbesserung oder Treibhausgasreduktion erfolgen, wenn man den genauen Verbrauch oder die Erzeugungskapazität nicht kennt. Auch die Art der Erzeugung ist bekanntlich entscheidend, da man hier von unterschiedlichen Technologien und Emissionsindizes ausgehen muss. Die Erfahrung der letzten Jahre hat auch gezeigt, dass sich die Implementierung von smarten, also intelligenten, Technologien, nicht ausschließlich auf ein Segment anwenden lässt. Über kurz oder lang kommen angrenzende Segmente hinzu, da sonst fehlende Informationen in der Versorgungskette nicht nur die Entwicklung hemmen, sondern auch die Potenziale der Digitalisierung verringern.

So zeigt sich z. B., dass Übertragungsnetze schon immer sehr genau „gemonitort" wurden. Hier werden große Leistungen übertragen. Man will folglich vermeiden, dass ein komplexes und teures System zu Schaden kommt (Stichwort Infrastruktursicherung) und – was noch bedeutender ist – dass weder der Mensch noch die Umgebung der Netze zu Schaden kommen. Mit der zunehmenden Integration von erneuerbaren Energieträgern zeigt sich, dass die Verteilnetze ebenfalls eine genaue „Observation" erfordern, wenn man die ganze Lieferkette an Energie kontrollieren und verbessern will. Dies ist mit dem Fortschreiten der Advanced Metering Infrastructure (AMI), also der Implementierung digitaler Stromzähler mit Internetanschluss, im Aufbau. Es zeigt sich mehr und mehr, dass die Intelligenz auch innerhalb des Endkundensegments immer notwendiger wird. Smart Home oder Industrie 4.0 sind Lösungen, die genau in diese Richtung wirken. Hiermit werden nicht nur Business Cases und Use Cases im Endkundensegment optimiert, sondern das Monitoring und die Optimierung geschieht vielfach mit dem Ziel, die dezentrale Energieerzeugung und die lokalen Verbrauchswerte periodisch zu aktualisieren, um den Informationsstand aktuell zu halten. Auf Basis dieser „Quasi-Onlinewerte“ werden technische Maßnahmen zur Stabilität des Netzes umgesetzt oder wird Strom an den Energiebörsen gehandelt. Unter Berücksichtigung weiterer Parameter wie der Strompreis- und Nachfrageentwicklungen oder der Berücksichtigung potenzieller Lieferengpässe können entsprechende technische und kommerzielle Handlungsoptionen gesetzt werden. Gleiches könnte man auch auf andere Lieferketten wie die von Lebensmitteln oder den Transport übertragen, um einen Vergleich zu nennen.

Beginnt man mit der Digitalisierung *eines* Lifecycle-Segments, wie in Bild 8.1 dargelegt, werden die damit in Verbindung stehenden weiteren Segmente langfristig folgen. Digitalisierung kann demnach als eine konkrete „Effizienzverbesserung“ in Entwicklungsschritten verstanden werden. Die Verbesserung wird als Erstes durch die Visualisierung der Verhaltensmuster von Systemen oder Verbrauchern sichtbar gemacht und in zweiter Instanz in der Bewusstseinsbildung dazu und der Entwicklung korrektiver Maßnahmen mit reduzierter manueller Intervention. Durch die Wahrnehmung des Verhaltens entsteht unweigerlich ein Bedarf an Handlungen zur Verbesserung. Es ist nicht immer vorab klar, ob eine Verbesserung möglich ist. Erst durch den Vergleich mit anderen (bereits vorhandenen, vergleichbaren und besseren) Lösungen oder durch die Vorgabe von regulativen Maßnahmen (siehe EU-Richtlinien zur CO_2-Reduktion) wird die Handlungsnotwendigkeit sichtbar. Hier kommen dann die funktionalen Lösungen in Spiel, bei denen die Verbesserung errechnet, verglichen und schlussendlich meist digitalen Prozessen zugeführt wird. Dazu werden im Prinzip Sensoren und Aktuatoren mit digitaler Steuerungsintelligenz als Prozesselemente in den Lifecycle integriert.

Bild 8.1 Traditionelle Stufen eines Geschäftsprozesses (Process Lifecycle)

8.1 Smarte Technologien

Obwohl in den Medien in den letzten Jahren sehr oft von smarten Technologien die Rede ist, ist das Thema nicht ganz so neu. Vielmehr handelt es sich um eine kontinuierliche Entwicklung im Sinne des technologischen Fortschritts und des Zusammengehens diverser Technologien zu neuen Lösungen höherer Komplexität. Der neue Aspekt in dieser Thematik ist die Verschmelzung diverser Technologien zu einem Ganzen. So beinhalten alle smarten Technologien, in unterschiedlicher Ausprägung, folgende Basistechnologien:

- dezentrale Erfassung von Daten (Sensorik)
- Telekommunikation zur Übertragung der Sensordaten (mobil oder kabelgebunden)
- intelligente Datenverarbeitung im Sinne des Big-Data-Ansatzes (Indexierung, Mapping, Clustering etc.)
- zentrale Tools oder Plattformen für die Verarbeitung von Use Cases und für die Geschäftsabwicklung (Business Cases)
- zentrale Datenspeicher und Archivierung
- Mensch-Maschine-Interface zur Rückkopplung von Informationen an den Dienstleistungsnutzer
- Interfaces zu anderen Systemen
- Sicherheitselemente zur Absicherung gegenüber Angreifern

Wie man sehen kann, sind es im Grunde keine neuen Themen. Man kennt diese Anwendungen bereits aus der Telekommunikationsbranche, dem Finanzsystem oder dem Onlinehandel. Die wesentliche Neuerung dieser Systemlösungen ist vielmehr, dass sie in mehr und mehr alltägliche Lebensbereiche vordringen, in denen solche Lösungen bisher nur vereinzelt als Dienstleistungen angeboten wurden, und das eben nicht automatisiert und telemetrisch gesteuert, sondern „analog“. In welche Lebensbereiche diese Technologien vordringen, zeigt Tabelle 8.1.

Tabelle 8.1 Segment und korrespondierende smarte Technologie

Segment	Smarte Technologie
Energiemessung, Energieflusssteuerung	Smart Metering/Smart Grids/Smart Gas Grids
Mobilität	Smart Mobility/intermodale Transportsysteme/ Smart Traffic Control
Wohnen	Smart Home
öffentliche Verwaltung	Smart City
Industrie/Güterproduktion	Smart Factory/Industrie 4.0

Es gibt weitere Bereiche, in die die smarten Technologien vordringen. Aus Sicht der Nachhaltigkeit und eines neuen gesellschaftlichen Kontextes sind diese jedoch nicht so relevant. Wir werden in den folgenden Abschnitten näher auf die Relevanz der in Tabelle 8.1 beschriebenen Technologien eingehen.

8.2 Smart Energy

Unter Smart Energy wird die digitale Erfassung, Messung, Übertragung und Verteilung von Energiedaten verstanden. Bisher findet diese überwiegend im Stromsegment statt, das hier als Beispiel dargestellt wird, wenngleich auch Gas, Wasser und andere Energieträger ebenfalls, zeitlich etwas versetzt, digitalisiert werden.

Das Ziel von Smart Energy im Stromsegment ist es, die Energieerzeugung, die Übertragung und den Verbrauch zu überwachen, um eventuell notwendige Maßnahmen zeitnah zu implementieren. In der traditionellen Stromwirtschaft wurden überwiegend die Erzeugerseite, die meist in großen Kraftwerken stattfindet, und die Übertragung, die in Hochspannungsleitungen stattfindet, sehr zeitnah überwacht.

Wegen der hohen Energiemengen und ebenso hohen Energieleistung ist eine Kontrolle notwendig, da jede Abweichung oder Fehlfunktion verheerend für Mensch und Infrastruktur sein kann. Solche Energieanlagen gehören zusätzlich zur kritischen Infrastruktur einer Gesellschaft, da sie für das Überleben erforderlich sind. Man denke nur an die Versorgung von Krankenhäusern, Lebensmittelstellen oder anderen wichtigen Lebenseinrichtungen.

Bis vor wenigen Jahren wurde das Verteilnetzsystem nicht so überwacht wie die groß dimensionierten Erzeugungs- und Übertragungsanlagen. Dies lag daran, dass eine Marktstruktur mit einer zentralistischen Sicht der Stromerzeugung und der „Economy of Scale"-Ansätze, also der Errichtung von großen Kraftwerken seit Anfang des vorherigen Jahrhunderts, vorherrschend war und bis heute immer noch ist. Die Energie fließt in dieser Konstellation vom Erzeuger über mehrere Kilometer (immer nur in eine Richtung) zum Verbraucher hin. Zwischenstationen transformieren die Spannungen in Mittel- und Niederspannungsbereiche. Der Strom erreicht dann die Endverbraucher über das Verteilnetz. Da die niedrigste Spannungsebene nicht so große Gefahren birgt wie die Erzeugungs- oder Übertragungsebene, war bislang eine genaue Überwachung (Monitoring) dieses Spannungssegments nicht zwingend erforderlich. Es waren lediglich Stromzähler notwendig, die den Verbrauch über primitive Zählwerke aufzeichneten. Servicepersonen von den Stadtwerken haben dann für Haushaltskunden z. B. meistens einmal pro Jahr den Stromverbrauch abgelesen, den gesamten Verbrauch errechnet und die Rechnung entsprechend dem Mehr- oder Minderverbrauch nach oben oder unten angepasst.

Dies hat sich jedoch durch die zunehmende Notwendigkeit der Energieeffizienz geändert. Außerdem sind seit Ende der 1980er-Jahre neue Marktstrukturen wie die Liberalisierung und Privatisierung entstanden und in die Energiewirtschaft eingedrungen. Aus Preisgründen wurde mehr Wettbewerb geschaffen, um die Stromgestehungskosten den Grenzkosten anzunähern. Die dann noch aufkommende Klimakrise und die mit ihr verbundene Nachhaltigkeitsdebatte hat durch die Nutzung erneuerbarer Energieerzeuger den Energiemarkt zusätzlich verkompliziert. Smart Energy kann folglich als eine Antwort auf die komplette Transformation der energetischen Versorgungswirtschaft verstanden werden. Smart Energy ist keine technische Lösung, sondern als Konzept zu verstehen, in dem Technik, Marktstruktur, Energie, Erzeuger, Verbraucher, Infrastruktur und Kommunikationselemente miteinander, wie in einem Orchester harmonieren. Bricht eine dieser Komponenten weg, dann ist das Chaos vorprogrammiert und die Versorgungssicherheit kann nicht aufrechterhalten werden. Diese Thematik ist nicht so neu. Es gab diese Elemente in der Energiewirtschaft auch in der Vergangenheit.

Der große Unterschied zu früher besteht zum einen in der Reaktionszeit, in der Maßnahmen ergriffen werden können (und müssen). Ebenso wesentlich ist zum anderen, dass der Energiefluss zunehmend bidirektionaler wird, da dezentral immer mehr erneuerbare Energieanlagen an das System angeschlossen werden und deren Volatilität permanent kompensiert werden muss. Erneuerbare Energieanlagen werden aber nicht nur dezentral zugeschaltet, auch auf Hochspannungsebene findet man groß angelegte Windparks und Solarkraftwerke, die ebenso volatil sind und folglich bei Produktionsrückgängen in ungünstigen Wetterlagen zur Aufrechterhaltung der Versorgungsabdeckung kompensiert werden müssen.

Berücksichtigt man auch die Speicherkomponente, dann sind alle Komponenten der Smart Energy genannt, bis auf die Intelligenz, die das Orchester in Harmonie versetzt. Die Intelligenz wird von einem Softwaresystem mit großer Rechenkapazität zur Verfügung gestellt. Hier werden Sensordaten erfasst, kritische Momente evaluiert und entsprechende Maßnahmen errechnet. Maßnahmen können das Schalten von Netzkomponenten, das Einbringen von Speicherkapazitäten oder das Abwerfen von unnötigen Lasten sein. Es gibt eine breite Palette an Handelsoptionen. Die sind anhängig von der verfügbaren Infrastruktur, den regulatorischen Randbedingungen, der situativen Marktsituation, dem Wetter und vielen anderen Parametern mehr.

Smart Energy betrifft allerdings nicht nur Strom. Auch andere Energiestoffe werden mittlerweile smart gemanagt. Gas oder Fernwärme werden z. B. digital beim Endkunden erfasst und in Minuten oder Stundensegmenten übermittelt. Ziel ist es, den Verbrauch sichtbar und bewusster zu machen und bei erhöhtem Verbrauch entsprechende Maßnahmen zu setzen.

„Smart“ oder auf Deutsch „intelligent“ kann in diesem Zusammenhang zunächst so verstanden werden, dass wir durch die Nutzung von Sensoren in Echtzeit Einsicht in den Verbrauch oder die Erzeugung bekommen. Darüber hinaus können wir durch die permanent verfügbaren Verbrauchs- und Erzeugungsdaten Projektionen, Trends, Saisonalitäten und vieles mehr errechnen. Das bringt den Vorteil, dass ganz spezielle Situationen, wie z. B. Engpässe oder Überlastungen in der Erzeugung, in der Übertragung und Verteilung sowie im Verbrauch, mit einer hohen Wahrscheinlichkeit durch Nutzung mathematischer Modelle vorhergesagt werden können. Korrektive Maßnahmen können dann eingeleitet werden, wenn Nachfragen sich ändern oder die Energieverfügbarkeit knapp wird (z. B. bei erneuerbaren Energien). In den folgenden Abschnitten werde ich einige dieser smarten Segmente vorstellen, um das Verständnis der modernen und zukunftsweisenden Energieversorgung zu stärken. Sie ist einerseits eng mit der Technik und den bereits genannten anderen Komponenten verbunden. Die verfügbaren Ressourcen haben andererseits mal indirekt und mal direkt wechselseitige Abhängigkeiten mit der Smart-Energy-Welt. Ich werde die Thematik in Kapitel 9 wieder aufgreifen.

8.3 Smart Metering

Seit der Verabschiedung der 2. Binnenmarktrichtlinie der EU im Jahr 2009 ist das Thema „Smart Metering“, das intelligente Messsystem der Stromverbrauchsmessung bei den Energieversorgern in ganz Europa, zum einem der wichtigsten Zukunftsthemen im Bereich der digitalen Energiewirtschaft avanciert. Es gibt vermutlich keinen Versorger in der EU, den das Thema nicht betreffen könnte und dem es keine schlaflosen Nächte bereitet. Die Implementierung eines solch komplexen Systems ist mit erheblichen Veränderungen in der Organisation, in der Infrastruktur, der Kommunikationsart und der Geschäftstätigkeit der Energieversorger verbunden.

Die klassische Art der Strommessung mit dem bekannten Ferraris-Zähler, also dem schwarzen analogen Kasten mit einer Drehscheibe und einer roten Markierung darauf, wird es künftig nicht mehr geben. Die Messung wird in Zukunft elektronisch mit einem digitalen Messgerät erfolgen, das direkt über das Internet mit der Zentrale des Energieversorgers (meist dem Verteilnetzbetreiber oder dem Stadtwerk) verbunden ist. Die Daten werden dann direkt, im Normalfall viertelstündlich, erfasst und wo Bedarf besteht auch übermittelt. Die bekundete Absicht dahinter ist es, dem Konsumenten die Verbrauchswerte näherzubringen und Energieeinsparpotenziale bewusster werden zu lassen. Dem Konsumenten soll außerdem die Möglichkeit eingeräumt werden, zeitnah gezielte Gegenmaßnahmen einleiten zu können und nicht erst nach erfolgter Jahresabrechnung.

Die Implementierung dieser intelligenten Messsysteme wurde in diversen europäischen Ländern bereits mehrmals verschoben oder – wie in Italien oder Spanien – zunächst schrittweise eingeführt, wobei die Systeme der ersten Generation zwar digital, aber noch nicht mit dem Internet verbunden waren und folglich nicht aus der Ferne abgelesen werden konnten. Diese werden sukzessive nachgerüstet. Zähler der neueren Generation ermöglichen nicht nur „einfache“ Messungen des Verbrauchs, sondern es werden zusätzlich Daten der Versorgungsqualität, wie z. B. das Frequenzverhalten, Spannungsabweichungen, Resonanzen oder schlicht Überlastungen im Verbrauch oder in der Einspeisung aus dezentralen Energiequellen, erkannt und übermittelt. Das vereinfacht es aufseiten der Versorger, die Versorgungssicherheit aufrechtzuerhalten und bei Abweichungen regelnd einzugreifen. Diese Abweichungen vom bisher bekannten „Normalverhalten“ des Versorgungssystems kommen zunehmend durch die Volatilität der Einspeisung erneuerbarer Energieträger auf allen Versorgungebenen zum Tragen. Erneuerbare

Energieträger sind von den natürlichen Wetterbedingungen abhängig und daher nicht konstant. Diese Volatilitäten müssen im Stromnetz, wie bereits vorangehend dargelegt, rechtzeitig erkannt und kompensiert werden.

8.3.1 Schwierigkeiten der Smart Meter-Implementierung

Seitens der EU gibt es Richtlinien, bis wann die Implementierung der neuen Zählerinfrastruktur (engl. *Advance Metering Infrastructure*, AMI) zu erfolgen hat. Dass es in einigen Ländern diverse Verschiebungen beim kompletten Roll-out der landesweit flächendeckenden Installation von digitalen Zählern gegeben hat, hat mehrere Ursachen. In Deutschland z. B. ist man im Zuge der Implementierung darauf gekommen, dass das Thema Sicherheit nicht ausreichend und verlässlich abgedeckt ist. Ein simples Experiment des Chaos Computer Clubs, in dem aus Smart Meter-Daten sogar das aktuell laufende Fernsehprogramm eines Nachbarn erkannt werden konnte, hat hohe Wellen geschlagen. Ein Redesign der Sicherheit wurde demzufolge veranlasst, was die Implementierung um einige Jahre verschoben hat.[1)]

Doch auch seit bekannt wurde, dass z. B. die NSA aus allen nur erdenklichen internetverbundenen Geräten Daten erfasst und speichert, rückte das Thema im Zusammenhang mit dem Schutz personenbezogener Daten stark in den Vordergrund.[2)] Das hat dazu geführt, dass sich die Implementierung von Smartmeter-Systemen häufig verzögert hat und dass die damit verbundenen Kosten enorm in die Höhe geschnellt sind. Zwar besagt die EU-Richtlinie, dass „nur" bei einer positiven Kosten-Nutzen-Relation[3)] eine landesweite Implementierung vorgeschrieben ist, die damals erhobenen Kosten konnten jedoch nur ansatzweise im Voraus geschätzt werden, sodass die tatsächlichen Kosten jene bei Weitem zu übertreffen scheinen.

Abgesehen von den Kosten ist die ursprüngliche Idee einer intelligenten Echtzeiterfassung des Stromverbrauchs (und in weiterer Folge auch des Gas- und Wasserverbrauchs) als Basis für die Verbrauchs- und Erzeugungssteuerung unabdingbar. Das System liefert die Informationen, die benötigt werden, um Entscheidungen zu treffen. Auf Basis dieser Informationen lassen sich, wie vorangehend dargelegt, diverse Handlungsoptionen aufzeigen. Will der Konsument z. B. weiterhin seinen gegenwärtigen Verbrauch beibehal-

---

1 *Carluccio, Dario/Brinkhaus, Stephan:* Smart Hacking For Privacy. *https://media.ccc.de/v/28c3-4754-en-smart_hacking_for_privacy#t=2454* (Stand: 23.06.2026)

2 *sueddeutsche.de:* NSA speichert Internet-Metadaten bis zu 365 Tage. 01.10.2013. *https://www.sueddeutsche.de/digital/codename-marina-nsa-speichert-internet-metadaten-bis-zu-365-tage-1.1784677. nytimes.com:* Data on Social Connections of U.S. Citizens. 28.09.2013. *https://www.nytimes.com/2013/09/29/us/nsa-examines-social-networks-of-us-citizens.html?pagewanted=all*

3 Siehe Kosten-Nutzen-Analyse von Ernst & Young für diverse europäische Länder: *https://www.bundeswirtschaftsministerium.de/Redaktion/EN/Publikationen/cost-benefit-analysis-for-the-comprehensive-use-of-smart-metering-systems.pdf?__blob=publicationFile&v=1* (Stand: 23.02.2026)

ten, will er eventuell durch Intervention Kosten einsparen oder will er „ökologischer" werden? Gepaart mit Informationen vom Energiemarkt und der Verfügbarkeit der Infrastruktur (Übertragungsnetze und Verteilnetze sowie dezentrale Energiespeicher) lassen sich diverse Handlungsoptionen erarbeiten, die es ohne diese Technologie nicht gäbe und die schlichtweg nicht realisierbar wären.

Obwohl die Vorteile einer solchen Technologie auf der Hand liegen, regt sich Widerstand und stellen sich Kritiker gegen eine Implementierung. Ihre Bedenken und vielfach auch Ängste sind nachvollziehbar. Das Thema Sicherheit wurde bereits benannt. Es kommen Bedenken hinsichtlich des Schutzes personenbezogener Daten hinzu, auch im Zusammenhang mit der Angst vor einem Überwachungsstaat im Allgemeinen und dem Forcieren der Versorgungssicherheit durch die Hintertür. Des Weiteren gibt es Ängste vor potenziellen Hackern, die das System lahmlegen könnten, oder davor, dass bei illegaler Beobachtung eine Abwesenheit erkannt werden könnte und so Räuber ins Haus eindringen könnten. Das kriminelle Potenzial ist gegeben und ruft nach entsprechenden Maßnahmen. Die Notwendigkeit solche Maßnahmen wurden von staatlicher Seite bereits erkannt, woraufhin alle europäischen Ländern diverse Sicherheitsvorgaben (Richtlinien und Standards) für die Versorger oder Betreiber einer solchen Messinfrastruktur erlassen haben. Meistens handelt es sich hierbei um standardisierte Sicherheitsvorschriften nach ISO 27001, verbunden mit nationalen Sicherheitskatalogen auf der Infrastrukturseite und Vorgaben bei Dienstleistungen gegenüber dem Endkunden. Der Zugang zu den Verbrauchsdaten wurde strenger geregelt, womit alle Daten nur verschlüsselt übermittelt werden dürfen. Ein weiterer Trend zeigt sich in der Anwendung von Sicherheitszertifikaten mit Ablaufdatum. Solche Sicherheitszertifikate beinhalten öffentliche und private Schlüssel, mit denen die Daten und die Kommunikationskanäle verschlüsselt werden können. Weitere Maßnahmen sind die Implementierung von Multi-Faktor-Authentifizierungen, die Nutzung von biometrischen Daten und in Rechenzentren die Nutzung von quantenmechanischen Verschlüsselungsalgorithmen.

8.3.2 Smart Metering und Digitalisierung

Ob Smart Metering eine effiziente Digitalisierung der Energiewirtschaft bedeutet, wird sich noch zeigen. Die bereits bestehenden Ergebnisse sind durchaus positiv. Tatsache ist aber, dass die Energieindustrie so ziemlich die letzte Industriebranche ist, die den Weg hin zu einem modernen, dem Stand der Technik entsprechenden Standard aufgenommen hat. Der Weg ist beschwerlich, da der Aufbau einer komplett neuen Infrastruktur mit hohem Aufwand verbunden ist. Man könnte diesen mit dem Aufwand vergleichen, der in den 1990er-Jahren betrieben wurde, als die digitale Mobiltelefonie eingeführt wurde.

Im Energiesegment zeigt sich auf Anhieb, dass zeitnahe digitale Messungen im Energieverbrauch Auswirkungen auf angrenzende Wirtschaftssegmente haben. So zeigt der Trend eindeutig, dass intelligente Smartmeter auch die Nachfrage nach Smart Home-Systemen oder Ladestationen erhöhen. Die Elektrifizierung des Individualverkehrs (siehe Abschnitt 8.4 über Smart Mobility) führt auch dazu, dass die Nachfrage nach Ladeinfrastruktur im Wohnbereich stark zunimmt. Dafür sind sicher auch andere Faktoren ursächlich. Diese werden in den folgenden Abschnitten behandelt.

Insgesamt werden das eigene Heim und die Lebensumgebung zunehmend digitaler. Das wird zu einer erhöhten Nachfrage nach Elektrizität führen (Rebound-Effekte). Der Trend ist eindeutig. Doch auch hier gibt es einen Trend zur Eigenversorgung, zumindest als Unterstützungsmaßnahme. Eigene PV-Anlagen, Batterien oder Energiegemeinschaften verlagern zusehends die Versorgungssicherheit von ursprünglich zentralen Versorgunglösungen zu modernen dezentralen Einheiten. Smart Metering macht das möglich. Ein weiterer Trend, der noch nicht Fuß gefasst hat, ist die Etablierung von dezentralen Märkten. Es gibt weitreichende Forschungsstudien dazu, kommerziell sind diese aber noch nicht aufzufinden. Bei dezentralen Märkten geht es um die Idee, dass Nachbarn Energiedienstleistungen unter sich austauschen und verrechnen. Dies ist mit den gegenwärtig gängigen Marktmodellen nicht möglich. In Zukunft werden dezentrale Märkte jedoch auf jeden Fall im Verteilnetzbereich Einzug halten und die Art, wie wir energetische Versorgungssicherheit verstehen, verändern.

Die bisher gemachten Erfahrungen mit der Digitalisierung der Energieversorgung sind grundlegend positiv. Zum ersten Mal besteht die Möglichkeit, direkt und zeitnah den Konsum zu messen, also Daten zu übertragen, zu verarbeiten und zu speichern. Dies war in der Vergangenheit nur für Großkunden mittels digitaler Zähler und Fernausleseprotokolle möglich und vor dieser Zeit nur durch manuelles Ablesen vor Ort. Durch den Einzug des Internets und die immer besser und stärker werdende Abdeckung von Mobilfunksignalen und Dienstleistungen besteht nun auch die Möglichkeit, den Konsum in jedem Haushalt zeitnah zu erfassen.

Nahezu alle Energieversorger in Europa haben das Thema aufgegriffen oder befinden sich gerade dabei, eine Advance Metering Infrastructure (AMI), also eine dem Stand der Technik entsprechende Messinfrastruktur zu errichten. Bis Ende 2023 betrug die Roll-out-Quote, die Zahl der installierten digitalen Stromzähler, in Europa 60 %, was in etwa 186 Millionen Zählern entspricht. Bis 2028 soll die Quote auf 78 % (326 Millionen Zähler) weiter anwachsen.[4)]

Mit der Erfassung der Verbräuche lassen sich viele Analysen durchführen, die für den gesamten Strommarkt wichtig und notwendig sind. Haben wir ursprünglich nach dem Verbrauchsprinzip Strom konsumiert, d. h., es wurde (und teilweise noch wird) so viel Strom produziert, wie wir konsumieren, dreht sich durch die Bewusstseinsbildung des Konsums und des Einzugs von erneuerbaren Energien das Prinzip langsam um. Wir konsumieren oder speichern, was momentan verfügbar ist. Ein wichtiger Faktor, der auch zu diesem Trend beiträgt, ist das steigende Bewusstsein der Energieeffizienz. Ei-

---

[4] *Spencer Jones, Jonathan:* 326 Millionen intelligente Zähler in ganz Europa bis 2028. Smart Energy International, 26.02.2024. *https://www-smart--energy-com.translate.goog/industry-sectors/smart-meters/326-million-smart-meters-across-europe-by-2028-report/?_x_tr_sl=en&_x_tr_tl=de&_x_tr_hl=de&_x_tr_pto=rq* (Stand: Dezember 2024)

nes der Ziele der Europäischen Kommission im 20-20-20-SET-Plan (Strategic Energy Technology Plan), war es, die Energieeffizienz um 20 % zu erhöhen.[5] Durch die effiziente Messung des Verbrauchs bekommt man nun Ausgangs- und Vergleichswerte, um Trends zu erkennen und um gegebenenfalls auch Maßnahmen zu ergreifen.

Ein weiterer Aspekt, nämlich jener der Integration erneuerbarer Erzeugung im dezentralen Verteilnetz durch hinzugeschaltete Anlagen wie PV-Anlagen oder kleine Windmühlen, wird durch genaue Messungen vereinfacht. Gemeinsam können auf Basis von Algorithmen in Rechenzentren anhand der erfassten Daten Strombilanzen für lokale Ortschaften oder regionale Gebiete erstellt werden. Die historischen Verbrauchsdaten helfen auch, durch Projektionen auf die nachfolgenden Tage oder Wochen die Versorgungssicherheit zu erhöhen, indem sie die potenziell zu erwartende Energienachfrage der ebenfalls potenziell zu erwartenden Erzeugung gegenüberstellen. Sogenannte Forecast-Algorithmen helfen dabei, eine möglichst genaue Prognose zu erstellen. Dadurch wird auch die Möglichkeit geschaffen, Demand-Response-Systeme zu betreiben, also jene Systeme, die sich auf sich ändernde Werte der Erzeugung oder des Verbrauchs automatisch einstellen und Maßnahmen einleiten. Solche Systeme gab es bereits in der Vergangenheit. Diese waren allerdings ausschließlich bei Großanlagen vorhanden und der Einsatz wurde durch vorherige telefonische Absprachen getroffen. Durch die Digitalisierung und das Vorhandensein von zeitnahen Werten sowie durch den Einzug von schaltbaren Erzeugern und Verbrauchern (sowie Netzkomponenten) konnte diese Möglichkeit auf die Ebene der geringeren Leistungen, also auf Verteilnetzebene, ausgeweitet werden. Der Unterschied ist, dass hier alles vollautomatisch erfolgt, da die zu schaltenden Leistungen nicht sehr groß sind, vergleicht man sie mit jenen der am Übertragungsnetz verbundenen Kraftwerke.

Darüber hinaus dienen Verbrauchs- und Erzeugungsmessungen und -kurven auch dazu, das Verteilnetz zu stabilisieren. Verteilnetzbetreiber können viel besser potenzielle Engpässe vorausberechnen und so das Netz durch geeignete Maßnahme stabil halten. Ein wichtiger Faktor hierfür ist auch die Nutzung von Energiespeichern. Dies wird in Abschnitt 9.3.2 ausführlich behandelt.

Wenn wir von der Digitalisierung der Energiewirtschaft sprechen, so ist die Erfassung des Verbrauchs und der Erzeugung die absolute Basis einer jeden Digitalisierungsbestrebung. Erst wenn wir zeitnah wissen, wie hoch Konsum und Erzeugung sind, sind Steuerungsmaßnahmen möglich. Durch die Nutzung von intelligenten Algorithmen, die meistens auf statistischen Auswertungen beruhen und zunehmend von künstlicher Intelligenz (KI) unterstützt werden, lassen sich Informationen gewinnen, die als Basis für Handlungsoptionen eingesetzt werden. Die Algorithmen dienen aber auch der Entwicklung von Schaltstrategien. Durch den intelligenten Einsatz von Erzeugern, Verbrauchern und Speichern lassen sich Optimierungen durchführen, die die Versorgungssicherheit, CO_2-Reduktion, Preisoptimierung und Autarkie (Unabhängigkeit vom Netz) zum Ziel haben.

[5] 2020 Climate and Energy Package, 2009. *https://climate-laws.org/document/2020-climate-and-energy-package-contains-directive-2009-29-ec-directive-2009-28-ec-directive-2009-31-ec-and-decision-no-406-2009-ec-of-the-parliament-and-the-council-see-below_c91b* (Stand: Dezember 2024)

8.3.3 Kosten-Nutzen-Analyse der Smart Meter-Implementierung

Doch was bringt die Implementierung von Smartmetern volkswirtschaftlich? Leider gibt es bezüglich dieser Frage bislang keine guten Ergebnisse. Bevor in den meisten europäischen Ländern die digitalen Zähler eingeführt wurden, haben nahezu alle Staaten eine Kosten-Nutzen-Analyse durch Beratungsagenturen auf Basis der Empfehlung der EU-Richtlinie 2009/72/EG durchführen lassen. Ziel dieser Analysen war es, vor einer massiven Ausrollung von intelligentem Zähler zu wissen, welche volkswirtschaftlichen Kosten auf die jeweiligen Gesellschaften zukommen würden und welche Auswirkungen diese Technologie insgesamt haben könnte. Erwartet wurde vor allem, herauszufinden, unter welchen Szenarien der Implementierung die besten Ergebnisse erzielbar wären. Die EU-Kommission wollte damit auch erreichen, dass sich nicht jedes Land dazu verpflichtet sehen muss, eine länderweite Ausrollung von digitalen Zählern durchzuführen. Jeder Staat sollte seine Entscheidung auf Basis der gewonnenen Klarheit der Ergebnisse der Kosten-Nutzen-Analyse treffen. Im Dokument der Kommission wurde auch festgehalten, dass, sollte eine Kosten-Nutzen-Analyse negativ ausfallen, diese nach spätestens vier Jahren zu wiederholen sei.

Im Falle der Kosten-Nutzen-Analyse in Österreich gibt es gut dokumentierte Ergebnisse und diese sind eindeutig negativ. In einem Rechnungshofbericht aus Österreich wird darauf hingewiesen, dass die Kosten weit höher ausfielen als ursprünglich geschätzt. Bis Mai 2024, als der Bericht veröffentlicht wurde, wurden die Kosten auf 2,18 Milliarden € beziffert:

„Die Entscheidung des Wirtschaftsministers 2012, Smart Meter einzuführen, hatte sich auf eine Kosten-Nutzen-Analyse gestützt. Diese schätzte die Investitionskosten auf rund 830 Millionen Euro. Tatsächlich werden sie bei 1,780 Milliarden Euro liegen. Die Summe aus Investitions- und Betriebskosten wird nach einer Berechnung des Rechnungshofes österreichweit 2,180 Milliarden Euro betragen. Netzverlust- und Finanzierungskosten sind darin nicht enthalten. Es besteht das Risiko, dass weitere Kosten anfallen. Im Durchschnitt aller Landes-Netzbetreiber kostet ein Smart Meter in der Einführungsphase 330 Euro.“ [6)]

Dem gleichen Bericht zufolge war bis zum Jahr 2020 auch eine Roll-out-Quote von 80 % erwartet worden, die europaweit hätten erreicht werden sollen. Dies hat leider mehr als die Hälfte der Staaten nicht erreicht, so auch Österreich nicht. Österreich hatte bis Ende 2022 lediglich eine Quote von 68 % erreicht, obwohl es sich selbst das Ziel gesetzt hatte, bis Ende 2019 bereits 95 % zu erreichen – ein Versagen des ursprünglichen Plans auf ganzer Linie.

Nicht viel anders erging es der deutschen Kosten-Nutzen-Analyse. Sie war wie die österreichische Kosten-Nutzen-Analyse negativ. Deutschland ist mit dem Roll-out von Smartmetern noch weit hinter dem ursprünglichen Plan und bildet im europäischen Vergleich mit Belgien und Zypern eher das Schlusslicht. Auch in Deutschland zeichnen sich bereits

---

[6] *Österreichischer Rechnungshof:* Umrüstung auf Smart Meter kostet mindestens 2,180 Milliarden Euro. 03.05.2024. *https://www.rechnungshof.gv.at/rh/home/news/Meldungen_2024/Smart_Meter_Einfuehrung_Stand_2022.html#* (Stand: 03.12.2024)

die ersten Hiobsbotschaften ab. In einem Bericht der Verbraucherzentrale (Bundesverband, VZBV) vom 04. November 2024 wird auf die Pläne des Bundeswirtschaftsministeriums hingewiesen.[7] Es wird die Möglichkeit bekundet, dass Haushalte ab 2025 mit deutlich höheren Kosten für den Einbau eines intelligenten Zählers rechnen müssten. Die einmaligen Kosten für den Einbau sollen von 30 auf 100 € erhöht werden.

Die anschaulichen Berichte sind nur zwei Beispiele aus den Roll-out-Erfahrungen der europäischen Länder, die gezeigt werden, um auf die Problematik der volkwirtschaftlichen Kosten einer solchen Implementierung hinzuweisen. Trotz der Kosten, die der Aufbau einer digitalen Infrastruktur mit sich bringen kann, soll auch auf die positiven Aspekte des Vorhandenseins einer solchen Struktur hingewiesen werden. Denn durch eine bestehende digitale Infrastruktur lassen sich neue Anwendungen, neue Geschäftsmodelle, neue angepasste Tarife und – was ebenfalls bedeutend ist – die Partizipation der Endkonsumenten viel leichter ermöglichen. Durch die digitalisierte Infrastruktur ist es möglich, auf dezentraler Netzebene neue Akteure, wie z. B. Speicher oder Elektroautos, am aktiven Geschehen des Netzbetriebs mitwirken zu lassen. Die kann durch Speicherverfügbarkeit (Vehicle 2 Grids) oder durch schaltbare Lasten geschehen. Es können neue dezentrale Mikromärkte entstehen, in denen Nachbarn Energie untereinander vermarkten. Durch Nutzung geeigneter Algorithmen können Kapazitätsengpässe vorausberechnet werden oder virtuelle Kraftwerke miteinander verbunden werden usw.

In Summe werden durch die Digitalisierung viele Anwendungen möglich, die erstens früher nicht möglich waren und die zweitens in der Betrachtung der Kosten-Nutzen-Analysen nicht oder nur mangelhaft vorkommen, weil sie zum Zeitpunkt der Erstellung der Dokumente einfach noch nicht denkbar waren und diese Analysen lediglich auf die Errichtung der digitalen Infrastruktur fokussiert sind. Doch heute sehen wir alle diese Möglichkeiten und sie eröffnen völlig neue Arbeits- und Wirtschaftssektoren mit neuen Berufsfeldern für die Jugend, die vorher ebenfalls nicht denkbar waren.

8.4 Smart Mobility

Alternative Antriebssysteme haben in der letzten Zeit sehr stark das öffentliche Interesse geweckt. Zum einen scheint dafür die mittlerweile seit Jahren geführte und nicht abzuwürgende Diskussion um die Abgasskandale verantwortlich zu sein. Zum anderen hat auch die exzentrische Persönlichkeit von Elon Musk mit dem Tesla-Elektroautokonzept dazu beigetragen, dass die intelligente Mobilität von morgen bereits heute voll im Gange ist. Nun betreten auch neuere Player den europäischen Markt. So werden zunehmend elektrisch getriebene Pkws aus China auf europäischen Straßen zugelassen. Ziel

---

[7] *Verbraucherzentrale Bundesverband:* Energiewende: vzbv kritisiert höhere Kosten für Smart-Meter. 04.11.2024. *https://www.vzbv.de/pressemitteilungen/energiewende-vzbv-kritisiert-hoehere-kosten-fuer-smart-meter* (Stand: 03.12.2024)

der Elektroautostrategie ist es, den immer stärker werdenden Anteil der CO_2-Emissionen im Verkehrsbereich zu reduzieren. Betrachten wir den Anteil der CO_2-Emissionen aus dem Verkehrsbereich, so lag er in Europa im Jahr 2021 mit 0,8 Millionen t bereits bei 33 % (Bild 8.2 und Bild 8.3).[8)]

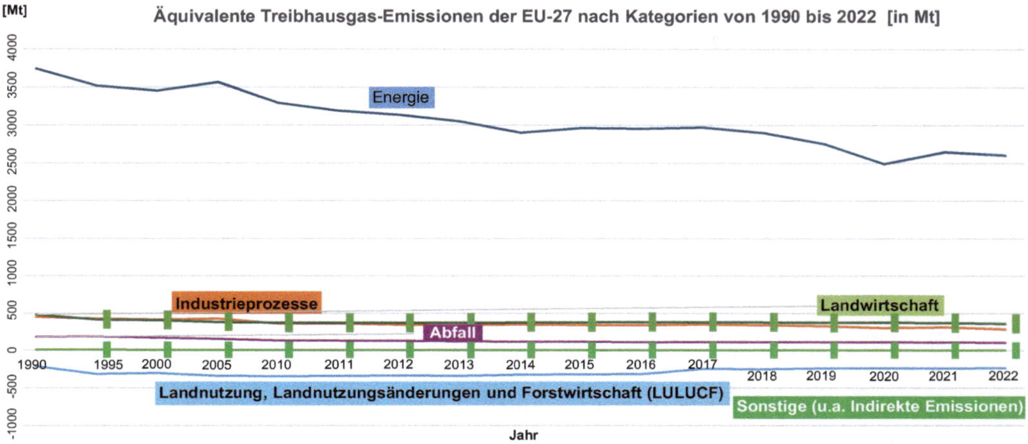

Bild 8.2 Treibhausgasemission im Verkehr in der EU, der Schweiz, in Norwegen und auf Island[9)]

Generell ist der Trend eindeutig sinkend. Betrachtet man die prozentuale Verteilung der Emissionen in Bild 8.3, so ist leicht zu erkennen, dass der Verkehr einen immer noch viel zu hohen Anteil hat.

Die Lösung der Abgasproblematik im Verkehrssegment wird nicht durch strengere Regeln oder durch Fahrverbote für Dieselfahrzeuge in den Innenbezirken der Städte zu bewältigen sein. Vielmehr müssen ganzheitliche Konzepte wie intermodale Transportsysteme verstärkt in den Vordergrund rücken. Hierbei handelt es sich um Systeme, die die Mobilität der Passagiere und nicht das Besitzen eines Fahrzeugs in den Vordergrund stellen. Das Auto als Statussymbol wird jedoch auch in den kommenden Jahren nicht wegzudenken sein. So zielt z. B. Elon Musk mit seinem Teslakonzept genau in diese Nische – ein umweltfreundliches Fahrzeug unter Beibehaltung des Statussymbols. Das wird langfristig vermutlich nicht zu halten sein, oder zumindest für weitreichende Diskussionen im Stadtbereich sorgen. Die Pkw-Dichte ist bereits viel zu hoch. Die gegenwärtige Lage in den Straßen der Großstädte setzt alle Verkehrsteilnehmer und die Stadtverwaltungen immer stärker unter Druck.

---

8 *eurostat:* Treibhausgasemissionen nach Quellensektor. *https://ec.europa.eu/eurostat/databrowser/view/ENV_AIR_GGE__custom_10627372/default/table?lang=de* (Stand: März 2024)

9 Datenquelle: *https://www.umweltbundesamt.de/daten/klima/treibhausgas-emissionen-in-der-europaeischen-union#trends* (Stand: 28.09.2025)

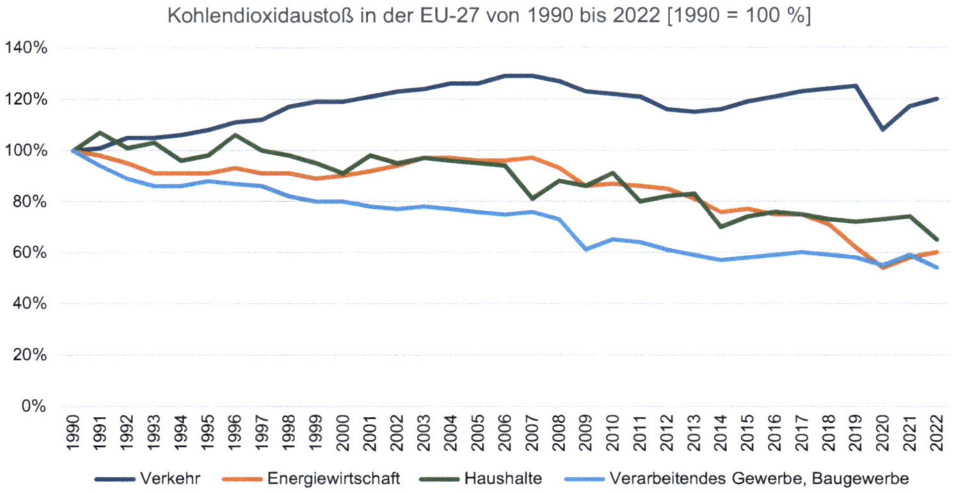

Bild 8.3 Prozentuale Verteilung der CO_2-Emission nach Sektor in der EU 27[10)]

So wurden im Jahr 2022 in Deutschland 585 Autos pro 1000 Einwohner und in Österreich 571 Autos in den Straßen zugelassen (Bild 8.4). Italien und Luxemburg führen die Liste mit je 684 Autos bzw. 678 Autos an. Im EU-27-Schnitt ist die Zahl mit 560 Autos pro 1000 Einwohner im oberen Drittel angesiedelt. Dem sei hinzuzufügen, dass in den meisten EU-Ländern die Tendenz immer noch nach oben weist.

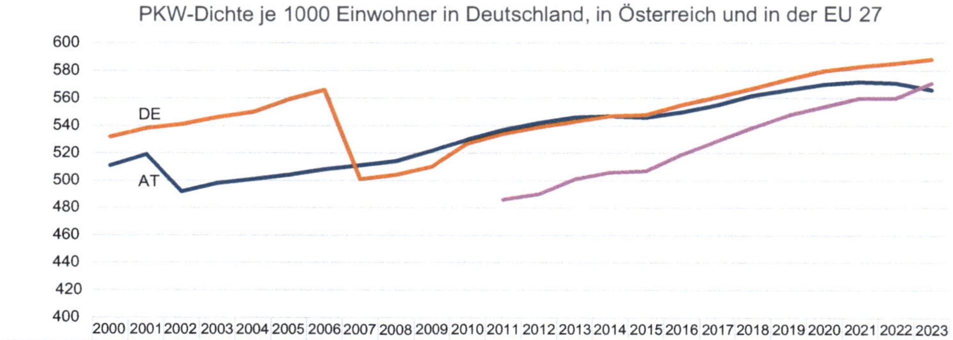

	2000	2001	2002	2003	2004	2005	2006	2007	2008	2009	2010	2011	2012	2013	2014	2015	2016	2017	2018	2019	2020	2021	2022	2023
AT	511	519	492	498	501	504	508	511	514	522	530	537	542	546	547	546	550	555	562	566	570	572	571	566
DE	532	538	541	546	550	559	566	501	504	510	527	534	539	543	547	548	555	561	567	574	580	583	585	588
EU-27												486	490	501	506	507	519	529	539	548	554	560	560	571

AT DE EU-27

Bild 8.4 Pkw-Dichte in Deutschland, in Österreich und in der EU 27[11)]

---

[10] Datenquelle: *Statistisches Bundesamt:* Kohlendioxidemissionen im Verkehr gegenüber 1990 gestiegen. März 2024. *https://www.destatis.de/Europa/DE/Thema/Umwelt-Energie/CO2_Sektoren.html* (Stand: 28.09.2025)

[11] Datenquelle: *Statistisches Bundesamt:* Straßenverkehr: Dominanz des Autos ist ungebrochen. März 2024. *https://www.destatis.de/Europa/DE/Thema/Verkehr/Auto.html* (Stand: 28.09.2025)

Eine Priorisierung des öffentlichen Personennahverkehrs wäre eine gangbare und volkswirtschaftlich auch effizientere Lösung. Intelligente Systeme leiten dabei den Nutzer durch vielfältige Optionen, angefangen bei einem simplen Fahrrad, das öffentlich zur Verfügung gestellt wird, über den strombetriebenen Bus mit einer erhöhten Taktrate bis hin zu U-Bahn, Fähren oder Regionalbahnen. Das ist das Konzept der intermodalen Fortbewegung. Die Mobilität steht hierbei im Vordergrund und nicht das Gefährt. Um dieses Ziel zu erreichen, werden zwei wesentliche Komponenten nötig sein: zum einen bewusste Konsumenten, also Passagiere, und zum anderen das Angebot entsprechender Dienstleistungen, sowohl was die Transportinfrastruktur in der Stadt und auf dem Land betrifft als auch die dazugehörigen harmonisierten Zahlungssysteme. Ersteres, der bewusste Passagier, wird wohl am schwierigsten zu erreichen sein. Die Autoindustrie hat ca. 100 Jahre gebraucht, um aus dem Automobil ein Statusobjekt zu schaffen. Hoffentlich wird es nicht genauso lange dauern, dem Konsumenten beizubringen, dass es nachhaltigere Alternativen gibt, vor allem effizientere, wenn man es schafft, die Blechlawine zu reduzieren.

Die Implementierung von modernen und zukunftsorientierten Mobilitätskonzepten wird unsere immer mobiler werdende Gesellschaft verändern (müssen). Der Übergang vom Fahrzeugeigentümer zum Nutzer ist bereits im Gange. Car-Sharing-Konzepte und Mobilitätsdienstleiter wie Uber, DriveNow und andere bieten alternative Konzepte der Fortbewegung als Dienstleistung an. Genau hier liegt wohl das Geheimnis des Erfolgs. Seit der Erfindung der Akkordproduktion durch Henry Ford stand der Gedanke des „Habens" von Fahrzeugen (und darüber hinaus von weiteren Technologien) im Bewusstsein der Konsumenten. Dies wurde durch das entsprechende Marketing und die markante Darstellung, einer Industrienation zugehörig zu sein als Konterpart zur unterentwickelten „Dritten" Welt, zunehmend verstärkt. Die Konsequenz dieses Handels sieht man heute an der Entwicklung in China oder Indien. Da offensichtlich jeder zur Industriewelt gehören möchte (und mittlerweile auch gehört), werden die Straßen der Metropolen mit Fahrzeugen überfüllt und an Fortkommen ist nicht mehr zu denken.

Der moderne Mensch will mobil sein. Das soll auch so bleiben. Das Pendel scheint sich nun situationsbedingt sehr langsam in die entgegengesetzte Richtung zu bewegen – situationsbeding durch die Verdichtung der Städte, insbesondere der Großmetropolen, sowie durch die damit verbundene Verdreckung der Luft durch Smog, der durch das starke Verkehrsaufkommen zustande kommt. So steht der Verbannung des Automobils aus den Städten, zumindest im innerstädtischen Bereich, nichts mehr im Wege und diverse, meist europäische Groß- oder Hauptstädte ziehen das bereits in Erwägung.

Einiges hat der Abgasskandal jedoch sehr wohl ins Positive gewendet, nämlich die Stärkung des Bewusstseins, dass nachhaltige Verkehrskonzepte mehr als überfällig sind, dass die Autoindustrie ganz eigene Interessen verfolgt und dass die verbrennungsbasierten Antriebssysteme vermutlich bald der Vergangenheit angehören werden. Allein die Politik und die Lobbygesellschaft der Autoindustrie versuchen, dies so weit wie möglich zeitlich nach hinten zu verschieben. Vermutlich will man Zeit gewinnen, um die verschlafene Entwicklung in neue und nachhaltige Technologien der Fortbewegung wieder aufzuholen. Die Umwelt hat diese Zeit allerdings nicht.

8.5 Smart Home

Es gibt einen starken Trend, das Eigenheim zu digitalisieren. Der Markt für Smart Home-Anwendungen wird für das Jahr 2024 auf 154,4 Milliarden US$ geschätzt.[12] Bis zum Jahr 2028 wird, laut Statista-Studie[13] der Markt auf 231,6 Milliarden US$ anwachsen. Die Kings Research Studie ist etwas progressiver und schätzt das Marktwachstum bis 2030 auf 790,19 Milliarden US$ ein.[14] Dies entspräche einer CAGR (Compound Annual Growth Rate, dt. jährliche Wachstumsrate) von 25,06 % von 2023 bis 2030. Das Wachstum wird von wichtigen Schlüsselfaktoren getrieben. Ein wichtiger Faktor ist der Ausbau von Breitbandinternetzugängen auf Endpunktebene. Hinzu kommen die Integration von künstlicher Intelligenz und maschinellem Lernen in Smart Home-Geräte, was zu einer verbesserten Automatisierung und personalisierten Benutzererlebnissen führt. Die immer breitere Nutzung von KI-Lösungen wie ChatGPT wird nicht zuletzt dazu führen, dass das Smart Home mit diesen Technologien in Verbindung treten wird und zusätzliche Vorteile wie Dienstleistungen im Bereich der Gesundheitsvorsorge oder des Gesundheitsmonitorings sowie der Altenbetreuung oder die effiziente Nutzung von Energie und nachhaltigen Lebensmitteln anbieten kann. Der Smart Home-Bereich wird folglich multidimensional wachsen. Durch die zunehmenden Anteile an Singlehaushalten in Europa spielen solche Lösungen eine immer wichtigere Rolle, die über das rein Technische hinausgehen wird. Durch die Nutzung von künstlicher Intelligenz (KI) werden mit den heute noch etwas atypischen Sprachrobotern künftig auch Gespräche über allgemeine und fachliche Themen möglich sein, wodurch der inneren Vereinsamung der Bewohner entgegengewirkt wird. Auch der zunehmenden Alterung der europäischen Bevölkerung wird hierdurch entgegengewirkt. Telemedizin ist seit der Pandemie groß im Kommen und erfreut sich immer größerer Beliebtheit, um lange Warteschlagen in Kliniken oder Gesundheitszentren zu vermeiden. Smart Home-Anwendungen werden diese Tendenz zusätzlich verstärken. Künftig werden Diagnosen automatisiert aus der Ferne gestellt, basierend auf den Daten, die man bereits heute schon von Smartwatches am Handgelenk kennt oder die durch das intelligent vernetze Blutdruck- oder Blutzuckermessgerät erfolgen. Vernetzte Bewegungsmelder und Temperatursensoren werden Aufschluss darüber geben, ob ältere allein-

---

[12] *Statista:* Smart Home – Worldwide. *https://www.statista.com/outlook/dmo/smart-home/worldwide* (Stand: März 2024)

[13] *Statista:* Smart Home – Worldwide. *https://www.statista.com/outlook/dmo/smart-home/worldwide* (Stand: März 2024)

[14] *Kings Research:* Smart Home Market. *https://www.kingsresearch.com/smart-home-market-25* (Stand: März 2024)

stehende Personen in einer Wohnung gestürzt oder nicht mehr bei Bewusstsein sind. Die Palette der Anwendungen wird weitreichend sein.

Ein zusätzlich wichtiger Aspekt, den Smart Home-Lösungen in Zukunft abdecken werden, ist das dezentrale Energiemanagement am Verbraucherendpunkt. Die zunehmende Eingliederung von erneuerbaren Energien insgesamt und in letzter Zeit insbesondere auf der Verteilnetzebene erzeugt permanente Volatilitäten, die kompensiert werden müssen. Smart Home-Lösungen können, neben den genannten anderen Funktionen, auch Anwendungen zu Mikro-Energiemanagementsystemen beinhalten. Diese Systeme optimieren den Energieverbrauch unter Beachtung verschiedener Aspekte wie Temperatur, Feuchtigkeit oder Sonneneinstrahlung bei gleichzeitiger Berücksichtigung der Verbraucherwünsche, wie z. B. Kostenreduktion, Wohlbefinden im Wohnbereich, Ladeoptionen für ein Elektroauto oder das Ziel, CO_2 zu reduzieren.

Die Pandemiejahre und die durch den Ukrainekrieg entstandene Energiekrise, die zum Anstieg der Gaspreise führte, haben in Zentraleuropa zu einem Trend zur Errichtung privat geführter PV-Anlagen geführt.[15] In der Folge ist auch das Interesse an Energiespeichern für den Wohnbereich sprunghaft gestiegen. Eine wichtige Ursache dafür sind nicht zuletzt auch die stark gesunkenen Preise für Solarpanels und Batterien. Solche Lösungen bedürfen einer intelligenten Steuerung, will man daraus das maximale Potenzial nutzen. Dezentrale Intelligenz wird unseren Energieverbrauch folglich zunehmend optimieren können. In Zusammenhang mit den aufkommenden Energiegemeinschaften können solche Mikro-Energiemanagementsysteme zu einer Erhöhung der Versorgungssicherheit beitragen. Ein weiterer vorteilhafter Aspekt ist die Möglichkeit, dezentrale Demand-Response-Systeme, virtuelle Kraftwerke (Virtual Power Plants, VPP) und in weiterer Folge auch dezentrale Mikromärkte zu betreiben.

Smart Home und Datenschutz

Auch in puncto Smart Home wird zunehmend die Frage nach dem Schutz personenbezogener Daten laut (Stichwort „Big Brother is watching you!"). Die Gesellschaft wird sich dieser Diskussion stellen und Regularien finden müssen, die den Schutz im Privaten besser garantieren können, als es heute der Fall ist. Hier stehen wir erst am Anfang der Auseinandersetzung, denn zum einen sind Smart Home-Anwendungen, wie bereits beschrieben, sehr nützlich, zum anderen lassen sich solche Dienste aber auch für die staatliche Überwachung der eigenen oder der Bevölkerung fremder Staaten missbrauchen und das werden sie auch. Zumindest sollten wir zur Lösung der Herausforderung von der Prämisse ausgehen, dass dies der Fall ist, und nicht umgekehrt. Wenn sogar das Handy einer Bundeskanzlerin abgehört werden kann, was für eine Schutzgarantie bleibt dann für das gemeine Volk übrig? Die IT-Security muss demzufolge immer stärkeren Zugang zur Smart Home-Ebene finden, und zwar Security im Bereich der Geräteentwicklung, der Kommunikation, der Speicherung dezentraler Daten auf Data Log-

[15] *Költzsch, Tobias:* Nachfrage nach privaten Solaranlagen steigt um 146 Prozent. 13.06.2023. *https://www.golem.de/news/photovoltaik-nachfrage-nach-privaten-solaranlagen-steigt-um-146-prozent-2306-174893.html*

gern oder der Daten, die mittel- oder langfristig in der Cloud gespeichert werden. Es muss jedem Bürger möglich sein, einen verlässlichen Schutz seiner persönlichen Daten zu gewährleisten. Gegenwärtig ist das nur partiell der Fall. Was die IT-Security betrifft, stecken wir als Gesellschaft noch in den Kinderschuhen, da die digitale Revolution noch mehrere Jahre andauern wird. Jeder geht davon aus, dass das eigene Heim nicht betroffen sein wird und dass Hackerangriffe nur andere betreffen. Dabei hat Bitkom in seiner Presseaussendung vom 31. August 2022 bekannt gegeben, dass der volkswirtschaftliche Schaden in Deutschland allein durch Phishing auf 203 Milliarden € pro Jahr angewachsen ist.[16] Das entspricht einem statistischen Durchschnittswert von ca. 2400 € pro Bundesbürger pro Jahr. Das Smart Home kann also schnell vom Segen zum Fluch werden, vor allem dann, wenn lebenswichtige Funktionen auf dezentrale Entscheidungshilfen ausgelagert werden, wenngleich sie nie einen Arzt werden ersetzen können.

Der Ausbau hin zum Smart Home wird zunehmen und sich durchsetzen. Daran besteht kein Zweifel. Produzenten, Anbieter und der Staat sind jedoch gefordert, langfristige Sicherheit durch erhöhte Anforderungen an industrielle Standards zu gewährleisten. Der Nutzer wird gefordert sein, bezüglich der „Überwachung“ seines Lebens durch technische Vorrichtungen bewusste Entscheidungen zu treffen. Aus digitaler Sicht wird die zunehmende Digitalisierung der Haushalte zu einer wachsenden Nachfrage nach Sensorik, Kommunikationsinfrastruktur und entsprechenden Softwarelösungen führen.

8.6 Smart City

Eine übergeordnete Entwicklung im Sinne der Smart-Energy-Thematik ist die Tendenz von Städten hin zur Digitalisierung der Infrastruktur, der Energieversorgung, des Transports und der Dienstleistungen. Als die Beschäftigung mit Smart Energy aufkam und die Notwendigkeit einer verstärkten Nachhaltigkeit und Schonung der verfügbaren Ressourcen immer deutlicher wurde, sahen sich auch die Städte in der Verantwortung, einen Beitrag zu leisten. Gegenwärtig leben ca. 57 % der Weltbevölkerung in Städten. Im Jahr 1985 waren es noch 41,2 %. Der Trend ist nach wie vor ungebrochen. Man schätzt, dass der ihre Zahl bis 2050 auf ca. 68 % ansteigen wird.[17] Wenn man davon ausgeht, dass die Weltbevölkerung bis dahin auch weiter ansteigen wird, geschätzt wird sie dann auf ca. 9,7 Milliarden Menschen, dann ist die Landflucht äußerst bemerkenswert. Der Anteil der Weltbevölkerung, die zu diesem Zeitpunkt in einer Stadt le-

---

16 *bitkom:* 203 Milliarden Euro Schaden pro Jahr durch Angriffe auf deutsche Unternehmen. 31. August 2022. *https://www.bitkom.org/Presse/Presseinformation/203-Milliarden-Euro-Schaden-pro-Jahr-durch-Angriffe-auf-deutsche-Unternehmen* (Stand: 23.02.2026)

17 *Statista:* Anteil der Bevölkerung in Städten weltweit von 1985 bis 2015 und Prognose bis 2050. *https://de.statista.com/statistik/daten/studie/37084/umfrage/anteil-der-bevoelkerung-in-staedten-weltweit-seit-1985/#:~:text=Die%20Statistik%20zeigt%20den%20Anteil,von%2068%2C4%20Prozent%20prognostiziert* (Stand: August 2024)

ben werden, wird ca. 6,6 Milliarden Menschen betragen. Das bringt starke Herausforderungen mit sich, sowohl im administrativen Bereich, im Dienstleistungssegment, im Transport als auch in der Versorgung mit Wasser und Energie. Nachdem die Smart-City-Thematik mehrere Aspekte umfasst, werde ich mich auf den Bereich der Energie beschränken, um den Rahmen des Buches nicht zu sprengen.

Städte kann man energetisch betrachtet als Energiesenken definieren. Sie verschlingen eine gewaltige Menge an primärer und sekundärer Energie, und dies in vielfachen Formen. Primäre Energie wird in Form von Erdöl, Gas, Kohle oder anderen Trägern benutzt, um daraus sekundäre Energieformen wie Strom, Flüssiggas oder andere Varianten zu gewinnen, die die Städte und ihre Bewohner versorgen. Das Städtewachstum wird zu einer wachsenden Nachfrage nach Energie führen. Vielfach ist davon auszugehen, dass die bestehenden Energieinfrastrukturen in Städten irgendwann die hohe Last nicht mehr werden abdecken können. Gaspipelines oder Verteilnetze werden an ihre Grenzen stoßen.

Eine weitere logische Konsequenz des stetigen Wachstums ist eine fortwährend wachsende Umweltbelastung. Sie reduziert schon jetzt die Lebensqualität in vielen Großstädten. Es ist zu erwarten, dass diese Belastung die kommenden Jahre anhalten wird. Bis wir es schaffen, eine Trendumkehr in Sachen Umweltbelastung und Nachhaltigkeit zu erarbeiten, wird die Luftqualität und Wasserqualität vermutlich sinken. Der Verkehr und der Lärm sowie die nächtliche Lichtkontamination werden zunehmen. Dabei gäbe es Potenziale einer Stadt zu nutzen. In vielen Städten wird dies bereits gemacht.

Durch die dichte Bebauung kann eine effizientere Nutzung von Energie erfolgen. Der Einsatz von Smart Grids erlaubt es, neue, verbesserte Versorgungsstrategien einzuführen. So kann die Nutzung, die Verteilung und die Nachfrage der Elemente Strom, Wasser, Fernwärme und -kälte durch den Einsatz digitaler und intelligenter Infrastruktur besser und sehr effizient gesteuert werden. Disruptive Technologien bieten eine Möglichkeit der Flexibilisierung der genannten Parameter und führen dadurch zu einer Erhöhung der energetischen Effizienz und der Schonung von Ressourcen bei. Die Nutzung von erneuerbaren Energien macht auch vor der Stadt nicht halt. So werden mehr und mehr Städte vom Gebrauch von erneuerbaren Energien profitieren und diese fördern. Zwar wird dies nicht alle Probleme einer Stadt lösen, aber dem Ziel einer nachhaltigen Energieversorgung ist es dienlich.

8.6.1 Technische Herausforderungen

Um eine Stadt im Sinne der energetischen Nutzung effizient und nachhaltig zu führen, gilt es jedoch, einige Herausforderungen zu nehmen. Wir tun uns oft schwer damit, erneuerbare Energien im städtischen Umfeld umzusetzen. Auf dem Land oder offshore ist dies durch Nutzung von Freiflächen noch relativ „einfach“. Zwar ist der Aufwand bei der Installation von Windanlagen, insbesondere offshore, enorm, man geht aber mit dem Gedanken der „Economy of Scale“ heran, indem man Großanlagen installiert, die dann mit relativ geringem Serviceaufwand betrieben werden. Da diese Anlagen aber meistens weit außerhalb von Ballungsgebieten oder auf mittlerer Seedistanz aufgebaut sind, stören sie nicht sonderlich. Anders ist es in der Stadt. Der Platz ist gering und rotierende Teile, die auch noch wetterbedingt summende Geräusche erzeugen können, sind hier gar nicht gern gesehen. Dementsprechend muss die Technologie an die Erfordernisse einer Stadt angepasst werden. Kleinere und effizientere Anlagen müssen so genutzt werden, dass sie weder das Stadtbild verzerren noch für das tägliche Beisammensein eine Belastung darstellen. Um entsprechend hohe Energieerzeugungswerte zu erreichen, ist die Masse gefragt. Je mehr Bürger sich an einer nachhaltigen Energieversorgung der Stadt beteiligen, desto besser wird es für alle Teilnehmer insgesamt. Und je mehr Energiekomponenten in Erzeugung, Speicherung und schaltbaren Lasten eine Stadt hat, desto besser können digitale Lösungen die Flexibilitäten freimachen und nutzen. Dazu bedarf es jedoch kostengünstiger Technologien, die wirtschaftlich sinnvoll eingesetzt werden können. Die Tendenz zur Preisreduktion im Erzeugungsbereich ist über die letzten Jahre klar erkennbar, was grundsätzlich zu befürworten ist. Der Preis von Steuerungslösungen bleibt aber konstant hoch. Der Aufwand der Errichtung und des Betriebs von virtuellen Kraftwerken z. B. oder von Demand-Response-Lösungen bleibt im Vergleich dazu hoch. Zusätzliche Schwierigkeiten aus dem administrativen Bereich kommen noch hinzu. Erzeugungsanlagen für erneuerbare Energien brauchen üblicherweise Genehmigungen, Freigaben, müssen in manchen Fällen Umweltverträglichkeitsprüfungen passieren und müssen oft lokale bauliche Einschränkungen einhalten. PV-Anlagen können auf Fassaden oder Dachflächen installiert werden, aber auch diese müssen der Statik eines Gebäudes Genüge tun und das politisch gepriesene Stadtbild nicht verunglimpfen.

Eine weitere Herausforderung der erneuerbaren Energien in der Stadt stellt die oftmals mangelhaften Kapazitäten der Verteilnetze in Strom, Wärme und Gas dar. Es kann z. B. sehr schnell zu Engpässen in der Einspeisung von erneuerbaren Erzeugungsanlagen kommen. Der Ausbau der Netze geschieht zusätzlich noch äußerst langsam, da ein Ausbau ebenfalls mehreren Freigaben unterliegt und die Kosten für den Netzausbau gleichfalls hoch sind. Wurde diese Herausforderung dann doch gemeistert, muss die intrinsische Art der Volatilität der erneuerbaren Energieerzeuger gelöst werden. Sie ist nicht viel anders als jene der Großwind- oder PV-Anlagen in ländlichen Gebieten. Solche Großanlagen speisen allerdings überwiegend in das Hochspannungs- oder Mittelspannungssegment ein. Hier wird die Volatilitätskompensation mit zugeschalteten steuerbaren Kraftwerken aus Gas oder Kohle getätigt. Das Netzwerk der Stadt befindet sich dagegen überwiegend im Verteilnetzbereich. Die Volatilitätskompensation findet hier durch die Nutzung von Batterien oder anderer Speichertechnologien, wie z. B. Fly-Wheel, statt. Da es aber auf der Verteilnetzebene – so der ursprüngliche Gedanke – nicht viel zu steuern gibt, wurde vielfach auch nicht viel gemessen. So befinden sich die meisten Verteilnetze der Welt im „Blindflug“. Es wird dementsprechend so viel in einem Sektor konsumiert oder eingespeist, bis der Transformator streikt oder sich mit einer schallenden Explosion verabschiedet. So banal es klingen mag, aber dies ist die überwiegende Realität in vielen Städten der Welt. Besser wird in den industriellen Ländern agiert. Hier wird die Stabilität der Versorgungsnetze durch den Einsatz von Sensorik und Steuerelementen zunehmend erhöht. Auf der technischen Ebene ist folglich der Einsatz von digitalen Lösungen wie Smart Grids gerade für die Stadt die einzige Lösung, den Schwierigkeiten und Herausforderungen von mehreren Seiten entgegenzutreten und die Nachteile in Vorteile zu verwandeln. Durch die Multidimensionalität einer Stadt können diverse Parameter durch den Einsatz von digitalen Lösungen harmonisiert und dadurch stabilisiert werden. Überkapazitäten im Verteilnetz können in Form von Batterien oder schaltbaren Lasten genutzt werden. Ein lokaler Mangel an elektrischer Energie kann durch Steuerung von Blockheizkraftwerken, die es in der Stadt genügend gibt, ausgeglichen werden. Der Einsatz digitaler Lösungen macht eine Stadt intelligent. Er führt dazu, dass die Stadt die verfügbaren Ressourcen besser nutzen und dabei gleichzeitig die Effizienz steigern kann. Welche Betriebsziele mit dem Einsatz von digitalen Lösungen verfolgt werden und wer sich daran beteiligen kann, muss lokal geklärt werden. Hier hat vermutlich jede Stadt eine andere Sicht auf die Zukunft. Zu guter Letzt müssen regulatorische Rahmenbedingungen gegeben sein, um solche Lösungen sicher und verantwortungsvoll einzusetzen.

8.6.2 Ökonomische Herausforderungen

Hat man die technischen Herausforderungen gelöst, so stellt sich unweigerlich die Frage, welche wirtschaftlichen Herausforderungen zu bewältigen sind. Dass technische Lösungen ein Schritt in die richtige Richtung sind, ist eine Sache. Dass diese Lösungen dann auch wirtschaftlich bezahlt und betrieben werden können, eine andere. Vielfach ist der Return on Investment (ROI) bei Investitionen von erneuerbaren Energien im urbanen Raum nicht bekannt oder nur schwer zu errechnen. Viele Einfluss- und Risikofaktoren wirken bereits am Anfang eines Projekts ein und durch die Partizipation mehrerer Stakeholder ist der Weg für umsetzbare Entscheidungen oft mühselig und lang. Allein eine PV-Anlage auf dem Dach einer Reihenhaussiedlung zu montieren kann an der Verweigerung einer einzelnen Wohnpartei scheitern. Hier ist der Gesetzgeber gefragt, solche Schwierigkeiten durch gesetzliche Vorgaben in Lösungen zu überführen.

Ein wichtiger Aspekt bei der wirtschaftlichen Betrachtung eines urbanen Nachhaltigkeitsprojekts ist die Nutzung öffentlich zugänglicher Förderungen. Diese können in Form von direkten (Projekt-)Förderungen in Erzeugungs- oder Speicheranlagen erfolgen, wie es gegenwärtig in Europa oft vorzufinden ist. Es können aber auch indirekte Förderungen in Form von Steuervergünstigungen oder begünstigten Einspeisetarifen für Betreiber solcher Anlagen sein. Auch hier ist das Wirken der öffentlichen Hand gefragt. Auf dem Weg in eine nachhaltige Energiezukunft werden solche Instrumente gebraucht. Die Wende muss bezahlt werden, und zwar von uns allen. Sie wird nicht kostenlos passieren.

Auf der anderen Seite der Förderung durch die öffentliche Hand stünde auch privates Kapital zur Verfügung. Leider ist dieses aber wenig zugänglich.[18] Viele privaten Investoren schreckt vielfach die volatile Eigenschaft der erneuerbaren Energien ab. Daher findet man oft Investoren für „Economy of Scale"-Projekte in der Nordsee oder Mega-PV-Projekte in sonnenreichen Ländern, die aufgrund Ihrer Größe eine Grundeinnahme absichern, aber kaum für mittlere bis kleinere Projekte auf dezentraler Ebene. Investoren denken in Zeitabschnitten, in denen das investierte Kapital so rasch wie möglich wieder eingenommen werden kann und eine möglichst hohe Rendite abwerfen muss. Unvorhersehbare Projekte, in denen der ROI nicht abgesichert ist, schrecken sie dagegen ab. Laut Stefan Brunnhuber, einem Soziologen und Nachhaltigkeitsforscher, Mitglied des Club of Rome, ist das gesamte Finanzsystem nicht auf Nachhaltigkeit ausgerichtet. Große Vermögensverwalter suchen nach Investitionsmöglichkeiten, die langfristig z. B. Renten oder große Infrastrukturprojekte absichern können. Hierbei geht es um leistungsfähige und kapitalintensive Finanzmärkte. Diese sind zumindest in Europa nicht ausreichend vorhanden. Laut Europäischer Zentralbank fließen pro Jahr an die 300 Milliarden € an Kapital aus Europa ab. Die Aktien und Anleihenmärkte sind in anderen Regionen der Welt wie in den USA oder in Asien attraktiver. Bringen wir es auf dem Punkt: In Europa fehlt es an Risikokapital für Nachhaltigkeit. Laut dem Sachverständigenrat für Wirtschaft wird Folgendes festgehalten:

„Auch für Investitionen im Rahmen der anstehenden digitalen und grünen Transformation sind Kapitalmärkte sehr wichtig. Denn öffentliche Mittel reichen dafür bei Weitem nicht aus, und Banken halten sich angesichts hoher Risiken und großer Unsicherheit, beispielsweise darüber, welche der neuen Technologien sich am Ende durchsetzen wird, mit der Kreditvergabe zurück. Investoren an Kapitalmärkten, insbesondere am Aktien- und Wagniskapitalmarkt, können diese riskanteren Projekte eher finanzieren."[19]

Im gleichen Dossier wird in § 189 auf die nur schwachen und fragmentierten Kapitalmärkte in Europa hingewiesen, die im Vergleich zu den USA z. B. am deutlichsten werden. In Europa finanzieren sich Unternehmen hauptsächlich durch Bankenkredite, jedoch kaum durch Aktien, Schuldverschreibungen oder Risikokapital. Dabei würden Investitionen durch Aktienbeteiligungen oder Anleihen oder einfach durch Risikokapital gerade den neu aufkommenden Unternehmen (Start-ups) mit innovativen Lösungen guttun. Es würde ihnen helfen, frisches Investitionskapital nutzen zu können, um nachhaltige Innovationen und Markteintritte von neuen Produkten zu fördern. In Bild 8.5 kann man leicht sehen, dass die Nutzung von Schuldverschreibungen, börsennotierten

---

[18] *Bethman, Frank:* Energiewende: Warum private Investoren fehlen. 09.07.2024. *https://www.zdf.de/nachrichten/wirtschaft/energiewende-finanzierung-investoren-kapitalmarktkonferenz-100.html*

[19] *Sachverständigenrat zur Begutachtung der gesamtwirtschaftlichen Entwicklung:* Kapitalmarkt in Deutschland und der EU: Potenziale besser nutzen. Jahresgutachten 2023/24. 26.10.2023. *https://www.sachverstaendigenrat-wirtschaft.de/fileadmin/dateiablage/gutachten/jg202324/JG202324_Kapitel_3.pdf* (Stand: August 2024)

Aktien und Risikokapital in den USA dominieren. Hingegen sind im Euroraum die Finanzprodukte von nicht börsennotiertem Eigenkapital und Kredite als Finanzinstrumente dominierend.

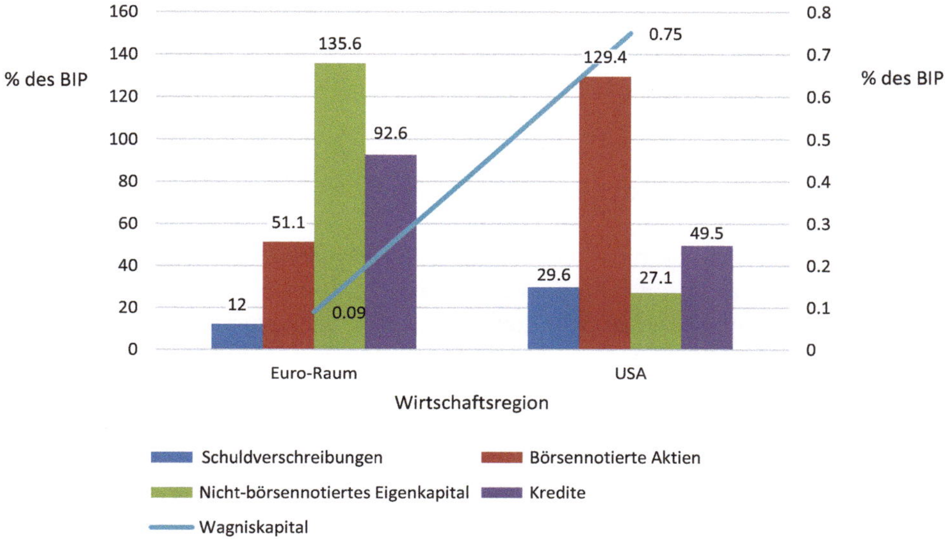

Bild 8.5 Finanzinstrumente nichtfinanzieller Unternehmen im Vergleich: Euro-Raum vs. USA[20]

Diese Realität verbindet uns mit der in Kapitel 1, Kapitel 6 und Kapitel 7 erörterten Thematik des aktuellen Wirtschafts- und Gesellschaftsmodells. Wenn man davon ausgeht, dass die bisherigen öffentlichen Investitionen bei Weitem nicht ausreichen werden, um eine nachhaltige Kreislaufwirtschaft zu errichten und eventuell doch noch die globale Erwärmung zu verlangsamen und irgendwann auch umzukehren, so wird die private Hand wohl aktiv mitwirken müssen. Im aktuellen Fortschrittsbericht (Jahr 2024) des BDEW zur CO_2-Reduktion muss allein in Deutschland mit einer Investition von über 721 Milliarden € bis 2030 gerechnet werden, um die angestrebten Ziele zu erreichen. Verlängert man den Zeithorizont bis 2035, so vergrößert sich das Volumen auf 1,2 Billionen €.[21] [22] Die wichtigsten Kostenfaktoren sind dabei die Erhöhung des Anteils an er-

---

[20] Datenquelle: *Sachverständigenrat zur Begutachtung der gesamtwirtschaftlichen Entwicklung:* Kapitalmarkt in Deutschland und der EU: Potenziale besser nutzen. Jahresgutachten 2023/24, S. 162. 26.10.2023. *https://www.sachverstaendigenrat-wirtschaft.de/fileadmin/dateiablage/gutachten/jg202324/JG202324_Kapitel_3.pdf* (Stand: August 2024). Weiterführende Quellen: OECD, EZB und eigene Berechnungen des Sachverständigenrates für Wirtschaft

[21] Die Bundesrepublik hat sich zum Ziel gesetzt, bis 2030 65 % weniger CO_2 zu produzieren.

[22] *BDEW (Bundesverband der Energie- und Wasserwirtschaft e. V.):* Kapital für die Energiewende: Die EWF-Option. Konzeptpapier zur Funktion und Ausgestaltung eines Energiewende-Fonds. 01.06.2024. *https://www.bdew.de/service/publikationen/kapital-fuer-die-energiewende-die-ewf-option*

neuerbaren Energiequellen sowie die Erhöhung der Netzkapazitäten, dies wird auch die Verteilnetze betreffen.

Doch kommen wir zurück zur Thematik der Stadt. Hier sind ebenfalls neue Denkansätze angebracht. Die Städte werden nicht in der Lage sein, die Energiewende kommerziell alleine zu stemmen. Das war auch nie das Ziel. Allerdings werden sie zu einem wichtigen Teil dazu beitragen müssen, wenn sie die Lebensqualität in Zukunft erhalten oder verbessern möchten.

8.6.3 Soziale Herausforderungen

Vermutlich werden die technischen und kommerziellen Herausforderungen, die die Städte bewältigen müssen, um auch zukünftig für die Lebens- und Arbeitsqualität ihrer Bürger zu sorgen, mit einer sozialen Transformation einhergehen müssen. Jedes neue Projekt in einer Firma wird gleichzeitig von möglichen Veränderungen der Firmenstruktur, der Arbeitsweise, der Abteilungen oder des angebotenen Produkts begleitet. Das beinhaltet ein neues Projekt schon in seiner Essenz. Das Gleiche wird in den Städten geschehen. Es kann nicht davon ausgegangen werden, dass wesentliche Veränderungen in der Art und Weise, wie eine Stadt verwaltet, die Infrastruktur verbessert oder die Art der Wirtschaftlichkeit verändert wird, nicht auch mit einer Transformation des gemeinsamen Miteinanders einhergehen wird. Bürgermeister und generell Städteverwalter tun gut daran, dies gleich von vornherein zu beherzigen und in die Veränderungsstrategien aktiv mit einzuplanen, es anzusprechen und Vorgaben zu erarbeiten. Eine Veränderung in der Verkehrsplanung kann z. B. für Zustimmung bei einigen und für Ablehnung bei anderen sorgen. Wir kennen das vom alljährlichen Baustellensommer in europäischen Großstädten. Hier wird die reduzierte Nutzung von Straßen und öffentlichen Verkehrsmitteln dazu benutzt, diese entweder zu sanieren oder andere Projekte voranzubringen. Allein hieran erkennt man durch die sommerlichen Staus leicht soziale Konfliktpotenziale, die Veränderungen mit sich bringen. Wenn man nun davon ausgeht, dass wir innerhalb der kommenden zehn Jahre vermutlich auf alle fossilbasierten Treibstoffe im Verkehrssegment ganz verzichten wollen, dann wird das aller Wahrscheinlichkeit nicht ohne Reibungsverluste geschehen. Entweder ersetzen wir eine verbrennungsmotorgetriebene Blechlawine durch eine batteriebetriebene oder erhöhen und ergänzen die in einigen Fällen spärlich oder mangelhaft entwickelten öffentlichen Fortbewegungsmittel um neue Konzepte und rücken die Mobilität der Bürger in den Vordergrund. Extreme Positionen sind hierbei weder hilfreich noch anzustreben.

Aus rationaler Sicht wird man eine Stadt nicht hundertprozentig „autofrei“ bekommen. Pendler, Zustelldienste, öffentliche Diensteinrichtungen, mobile Patienten und Altenpflege usw. wird es immer geben und sie werden immer auf absolute Mobilität angewiesen sein. Auch das Spannungsfeld zwischen Stadtrand und Stadtmitte oder Schlafplatz und Arbeitsplatz wird eine Herausforderung bleiben. Zusätzliche Schwierigkeiten wird es in den Städten an bekannten Hotspots wie Einkaufszentren am Stadtrand oder Eventzentren oder Stadien immer geben. Auch den Zustell-, Durchzugs- oder Tourismusverkehr wird es immer geben. Hier sind neue Konzepte gefordert. Ansätze wie die intermodale Mobilität gibt es bereits einige. Es gibt Vorreiterstädte, die ein solches Konzept implementieren. Es gibt aber auch hier noch viel Spielraum für neue Ideen. Insbesondere im Bereich der Implementierung neuer Transporttarife, was Anreize zum Umsteigen in den öffentliche Personennahverkehr (ÖPNV), Carsharing oder den Ausbau öffentlicher Ladesäulen angeht, ließe sich einiges verändern. Doch auch die Digitalisierung von Amts wegen, der Ausbau von Bürgerkraftwerken oder die Förderung von Wärmedämmungsvorhaben sind Beispiele hierfür. Es gibt viele Bereiche, die eine Stadt nutzen kann, um nachhaltiger zu werden.

Ganz gleich, welche Maßnahmen Städte aufgreifen, um die Herausforderungen der Energietransformation zu bewältigen, die Implementierung von bekannten und neuen, noch zu entwickelnden Standards auf mehreren Ebenen wird ein Schlüsselfaktor für den Erfolg werden. Auf mehreren Ebenen bedeutet, wie bereits beschrieben, auf technischer, kommerzieller oder sozialer Ebene, es werden aber vermutlich noch weitere zu betrachten sein. Bürgerbeteiligungen werden vermutlich in Zukunft eine immer wichtigere Rolle spielen. Hierbei gibt es mehrere Stufen, die von einfachen Informationsveranstaltungen bis hin zu Werbekampagnen oder Volksbefragungen gehen können. Welche Form geeignet ist, wird vom Vorhaben der Veränderungen abhängen. Je größer die Auswirkungen einer Veränderung sein können, desto wichtiger wird die Bürgerbeteiligung werden, um Ziele zu erreichen und möglichst viele Bürger bei dem Vorhaben mitzunehmen. Hier können wir auch auf plakative Beispiele der Vergangenheit zurückgreifen, insbesondere, um Lerneffekte zu erzielen. Vielen wird noch das Thema Stuttgart 21 ein Begriff sein oder der Berliner Flughafen BER. Es gäbe noch andere zu nennen. Um die Akzeptanz von Veränderungen zu ermöglichen, wird die interdisziplinäre Zusammenarbeit diverser Institutionen ebenfalls immer wichtiger werden. Vielfach wurden in der Vergangenheit interessante Projekte oder Vorhaben durch einfaches „Zerreden“ oder durch mangelhafte Absprachen oder Koordination bezüglich der kurzen oder langfristigen Ziele nicht oder nur mangelhaft implementiert. Hier ist es wichtig für das öffentliche und politische Bewusstsein und die Verantwortung in Bezug auf Risiken insbesondere die positiven Ergebnisse von Initiativen zu kommunizieren. Dadurch wird den Transformationen Integrität und Konsistenz gegeben und Bürger, zivile Gemeinschaften wie Vereine, aber auch Firmen und potenzielle Investoren können dadurch gewonnen werden.

Smart City fängt beim Bürger an, nicht bei der Technologie. Wir stehen hierzu vermutlich erst am Anfang einer neuen Art des Zusammenlebens. Hierzu muss Vertrauen aufgebaut und müssen Ängste abgebaut werden. Wer dies nicht begreift, wird vermutlich von der Veränderung überrollt werden. Ein altes Sprichwort sagt: „Wer will, den wird das Leben tragen, wer nicht will, den wird das Leben hinter sich herschleppen.“

8.6.4 Was macht eine Stadt intelligent?

Doch was macht eigentlich eine Stadt intelligent? Laut einer McKinsey-Studie von 2018 definiert sich eine intelligente Stadt auf drei Ebenen:[23)]

1. Als Erstes ist die technische Ebene mit Sensoren und Breitbandanschluss zu nennen. Diese Ebene ermöglicht es, Daten zu sammeln. Sie sind die Basis für spätere Handlungsoptionen.
2. Als Nächstes kommt die Applikationsebene mit digitalen Funktionen, die ankommende Daten mit Logik in Use Cases oder Business Cases transformieren und brauchbare Ergebnisse liefern. Solche Ergebnisse können in verschiedenen Formen entstehen. So können Daten mit Vergleichswerten oder Grenzwerten abgeglichen werden und Alarme auslösen, Einsichten ermöglichen oder Optionen aufzeigen.
3. Die dritte Ebene ist die Ebene der Stadtverwaltung, der Bürger, der Firmen oder der Öffentlichkeit im Allgemeinen. Es besteht die Möglichkeit, auf Basis der zwei ersten Ebenen Entscheidungen zu treffen. Dies kann im Verkehr z. B. die Vermeidung eines Staus sein, kann heißen, bürokratische Prozesse online zu gestalten oder einfach Wetterwarnungen zu nutzen und entsprechend zu handeln.

Die Nutzbarkeit von smarten Anwendungen innerhalb einer Stadt kann vielfältig sein. Hier wird es auf die Lösungskompetenzen der Entwickler von Applikationsplattformen ankommen, welche öffentlichen oder privaten Dienste angeboten werden können.

Es wird unterschiedliche Bereiche geben, solche die öffentliche Interessen, und solche, die private Interessen abdecken. Die einen verfolgen eher das Ziel einer effizienteren Verwaltung, die anderen eher kommerziellen Ziele. Das allgemeine Ziel jedoch ist es, das Verhalten der Bürger der Stadt in Richtung einer effizienteren und nachhaltigeren Lebensweise zu ändern. Dadurch wird die Stadt selbst durch die Bürger nachhaltiger, effizienter und lebenswerter. Eine Stadt wird folglich nicht durch Technik intelligenter, sondern durch das geänderte Bewusstsein und Verhalten ihrer Bürger und durch eine geänderte Form der Wahrnehmung, was Lebensqualität heute und in Zukunft bedeuten kann. Eine Stadt wird intelligent, wenn der Mensch und sein Habitat im Mittelpunkt und Gleichgewicht stehen und nicht Technik, Konsum oder die Digitalisierung selbst. Jede einzelne Stadt hat im Laufe ihrer Geschichte eine Art eigener „Seele" entwickelt. Diese gilt es zu bewahren.

Nun haben wir die Transformation der Stadt hinsichtlich mehrerer Aspekte analysiert. Doch welche CO_2-Einsparpotenziale bringen all diese Maßnahmen langfristig? Laut einem Bericht des Internetportals ECO vom Verband der Internetwirtschaft trägt die Digi-

[23] *Woetzel, Lola/Remes, Jaana/Boland, Brodie/Lv, Katrina/Sinha, Suveer/Strube, Gernot/Means, John/Law, Jonathan/Cadena, Andres/von der Tann, Valerie:* Smart Cities. Digital solutions for a more livable future. Report. McKinsey Global Institute, 05.06.2018. *https://www.mckinsey.com/capabilities/operations/our-insights/smart-cities-digital-solutions-for-a-more-livable-future* (Stand: August 2024)

talisierung effektiv zur Klimaneutralität der Städte bei.[24] Digitale Anwendungen in der so definierten Smart City sparen effektiv Ressourcen und steigern die Effizienz erheblich. So würden z. B. verbesserte Verkehrsflüsse in deutschen Städten bis zu 50 % der verkehrsbedingten CO_2-Emissionen in einem Beobachtungszeitraum bis 2030 einsparen. Der Ausbau der Datennetze ermöglicht höhere Stufen der Digitalisierung und dadurch die Entwicklung digitaler Dienste, auf die remote zugegriffen werden kann. Dies kann, laut dieser Studie von 2021, in Deutschland bis zu 270 000 t CO_2 einsparen. Auch wirtschaftlich ist das Potenzial der intelligenten Städte beachtlich. So kann bis zum Jahr 2026 in Deutschland ein wirtschaftliches Potenzial von bis zu 84,7 Milliarden € erzielt werden, von denen viele Segmente profitieren können. Eine genaue Aufgliederung kann Bild 8.6 entnommen werden.

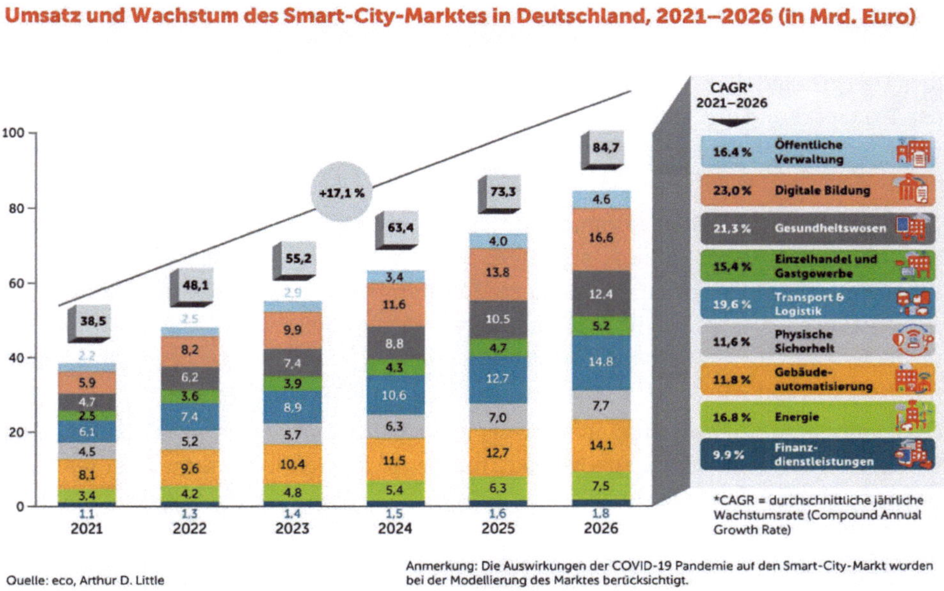

Bild 8.6 Auch wirtschaftlich ist das Potenzial von Smart Cities in Deutschland beachtlich.[25]

Das langfristige Ziel der Smart City ist jedoch die Reduktion der städtischen Emissionen. Einen kleinen Einblick darin, wie das aussehen könnte, konnten wir bereits zu Zeiten der Coronakrise erhaschen. Hier sanken die CO_2-Emissionen erheblich, was natürlich nicht als der richtige Weg verstanden werden soll, um diese zu senken. Das ge-

[24] *eco – Verband der Internetwirtschaft e. V.:* Digitalisierung ermöglicht klimaneutrale Smart Cities. 09.09.2021. *https://www.eco.de/presse/digitalisierung-ermoeglicht-klimaneutrale-smart-cities* (Stand: August 2024)

[25] © Bild: eco, Arthur D. Little. Bildquelle: *eco – Verband der Internetwirtschaft e. V.:* Der deutsche Smart-City-Markt 2021 – 2026. September 2021. *https://www.eco.de/themen/internet-of-things/studien/studie-der-smart-city-markt-in-deutschland-2021-2026* (Stand: August 2024)

bietet allein der Respekt vor all den Opfern der Krise.[26] Doch die Krisenjahre haben uns Aspekte aufgezeigt, die bis dahin nicht oder nur eingeschränkt denkbar waren. So werden heutzutage mehrere Jobs auch mit partieller oder kompletter Homeoffice-Option angeboten. Der Ausbau der Breitbandanbindungen hat auch einen kräftigen Schub erhalten, was vermutlich noch länger anhalten wird. Dadurch kommt es auch vermehrt zu einer Nachfrage von überwiegend jungen Menschen nach Wohnungen in ländlicheren Gebieten, die aufgrund von jahrelanger Landflucht immer mehr zersiedelt wurden. Das sind positive Aspekte einer nicht so großartigen Zeit, die uns aber gezeigt haben, welche Potenziale wir nutzen können, wenn Städte digitaler werden. Es gäbe hier eine lange Liste an weiteren Vorteile zu nennen. Ich belasse es aber bei diesen Fallbeispielen, um das globale Potenzial der CO_2-Einsparungen durch Smart Cities zu erörtern.

Wenn wir die McKinsey-Studie von 2018 aufgreifen und die damalige Projektion bezüglich der CO_2-Emissionsreduktion betrachten, so kann die Emission von **G**reen **H**ouse **G**as (GHG) durch Smart-City-Konzepte weltweit bis 2025 um 10 bis 15 % reduziert werden. Den größten Anteil an den Emissionen einer Stadt haben, laut Studie, die Gebäude, der Transport und der Abfallsektor. Den größten Beitrag zur GHG-Reduktion kann demzufolge durch die Senkung des Stromkonsums und durch die Veränderung des Transportverhaltens der Bürger erreicht werden.

Die Nutzung von Gebäudeautomationssystemen wie Thermostaten oder Smarthome-Systemen kann helfen, Räume effektiver zu heizen oder zu kühlen und unbenutzte Räume nicht zu beleuchten. Allein diese Maßnahmen würden laut einer Studie einen Beitrag von ca. 3 % bei der weltweiten Emissionsreduktion leisten. Weitere 3 % wären möglich, wenn diese Maßnahmen auch bei Wirtschafts- und Gewerbegebäude implementiert werden würden.[27]

Nach einer Studie der International Energy Agency (IEA) aus dem Jahr 2021 könnten die weltweiten CO_2-Emissionen, die in Städten erzeugt werden, um bis zu 70 % reduziert werden.[28] In dieser Studie wurden über 125 führende Experten und Organisationen befragt, die Daten aus 100 Städten aus 40 Ländern zusammengetragen haben. In der Studie wurden sowohl Daten zum Monitoring der Luftqualität, des Energiekonsums, zum Sammeln von Informationen über die Raumplanung, -gestaltung und -nutzung als auch zur Beobachtung von Verkehrsnutzungsmustern erhoben und als wesentliche Parameter für den Übergang zu intelligenten Städten genannt. Diesem Verständnis folgend ist

---

[26] Ich zolle den Opfern dieser Krise meinen Respekt und meine Anteilnahme. Auch ich habe liebe Verwandte verloren. Wenn wir aber etwas aus dieser Situation lernen wollen, so sind wir gezwungen, die Lernkurve zu nehmen.

[27] *McKinsey Global Institute:* Smart cities. Digital solutions for a more livable future. Juni 2018. *https://www.mckinsey.com/~/media/mckinsey/business%20functions/operations/our%20insights/smart%20cities%20digital%20solutions%20for%20a%20more%20livable%20future/mgi-smart-cities-full-report.pdf*

[28] *IEA (International Energy Agency):* Empowering cities for a net zero future. Empowering Cities for a Net Zero Future. Licence: CC BY 4.0. Paris, Juli 2021. *https://www.iea.org/reports/empowering-cities-for-a-net-zero-future* (Stand: August 2024). Download unter: *https://iea.blob.core.windows.net/assets/4d5c939d-9c37-490b-bb53-2c0d23f2cf3d/G20EmpoweringCitiesforaNetZeroFuture.pdf*

eine fortschreitende Digitalisierung ein wesentlicher Erfolgsfaktor zur Erreichung der gestellten Ziele:

„Digitale Lösungen und Systeme können in Städten besonders wirkungsvoll sein, da die hohe Bevölkerungsdichte zu Skaleneffekten führt, den Bedarf an neuer Infrastruktur minimiert und neue Möglichkeiten schafft.

Die Digitalisierung kann auch dazu beitragen, das Risiko in private Investitionen in Projekte für saubere Energie zu reduzieren und die Investitionsbereitschaft zu fördern. Es werden neue Geschäftsmöglichkeiten und Einnahmequellen geschaffen, innovative Finanzierungsmechanismen ermöglicht und die Risikowahrnehmung verbessert.“ [29]

Eines wird auf jeden Fall sofort ersichtlich. Dort, wo am meisten Energie konsumiert wird, ist auch das höchste Einsparpotenzial für CO_2 zu erzielen. Die tatsächliche Energiewende findet in den Städten statt oder gar nicht. Die nachhaltigen Energiequellen sind klarerweise ein wichtiger Meilenstein und eine absolute Voraussetzung dazu. Wenn aber Bürger nicht bereit sind, umzudenken und ihr Verhalten zu ändern, wird die Transformation nicht gelingen.

8.7 Blockchain in der Energiewirtschaft

Eine aktuelle, wenngleich nicht mehr ganz so neue Technologie, die sich im digitalen Energiekontext ihren Platz erarbeitet hat, ist die Blockchain-Technologie. Sie ist im Zusammenhang mit den Kryptowährungen und hier mit der Bitcoin-Digitalwährung auch aufgrund des rasanten Aufstiegs der Währungsäquivalenz zum Euro oder US-Dollar sehr bekannt geworden. Die dahinterliegende Technologie kann aber mehr als „nur“ eine Basis für digitale Währungen sein. Die Blockchain-Technologie im Energiesektor verspricht eine mögliche Basis für das dezentrale Handeln mit Energie zu sein. Es ist bislang jedoch lediglich eine Voraussicht, da die Akzeptanz dieser Technologie im Energiebereich noch nicht weitverbreitet ist. Dies hat mehrere Ursachen. Ich möchte dennoch kurz und einfach erklären, wie diese Technologie funktioniert. Für das Verständnis ist lediglich die Entstehung und Verarbeitung von sogenannten intelligenten Verträgen (engl. *Smart Contracts*) ausreichend.

Smart Contracts sind auf Computerprotokollen basierende digitale Verträge, die direkt als Codezeilen in eine sogenannte Blockchain geschrieben werden. Das alleine sagt noch nicht viel aus. Als einfaches Beispiel gehen wie hier von einem Energieverkäufer, z. B. dem Besitzer einer PV-Anlage, und einem Energieeinkäufer, z. B. einem Elektroauto-

[29] *IEA (International Energy Agency):* Empowering cities for a net zero future. Empowering Cities for a Net Zero Future. Licence: CC BY 4.0. Paris, Juli 2021. Section „Digital is driving sustainable energy transition“, p. 9 ff. *https://www.iea.org/reports/empowering-cities-for-a-net-zero-future* (Stand: August 2024). Download unter: *https://iea.blob.core.windows.net/assets/4d5c939d-9c37-490b-bb53-2c0d23f2cf3d/G20EmpoweringCitiesforaNetZeroFuture.pdf*

besitzer, aus. Der E-Auto-Besitzer möchte jeden Tag zwischen 10 und 14 Uhr sein Auto elektrisch aufladen. Dazu schließt er einen Vertrag mit dem Energieverkäufer ab, der sein Nachbar sein könnte. Da dieser Vertrag nicht wirklich eine spezielle Überwachung oder Validierung erfordert, kann dieser Vertrag auch zu 100 % voll automatisiert abgewickelt werden. Es gilt vielleicht noch, spezielle Randbedingungen zu vereinbaren, wie z. B., dass nur wochentags geladen wird, und das nur im Sommer.[30] Diese Art von Verträgen brauchen keine Verwalter oder „Schiedsrichter". Sie können dezentral und automatisch abgewickelt werden, wenn die Vertragserfüllung vollzogen ist. Hierzu bildet die Blockchain eine Basis. Die Blockchain kann man sich als ein Netzwerk an verschiedenen miteinander verbundenen Computern mit einem eigenen Kommunikationsprotokoll (also einer Sprache) vorstellen, das sicherstellt, dass nur diese Computer untereinander sprechen. Wird ein smarter Vertrag als Codesegment (kurzes Computerproramm, das selbstständig ausgeführt werden kann) in die Blockchain gesendet, so werden alle mit der Blockchain verbundenen Computer erstmals darüber informiert. Die PV-Anlage und die Ladebox (engl. *Charging Station*) der zwei Nachbarn sprechen nun mit dieser Blockchain über speziell entwickelte Apps. Beide Teilnehmer haben IDs, über die die Blockchain die Nutzer identifizieren kann. Wird nun ein intelligenter Vertrag in diese Blockchain hineingeladen, so passiert Folgendes: Alle in der Blockchain verbundenen Computer bekommen eine Nachricht mit der Identifikationsnummer des Vertrags. Diese wird gespeichert. Der Vertrag selbst beinhaltet diverse Status, die die Abwicklung des Vertrags widerspiegeln, also ob der Vertrag z. B. bereits „exekutiert" worden ist oder ob er noch ausständig in der Erfüllung ist. Wird das Auto elektrisch aufgeladen, so sendet die PV-Anlage eine Nachricht in die Blockchain, dass sie Energie geliefert hat. Die Ladebox des Autos wiederum sendet ebenfalls eine Nachricht an die Blockchain, dass sie Energie erhalten hat. Stimmen die Energiedaten in Menge und Zeit überein, wird der Vertragsstatus als „exekutiert" vermerkt. All diese Zustände und Informationen werden innerhalb der Blockchain über alle Computerinstanzen hinweg verteilt. Somit wissen alle Knoten in der Blockchain, ob der Vertrag erfüllt wurde oder nicht. Aufgrund der breit gefächerten Informationsverteilung ist eine Veränderung des Vertrags, wenn er einmal die Blockchain betreten hat, nicht mehr möglich. Dazu müssten Tausende Computer durchsucht und verändert werden. Der Aufwand wäre enorm. Hinzu kommt, dass diverse Blockchains verschiedene Protokolle und Chiffrieralgorithmen nutzen.

8.7.1 Trading mit Blockchain

Nun wird verständlich, dass solche abgegrenzten Blockchains für zugelassene Marktteilnehmer und automatisierte Verträge im Energiebereich mit geringen Energiemengen durchaus verwendbar sind. Insbesondere auf der Ebene der dezentralen Energieversorgung, in der z. B. Energiegemeinschaften aktiv sind, können solche Lösungen dazu be-

[30] Der Einfachheit halber gehen wir von perfektem Sonnenschein über alle Tage im Sommer aus.

nutzt werden, Geschäftsprozesse zu automatisieren und die Energieversorgung auch dezentral abzusichern. Da einige Blockchains wie Ethereum auch als Zahlungsmittel benutzt werden können und sogenannte Wallets (dt. Geldbörsen) verwalten, können solche kleindimensionierten Energieverträge nach der Erfüllung auch direkt abgerechnet und bezahlt werden. In Zeiten, in denen die dezentrale Energieversorgung eine immer wichtigere Rolle spielt und man erwarten kann, dass neue Geschäftsmodelle entstehen werden, spielt diese Technologie aufgrund ihrer hohen Zuverlässigkeit möglicherweise eine entscheidende Rolle. Es muss auch davon ausgegangen werden, dass durch diese neuen dezentralen Geschäftsmodelle immer höhere Volumina an Energieverträgen entstehen und verwaltet werden müssen. Auch hier kann diese Technologie Abhilfe schaffen, zumal sie für solche Zwecke geschaffen worden ist. Durch die Nutzung von komplexen Codierungsalgorithmen ist auch für die Sicherheit des Energienetzwerkes zumindest aus Softwaresicht gesorgt. Sogenannte Ledger (dt. Hauptbuch) sind eine Art Bilanzbuch oder Notizbuch, in dem alle digitalen oder physischen Aufzeichnungen aller relevanten Transaktionen in einer bestimmten Blockchain gespeichert werden. Sie treten im Zusammenspiel mit sogenannten dezentralen Applikationen auf. In Zukunft könnten solche Decentralized Apps (Dapps) im Energiekontext vermehrt auftreten. Solche Dapps stellen abgesicherte und geschlossene Blockchains dar, die nur von zugelassenen Nutzern verwendet werden können. Hier können dann komplexere oder höhere Mengen an Energie zwischen Erzeuger und Konsumenten ausgetauscht werden, indem weitere Qualitätsmerkmale auf die Smart Contracts aufgesetzt und erfüllt werden müssen. Auch die Netznutzung kann durch intelligentes Einsetzen von Smartmetern genau vermessen und in der Berechnung mitberücksichtigt werden. Dazu müssen die intelligenten Zähler die Verbrauchs- oder Erzeugungsdaten mit der dafür vergebenen ID in die Blockchain übermitteln.

8.7.2 Zertifikatshandel mit Blockchain

Auch wenn man von Zertifikaten spricht, sind die Smart Contracts, wie sie in der Blockchain behandelt werden, prädestiniert dafür. Zertifikate spielen in der Energieversorgung eine auch international immer wichtiger werdende Rolle. „Certificate of Origin“, „Green Certificate“ oder „Certificate of 100 % Hydropower“ usw. kommen verstärkt als Begleitdokument für zertifizierte Stromprodukte auf den Markt. Die Verwaltung solcher Zertifikate kann auf eine Blockchain ausgelagert werden, da die Überprüfung hier automatisch geschieht.

Auch im Bereich des CO_2-Zertifikatshandels ist eine Implementierung einer Blockchain denkbar, zumal die Blockchain weltweit agiert und die Handelspartner einander oft nicht kennen. Gibt es einen Standard für ein Zertifikat sowie die Möglichkeit, die Qualität und das Messverfahren des Zertifikats automatisch zu überprüfen, so kann dies ebenfalls voll automatisiert in die Blockchain transportiert werden. Somit wären z. B. kleinere Bauern mit nachhaltiger Landwirtschaft ebenso teilnahmeberechtigt, ihre Zertifikate international zu vermarkten, wie die großen Player. Eine übersichtliche Zertifikate-Trading-Plattform kann als digitaler Markt genutzt werden, um solche Transaktionen zu verwalten und zu ermöglichen. Wie bereits erwähnt, müssen sich die Käufer und Verkäufer der Zertifikate nicht kennen. Das Vertrauen des Geschäfts wird wie bei den Kryptowährungen vollständig durch die Blockchain abgedeckt. Aktuelle Marktstrukturen für solche Unterfangen gibt es zwar noch nicht, aber es ist anzudenken, dass bald solche Anbieter auf dem Markt auftauchen werden. Der gegenwärtige Wert der CO_2-Zertifikate steigt und das reizt neue Teilnehmer dazu, in neue Technologien zu investieren (Bild 8.7).

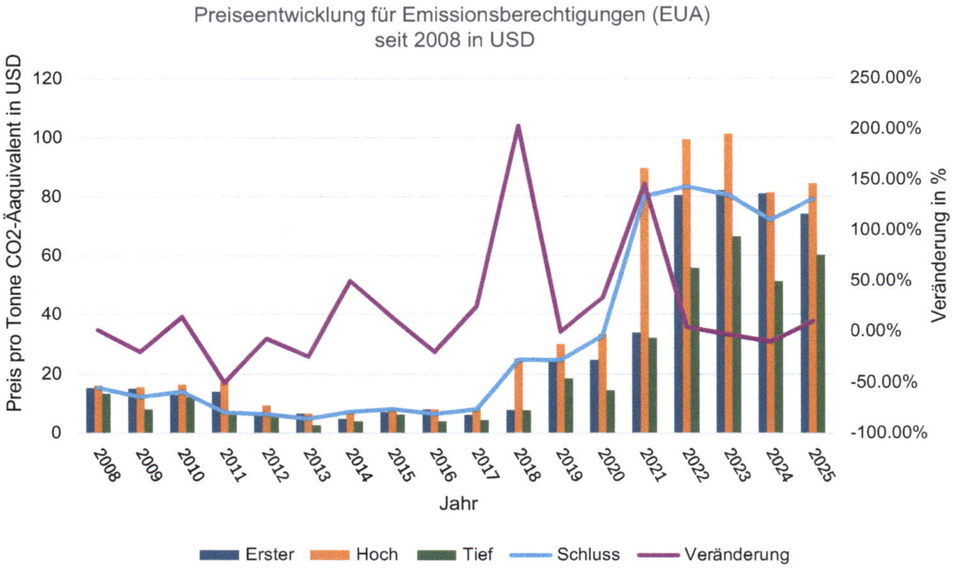

Bild 8.7 Die historische Entwicklung des CO_2-Preises seit 2008[31)]

Durch den wachsenden Druck zur nachhaltigen Energieversorgung ist zu erwarten, dass der CO_2-Zertifikatspreis in den kommenden Jahren noch weiter steigen wird. Steigerungen könnten aufgrund der immer strikteren Regulierung der Emissionen zu einem Steuerungsfaktor werden. Das Berliner Mercator Research Institute on Global Common and Climate Change sieht eine Preissteigerung der CO_2-Zertifikate auf bis zu 400 € je Tonne CO_2. Zwar kann niemand diese Vorhersage bestätigen, aber allein die Tendenz scheint auf jeden Fall Richtung Preissteigerung zu weisen.

---

[31] Datenquellen: *https://www.boerse.de/historische-kurse/Co2-Emissionsrechtepreis/XC000A0C4KJ2* sowie *Umweltbundesamt:* Der Europäische Emissionshandel. 28.01.2025. *https://www.umweltbundesamt.de/daten/klima/der-europaeische-emissionshandel*

8.7.3 Demand Response mit der Blockchain

Durch die zunehmende Volatilität der erneuerbaren Energieerzeuger wie Photovoltaik oder Wind ist die Nutzung eines Smart Grids für die Stabilität der Stromversorgung absolut notwendig. Smart Grids sind Stromnetze, die durchgehend gemonitort werden und auf Basis der Veränderung der Parameter von Strom, Spannung oder Frequenz durch Zu- oder Wegschalten von Erzeuger oder Verbraucher stabil gehalten werden. Die Veränderung kann durch erhöhte Nachfrage an Energie oder durch Abklingen von erneuerbarer Energieerzeugung aufgrund geänderter Wetterverhältnisse passieren. Systeme, die auf diese Veränderungen reagieren, nennt man Demand-Response-Systeme.

Blockchain-basierte Demand-Response-Systeme könnten helfen, zumindest auf vertraglicher Basis einen Automatismus in die Versorgungssicherheit zu bringen. Flexible Ressourcen in der Erzeugung oder Speicher, wie z. B. Batterien oder wegschaltbare Lasten im Verbrauch, können standardisiert werden und zur Beteiligung an Demand-Response-Prozessen herangezogen werden. Demand-Response-Systeme auf dezentraler Ebene werden in Zukunft eine immer wichtigere Rolle spielen, wenn man davon ausgeht, dass die Stromerzeugung auf fossiler Energiebasis mittel- bis langfristig ab- oder umgestellt wird. Dezentrale Energieerzeugungssysteme wie Blockheizkraftwerke, kleine Wind- oder PV-Anlagen kombiniert mit flexiblen Speicherlösungen wie Batterien oder Fly-Wheels werden immer mehr die Rolle der Versorgungssicherheit übernehmen und die netzgebundenen Energiesysteme als Backup-Systeme im Hintergrund für die Phasen der Energiedefizite verfügbar halten. Abseits der automatisierten vertraglichen Basis, die die Blockchain bietet, brauchen solche Systeme auch Energiemanagementsysteme, die die Schaltzeitpunkte aller beteiligten Komponenten optimal verwaltet.

Doch kommen wir zurück zur Blockchain. Der wesentliche Nachteil der Blockchain-Technologie in diesem Segment könnte die Performance sein, also die Verarbeitungsgeschwindigkeit, in der die immer größer werdende Zahl an Verträgen verwaltet werden muss. Dies haben sich einige Blockchain-Entwickler ebenfalls gedacht und Blockchains mit hoher Verarbeitungsgeschwindigkeit entwickelt. Es soll hier keine Werbung für irgendeine Technologie gemacht werden, da die Performance auch immer mit der Zielfunktion, die erreicht werden will, in Verbindung steht, aber ein kleiner Überblick soll Ihnen dabei helfen, den Grundstein für detaillierte Recherchen zum Thema zu legen. Die in den folgenden Abschnitten vorgestellten drei Blockchains sind nur Beispiele und wurden dem Portal Medium.com entnommen. Die dort stehenden Beschreibungen wurden ins Deutsche übersetzt. Weitere Blockchains können dem Artikel auf Medium.com entnommen werden.[32)]

[32] *Smith, Eva:* Top 10 Blockchain Platforms for Smart Contracts in 2025. 30.08.2024. *https://medium.com/coinmonks/top-smart-contract-platforms-c6fc5fda0e0d* (Stand: Oktober 2024)

8.7.3.1 Solana

„Solana ist für ihre leistungsstarke Blockchain bekannt, die schnelle Transaktionen und niedrige Gebühren bietet. Solana wurde von Anatoly Yakovenko gegründet und hat sich schnell als eine der schnellsten Blockchains einen Namen gemacht, die Tausende von Transaktionen pro Sekunde (TPS) verarbeiten kann. Ihr einzigartiger Konsensmechanismus Proof of History (PoH) verbessert die Skalierbarkeit und macht Solana zu einer attraktiven Wahl für Entwickler und Benutzer gleichermaßen.

Vorteile

- *Hohe Geschwindigkeit – Solana bietet Transaktionsgeschwindigkeiten von über 50 000 TPS und ist damit eine der schnellsten Blockchains.*
- *Niedrige Kosten – aufgrund ihrer Effizienz bietet Solana unglaublich niedrige Transaktionsgebühren, oft nur den Bruchteil eines Cents.*
- *Skalierbarkeit – die Architektur von Solana ist so konzipiert, dass sie effektiv skaliert und gleichzeitig sowohl Sicherheit als auch Dezentralisierung gewährleistet.*

Nachteile

- *Netzwerkausfälle – mehrere Netzwerkausfälle haben Solana betroffen, was Fragen bezüglich ihrer Zuverlässigkeit aufwirft.*
- *Zentralisierung – Kritiker argumentieren, dass die Validierungsknoten von Solana im Vergleich zu anderen Netzwerken relativ zentralisiert sind."* [33]

8.7.3.2 Avalanche

„Avalanche ist eine hochgradig skalierbare Blockchain-Plattform, die behauptet, in Bezug auf die Zeit bis zur Finalität die schnellste Smart-Contract-Plattform zu sein. Mit ihrem einzigartigen Konsensprotokoll kann Avalanche Tausende von Transaktionen pro Sekunde verarbeiten, was es zu einer idealen Plattform für dezentrale Anwendungen macht. Die Flexibilität der Plattform ermöglicht es Entwicklern, maßgeschneiderte Blockchains zu erstellen, die auf ihre spezifischen Bedürfnisse zugeschnitten sind, und fördert so Innovationen im Blockchain-Ökosystem.

Vorteile

- *Hohe Leistung – Avalanche unterstützt über 4500 TPS mit einer Finalität von unter 1 Sekunde.*
- *Interoperabilität – die Plattform ermöglicht Entwicklern die Erstellung anpassbarer Blockchains (Subnetze) und ist mit Ethereum interoperabel.*
- *Umweltfreundlich – der Konsensmechanismus von Avalanche ist energieeffizienter und entspricht der wachsenden Nachfrage nach nachhaltigen Technologien.*

---

[33] *Smith, Eva:* Top 10 Blockchain Platforms for Smart Contracts in 2025. 30.08.2024. *https://medium.com/coinmonks/top-smart-contract-platforms-c6fc5fda0e0d* (Stand: Oktober 2024)

Nachteile

- *Komplexität – die Architektur der Plattform kann für neue Entwickler komplex sein und eine steile Lernkurve erfordern.*
- *Konkurrenz – Avalanche steht in starkem Wettbewerb zu anderen Hochgeschwindigkeitsplattformen wie Solana und BNB Smart Chain.“* [34]

8.7.3.3 Polkadot

„Polkadot, das von Ethereum-Mitbegründer Gavin Wood entwickelt wurde, ist ein Multi-Chain-Netzwerk, das die Interoperabilität zwischen verschiedenen Blockchains erleichtert. Durch die Ermöglichung des sicheren Datenaustauschs und der Zusammenarbeit zwischen den Blockchains zielt Polkadot darauf ab, ein dezentrales Web zu schaffen, in dem unabhängige Blockchains nahtlos zusammenarbeiten können. Ihre einzigartige Relay-Chain- und Parachain-Struktur verbessert Skalierbarkeit und Sicherheit und macht Polkadot zu einer vielseitigen Plattform für verschiedene Blockchain-Projekte.

Vorteile

- *Interoperabilität – Polkadot ermöglicht eine nahtlose Kommunikation zwischen verschiedenen Blockchains und ist daher ideal für komplexe Multi-Chain-Anwendungen.*
- *Skalierbarkeit – das Parachain-Modell der Plattform ermöglicht eine hohe Skalierbarkeit durch die parallele Verarbeitung von Transaktionen.*
- *Sicherheit – die Relay-Chain von Polkadot gewährleistet gemeinsame Sicherheit über alle verbundenen Blockchains hinweg.*

Nachteile

- *Komplexe Entwicklung – die Entwicklung auf Polkadot kann aufgrund ihrer einzigartigen Architektur eine Herausforderung sein.*
- *Begrenzte dApps – im Vergleich zu Ethereum verfügt Polkadot derzeit über ein kleineres Ökosystem an dApps.“* [35]

8.7.4 Elektromobilität in der Blockchain

Die letzte Anwendung, auf die hier kurz eingegangen wird und die in Zukunft ein Marktpotenzial haben könnte, ist der Einsatz von Elektroautos als Speicher für die Stabilisierung der Verteilnetze. Bislang kennen wir das System nur in einer Richtung, nämlich jener, in der das Elektroauto sich mit dem Netz verbindet und Strom auflädt. Durch die schnell wachsende Durchdringung des Autoparks mit Elektroautos entsteht eine große

---

[34] *Smith, Eva:* Top 10 Blockchain Platforms for Smart Contracts in 2025. 30.08.2024. *https://medium.com/coinmonks/top-smart-contract-platforms-c6fc5fda0e0d* (Stand: Oktober 2024)

[35] *Smith, Eva:* Top 10 Blockchain Platforms for Smart Contracts in 2025. 30.08.2024. *https://medium.com/coinmonks/top-smart-contract-platforms-c6fc5fda0e0d* (Stand: Oktober 2024)

Batteriespeicherkapazität, die oft mit dem Netz verbunden ist. In Phasen der Energieknappheit könnten diese Batteriespeicher dem Netz mit genug Reserveenergie für kurze Zeiten zur Verfügung stehen. Diese Lösung wird Vehicle to Grid genannt und wird bereits in Pilotprojekten ausgetestet. Der deutsche Netzwerkbetreiber Tennet testete gemeinsam mit dem Automobilhersteller Nissan im Jahr 2018 einen Vehicle-to-Grid-Ansatz, in dem Elektroautos als mobile Speicher in ein Netzsystem integriert wurden.[36] Auch in New York werden solche Systeme ausgetestet. Ein Auszug aus einem Bericht der Zeitschrift Electdrive liefert hierzu nähere Informationen:

„In den USA gaben Revel, NineDot Energy und Fermata Energy bekannt, dass das erste Vehicle-to-Grid(V2G)-Programm, das an das Stromnetz von New York City angeschlossen ist, jetzt im Lagerhaus von Revel in Red Hook, Brooklyn, in Betrieb ist.

Revel ist ein in Brooklyn ansässiges Unternehmen für Elektromobilität und Infrastruktur, das jetzt eine Partnerschaft mit dem V2G- und Vehicle-to-Everything(V2X)-Anbieter Fermata Energy und dem Entwickler sauberer Energie NineDot Energy eingegangen ist. Die drei Unternehmen wollen ein bidirektionales Ladesystem einführen. Dies ermöglicht sowohl das Laden von Elektrofahrzeugen als auch die Abgabe der in ihren Batterien gespeicherten Restenergie an das Stromnetz von Con Edison. Mit diesem System können Elektroautos mit dieser Kapazität zur Stabilisierung des Stromnetzes in NYC beitragen.“[37]

Wie bereits mehrfach in den vorangegangenen Abschnitten beschrieben, lassen sich solche Lösungen sehr schnell als Dienstleistung automatisieren und können durch zukünftige intelligente Verträge in der Blockchain abgewickelt werden. Der bereits hohe Digitalisierungsgrad der Elektroautos vereinfacht sogar eine solche Integration, da die Ladelevel der Batterie des Autos durchgehend bekannt sind oder abgefragt werden können. Mit einer intelligenten Wallbox (Wandgerät für das Laden des Autos) mit einer ID und einer externen Steuereinheit ließe sich diese Applikation leicht realisieren.

8.7.5 Nachteile der Blockchain

So sehr sich Technologien wie die Blockchain auch dazu eignen, zukünftige Lösungen zu ermöglichen, sie haben auch wesentliche Nachteile, die man ebenso langfristig in der Bewertung berücksichtigen sollte:

- **Graduell ansteigender Speicheraufwand:** Blockchains wachsen mit jeder Transaktion an. Die Transaktionsdaten können über die Zeit enorm anwachsen. Hierfür gibt es zwar bereits Lösungsansätze, aber diese sind (noch) nicht für längerfristige Applikationen in einer kritischen Infrastruktur, wie sie die Energiesysteme sind, ausgelegt.

---

[36] *TenneT:* Vehicle-to-Grid. *https://www.tennet.eu/vehicle-grid* (Stand: Oktober 2014)

[37] *Hampel, Carrie:* Revel, NineDot Energy & Fermata Energy initiate V2G in New York City grid. 25.08.2022 (aktualisiert am 12.01.2024). *https://www.electrive.com/2022/08/25/revel-ninedot-energy-fermata-energy-initiate-v2g-in-new-york-city-grid/?mkt_tok=MjExLU5KWS0xNjUAAAGLVFGulhpbQaP6jLSemuS1XyjTgKjYOe0fnKHgjnXQcoIThplXRGuP-UaxcGptp035dEzvsNoTaqU8THOTmRI* (Stand: Oktober 2024)

- **Hoher Energieaufwand:** Blockchains sind rechenintensiv. Sie neigen zu hohen Energieverbräuchen.
- **Zeitaufwand:** Das Aufsetzen einer Blockchain-Lösung für den Energiesektor kann zeitaufwendig werden, da hier viele Merkmale berücksichtigt werden müssen. Es müssen auch hohe Sicherheitsstandards eingehalten werden. Es ist auch davon auszugehen, dass zukünftig die intelligenten Zertifikate immer komplexer werden und damit auch der Rechenaufwand in Zeit und Kosten steigen wird. Abhängig von der ausgewählten Blockchain sind die Abarbeitungen von intelligenten Verträgen bereits heute sehr zeit- und energieaufwendig.
- **Komplexe Technologie:** Programmierungen für Blockchains sind hoch komplex und bislang gibt es nicht viele solcher IT-Spezialisten. Das wird sich in naher Zukunft vermutlich stark bessern, da hier eine völlig neue digitale Arbeitswelt entsteht. Bis dahin werden aber Lösungen nur schleppend den Markt erreichen, da die Komplexität die „time to go" erheblich verzögert.
- **Subjektiver Nachteil:** Durch das Auf und Ab der Wechselkurse des Bitcoins in den vergangenen Jahren und der immer häufigeren Meldungen über Betrug mit Kryptowährungen in den Medien ist diese Technologie in ein schlechtes Licht geraten. Das könnte ihre Akzeptanz entscheidend verzögern.

8.8 Künstliche Intelligenz

Die Kür aller Digitalisierungsanstrengungen im Energiesektor bildet die Vermischung der künstlichen Intelligenz mit der Energiewelt. Künstliche Intelligenz wird mittlerweile in weiten Teilen der Wirtschaft, Medizin oder generell in der Wissenschaft genutzt. In der Energiewelt steht diese Technologie jedoch erst am Anfang. Für das Verständnis, was künstliche Intelligenz ist, wäre es wichtig, sich erst mit deren Definition derselben auseinanderzusetzen. Das Problem ist allerdings, dass es keine einheitliche Definition gibt. Die europäische Union hat jedoch schon Regulierungen in diese Richtung definiert und eine Definition für die Belange des Gesetzes aufgesetzt. Laut EU-Gesetz wird künstliche Intelligenz wie folgt definiert:[38]

*„(1) ‚KI-System': ein **maschinengestütztes System**, das so konzipiert ist, dass es mit **unterschiedlichem Grad an Autonomie** betrieben werden kann und **nach seiner Einführung Anpassungsfähigkeit zeigt**, und das für explizite oder implizite **Ziele aus den Eingaben**, die es erhält, **ableitet**, wie es Ausgaben wie **Vorhersagen, Inhalte, Empfehlungen** oder **Entscheidungen generieren kann**, die physische oder virtuelle Umgebungen beeinflussen können."*

[38] KI-Verordnung der EU: Kapitels I: Allgemeine Bestimmungen, Artikel 3: Begriffsbestimmungen. *https://artificialintelligenceact.eu/de/article/3/#:~:text=Artikel%203:%20Definitionen%20%7C%20EU%2DGesetz%20%C3%BCber%20k%C3%BCnstliche%20Intelligenz*. (Stand: 23.02.2026)

Die Definition ist etwas verwirrend bis unschlüssig formuliert. Doch generell kann gesagt werden, dass künstlich intelligente Systeme Eingabedaten so verarbeiten, dass aus ihnen Vorhersagen, Empfehlungen oder andere Handlungsgrundlagen erarbeitet werden können. Das verschafft in dem Umfeld, in das die KI-nutzenden Systeme eingebettet sind, geringe bis deutliche Vorteile, je nachdem, wie stark die Ausprägung der Systeme als „intelligent" ausgelegt wird. Im Prinzip lässt sich der Grad an „Intelligenz" eines künstlichen Systems auf Basis der in seinem Umfeld agierenden neuronalen Netze, der verwendeten Modelle und dem Grad des Trainings oder der „Unterrichtung" der Modelle mit geeigneten Testdaten beschreiben. Man kann demzufolge z. B. verschiedene Merkmale einer Katze auflisten, wie Augen, Nase, Kopf- und Ohrenform usw., und diese als maßgebliche Eigenschaften (neuronale Knoten) definieren. Durch die Gewichtung dieser Knoten erhält man ein Modell, wie eine perfekte Katze auszusehen hat. Wenn man nun Tausende Bilder durch das Modell bewerten lässt, wird das Modell immer mehr unterschiedliche Arten von Katzen „kennenlernen" oder „verstehen", indem es die Knoten in der Gewichtung anpasst. Wenn man daraufhin ein Hundefoto durch das System bewerten lässt, wird es keine Katze erkennen können, da es nicht den bereits gespeicherten („gelernten") Gewichtungen der Merkmale entspricht. Das ist nur ein primitiver Ansatz, um diese mittlerweile komplexe Technologie zu erklären. Es werden tagtäglich neue Modelle auf unterschiedlich mathematischen Ansätzen entwickelt, um verschiedene Ergebnisse zu erreichen.

Die traditionelle oder herkömmliche Art in der Softwareentwicklung sah anders aus. Softwareprogramme waren überwiegend jene Systeme, die auf Basis von „Wenn"-Abfragen gewisse Entscheidungen in einer vordefinierten Codefolge abgearbeitet haben. Hinzu kamen mit der Zeit Systeme, die auf Basis mathematischer Algorithmen wie Korrelationsberechnungen, Trend- oder Saisonal-Analysen, Konfidenz-Intervall-Analysen sowie der Nutzung von neuronalen Netzen erster Generation halfen, Handlungsgrundlagen zu erarbeiten und zu treffen. Diese Systeme waren und sind nach wie vor äußerst verlässlich. Sie decken aber meistens nur jene Bereiche ab, für die der Code, der die Berechnung durchführt, auch programmiert und mit Daten gefüttert werden kann.

Die künstliche Intelligenz geht hier deutlich weiter, da sie zu allen bisher genannten Möglichkeiten noch zusätzlich sogenannte elastische Suchalgorithmen über das gesamte Internet (oder Teilbereiche) nutzen kann und Daten und Informationen gewichten und quasi durch spezielle Korrelationsalgorithmen, Gewichtungsfunktionen auf Basis der bereits genannten neuronalen Netze oder Vergleichsalgorithmen evaluieren kann, ob sie der ursprünglichen Fragestellung genügen. Natürlich sind die KI-Algorithmen weitaus komplexer und vielfältiger. An dieser Stelle soll lediglich kurz und auf verständlicher Weise veranschaulicht werden, wie KI im Prinzip funktioniert. Es handelt sich hierbei um fundamental mathematische Prozesse, die abgearbeitet werden. Durch die Menge an Rechenleistung und die enge Vernetzung von Datenzentren, die in den letzten 30 Jahren entstanden ist, sind solche komplexen Prozesse möglich. Sie sind aber immer noch ein natürlicher Entwicklungsprozess in der technischen Innovation, den es früher oder später sowieso gegeben hätte.

Mit der KI hat sich der Mensch sozusagen einen Denkkonkurrenten erschaffen. Wird der Konkurrent intelligenter oder schneller in vergleichbaren Denkprozessen sein, so wird er durch den Menschen meist selbst sofort zur Gottheit erhoben. Aber hat der Mensch nicht schon ewig versucht, sein eigenes Ebenbild zu schaffen? Hat der Mensch sich nicht auch schon lange als Gott darzustellen versucht und war er bisher nur zu unterwürfig, um sich diese „Blasphemie“ und „Arroganz“ einzugestehen?[39] Die Frage ist nicht boshaft oder theologisch, sondern rein interpretativ aus der gegenwärtigen Situation der technischen Entwicklung zu verstehen und soll dazu anregen, die Diskussion um die künstliche Intelligenzzu bereichern. Denn solange wir die Möglichkeiten und die Grenzen der KI nicht vollständig abgedeckt haben, wird diese Diskussion zu führen sein. Tatsache ist jedoch, dass es zum ersten Mal, seit der Mensch auf diesen Planeten weilt, ein konkurrierendes System gibt, dass Gefahr läuft, „intelligenter“ zu sein als der Mensch selbst. Aus Sicht der Darwin'schen Theorie der Arterhaltung durch Selektion der jeweils stärkeren oder am besten angepassten Art würde dies bedeuten, dass die Tage der Menschheit vermutlich angezählt sind. Der Wiederspruch besteht jedoch darin, dass der Mensch durch seine Intelligenz nach (ewig) langer Zeit wissenschaftlicher Erkenntnisse in der Lage ist, alle bisher gewonnene Weisheit zu binden und ein „Konstrukt“ zu schaffen, das ihm das Denken zu beschleunigen vermag oder so weit auszudehnen, wie er bisher nicht in der Lage war, weil dies die Grenzen der Vorstellungskraft erreichte. Ob diese „künstliche Intelligenz“ uns dann, wie es bei den Robotern einst befürchtet wurde, zum Verhängnis werden wird, kann aus heutiger Sicht nicht beantwortet werden, da wir uns erst am Beginn dieser technologischen Entwicklung befinden. Gemeinsam mit anderen Trendentwicklungen zu Virtual Reality oder Augmented Reality scheinen wir uns jedoch als Menschheit auf einem Pfad zu befinden, in dem wir uns leicht verlieren könnten. Wir verschaffen uns das „digitale Paradies“ auf Erden und einen digitalen Gott gleich mit dazu. Wird der Mensch dabei untergehen? Das ist nicht eine Frage des Ob, es ist lediglich eine Frage des Wann.

Ich habe vorangehend versucht, eine Erklärung zu finden, wie sich die KI allgemein definieren oder verstehen lässt. Ein alternativer Ansatz ist es, die KI selbst zu fragen. Geht man in die KI der Google-Plattform (Gemini) und stellt die Frage „Was ist die Definition von künstlicher Intelligenz?“, so erhält man folgende Antwort (Auszug):

„Es gibt keine einzige, allgemein akzeptierte Definition von künstlicher Intelligenz (KI). Die Definitionen variieren je nach Perspektive und Schwerpunkt.

[39] Bibel, Genesis 1, Moses 1,26: „Dann sagte Gott: Jetzt wollen wir den Menschen machen, unser Ebenbild, das uns ähnlich ist. Er soll über die ganze Erde verfügen: über die Tiere im Meer, am Himmel und auf der Erde.“ Bibel, Genesis 1, Moses 1,27: „So schuf Gott den Menschen als sein Abbild, ja, als Gottes Ebenbild; und er schuf sie als Mann und Frau.“ Anmerkung meinerseits: Es steht mir fern, religiöse Gefühle zu verletzen.

Hier sind einige gängige Ansätze:

1. Fokus auf Fähigkeiten:

KI als Nachbildung menschlicher Intelligenz: KI soll Maschinen befähigen, Aufgaben zu erledigen, die normalerweise menschliche Intelligenz erfordern, wie z. B. Lernen, Problemlösen, Sprachverstehen, Entscheidungsfindung.

KI als rationales Denken und Handeln: KI-Systeme sollen in der Lage sein, Informationen zu verarbeiten, Schlussfolgerungen zu ziehen und Handlungen auszuführen, die ihre Ziele erreichen.

2. Fokus auf Methoden:

KI als Teilgebiet der Informatik: KI befasst sich mit der Entwicklung von Algorithmen und Systemen, die intelligentes Verhalten ermöglichen.

KI als maschinelles Lernen: KI-Systeme lernen aus Daten und Erfahrungen und können ihr Verhalten an neue Situationen anpassen.

3. Kombination von Fähigkeiten und Methoden:

KI als System, das menschenähnliche kognitive Fähigkeiten zeigt: KI-Systeme sollen in der Lage sein, zu lernen, zu verstehen, zu planen, zu kommunizieren und Probleme zu lösen.

KI als System, das autonom in komplexen Umgebungen agieren kann: KI-Systeme sollen in der Lage sein, Informationen aus ihrer Umgebung zu erfassen, zu interpretieren und darauf zu reagieren.

Zusätzliche Aspekte:

Schwache KI vs. starke KI: ‚Schwache KI' bezieht sich auf Systeme, die für spezifische Aufgaben entwickelt wurden (z. B. Bilderkennung, Spracherkennung). ‚Starke KI' hingegen bezeichnet hypothetische Systeme, die die gleichen intellektuellen Fähigkeiten wie Menschen besitzen.

Ethik der KI: Die Entwicklung und Anwendung von KI werfen ethische Fragen auf, z. B. in Bezug auf Datenschutz, Diskriminierung und Verantwortung." [40)]

Die Antwort ist schon erstaunlich präzise und gleichzeitig breit angelegt. Sie gibt einen guten Einblick, was die KI bedeutet und was mit ihr alles möglich ist und noch sein wird.

Die gleiche Frage wurde nun der KI-Konkurrenz gestellt, der ChatGPT-Lösung von Sam Altman. Sie ist eine OpenAI-Lösung, die verschiedene Versionen der AI (Artificial Intelligence, dt. KI) online gestellt hat. Die aktuelle Version ChatGPT-5.2 wurde im Dezember 2025 kostenlos im Internet zur Verfügung gestellt.

Auf die gleiche Frage „Was ist die Definition von künstlicher Intelligenz?" antwortet ChatGPT Folgendes:

„Künstliche Intelligenz (KI) bezeichnet die Fähigkeit von Maschinen oder Software, menschenähnliche Intelligenz zu zeigen. Dazu gehören Fähigkeiten wie Lernen, Problem-

---

[40] KI-Plattform Gemini von Google (angefragt am 19.10.2024)

lösen, Wahrnehmung, Sprachverarbeitung und Entscheidungsfindung. KI-Systeme nutzen Algorithmen und große Datenmengen, um Muster zu erkennen und aus Erfahrungen zu lernen, sodass sie Aufgaben automatisieren oder unterstützen können, die normalerweise menschliche Intelligenz erfordern. Es gibt verschiedene Ansätze zur KI, darunter maschinelles Lernen, neuronale Netze und natürliche Sprachverarbeitung."

Die Antwort fällt zwar im Vergleich zur Gemini-Plattform etwas kürzer aus, aber inhaltlich decken sie sich erwartungsgemäß.

Kommen wir nun jedoch auf die ursprüngliche Thematik zurück und leiten unseren Blick auf die Anwendung der KI in der Energiewirtschaft. Die Plattformen der künstlichen Intelligenz können den vorangegangenen Definitionen folgend in vielen Segmenten genutzt werden. Da die Plattformen über Frontend-Lösungen, also das Internet im Browser, genutzt werden können, kann man mit ihnen auch über sogenannte APIs, also Schnittstellen, kommunizieren. Eine API (Application Programming Interface) ist eine Sammlung von Regeln und Protokollen, die es ermöglichen, dass verschiedene Softwareanwendungen miteinander kommunizieren. Sie definiert, wie Anfragen gestellt, Daten übermittelt und Antworten empfangen werden. Somit können KI-Plattformen direkt von Softwareprogrammen angesprochen werden, um komplexe Lösungen zu erarbeiten. Durch eine vordefinierte Konfiguration lassen sich die Antworten auch so gestalten, dass sie die gewünschten Formate und Inhalte berücksichtigen und für weitere Verwendungen nutzbar sind.

8.8.1 Künstliche Intelligenz in der Energiewelt

Mit der Beschreibung der Anwendung und Integration von KI-Plattformen in der Energiewelt stellt sich unmittelbar die Frage, welche Anwendungsgebiete die KI in der Energieversorgung haben kann. Da diese Plattformen zur Verfügung stehen, ist es ein Leichtes, die Plattformen selbst diese Antwort verfassen zu lassen.

Auf die Frage „Wo kann künstliche Intelligenz im Energiebereich aushelfen?" antwortet die Gemini-Plattform[41)] Folgendes:

„*Künstliche Intelligenz (KI) bietet im Energiebereich eine Vielzahl von Anwendungsmöglichkeiten, die dazu beitragen können, die Energieeffizienz zu steigern, die Kosten zu senken und die Nachhaltigkeit zu verbessern. Hier sind einige Beispiele:*

1. Optimierung der Energieerzeugung:

Vorhersage von Energiebedarf und -erzeugung: KI kann mithilfe von Wetterdaten, historischen Verbrauchsdaten und anderen Informationen den zukünftigen Energiebedarf und die Erzeugung aus erneuerbaren Quellen (z. B. Solar- und Windenergie) präzise vorhersagen. Dies ermöglicht eine optimale Planung und Steuerung der Energieerzeugung und -verteilung.

[41] KI-Plattform Gemini von Google (angefragt am 19.10.2024)

Steuerung von Kraftwerken: KI kann in Echtzeit die Leistung von Kraftwerken optimieren, um den Energiebedarf zu decken und gleichzeitig die Emissionen zu minimieren.

Wartung und Instandhaltung: KI kann mithilfe von Sensordaten und Algorithmen den Zustand von Anlagen überwachen und frühzeitig Wartungsbedarf erkennen, um Ausfälle zu vermeiden und die Lebensdauer der Anlagen zu verlängern.

2. Verbesserung der Energieeffizienz:

Intelligente Stromnetze (Smart Grids): KI kann dazu beitragen, die Stromnetze effizienter zu gestalten, indem sie den Energiefluss in Echtzeit optimiert und Lastspitzen vermeidet.

Gebäudeautomation: KI kann in Gebäuden eingesetzt werden, um den Energieverbrauch zu optimieren, z. B. durch intelligente Steuerung von Heizung, Lüftung und Beleuchtung.

Energiemanagement in der Industrie: KI kann in industriellen Prozessen eingesetzt werden, um den Energieverbrauch zu analysieren und Optimierungspotenziale zu identifizieren.

3. Integration erneuerbarer Energien:

Prognose der Erzeugung aus erneuerbaren Quellen: KI kann die schwankende Erzeugung aus Solar- und Windenergieanlagen präzise vorhersagen und so die Integration dieser Quellen in das Stromnetz erleichtern.

Optimierung von Energiespeichern: KI kann die Steuerung von Energiespeichern optimieren, um die Nutzung erneuerbarer Energien zu maximieren und Netzschwankungen auszugleichen.

4. Verbesserung des Kundenservice:

Personalisierte Energieberatung: KI kann Kunden individuelle Empfehlungen zur Energieeinsparung geben und ihnen helfen, ihren Energieverbrauch zu optimieren.

Automatisierte Kundenbetreuung: KI-basierte Chatbots können Kundenanfragen schnell und effizient beantworten.

5. Weitere Anwendungsbereiche:

Betrugserkennung: KI kann Unregelmäßigkeiten im Energieverbrauch erkennen und so Energiebetrug aufdecken.

Risikomanagement: KI kann Risiken im Energiebereich, wie z. B. Stromausfälle oder Cyberangriffe, besser einschätzen und minimieren.“

Dem ist zunächst nicht viel hinzuzufügen. Die Antwort ließe sich in jedem hier genannten Segment noch viel weiter detaillieren. Dazu sind sogenannte Prompt-Befehle der KI nützlich.

Prompt-Befehle sind Anweisungen an die KI, wie z. B. folgende:

- „Du bist jetzt ein Energieberater!“
- „Du bist ein Experte im CO_2-Handel. Gib mir alle Details zur Zusammenstellung des CO_2-Preises an …“

Solche Anweisungen veranlassen die KI, in speziellen Bereichen tiefergehende Recherchen und Analysen durchzuführen. Das kann so weit gehen, dass man z. B. ein Stück selbst generierten Programmiercode von der KI überprüfen und optimieren lassen kann. Die KI wird dann mit einem verbesserten Code antworten, wobei die Anforderungen, in welche Richtung die Verbesserung stattfinden soll, also z. B. bezüglich Robustheit oder Sicherheit, mit angegeben werden kann. Die gesamte IT-Welt selbst kann folglich von der KI hinsichtlich Qualität und Performance sowie anderer Parameter auf eine höhere Ebene gehoben werden.

Die generelle Frage, die wohl jedem in diesem Augenblick durch den Kopf gehen mag, ist: „Wo bleibt dann der Mensch und wozu wird er noch gebraucht?“ Wenn wir schon jetzt eine künstliche Intelligenz haben, die uns das Denken langsam abnimmt, dann ist solch eine Frage berechtigt. Yuval Harari listet in seinem Buch *Homo Deus* ausführlich alle Möglichkeiten und Forschungsrichtungen auf, die der Mensch bereits entwickelt und begonnen hat. Der Gedanke, dass der Mensch „Gott“ spielt, wird dadurch sehr naheliegend, aber dem muss partiell widersprochen werden. Zwar erreicht der Mensch auf der einen Seite ein Level des noch nie da gewesenen Wissens, aber auf der anderen Seite ist der gleiche Mensch nicht fähig, eine für das heutige Wissen relativ einfache Verteilungsfunktion, wie sie Thomas Piketty in seinem Buch *Das Kapital des 21. Jahrhunderts* dargelegt hat, zu lösen. Hieran zeigen sich die tiefen Abgründe der Menschheit – nicht so sehr, weil er nicht in der Lage wäre, solche Herausforderungen zu lösen, sondern weil der Wille dazu fehlt. Der künstlichen Intelligenz fehlt es an emotionaler Intelligenz. Diese wird vermutlich im Laufe der Zeit noch ergänzt werden können, doch sie wird der emotionalen Intelligenz des Menschen nie ebenbürtig sein. Zu den bereits vorangehend gestellten Fragen müsste man demnach noch ergänzen, ob digital-emotionale Intelligenz überhaupt notwendig ist.

Der Mensch wird, so Alfred Adler, als minderwertiges Wesen geboren und muss sich das ganze Leben bemühen, diesen Zustand zu überwinden. Das ist ein bewusstseinsverändernder Prozess, der oft mit Mühen und Anstrengungen verbunden ist, die nicht jeder auf sich nehmen will oder aufgrund der Umstände kann. Partiell vermag der Mensch eine Bewusstseinsebene zu erreichen, die Hoffnung aufkommen lässt. In den meisten Fällen wird jedoch vieles einfach verdrängt. Dies zu überwinden wird dann zu einer lebenslangen Aufgabe. Durch Sublimierung seiner eigenen Minderwertigkeit kommen jedoch oft Machtgelüste, Gier und Überlegenheitsphilosophien zutage, wie sie die Geschichte schon so oft erlebt hat. Solange wir als Menschheit diese Abgründe nicht überwunden haben, ist der Untergang unumgänglich. Doch gerade deshalb, weil wir so unvollkommen sind, weil wir uns täglich neu erfinden und Hürden überwinden müssen, klammern wir uns an der Hoffnung fest, dass wir auch diese Herausforderung werden meistern können. Die Frage, ob sich die menschliche Intelligenz in einer schnelleren Geschwindigkeit entwickelt als die künstliche, ist klar mit Nein zu beantworten. Bis die gegenwärtige Gesellschaft aus einem Neugeborenen einen ausgebildeten, kreativ denkenden Menschen gemacht hat, vergehen meist 25 bis 30 Jahre. Wenn heute ein Mensch geboren wird, so wird er immer noch diese Zeit brauchen. Bis dahin ist die künstliche Intelligenz viel schneller und auf breiter Front entwickelt, mit für uns heute noch ungewissem Ausgang, in welche Richtung sich das insgesamt entwickeln wird.

Bei diesen Überlegungen werden die ethischsten aller Fragen aufgeworfen, die einem sofort in den Sinn kommen, wenn man solche Technologien entdeckt. Gibt es eine Grenze für diese Entwicklung? Wohin wird sich das in 20 oder 50 Jahren entwickeln? Wird sich diese Technologie am Ende aufgrund der auch intrinsischen, destruktiven Art des Menschen gegen ihn selbst richten? Oder nutzen wir diese Technologie, um uns gegenseitig zu eliminieren? Seit 07/10, dem Beginn des aktuellen Konflikts im Nahen Osten, wissen wir, dass hier bereits künstliche Intelligenz zur Vernichtung kämpfender Einheiten eingesetzt wurde.

Isaak Asimov musste bei der Entwicklung von Robotern ähnliche Fragen beantworten und hat darauf aufbauend drei grundlegende Axiome für die Roboterwelt aufgesetzt:

1. Ein Roboter darf keinen Menschen verletzen oder durch Untätigkeit zulassen, dass ein Mensch zu Schaden kommt.
2. Ein Roboter muss den Befehlen von Menschen gehorchen, es sei denn, diese Befehle widersprechen dem ersten Gesetz.
3. Ein Roboter muss seine eigene Existenz schützen, solange dieser Schutz nicht dem ersten oder zweiten Gesetz widerspricht.

Es bleibt abzuwarten, ob es für die künstliche Intelligenz ähnlich gelagerte Gesetze geben wird. Diese müssen aber vom Menschen selbst kommen. Denn so gern wir uns als intelligente Spezies definieren, so intensiv arbeiten wir auch an unserer eigenen Zerstörung. Mit der Natur sind wir bald so weit. Oder wie soll man sonst die 1,5 °C oder 2 °C als unumkehrbare Prozesse verstehen?

Es werden Milliarden über Milliarden an Fördergeldern für die KI-Entwicklung angekündigt. Man bekommt jedoch nicht das Gefühl, dass diese zur Lösung der menschlichen Zukunft, der Tilgung der Wasser- oder Nahrungsmittelknappheit, der Ressourcenverteilung oder der Lösung der globalen Erderwärmung angedacht werden, sondern eher dem Erhalt der wirtschaftlichen und militärischen Wettbewerbsfähigkeit dienen sollen. Oder haben wir das aufgrund der komplexen Thematik nur nicht richtig verstanden und das hehre Ziel wurde bereits als gegeben vorausgesetzt?

Die Menschheit wird nicht an der künstlichen Intelligenz untergehen, sondern an der eigenen, durch und durch menschlichen Dummheit.

8.8.2 Künstliche Intelligenz und Energieverbrauch

Eine bereits bekannte und negative Entwicklung der KI und in weiterer Folge auch der Blockchain ist die Tatsache, dass Technologien enorme Energieressourcen brauchen. Die hohen Rechenleistungen der komplexen Algorithmen führen dazu, dass immer mehr

Rechenzentren gebaut werden. Diese brauchen Energie, um die Rechenleistung zu erreichen, und nochmals Energie, um die dabei entstehende Wärme abzukühlen. In einem Onlinemagazinartikel wurde im September 2023 berichtet, dass Microsoft eigene Atomkraftwerke bauen will, um die Rechenzentren mit Energie zu beliefern.[42] Kleine, modulare Atomreaktoren bis 10 Megawatt sollen eigens dafür entwickelt werden. Ein Jahr, nachdem Microsoft dies angekündigt hat, kam auch von Google eine ähnliche Ankündigung in den Medien. Der Konzern will bis 2035 ebenfalls kleine Atomreaktoren bis zu einer Gesamtleistung von 500 Megawatt nutzen.[43] Ob der Konzern diese selbst bauen will oder nur den Strom beziehen wird, ist dem Bericht nicht zu entnehmen.

Tatsache ist jedoch, dass KI viel Strom braucht – und die Tendenz ist stark steigend, wie auch die International Energy Agency (IEA) mahnt:

*„**Der Stromverbrauch von Rechenzentren, künstlicher Intelligenz (KI) und dem Kryptowährungssektor könnte sich bis 2026 verdoppeln.** Rechenzentren sind in vielen Regionen wichtige Treiber des Wachstums des Strombedarfs. Nachdem sie im Jahr 2022 weltweit geschätzte 460 Terawattstunden (TWh) verbraucht haben, könnte der Gesamtstromverbrauch von Rechenzentren im Jahr 2026 mehr als 1000 TWh erreichen. Dieser Bedarf entspricht in etwa dem Stromverbrauch Japans. Aktualisierte Vorschriften und technologische Verbesserungen, auch im Bereich der Effizienz, werden entscheidend sein, um den Anstieg des Energieverbrauchs von Rechenzentren einzudämmen.“*[44]

Dem Bericht ist auch zu entnehmen, dass die im Jahr 2022 verbrauchten 460 Terawattstunden in etwa 2 % des weltweiten Stromkonsums ausmachen. Die stark steigende Zahl an diversen Daten hat die stark wachsende Zahl an Rechenzentren zur Folge. Auch im Energiesektor wird durch die zunehmende Digitalisierung (siehe Smartmeter) die Datenflut immer größer. Zwar wird im Energiesektor die Digitalisierung und darauf basierend auch die künstliche Intelligenz dazu benutzt, das Stromsystem zu verbessern und permanent zu optimieren, aber die Daten und Rechenkapazitäten steigen dadurch ebenfalls rasant an. Etwa 40 % des Stromverbrauchs in Datenzentren wird für die Aufbringung der benötigten Rechenleistung verwendet und weitere 40 % werden für die Kühlung der Prozessoren eingesetzt. Die restlichen 20 % sind auf andere beigestellte IT-Systeme zurückzuführen.[45]

---

[42] *futurezone.at:* Microsoft will Atomkraftwerke für Rechenzentren bauen. 26.09.1923. *https://futurezone.at/b2b/microsoft-mini-atomkraftwerk-akw-smr-modular-kernreaktor-gpu-azure-chatgpt/402608750* (Stand: 05.12.2024)

[43] *faz.net:* Google will Atomstrom einkaufen. 15.09.2024. *https://www.faz.net/aktuell/wirtschaft/unternehmen/bis-zu-sieben-kraftwerke-google-will-atomstrom-einkaufen-110047308.html* (Stand: 05.12.2024)

[44] Aus dem Englischen übersetzt: *IEA (International Energy Agency):* Electricity 2024. Analysis and forecast to 2026. Januar 2024. S. 16. *https://iea.blob.core.windows.net/assets/18f3ed24-4b26-4c83-a3d2-8a1be51c8cc8/Electricity2024-Analysisandforecastto2026.pdf* (Stand: 05.12.2024)

[45] Aus dem Englischen übersetzt: *IEA (International Energy Agency):* Electricity 2024. Analysis and forecast to 2026. Januar 2024. S. 31. *https://iea.blob.core.windows.net/assets/18f3ed24-4b26-4c83-a3d2-8a1be51c8cc8/Electricity2024-Analysisandforecastto2026.pdf* (Stand: 05.12.2024)

9 Die Zukunft der Energiewirtschaft im digitalen Kontext

Digitale Entwicklungen in der Energieversorgung können die Nachhaltigkeit in Kombination mit der Nutzung erneuerbarer Energien stark verbessern. Von einem ganzheitlichen nachhaltigen Energiesystem sind wir aber noch weit entfernt. Auch die Digitalisierungsrate ist noch gering, wenngleich der Trend zunehmend nach oben zeigt. Wie schon die Frage, wie lange die Menschheit noch von den vorhandenen Ressourcen zehren kann, bleibt die Frage, ob Digitalisierung eine langfristige Lösung ist, ebenfalls unbeantwortet und wird es vermutlich auch bleiben, da der Zeitpunkt der absoluten Ressourcenverknappung, aller Hoffnung zum Trotz, in immer greifbarere Nähe rückt. Der Kampf um die Ressourcen ist, wie in den vorangegangenen Kapiteln bereits erörtert, schon in vollem Gange und er hat mittelfristig betrachtet das Potenzial, sich auszuweiten. Wenn die Ressourcen immer knapper werden oder der Zugang zu den Ressourcen weiter erschwert wird, so sind Auseinandersetzungen vorprogrammiert. Wie schaut demnach die Zukunft der Ressourcen und der Energiebereitstellung aus? Wie zu vermuten ist, schonend gesagt leider auch nicht sonderlich gut. Schwarzmalerei ergibt wenig Sinn, aber eine nüchterne Betrachtung der Realität lässt keinen Platz für Zweifel oder gute Aussichten. Deshalb betrachten wir in diesem Kapitel erst einmal das Thema Ressourcen und versuchen, einen tieferen Einblick in die Materie zu gewinnen, um dann einen Ausblick auf die Zukunft zu wagen.

9.1 Weltressourcentag und die Grenzen des Wachstums

Anfang der 1970er-Jahre haben Wissenschaftler und Umweltschützer angefangen, sich aufgrund des stark wachsenden Ressourcenverbrauchs Gedanken zu machen, wie viele Ressourcen es auf dem Planeten noch geben könnte und wie lange diese noch ausreichen würden. Den ersten bedeutenden Beitrag dazu leisteten die Wissenschaftler Dennis und Donella Meadows, zwei US-amerikanische Chemiker und Biophysiker, Jorgen Randers, ein norwegischer Physiker, sowie William W. Behrens Jr., ein US-amerikanischer Marineoffizier, die im Auftrag des Club of Rome[1] gemeinsam mit einem Team aus 13 Experten diverser Disziplinen und Ursprungsländer mit der Aufgabe betraut wurden, eine Studie zur „Zukunft der Menschheit“ zu verfassen. Ziel war es unter anderem auch herauszufinden, welche *globalen* Auswirkungen das individuelle *lokale* Handeln der Menschen hat. Dabei sollte bedacht werden, dass die Implikationen des lokalen Handelns durchaus langfristig sein und weit über den Wirkungskreis jedes Individuums hinausgehen können.

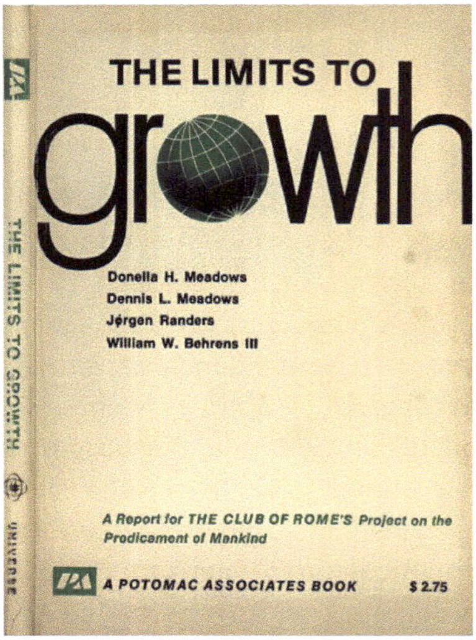

Bild 9.1 Das Buch *Die Grenzen des Wachstums* über die Zukunft der Menschheit, herausgegeben vom Club of Rome[2]

Herausgekommen ist eine Studie, die als Buch verfasst wurde und 1972 mit dem Titel *The Limits to Growth* (dt. *Die Grenzen des Wachstums*) veröffentlicht wurde (Bild 9.1).[3] In diesem Buch werden in sechs Kapiteln die Themenbereiche Ursprung des exponentiellen Wachstums und dessen Grenzen, das generelle Wachstum der Weltbevölkerung, der Verbrauch, die Technologien und schließlich der Status des globalen Gleich-

---

[1] *„The Club of Rome is a platform of diverse thought leaders who identify holistic solutions to complex global issues and promote policy initiatives and action to enable humanity to emerge from multiple planetary emergencies.“* (Quelle: *https://www.clubofrome.org/about-us*)

[2] © Bild: The Club of Rome (Public Domain), *https://www.clubofrome.org*. Bildquelle: *Meadows, Donella H./Meadows, Dennis L./Randers, Jørgen/Behrens III, William W.:* The Limits to Growth. A Report for the Club of Rome’s Project on the Predicament of Mankind. Universe Books, New York 1972. *http://pinguet.free.fr/meadows72.pdf* (Stand: Oktober 2024)

[3] *Meadows, Donella H./Meadows, Dennis L./Randers, Jørgen/Behrens III, William W.:* The Limits to Growth. A Report for the Club of Rome’s Project on the Predicament of Mankind. Universe Books, New York 1972. *http://pinguet.free.fr/meadows72.pdf* (Stand: Oktober 2024)

gewichts erörtert. Dabei wurden wesentliche Erkenntnisse erforscht und publiziert, die bis heute Gültigkeit besitzen, und Fragen aufgeworfen, auf die wir als Menschheit keine Antwort haben. Die wesentlichsten Erkenntnisse des Buches sind kurz zusammengefasst folgende:

- **Grenzen des Planeten:** Die Erde hat **begrenzte Ressourcen** und eine begrenzte Kapazität, **Umweltverschmutzung zu absorbieren. Unbegrenztes Wachstum** in den Bereichen Bevölkerung, Industrialisierung und Ressourcenverbrauch ist auf einem endlichen Planeten **nicht möglich**.
- **Überschreitung der Grenzen:** Wenn die Menschheit den Kurs nicht ändert und weiterhin exponentielles Wachstum in den oben genannten Bereichen verfolgt, wird sie im **Laufe des 21. Jahrhunderts die Grenzen des Planeten überschreiten**. Dies führt zu einem **„Overshoot and Collapse"**-Szenario (dt. „Überschreiten und Zusammenbruch"-Szenario) mit einem **drastischen Rückgang der Bevölkerung** und des Wohlstandes.
- **Notwendigkeit eines Wandels:** Um einen Kollaps zu vermeiden, ist ein grundlegender Wandel in unserem Verhalten und unserer Systeme erforderlich. Dazu gehören folgende Aspekte:
  - **Stabilisierung der Bevölkerung:** Einhaltung eines globalen Gleichgewichts zwischen Geburtenrate und Sterberate
  - **Begrenzung des Materialverbrauchs:** Reduzierung des Ressourcenverbrauchs und der Umweltverschmutzung
  - **Umstellung auf erneuerbare Energien:** Abkehr von fossilen Brennstoffen und Hinwendung zu erneuerbaren Energien
  - **Effizienzsteigerung:** Steigerung der Ressourceneffizienz in allen Bereichen
  - **Gerechtere Verteilung:** gerechtere Verteilung von Ressourcen und Wohlstand zwischen den Ländern und innerhalb der Gesellschaften

Die Autoren haben das Modell in den Folgejahren mehrmals aktualisiert und die Ergebnisse mehrfach bestätigt.[4] Die aktualisierten Studien zeigen, dass sich die Menschheit noch immer auf einem **nicht nachhaltigen** Pfad befindet oder dass dieser zumindest nicht nachhaltig genug ist, um das Worst-Case-Szenario zu vermeiden.

9.1.1 Simulationsmodell der Wachstumsgrenzen

Die Autoren des Berichts haben zur Prüfung der theoretischen Annahmen bezüglich der Grenzen des Wachstums das Computermodell World3 benutzt, das am Massachusetts Institute of Technology (MIT) entwickelt wurde. Das Modell basiert auf dem be-

---

[4] *Nebel, Arjuna/Kling, Alexander/Willamowski, Ruben/Schell, Tim:* Recalibration of limits to growth. An update of the World3 model. In: Journal of Industrial Ecology, Volume 28, Issue 1, February 2024, pp. 87 – 99. First published: 13 November 2023. *https://onlinelibrary.wiley.com/doi/10.1111/jiec.13442*

reits bestehenden World2-Computermodell von Jay Wright Forrester und wurde eigens mit ihm für die Studie auf World3 ergänzt. Das Computermodell bildet die komplexen Wechselwirkungen zwischen Bevölkerungswachstum, Industrialisierung, Nahrungsmittelproduktion, Ressourcenverbrauch und Umweltverschmutzung ab. Es verarbeitet dynamische Daten und geht davon aus, dass die Welt ein System aus verbundenen und rückgekoppelten Variablen ist, die sich gegenseitig beeinflussen.

Während der Ausführung des Modells werden verschiedene Szenarien der Entwicklung über einen Zeitraum simuliert, der sich über mehrere Jahrzehnte erstreckt. Die Szenarien variieren in den Annahmen unterschiedlicher Parameter und Entwicklungen zu Bevölkerungswachstum, Ressourcenverbrauch oder technologischem Fortschritt und Umweltbelastung.

Das Ergebnis war ernüchternd und wurde aufgrund der Brisanz, das es beinhaltete, mehrmals nachberechnet. Zwei wesentliche Erkenntnisse, abseits der bereits genannten, waren folgende (Bild 9.2):

1. Wachstum ist endlich und wird vermutlich **vor 2100** zum Erliegen kommen. Kriege und Epidemien sind dabei noch nicht mit eingerechnet, was den Zeitpunkt zusätzlich verkürzen kann.

   „*It is significant, however, that growth is stopped well before the year 2100. We have tried in every doubtful case to make the most optimistic estimate of unknown quantities, and we have also ignored discontinuous events such as wars or epidemics, which might act to bring an end to growth even sooner that our model would indicate.*“[5]

2. Ohne das Verhalten des gegenwärtigen Systems zu ändern, wird das industrielle Wachstum und das **Wachstum der Bevölkerung** spätestens in den kommenden 100 Jahren **definitiv** zum Erliegen kommen.

   „*We can thus say with some confidence that, under the assumption of no major change in the present system, population and industrial growth will certainly stop within the next century, at the latest. The system shown in figure 35 collapses because of a resource crisis.*“[6]

Das Buch *Die Grenzen des Wachstums* war ein Weckruf für die Menschheit. Es hat dazu beigetragen, das Bewusstsein für die ökologischen Herausforderungen zu schärfen und die Nachhaltigkeitsdebatte anzustoßen, die bis in die Gegenwart geführt wird.

---

[5] *Meadows, Donella H./Meadows, Dennis L./Randers, Jørgen/Behrens III, William W.:* The Limits to Growth. A Report for the Club of Rome's Project on the Predicament of Mankind. Universe Books, New York 1972. S. 126 ff. *http://pinguet.free.fr/meadows72.pdf* (Stand: Oktober 2024)

[6] *Meadows, Donella H./Meadows, Dennis L./Randers, Jørgen/Behrens III, William W.:* The Limits to Growth. A Report for the Club of Rome's Project on the Predicament of Mankind. Universe Books, New York 1972. S. 126 ff. *http://pinguet.free.fr/meadows72.pdf* (Stand: Oktober 2024)

Figure 36 WORLD MODEL WITH NATURAL RESOURCE RESERVES DOUBLED

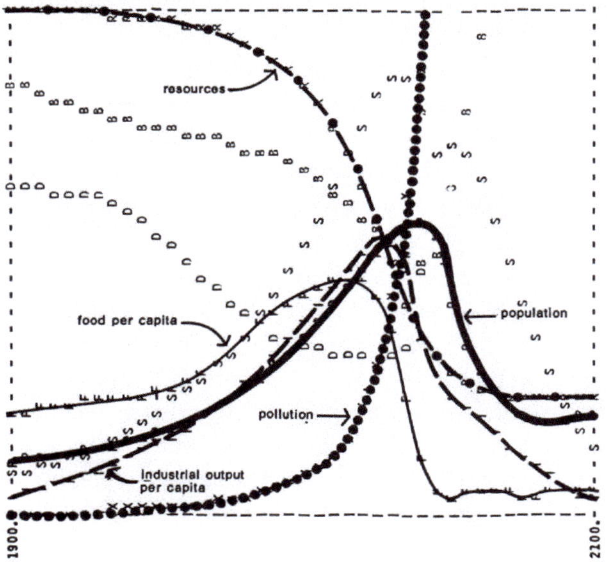

To test the model assumption about available resources, we doubled the resource reserves in 1900, keeping all other assumptions identical to those in the standard run. Now industrialization can reach a higher level since resources are not so quickly depleted. The larger industrial plant releases pollution at such a rate, however, that the environmental pollution absorption mechanisms become saturated. Pollution rises very rapidly, causing an immediate increase in the death rate and a decline in food production. At the end of the run resources are severely depleted in spite of the doubled amount initially available.

Bild 9.2 Weltmodell zur Grenze des Wachstums mit Verdopplung der natürlichen Ressourcen[7]

Das Modell und die damit verbundenen Ergebnisse sorgten damals auch gleichzeitig für eine breite Kritik aus der Wissenschaft.[8] [9] So wurde oft argumentiert, dass das Modell der damaligen Zeit nicht ausreichend sei, um so komplexe Systeme zu untersuchen, geschweige denn ausreichend genug sei, um die Realität des Lebens widerzuspiegeln. Es wurde ebenso darauf hingewiesen, dass die Welt sich nicht so einfach abstrahieren

[7] © Bild: The Club of Rome (Public Domain), *https://www.clubofrome.org*. Bildquelle: *Meadows, Donella H./Meadows, Dennis L./Randers, Jørgen/Behrens III, William W.:* The Limits to Growth. A Report for the Club of Rome's Project on the Predicament of Mankind. Universe Books, New York 1972. *http://pinguet.free.fr/meadows72.pdf* (Stand: Oktober 2024)

[8] *LaRouche Jr., Lyndon H.:* There are no Limits to Growth. Erstveröffentlichung: 1984. 2018

[9] Weitere Kritiker waren folgende: *Simon, Julian:* The Ultimate Resource. 1981. *Kahn, Herman:* The Next 200 Years. A Scenario for America and the World. 1976. *Lomborg, Bjørn:* The Skeptical Environmentalist. Measuring the Real State of the World. 2001. *Ridley, Matt:* The Rational Optimist. How Prosperity Evolves. 2010. *Huber, Peter:* Hard Green. Saving the Environment from the Environmentalists. 1999

ließe, da sich soziale und politische Entwicklungen weder vorhersagen noch modellieren ließen. Ein weiterer Kritikpunkt war, dass die Simulationen mit zu hohen Unsicherheiten behaftet seien und somit spekulativen Charakter hätten. Auch die grundsätzlich pessimistische Herangehensweise der Untersuchung wurde vielfach kritisiert, da die Anpassungsfähigkeit und Intelligenz des menschlichen Geistes nicht oder zu gering Berücksichtigung im Modell fände. Da sich die Kritik über lange Zeit gehalten hat, wurden die Simulationen über die Zeit mehrfach wiederholt und die benutzten Modelle den laufenden Erkenntnissen in mehreren Dimensionen angepasst.

Die vermutlich jüngste Publikation bezüglich der Rekalibrierung des World3-Modells wurde im November 2023 veröffentlicht. In der Veröffentlichung „Recalibration of limits to growth: An update of the World3 model“ [10] wurden 50 Jahre nach dem Erscheinen der ersten „Limit to Growth (LtG)“-Ergebnisse die Eingangsparameter des im Jahr 2005 mit World3-03 bereits aktualisierten Modells normiert.[11] Die Normierung erlaubte dann einen direkten Vergleich diverser Sektoren. Es wurden auch neue Wachstumserkenntnisse für diverse Sektoren und verbesserte Modelle für das Bevölkerungswachstum hinzugezogen. Das Modell wurde in der Programmiersprache Python geschrieben, ist wie schon 1972 in einem **Systemdynamik-Framework** implementiert und öffentlich zugänglich.[12]

„Über die Zeit gab es mehrmals wichtige Aktualisierungen des LtG-Modells. Die wichtigste wurde im Buch ‚Limits to Growth the 30-Years Update‘ (Meadows et al., 2005) beschrieben. In dieser Aktualisierung wurde dem Modell ein ***neuer adaptiver Technologiesektor*** *hinzugefügt, der jetzt World3-03 heißt, sowie zwei neu eingeführte Weltvariablen: ökologischer Fußabdruck (EF) und menschlicher Wohlfahrtsindex (HWI). Das Standardszenario in diesem Buch heißt Business as usual 1 (****BAU****), das Szenario mit der Annahme* ***reichlicher vorhandener Ressourcen*** *heißt* ***BAU2****.*

Das World3-Modell besteht aus den folgenden fünf miteinander verbundenen Sektoren:

- *Bevölkerung*
- *Kapital*
- *Landwirtschaft*
- *nicht erneuerbare Ressourcen*
- *Umweltverschmutzung*

In der neuen Berechnung gibt es zwei positive Rückkopplungsschleifen, die für die exponentielle Wachstumsdynamik des Modells verantwortlich sind. Eine ***größere Bevölke-***

---

10 *Nebel, Arjuna/Kling, Alexander/Willamowski, Ruben/Schell, Tim:* Recalibration of limits to growth. An update of the World3 model. In: Journal of Industrial Ecology, Volume 28, Issue 1, February 2024, pp. 87 – 99. First published: 13 November 2023. *https://onlinelibrary.wiley.com/doi/10.1111/jiec.13442*

11 Die Normierung erfolgte mit der Methode der *„normalisierten mittleren quadratischen Abweichung (engl.: normalized root mean square deviation (NRMSD))“.*

12 *Schell, Tim:* PyWorld03-03. *https://github.com/TimSchell98/PyWorld3-03* (Stand: Oktober 2024)

rung *führt mit einer Verzögerung von 15 bis 30 Jahren zu einer höheren Geburtenrate, und eine* ***höhere Investitionsrate*** *führt zu* ***mehr Industriekapital****, was wiederum höhere Investitionen ermöglicht. Es gibt jedoch auch in anderen Sektoren einschränkende Elemente. Ein Beispiel ist die maximal für die Nahrungsmittelproduktion verfügbare Ackerfläche oder die Annahme über die nicht erneuerbaren Ressourcen, die sowohl für die Nahrungsmittel- als auch für die Industrieproduktion benötigt werden (Meadows et al., 1974).“* [13]

Die Ergebnisse sind in Bild 9.3 dargestellt. Betrachten wir diese im Detail:

1. **Nicht erneuerbare natürliche Ressourcen (rosa Kurven):** Es zeigt sich, dass die verfügbaren nicht erneuerbaren natürlichen Ressourcen in der Grundverfügbarkeit nach oben korrigiert wurden. Dennoch sinkt die neue durchgezogene rosa Kurve ab 1975 rapide ab und erreicht um 2050 herum einen unteren Grenzwert, ab dem sie in eine flache Kurve übergeht.

2. **Anhaltende Verschmutzung (blaue Kurven):** Auch hier wurde durch neue aktualisierte Werte der Verlauf verändert. Die Spitze der anhaltenden Verschmutzung ist nicht mehr so hoch und verschiebt sich von etwa 2035 auf ungefähr 2080. Dies ist positiv zu bewerten.

3. **Bevölkerungszahl (orange Kurven):** Hier stimmen beide Modelle erstaunlicherweise gut überein. Die Bevölkerungszahl erreicht um 2025 bis 2028 herum einen Höchstwert und sinkt dann stetig ab. Um das Jahr 2100 würde dann die Weltbevölkerung einen ähnlichen Wert haben, wie sie es um das Jahr 1950 hatte (um die 2,5 Milliarden Menschen).

4. **Nahrungsmittelproduktion (grüne Kurven):** Beide Kurven zeigen, dass ab ca. 2022 bis 2026 die Nahrungsmittelproduktion steil nach unten geht und bis 2050 bereits die Hälfte des Maximalwertes erreicht haben wird. Wenn man diese Kurve mit jener der Bevölkerung ebenfalls im Jahr 2050 vergleicht, so kann man leicht erkennen, dass sich hier ein enormes Spannungsfeld auftut. Die Diskrepanz zwischen Nahrungsmittelproduktion und Bevölkerungszahl ist dann um das Drei- bis Vierfache größer als sie es um 1900 war.

5. **Industrieproduktion (rote Kurven):** Sie erreicht um das Jahr 2024 herum ein Maximum und sinkt dann rapide ab. Sie ließe sich mit der Kurve der nicht erneuerbaren Ressourcen (rosa Kurven) mit einer Verzögerung von ca. 20 – 30 Jahren korrelieren und mit jener Kurve der anhaltenden Verschmutzung (blaue Kurven), gegenkorrelieren. Die fast nahezu direkte Korrelation mit der Nahrungsmittelproduktion (grüne Kurven) ist augenscheinlich.

---

[13] Aus dem Englischen übersetzt: *Nebel, Arjuna/Kling, Alexander/Willamowski, Ruben/Schell, Tim:* Recalibration of limits to growth. An update of the World3 model. In: Journal of Industrial Ecology, Volume 28, Issue 1, February 2024, pp. 87 – 99. First published: 13 November 2023. *https://onlinelibrary.wiley.com/doi/10.1111/jiec.13442*

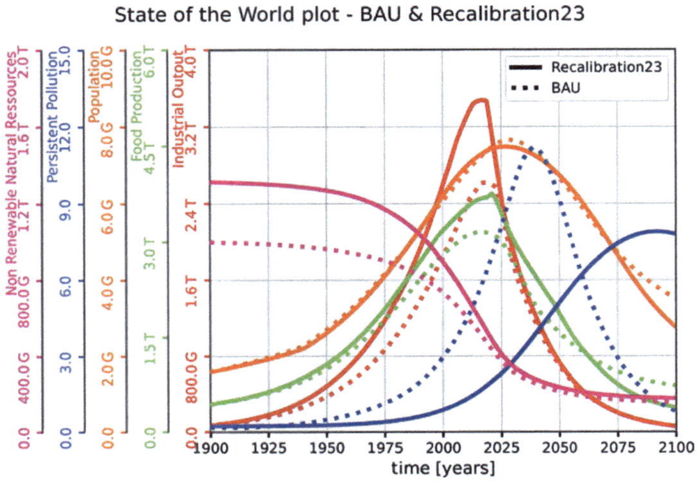

Bild 9.3 Plot der Rekalibrierung des World3-Modells von Meadows et al. (gestrichelte Linien: Modell aus dem Jahr 1972, durchgezogene Linien: Rekalibrierung aus dem Jahr 2023)[14]

Die Ergebnisse des rekalibrierten Modells unterscheiden sich von den ursprünglichen Berechnungen nicht sonderlich stark. Die Spitzen sind nicht mehr so stark ausgeprägt wie im Jahr 1972. Doch eines bleibt erhalten: Der vorhergesagte Kollaps des gegenwärtig herrschenden Systems ist, laut Modell, vermutlich bereits im Gange oder steht unmittelbar bevor. Wir werden folglich alle Zeugen und potenzielle Opfer zugleich werden.

Anmerkung: Wenngleich es pathetisch klingen mag, so erinnert mich diese Situation sehr stark an die Weissagung der Cree: *„Erst wenn der letzte Baum gerodet, der letzte Fluss vergiftet, der letzte Fisch gefangen ist, werdet ihr merken, dass man Geld nicht essen kann.“* Ob es tatsächlich eine alte Überlieferung ist, konnte bislang noch nicht bestätigt werden. Inhaltlich deckt diese Voraussagung aber annähernd das, was man im LtG-Modell berechnet hat. Wir folgen der Prämisse von Produktivität und Wachstum, bis uns die Ressourcen ausgehen.

Allem Pessimismus zum Trotz, dass die Zukunft tatsächlich so kommen wird, kann das Modell zumindest partiell infrage gestellt werden. Es basiert auf Parametern, von denen wir bereits wissen, dass sie allein nicht aussagekräftig genug sind, um Voraussagen zu treffen. Die Realität ist viel komplexer, als dass wir sie in ein abstraktes mathematisches Modell gießen könnten. Das bedeutet jedoch nicht, dass das Modell falsch ist. Mathematisch lässt sich vieles berechnen und erklären. Das Modell mag auch die

[14] © Bild: John Wiley & Sons (CC BY 4.0). Bildquelle: *Nebel, Arjuna/Kling, Alexander/Willamowski, Ruben/Schell, Tim:* Recalibration of limits to growth. An update of the World3 model. In: Journal of Industrial Ecology, Volume 28, Issue 1, February 2024, pp. 87–99. First published: 13 November 2023. *https://onlinelibrary.wiley.com/doi/10.1111/jiec.13442*

Vorhersage auf Basis der vorhandenen Daten richtig berechnen. Es kann aber weder die Lernfähigkeit und das Verhalten der Menschen sowie der Vielfalt der Kulturen und Gesellschaften, die wir gegenwärtig auf der Erde haben, vorhersehen noch kann es sie parametrieren. Niemand hätte vor 20 Jahren gedacht, dass China mal mit den USA um den Platz 1 in der Weltwirtschaft wetteifern und Weltraumprogramme zum Mond haben würde, um nur ein Beispiel zu nennen. Wurde so etwas im Modell berücksichtigt?

Das LtG-Modell berücksichtigt meiner Ansicht nach auch zu wenig die menschliche Lernfähigkeit im Sinne von Bildung, von individueller Entwicklung und des Dranges der menschlichen Spezies zum Überleben. Die Welt ist heute in Echtzeit vernetzt und jede Information erreicht binnen Millisekunden jeden Winkel der Erde. Trotz großer Krisen, Kriege und Naturkatastrophen bekommen Menschen mehr und mehr Zugang zu Bildung. Die sozialen Faktoren auf der Welt ändern sich permanent. Die Lebenserwartung der Menschen steigt und die Geburtenraten sinken weitläufig. Lagen sie noch gegen Ende der 1960er-Jahre bei etwa fünf Kindern pro Frau, liegen sie heute global bei etwa 2,3 Kindern. Die weltweite Analphabetenrate lag 1970 laut Schätzungen der UNESCO bei ca. 37,5 % für alle Personen über 15 Jahre. Die gleiche Studie von der UNESCO bezifferte diesen Wert im Jahr 2018 mit ca. 14 %.[15)]

Auch die Lebenserwartung hat sich massiv verlängert. Lag sie noch im Jahr 1970 weltweit bei 56,1 Jahren, so lag sie 50 Jahre später im Jahr 2020 bei 72,0 Jahren (Bild 9.4). Das Leben ist generell, abgesehen von wiederkehrenden Ausnahmen wie Krieg oder natürlichen Katastrophen, lebenswerter und inhaltsvoller geworden, als es das vor 50 Jahren war. Das birgt die Hoffnung, dass die LtG-Zukunftsszenarien nicht in dem Ausmaß zutreffen werden, wie sie errechnet wurden.

Nichtsdestotrotz hat die LtG-Forschung viel Positives bewirkt. Es hat ein Umdenken stattgefunden. Externalitäten wie Umweltverschmutzung, Treibhausgase und Klimaschäden werden in Berechnungen zu Produkten und Dienstleistungen häufiger und stärker gewichtet und in den jeweiligen Lebenszyklen mitberücksichtigt. Dass es nicht alle tun, ist eine Herausforderung, die es noch zu nehmen gilt, der Trend in diese Richtung ist jedoch unumkehrbar.

Die übergeordnete Frage der LtG-Forschung wurde jedoch nicht oder nur partiell berührt, nämlich die Frage, welches Gesellschaftsmodel für die Zukunft am besten geeignet sei, um das Überleben der Menschheit abzusichern. Wie ich in den vorangegangenen Kapiteln bereits ausgeführt habe, muss die Menschheit sich die Frage stellen, ob das gegenwärtige Wirtschafts- und Gesellschaftsmodell ausreichen wird, um eine Trendumkehr zu erreichen, die es erlaubt, mit der Natur im Gleichgewicht zu leben. Dies soll jedoch nicht als Aufruf zu undurchdachten Revolutionen oder Aufständen verstanden werden, sondern als ein Auftrag zum rationalen Gedankenaustausch, wie die Gesellschaft und die Kreislaufwirtschaft von morgen konkret ausse-

---

[15] Datenquellen: *https://data.worldbank.org/indicator/SE.ADT.LITR.ZS* sowie *https://unesdoc.unesco.org/ark:/48223/pf0000146185* (Stand: Oktober 2024)

hen sollen. Zwischen den Zeilen gelesen sagt das Modell ja eigentlich genau das: „Lebt so weiter und euch gehen die Ressourcen aus". Dabei muss berücksichtigt werden, dass im Jahr 1972 der Kalte Krieg noch in vollem Gange war und weltweit zwei Systeme, der Sozialismus und der Kapitalismus, die Gesellschaften bestimmten. Es konnte folglich keine von beiden als die bessere oder schlechtere bewertet werden, wenngleich der Club of Rome hierzu keine Aussage traf, ob diese gesellschaftlichen Rahmenbedingungen in der Studie Berücksichtigung fanden.

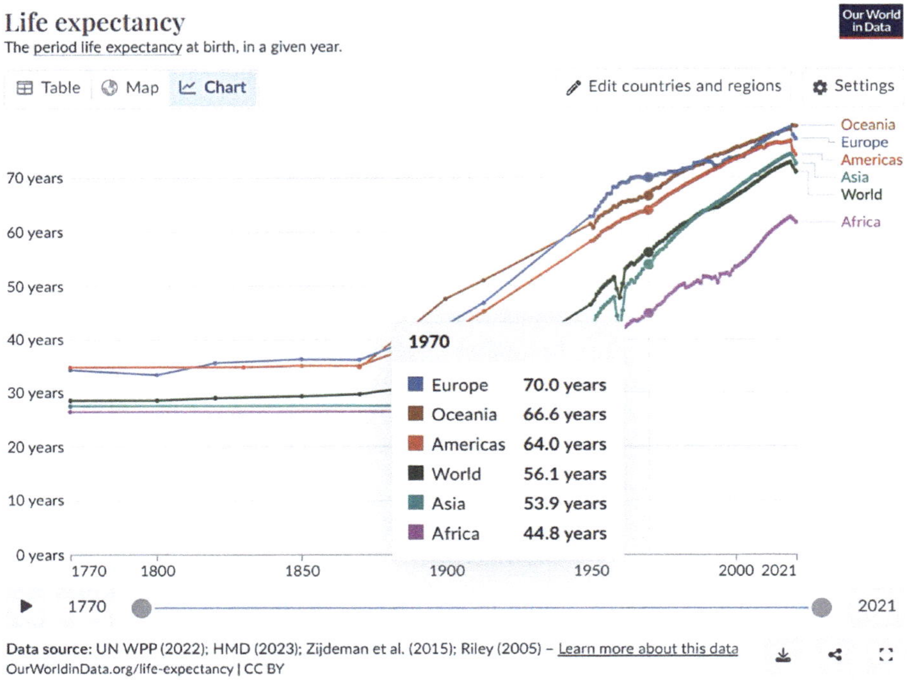

Bild 9.4 Die Lebenserwartung lag weltweit im Jahr 1970 bei 56,1 Jahren.[16)]

Über kurz oder lang werden die Ressourcen zur Neige gehen – das wissen wir bereits heute. Damit wird es auf unserem Planeten zwangsläufig zu einer Korrektur der Bevölkerungsanzahl nach unten kommen. Es bleibt zu hoffen, dass dies durch ein natürliches Gefälle erfolgt und nicht durch ein Massensterben aufgrund von Kriegen oder Dürren im Kampf um die letzten Reserven geschieht. Zweifel sind jedoch angebracht.

[16] © Bild: Our World in Data (CC BY 4.0), *https://ourworldindata.org*. Bildquelle: *Dattani, Saloni/Rodés-Guirao, Lucas/Ritchie, Hannah/Ortiz-Ospina, Esteban/Roser, Max:* Life Expectancy. *https://ourworldindata.org/life-expectancy* (Stand: Oktober 2024)

9.1.2 Neue Konzepte des Ressourcenmonitorings und der Ressourcenverfügbarkeit

Basierend auf den Ergebnissen des Buches *Grenzen des Wachstums* wurden in den folgenden Jahren weitere Szenarien und Modelle aufgestellt, die genauere Messungen und Werte für den Ressourcen-Überverbrauch liefern. Ein Wissenschaftler, der dazu einen wichtigen Beitrag leistete, ist der britische Ökonom Andrew Simms zusammen mit der New Economy Foundation. Simms gilt als Vater des Modells **Overshoot Days**, das in den frühen 2000er-Jahren durch ihn entwickelt und in den Folgejahren verbessert wurde. Der Overshoot Day wird berechnet, indem der ökologische Fußabdruck der Menschheit durch die Biokapazität der Erde geteilt wird. Zwei Erklärungen müssen hierzu ergänzt werden:

1. Der **ökologische Fußabdruck** misst den **Bedarf der Menschheit an biologisch produktiver Fläche**, um Ressourcen zu erzeugen und **Abfälle zu absorbieren**.
2. Die **Biokapazität** misst die Fähigkeit der Erde, biologisch produktive Fläche bereitzustellen und Abfälle zu absorbieren.

Als Ergebnis erhält man eine Beziehung zwischen dem Bedarf der Menschheit und der Fähigkeit der Erde, diesen zur Verfügung zu stellen. Nach der Berechnung rechnet man das Ergebnis auf das Jahr hoch, um den Tag zu bestimmen, an dem die Ressourcen aufgebraucht sind.

Da nicht alle Länder gleichen Wohlstand besitzen, wurde die Berechnung für jede Nation eigens aufgestellt. Es gibt folglich zwei Overshoot Days als Indikator, jener des gesamten Planeten und jener für das entsprechende Land. Definiert werden beide wie folgt:

1. **Globaler Overshoot Day:** zeigt den Ressourcenverbrauch der gesamten Menschheit im Vergleich zur Biokapazität der Erde
2. **Nationaler Overshoot Day:** zeigt den Ressourcenverbrauch eines Landes im Vergleich zu seiner *eigenen* Biokapazität

Bild 9.5 zeigt das Ergebnis des „Overshoot Days" für das Jahr 2026 für verschiedene Länder. Ein genaues Datum für das jeweilige Land kann auf *https://overshoot.footprintnetwork.org* eingesehen werden.[17] Um ein Verständnis zu geben, wie extrem die Werte voneinander abweichen können, können als Beispiel Katar oder Luxemburg genannt werden. Sie führen die Liste mit dem **11. Februar** und dem **20. Februar 2024** jeweils an. Diametral gegenüber stehen die Republik Moldau mit dem **28. Dezember** und Kirgistan mit dem **30. Dezember 2024** als letzte in der Liste.

[17] *Global Footprint Network:* Country Overshoot Days. 2026. *https://overshoot.footprintnetwork.org/newsroom/country-overshoot-days* (Stand: Februar 2026)

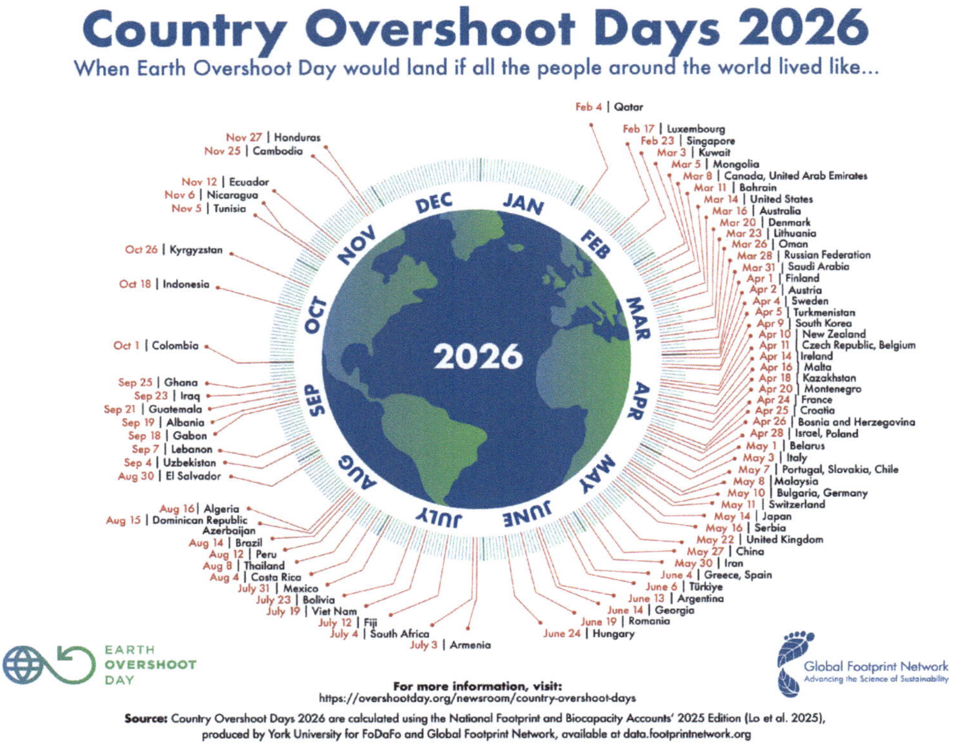

Bild 9.5 Der länderbasierte Overshoot Day für das Jahr 2026[18)]

Zwar handelt es sich bei dem Modell von Simms um ein abstraktes Modell, dennoch zeigt es eine Tendenz und sorgt für die notwendige öffentliche Aufmerksamkeit.

Bild 9.6 zeigt den **globalen Overshoot Day** für ausgewählte Jahre. Die konstanten Werte für die Jahre 2020 bis 2024 kommen zustande, weil sich die Zeitspanne auf ein Jahr verkürzt hat. Auch die Zeitspanne zwischen den Jahren 2000 und 2015 basieren auf fünf Jahreswerten.

Der Wert von 2020 ragt aus den anderen Werten heraus (Bild 9.6). Hier kann man den Einfluss der Pandemie klar erkennen. Ansonsten ist die Tendenz erschreckend und deckt sich mit jener des LtG-Modells für die Kurve der nicht erneuerbaren Ressourcen. Die Pandemie hat eindeutig gezeigt, welche Maßnahmen notwendig sein *könnten*, um den Trend des Overshoot Days umzukehren und ein nachhaltigeres Wirtschafts- und Sozialsystem zu schaffen. Es versteht sich jedoch von selbst, dass man die Menschheit nicht in Wohnungen einsperren kann, um die Welt zu retten. Die Pandemie hat uns aber klar und deutlich gezeigt, dass durch intelligent gesetzte Maßnahmen eine Verbesserung möglich ist.

---

[18] © Bild: Global Footprint Network, *www.footprintnetwork.org*, *www.overshootday.org*. Bildquelle: *Global Footprint Network:* Country Overshoot Days. 2026. *https://overshoot.footprintnetwork.org/newsroom/country-overshoot-days* (Stand: Februar 2026)

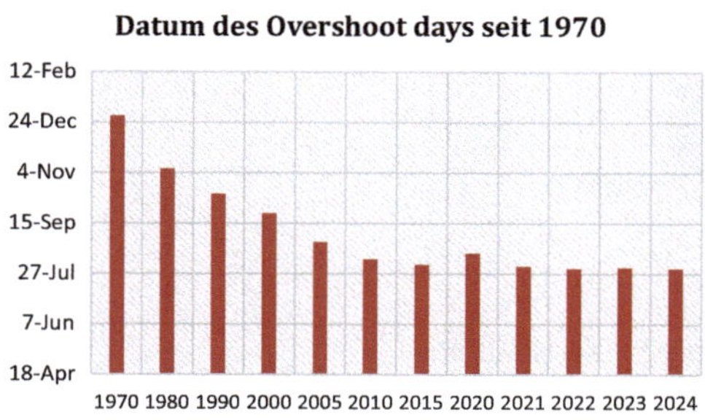

Jahr	Datum
1970	30.Dez
1980	08.Nov
1990	14.Okt
2000	25.Sep
2005	27.Aug
2010	10.Aug
2015	05.Aug
2020	16.Aug
2021	03.Aug
2022	01.Aug
2023	02.Aug
2024	01.Aug

Bild 9.6 Globaler Overshoot Day seit 1970

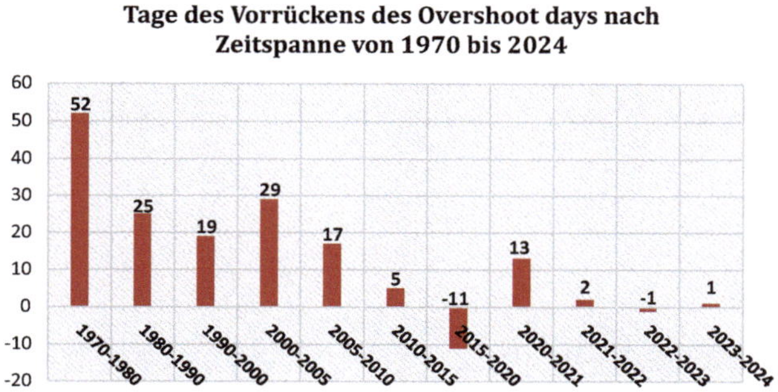

Bild 9.7 Tagesdifferenzen des Overshoot Days für die jeweiligen Periode[19]

9.2 Das Potenzial erneuerbarer Energien und ihr weltweiter Anteil

Kehren wir der Ressourcendiskussion erst einmal den Rücken und wenden uns den Potenzialen der erneuerbaren Energien zu, die wir weltweit nutzen könnten, um die Trendumkehr zu unterstützen. Dass die erneuerbaren Energieressourcen auf dem Vormarsch sind, ist hinlänglich bekannt. Doch wie sieht es mit den verfügbaren erneuerbaren Ressourcen insgesamt aus? Auf lange Sicht gesehen wird das Ziel einer energetischen Kreislaufwirtschaft schwer zu erreichen sein. Laut dem Energy Institute in London betrug der weltweite primäre Energiekonsum im Jahr 2023 in etwa 620 Exajoule (EJ), was einem Wachstum von 2 % gegenüber dem Vorjahr entsprach (Bild 9.8).[20]

---

[19] © Bild: Global Footprint Network, *www.footprintnetwork.org*, *www.overshootday.org*. Bildquelle: *Global Footprint Network:* Past Earth Overshoot Days. 2026. *https://overshoot.footprintnetwork.org/newsroom/past-earth-overshoot-days* (Stand: Februar 2026)

[20] *Energy Institute London:* Statistical Review of World Energy 2024. 73rd Edition. 20.06.2024. S. 6 ff. In collaboration with KPMG and Kearney. Data compilation by Heriot-Watt University. *https://www.bpb.de/system/files/dokument_pdf/Statistical_Review_of_World_Energy_2024.pdf*

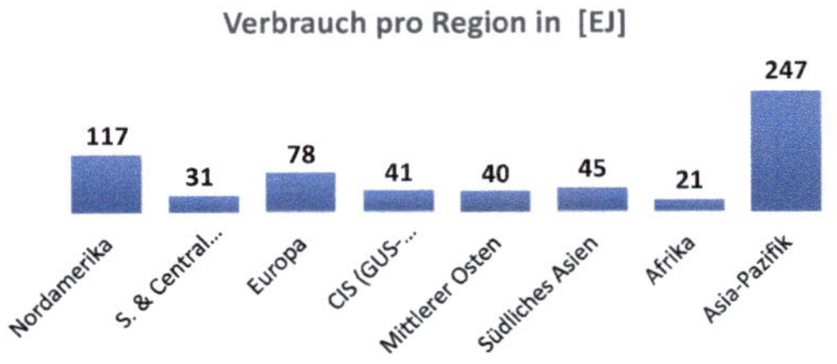

Bild 9.8 Weltweiter primärer Energieverbrauch im Jahr 2023 in absoluten Zahlen in Exajoule (EJ)[21)]

Der Verbrauch zeigt eine deutlich höhere Gewichtung des Energiekonsums bei den Industrie-, Entwicklungs- und Produktionszentren der Welt (Asien, USA und Europa). Angeführt wird der Konsum vom hohen Energieverbrauch in Asien. Nimmt man die GUS-Staaten zu den anderen beiden asiatischen Regionen dazu, so kann man erkennen, dass der asiatische Kontinent über 50 % des weltweiten primären Energiekonsums anführt (Bild 9.9).[22)]

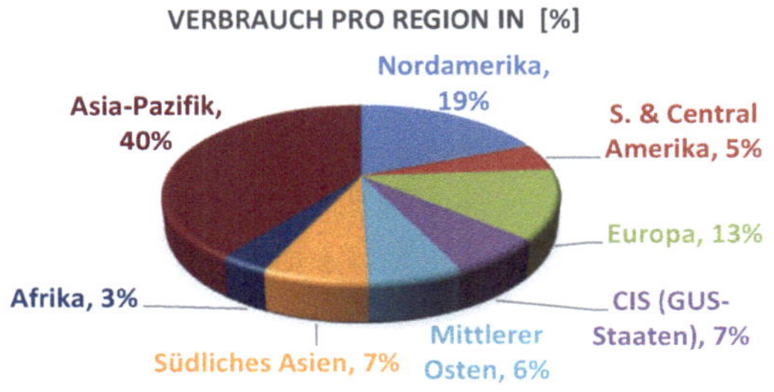

Bild 9.9 Weltweiter primärer Energieverbrauch im Jahr 2023 in Prozent (%)[23)]

Es ist wichtig zu erwähnen, wie die unterschiedliche Aufteilung des Konsums pro Person je Region ist. Hier führt die Region Nordamerika mit ca. 250 Gigajoule pro Person an jährlichem Verbrauch die Liste ganz klar an. Diametral gegenüber liegt Afrika mit einem Konsum von ca. 25 Gigajoule pro Person pro Jahr an letzter Stelle.

Betrachtet man die zugehörige Aufteilung nach primärem Energieträger, so zeigt sich die in Bild 9.10 dargestellte Situation.[24)] Die fossilen Energieträger sind mit 81 % über-

---

[21] Datenquelle: *https://www.energyinst.org/statistical-review*

[22] *Energy Institute London:* Statistical Review of World Energy 2024, 73rd Edition. 20.06.2024. S. 6 ff. In collaboration with KPMG and Kearney. Data compilation by Heriot-Watt University. *https://www.bpb.de/system/files/dokument_pdf/Statistical_Review_of_World_Energy_2024.pdf*

[23] Datenquellen: *https://www.iea.org/world/energy-mix* und *Energy Institute London:* Statistical Review of World Energy 2024. 73rd Edition. 20.06.2024. S. 9 ff. In collaboration with KPMG and Kearney. Data compilation by Heriot-Watt University. *https://www.bpb.de/system/files/dokument_pdf/Statistical_Review_of_World_Energy_2024.pdf*

[24] *Energy Institute London:* Statistical Review of World Energy 2024. 73rd Edition. 20.06.2024. S. 9 ff. In collaboration with KPMG and Kearney. Data compilation by Heriot-Watt University. *https://www.bpb.de/system/files/dokument_pdf/Statistical_Review_of_World_Energy_2024.pdf*

mäßig repräsentiert. Will man diese Menge an Energiequellen durch erneuerbare Energie ersetzen, so erkennt man schnell, vor welchen Herausforderungen wir stehen.

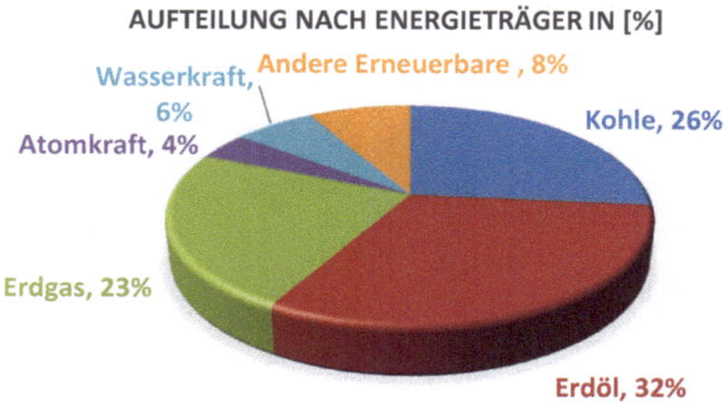

Bild 9.10 Aufteilung des primären Energieverbrauchs nach Trägern in Prozent (%)[25]

Der Einfachheit halber betrachten wir nur den Sektor der Stromerzeugung, der im Jahr 2023 weltweit, laut Energy Institute of London, bei **29 925 Terawattstunden** (das sind umgerechnet 29,92 Petawattstunden oder **107,73 Exajoule**) lag.[26] Leicht unterschiedliche Werte liefert die International Energy Agency (IEA) aus Paris. Sie beziffert den weltweiten Stromkonsum für das Jahr 2023 auf **27 682 Terawattstunden** (etwa 27,6 Petawattstunden oder **99,655 Exajoule**).[27] Dieser Wert wird, laut IEA, bis zum Jahr 2026 auf ca. **30 601 Terawattstunden** anwachsen, was einer Steigerungsrate von 3,4 % entspräche.

Die fossilen Energieträger sind mit ca. 60 % Anteil am weltweiten Strommix sehr dominant vertreten (Bild 9.11). Der IEA-Bericht gibt an, dass ab dem Jahr 2025 der Anteil der erneuerbaren Energien weiterwachsen wird und die erneuerbaren Energien ab 2025 bereits über 30 % der weltweitern Stromnachfrage decken können und die Kohle als primäre Energiequelle ersetzen werden. Hinzu kommt, dass die „*low-carbon*“-Energieträger (hier wird in der IEA-Betrachtung die Atomkraft mit eingerechnet) ab 2026 über 46 % der Stromnachfrage decken könnten, wobei hier alle erwarteten Zuwächse bereits CO_2-reduziert abgedeckt werden könnten.[28] Das sind vorsichtig erfreuliche Werte. Dennoch ist ein Blick auf die Potenziale erneuerbarer Energien, die langfristig erschließbar

[25] Datenquellen: *https://www.iea.org/world/energy-mix* und *Energy Institute London:* Statistical Review of World Energy 2024. 73rd Edition. 20.06.2024. S. 9 ff. In collaboration with KPMG and Kearney. Data compilation by Heriot-Watt University. *https://www.bpb.de/system/files/dokument_pdf/Statistical_Review_of_World_Energy_2024.pdf*

[26] *Energy Institute London:* Statistical Review of World Energy 2024. 73rd Edition. 20.06.2024. S. 54 ff. In collaboration with KPMG and Kearney. Data compilation by Heriot-Watt University. *https://www.bpb.de/system/files/dokument_pdf/Statistical_Review_of_World_Energy_2024.pdf*

[27] *IEA (International Energy Agency):* Electricity 2024. Analysis and forecast to 2026. Januar 2024. S. 159 ff. *https://iea.blob.core.windows.net/assets/18f3ed24-4b26-4c83-a3d2-8a1be51c8cc8/Electricity2024-Analysisandforecastto2026.pdf* (Stand: 05. Dezember 2024)

[28] *IEA (International Energy Agency):* Electricity 2024. Analysis and forecast to 2026. Januar 2024. S. 159 ff. *https://iea.blob.core.windows.net/assets/18f3ed24-4b26-4c83-a3d2-8a1be51c8cc8/Electricity2024-Analysisandforecastto2026.pdf* (Stand: 05. Dezember 2024)

sind, empfehlenswert, um zu erkennen, ob und wann ein kompletter Ausstieg aus den fossilen Energieträgern möglich ist.

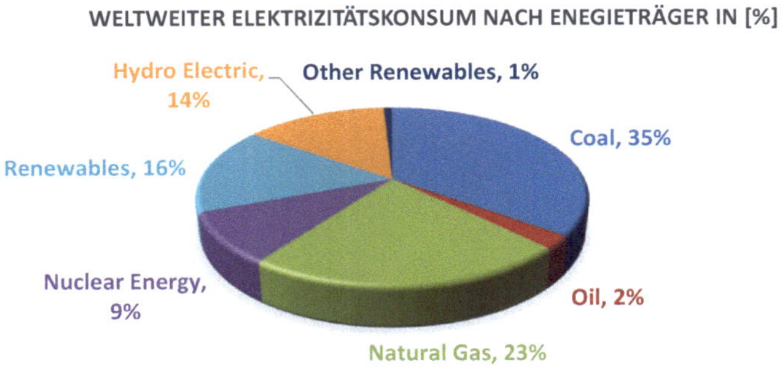

Bild 9.11 Weltweiter Elektrizitätskonsum nach Energieträgern im Jahr 2023 in Prozent (%)[29)]

Anmerkung: Die reine Betrachtung des Stromsektors ist der Relevanz der Thematik des digitalen Energiezeitalters geschuldet. Um eine endgültige Kreislaufwirtschaft auf allen Energiesektoren erreichen zu können, dürfen andere Segmente wie Verkehr, Industrie und Gewerbe, Gebäude (Wärme und Kälte) sowie der Verwaltungssektor nicht außer Acht gelassen werden. Dies sind jedoch andere Segmente, die in der bisherigen Betrachtung der hier beschriebenen Thematik der Digitalisierung keine direkte Beachtung gefunden haben. Eine gesonderte Analyse ist zu empfehlen.

Betrachten wir deshalb das technische Erzeugungspotenzial für Strom bis zum Jahr 2050 für den erneuerbaren Energiesektor, so erhalten wir gemäß einer Studie der TU Delft folgendes Ergebnis:

„Wir kommen zu dem Ergebnis, dass das ***technische Potenzial*** *über* ***verschiedene*** *einzelne Technologien und Energiequellen hinweg* ***zwischen 0,01 und 13 600 PWh/Jahr*** *liegt. Kumulative Schätzungen des gesamten technischen Potenzials für alle Technologien liegen zwischen $1{,}64 \times 10^2$ und $2{,}72 \times 10^4$ PWh/Jahr* ***(7555 EJ/a)****, wenn wir das Minimum und Maximum für jeden Ressourcentyp und jede Studie berücksichtigen und davon ausgehen, dass diese Schätzungen additiv sind.“*[30)]

Sollten diese Prognosen recht behalten, so sollten grundsätzlich ausreichende Energiemengen verfügbar sein. Dennoch steckt der Teufel im Detail. Auch wenn man sich

---

[29] Datenquellen: *https://www.iea.org/world/energy-mix* und *Energy Institute London:* Statistical Review of World Energy 2024. 73rd Edition. 20.06.2024. S. 9 ff. In collaboration with KPMG and Kearney. Data compilation by Heriot-Watt University. *https://www.bpb.de/system/files/dokument_pdf/Statistical_Review_of_World_Energy_2024.pdf*

[30] Aus dem Englischen übersetzt: *Angliviel de La Beaumelle, Nils et al.:* The Global Technical, Economic, and Feasible Potential of Renewable Electricity. In: Annual Review of Environment and Resources, Volume 48, 2023, pp. 419 – 449. *https://doi.org/10.1146/annurev-environ-112321-091140*

über die Verfügbarkeit freuen kann, sind die Ressourcen nicht so einfach zugänglich und über den gesamten Planeten verstreut. Hinzu kommt, dass erneuerbare Energien stark volatil sind und somit die Energieverfügbarkeit nicht immer im Voraus mit absoluter Sicherheit bestätigt werden kann.

Zunächst gilt es andere Hindernisse zu bewältigen, nämlich jene, dass aktuell nicht genug Übertragungs- und Verteilnetze vorhanden sind, um die verfügbaren Potenziale ausschöpfen zu können. Hier sind massive Investitionen notwendig, um die theoretisch verfügbaren Potenziale technisch-kommerziell erschließen zu können. Hinzu kommt die Schwierigkeit, dass durch den Wegfall von thermischen Kraftwerken, die als Backup-Kraftwerke zur Verfügung stehen, die Versorgungssicherheit durch erneuerbare Energien verkompliziert wird.

Durch digitale Komponenten und intelligente Algorithmen können solche Schwierigkeiten zunehmend ausgeglichen werden. Dennoch bleibt die Unsicherheit, dass durch den Ausfall von Wind und Tageslicht wesentliche Energiequellen wegfallen. Das heißt, es müssen zusätzliche Technologien hinzugenommen werden, um Redundanzen zu schaffen oder die Flaute-/Dunkel-Phasen durch Speichernutzung überstehen zu können. Im kleineren Umfeld ist es bereits heute kein großes Problem mehr, entsprechende technische Architekturen zu errichten. Ist das Versorgungsareal jedoch groß oder betrifft es ganze Regionen bis Länder, werden auch diese Technologien oder die Kapazitäten der installierten Leistungen gegenwärtig an ihre Grenzen stoßen.

Dennoch scheint der Trend bereits gesetzt zu sein. Durch die breite Nutzung von Wind und Solarenergie in Kombination mit digitalen Technologien und intelligenter Speichernutzung kann künftig eine komplett erneuerbare Energieversorgungsbasis Realität werden. Es ist jedoch zu vermuten, dass man lokal oder regional an Grenzen stoßen wird. Nicht alle Erdteile verfügen über homogen verteilte erneuerbare Ressourcen. Eher das Gegenteil ist der Fall. Ein internationaler Handel an Energie wird folglich zunehmend in den Vordergrund rücken, wenngleich die Zeichen gegenwärtig noch auf „Kalter Krieg 2.0“ stehen. Es ist zu erwarten (und zu hoffen), dass dies langfristig nicht durchzuhalten sein wird. Die Gründe sind vielfältig. Doch je eher die primitive menschliche „Bauchnabelschau“ beendet wird, desto eher werden wir in der Lage sein, durch Kooperation die Versorgungssicherheit zu gewährleisten. Ein internationaler, im Sinne eines interkontinentalen Strommarktes (aktuell nur für Erdöl und Gas vorhanden) wird in naher Zukunft einen Fortschritt in der globalen Versorgungssicherheit schaffen und eine fundamentale Größe darstellen. Den Hunger nach Energie kann die Menschheit nämlich nur gemeinsam (im Sinne eines Miteinanders) und nicht gegeneinander in den Griff kriegen. Ein internationaler Strommarkt, in dem alle partizipieren können, für die es Sinn macht, und der eine Vernetzung erlaubt, zeichnet sich immer mehr als eine mögliche Vision einer langfristigen und nachhaltigen Energieversorgung ab.

9.3 Der globale Strommarkt und zukünftige Energiespeicher

Neben der Anwendung von technischen Lösungen wie Backup-Kraftwerken, die gegenwärtig überwiegend auf fossiler Energie aufbauen, um die Volatilität in den Griff zu bekommen, gibt es weitere Möglichkeiten, die Versorgungssicherheit auf alleiniger Basis von erneuerbaren Energien aufrechtzuerhalten. Ich gehe im Folgenden auf zwei wichtige Potenziale ein, die in mittelbarer Zukunft brauchbare Lösungen bringen könnten.

9.3.1 Das Konzept des globalen Strommarktes

Im Jahr 2009 wurde das Projekt Desertec ins Leben gerufen, das für großen Optimismus in der Energiebranche der EU und der MENA-Staaten (Middle East and North Africa) sorgte (Bild 9.12). Die Idee bestand darin, über Randgebiete der Sahara-Wüste und der Küstengebiete um das Mittelmeer verschiedene großdimensionierte Solar- und Windkraftanlagen zu errichten und die Energie sowohl in die MENA-Staaten als auch nach Europa zu transportieren. Das Konzept stammt ursprünglich von der Trans-Mediterranean Renewable Energy Cooperation aus dem Jahr 2003 und wurde auf Initiative des Club of Rome und weiterer Institutionen aus Deutschland und Jordanien gemeinsam entwickelt. Die wissenschaftlichen Studien wurden vom Deutschen Zentrum für Luft- und Raumfahrt (DLR) durchgeführt. Das Projekt sah vor, bis zum Jahr 2050 genug Energie zu produzieren, sodass die künftige regionale Nachfrage der lokal beteiligten Länder (MENA-Region) zu bis zu 2/3 der Menge abgedeckt werden könnte. Das verbleibende Drittel würde dann nach Europa übertragen werden, das einen Beitrag leisten würde, der ca. 17 bis 20 % des europäischen Bedarfs an Strom bis 2050 hätte abdecken können.

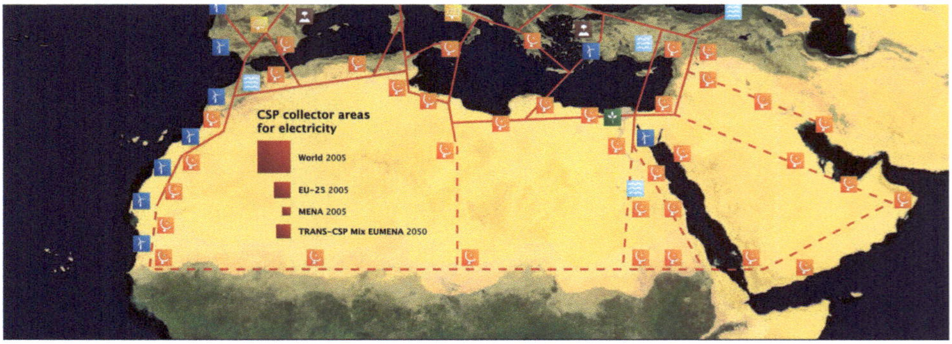

Bild 9.12 Das Projekt Desertec umfasste mehrere MENA-Länder.[31]

[31] © Bild: DESERTEC Foundation, *https://desertec.org*. Bildquelle: *Energie & Management Verlagsgesellschaft mbH:* Desertec macht auf Sparflamme weiter. 14.10.2014. *https://www.energie-und-management.de/nachrichten/detail/desertec-macht-auf-sparflamme-weiter-106706* (Stand: November 2024)

Vermutlich war die Zeit noch nicht reif für ein so ambitioniertes Projekt. Die aufkommenden Krisen durch den „arabischen Frühling“, die Konkurrenz durch billige Gaspreise, auch durch die starke Zunahme des Fracking-Gases aus den USA, sowie das Abspringen diverser Investoren, die sich damals generell aus dem Solarsegment zurückzogen, haben das Projekt Desertec zu Grabe getragen. Es ist auch zu vermuten, dass politische Interessen diverser erdöl- und gasproduzierender Länder sowie ökonomische Interessen der Zielländer für diese Öl- und Gasprodukte, keinen großen Gefallen an dem Projekt hatten, da sie befürchten mussten, aus dem Markt verdrängt zu werden.

Doch bekanntlich leben Totgesagte länger. Etliche Krisen und Jahre später könnten neue Konflikte, die den Gaspreis stark erhöht haben, die stark zunehmende Emission der Treibhausgase mit der nachfolgenden, immer stärker spürbaren globalen Erderwärmung sowie die immer höher werdenden Effizienzklassen der Solarpanels, die aktuell zumindest unter Laborbedingungen bereits an der 60-%-Grenze kratzen, der Idee neuen Schwung geben.[32] Auch der erwartete Einzug neuer, noch zu entwickelnder langfristiger Speichertechnologien auf Wasserstoffbasis und neuer Batteriematerialien macht es ebenfalls interessant, solche Kooperationsprojekte wiederzubeleben, zum einen, weil sich die Investitionen schneller rentieren würden, und zum anderen, weil der Druck der globalen Erwärmung und die steigenden CO_2-Werte starke Argumentationen für solche Projekte bringen. Da die Konsequenzen der Klimakrise mittlerweile auch diese Länder durch die immer schnellere Ausbreitung der Wüste, die zunehmenden Bodenerosionen und die darauffolgenden flutartigen Regenfälle mit Überschwemmungen stark zu spüren bekommen, findet folglich auch dort lokal ein Umdenken statt, wenngleich die Energiewende hier vermutlich etwas langsamer vonstattengehen wird, wofür es mehrere Gründe gibt.

Allerdings gibt es kein Licht ohne Schatten und so keimen durch die aktuell anmutende chaotische Weltordnung abermals Hindernisse auf, die das Desertec-Projekt sowie ähnliche Projekte weiter hinauszögern könnten. Einige der schwerwiegendsten Hindernisse sind vermutlich der gegenwärtige Handelskonflikt mit China, der Krieg im Nahen Osten und andere wirtschaftlich oder militärisch gelagerte Konflikte. China als der weltgrößte Hersteller und Exporteur von Solarpanels hätte vermutlich starkes Interesse, in solch ein Projekt zu investieren. Die europäischen Investoren wären jedoch weniger proaktiv, solange der Handelskrieg nicht gelöst ist. Sollte sich der Konflikt aber weiter hinziehen, so ist vermutlich davon auszugehen, dass die BRICS-Plus-Staaten dieses Projekt mir der neuen BRICS Development Bank selbst auf die Beine stellen könnten. Mit Ägypten ist ein MENA-Staat bereits BRICS-Plus-Mitglied. Weitere Interessenten wie Libyen, Tunesien, Algerien, Syrien und die Vereinigten Arabischen Emirate haben ihr Interesse bekundet und es ist zu erwarten, dass weitere folgen werden. Die Nachfrage nach Energie ist in diesen Staaten nach wie vor im Wachsen begriffen, womit ein lokaler Strommarkt gegeben wäre.

---

[32] *Brie, Jörn:* 15 Jahre Arbeit zahlen sich aus. Solarzelle mit 60 Prozent Wirkungsgrad entwickelt. 02.11.2024. *https://t3n.de/news/solarzelle-mit-60-prozent-wirkungsgrad-entwickelt-1653147* (Stand: November 2024)

Betrachten wir die Entwicklung der Stromnachfrage und Produktionskurve für einige der MENA-Staaten zwischen den Jahren 2000 bis 2022, so ergeben sich die Zahlen aus Tabelle 9.1.[33] Die Steigerungsraten sind beachtlich. Sowohl der Konsum als auch die Steigerung der Produktion ist bemerkenswert. Erstaunlich ist auch der Anteil fossiler Energieträger im Strommix. Bedenkt man das hohe Gas- und Erdölvorkommen in einigen dieser Länder, so ist das nicht überraschend. Umso mehr steigt der Druck, auf erneuerbare Energieträger umzusteigen, wenn man die Abhängigkeit auf Dauer reduzieren will.

Tabelle 9.1 Stromnachfrage und Produktionskurve für ausgewählte MENA-Staaten

Staat	Anteil fossiler Energieträger	Steigerung des Stromkonsums pro Kopf seit 2000	Anteil erneuerbarer Energieträger	Gesamt-produktion Strom 2022 (GWh)	Trend der Strom-produktion seit 2000
Marokko	79,4 %	97 %	16,9 %	42 722	232 %
Algerien	99,3 %	158 %	0,7 %	91 231	259 %
Tunesien	95,9 %	63 %	2,9 %	21 422	102 %
Libyen	100 %	83 %	0 %	35 106	127 %
Ägypten	87,8 %	54 %	12,1 %	208 739	167 %
Saudi-Arabien	99,4 %	93 %	0,6 %	418 839	232 %
Jordanien	76,9 %	37 %	23,1 %	22 557	206 %
Gesamt Ø	**91,24 %**	**83,57 %**	**8,04 %**	**840 616**	**189,3 %**

Laut einem Bericht der Deutsch-Arabischen Wirtschaftskammer von September 2023 ist die Energiewende hin zu erneuerbaren Energieträgern im Nahen Osten in vollem Gange.[34] Im gleichen Bericht wird festgehalten, dass laut International Renewable Energy Agency (IRENA) die Region bis 2050 in etwa 26 % der Primärenergieversorgung auf Basis erneuerbarer Energien gewinnen könnte. Die Region würde ca. 500 Gigawatt an Solar- und Windkraftkapazität benötigen, um die Stromerzeugung komplett zu ersetzen. Das wird eine große Herausforderung werden, wenn man als Vergleich dazu die Gesamtkapazität aller deutschen Windräder in der Nordsee zusammenfasst und auf eine Leistung von ca. 6,67 Gigawatt kommt. Die Sahara bietet besser ausschöpfbare Energieressourcen, die weniger aufwendig im Aufbau sind.

---

33 *IEA (International Energy Agency):* Countries. Energy reports. Data Center. *https://www.iea.org/countries* (Stand: November 2024)

34 *Deutsch-Arabische Wirtschaftskammer:* Arabische Länder steigern Kapazität für erneuerbare Energien. September 2023. *https://www.ghorfa.de/de/arabische-laender-steigern-kapazitaet-fuer-erneuerbare-energien* (Stand: November 2024)

Wirft man hierzu einen Blick nach China, so sieht man, dass das Erreichen dieses Ziels durchaus möglich ist. Im Jahr 2018 betrug die installierte Leistung des erneuerbaren Energieanteils für Strom auf Basis von Wind und Solar in China etwas über 300 Gigawatt. Fünf Jahre später betrug dieser Anteil bereits 758 Gigawatt.[35] Dies entspricht einer Steigerungsrate von um die 250 %. Der Ausbau soll weiter vorangetrieben werden, um die Grenze von 4000 Gigawatt bis 2030 für alle erneuerbaren Energien, also auch für Wasserkraft und Biomasse, zu überschreiten. Als Vergleich eines weniger großen Staates als China kann auch das chilenische Modell herangezogen werden. Die installierte elektrische Leistung an erneuerbarer Energie in Chile für die Segmente Wind und Solar, um dies vergleichbar zu machen mit den chinesischen Werten, betrug im Jahr 2018 um die 4130 Megawatt.[36] Fünf Jahre später betrug dieser Wert im März 2023 bereits 12 506,9 Megawatt.[37] Dies entspricht einer Steigerung von um die 300 %. Für ein Land, das „nur" 18 Millionen Einwohner hat, ist dies eine erstaunliche Leistung. Hier wird die Wüste als eine wichtige Ressourcenquelle betrachtet, die es zu nutzen gilt.

Auch in den MENA-Staaten ist dieser Trend angekommen und alle Staaten werden über kurz oder lang auf die erneuerbaren Energieträger setzen (müssen). Eine Herausforderung sticht jedoch heraus und steht für alle hier betrachteten Länder und darüber hinaus auch auf globaler Ebene auf einem anderen Blatt, und zwar jene, dass der Austausch an Energie über Regionen und Länder hinweg noch enorm ausbaufähig ist, auch unter den MENA-Staaten selbst. Ebenso ist die Verbindung von Nordafrika bis nach Südeuropa mit zwei Leitungen lediglich eher als „symbolisch" zu verstehen. Dabei gäbe es hier die Möglichkeit, sukzessive mit dem Ausbau der erneuerbaren Erzeugungskapazitäten in Europa und Nordafrika die Netzinfrastruktur in der Region selbst, aber auch in der Verbindung nach Europa mit aufzubauen und wachsen zu lassen. Das wäre zumindest ein guter Anfang, um einen globalen Stromaustausch insgesamt über mehrere Kontinente hinweg zu ermöglichen.

Wem diese Idee zu waghalsig oder zu illusorisch erscheint, der sei daran erinnert, dass Anfang der 1990er-Jahre auch niemand daran dachte, dass die Welt in weniger als zehn Jahren fast nahezu komplett mit Datenkabeln „verdrahtet" werden würde und wir Informationen in Sekundenschnelle aus der ganzen Welt abrufen könnten. Wir schafften es auch, verschiedene Pipelines aus Russland oder Norwegen durch Ost- und Nordsee bis nach Deutschland oder Polen zu bauen und unter hohem Druck Gas zu transportieren.

Die energetische Vernetzung ist folglich nichts Neues. In einem Bericht der Onlinezeitung dialogue.earth wurde bereits berichtet, das Chile im Projekt Antípodas ein See-

---

[35] *Yu, Aiqun/Lu, Sophie/O'Malia, Kasandra/Prasad, Shradhey:* China continues to lead the world in wind and solar, with twice as much capacity under construction as the rest of the world combined. Juli 2024. *https://globalenergymonitor.org/report/china-continues-to-lead-the-world-in-wind-and-solar-with-twice-as-much-capacity-under-construction-as-the-rest-of-the-world-combined* (Stand: November 2024)

[36] Generadoras de Chile; Reporte Anual 2018. *https://generadoras.cl/media/page-files/909/Reporte%20 Anual%202018%20final.pdf* (Stand: November 2024)

[37] Informe Mensual – Coordinador Eléctrico Nacional. März 2023. *https://www.coordinador.cl/wp-content/uploads/2023/04/CEN-Informe-Mensual-SEN-mar23.pdf* (Stand: November 2024)

kabel zwischen Südamerika und Asien verlegen lassen will.[38] Noch ist das Projekt in einer frühen Studienphase. Angedacht ist eine Leistung zwischen 200 bis 600 Gigawatt Strom, der tagsüber aus der Atacama-Wüste nach Fernost fließen soll, wenn es dort noch Nacht ist. Das Projekt strebt an, die globalen CO_2-Emissionen, um bis zu 4,5 % zu senken, sollte es realisiert werden. Zugegebenermaßen ist das ein „verrücktes" Unterfangen, aber das war es auch, als Faraday und die Siemens-Brüder 1874 das erste Telegraphenkabel von Europa in die USA verlegten.

Ähnlich wie in Chile und Asien ließen sich auch andere Kontinente energetisch zusammenschließen, und dass vermutlich mit weniger Aufwand, als es das Antípodas-Projekt vorsieht. Australien, das ebenso große Wüstengebiete und wenig genutzte Küstengebiete mit viel Windangebot hat, könnte Südasien oder Indien mit erneuerbaren Energien unterstützen. Des Weiteren könnte Energie aus der Wüste Gobi nach Westasien transportiert werden. Es ließen sich mehrere solcher Projekte auffinden. Ziel dabei ist es, der Tag-Nacht-Verschiebung immer voraus zu sein. Voraussetzung für so ein globales Unterfangen ist jedoch eine funktionierende Weltordnung im Sinne von Frieden und einem fairen kommerziellen und technischen Austausch. Auf lange Sicht wird die Menschheit nicht um solche Ideen herumkommen, um langfristig alle fossilen Energien vom Markt zu verdrängen. Je eher wir damit anfangen, desto weniger verrückt wird die Idee klingen. Natürlich gibt es noch andere Ideen als Konkurrenz. Hier stehen Wasserstoff-Projekte ganz oben auf der Liste. Der Aufwand wäre um einiges geringer und der weltweite Transport, vorausgesetzt, die Speichertechnologie für H_2 ist irgendwann so weit, wäre auch einfacher. Allerdings sind die Konversions- und Transportverluste noch nicht absehbar. Auch die Umrüstkosten für bestehende Kraftwerke würden vermutlich in die Millionen gehen. Ein Vergleich wäre empfehlenswert.

9.3.2 Entwicklung zukünftiger Speichertechnologien

Ein wesentlicher Faktor für den langfristigen Erfolg der erneuerbaren Energien wird darin bestehen, die Möglichkeit zu haben, Energie im großen Stil mittel- und langfristig speichern zu können. Aktuell gibt es bereits wesentliche Fortschritte bei Speichertechnologien unter Nutzung diverser Speichermedien. Sie können auf chemischer, physischer oder elektrischer Basis aufgebaut sein. Meistens sind diese Speicher für den kurz- bis mittelfristigen Einsatz dimensioniert. Gründe dafür sind die hohen Kosten und fehlende Materialien bei der Erstellung langfristiger Speicher, allerdings gibt es hierzu auch neue Trends. Durch weitere Forschung zu nutzbaren Materialien ist vor allem bei chemischem Speichern, in weiterer Folge also Batteriespeichern, mit einer Erhöhung der nutzbaren Energiedichte und damit (hoffentlich) auch mit einer deutlicheren Vergünstigung zu rechnen. Auch bei physikalischen Speichern werden

[38] *Guzman, Lorena:* Chile quiere construir un cable submarino para exportar energía renovable a Asia. 13.01.2022. *https://dialogue.earth/es/energia/50155-chile-quiere-construir-un-cable-submarino-para-exportar-energia-a-asia* (Stand: November 2024)

durch neue Denkansätze neue Möglichkeiten geschaffen, Energie zwischenzulagern. Diese Entwicklungen werden jedoch noch Zeit in Anspruch nehmen. Doch schauen wir uns zunächst an, welche Technologien gegenwärtig im Trend oder Forschungsstatus sind und künftig vermutlich eine wichtige Rolle in der Energiebereitstellung einnehmen werden.

9.3.2.1 Speicher in der Batterietechnologie

Lithium-Ionen-Batterien

In der Forschung zur Verbesserung der Batteriespeicherkapazität und Lebensdauer auf Basis von Lithium-Ionen Materialien gibt es im Wesentlichen fünf Trends in der Forschung:

- **Energiedichte:** Das wohl wichtigste Forschungsfeld in der Batterietechnologie ist die Erhöhung der Energiedichte, um die Speicherkapazität von Batterien merklich zu erhöhen. Ein wichtiger Treiber hierzu kommt aus der Autoindustrie. Hier wollen die Elektroautohersteller die Reichweite von E-Autos erhöhen, um der Reichweite von Autos auf Basis von Verbrennungsmotoren näherzukommen. Hierzu werden gegenwärtig Forschungen in verschiedenen Kathoden- und Anodenmaterialien durchgeführt. Einige der vielversprechenden Ansätze der Kathodenforschung sind Stoffe aus Lithium-Nickel-Mangan-Cobalt-Oxiden. Diese verschiedenen Materialien werden zusammengebracht und auf ihre Speicherfähigkeit hin untersucht.

  In der Anodentechnologie werden vermehrt siliziumbasierte Materialien erforscht, um die Aufnahmekapazität von Lithiumionen zu erhöhen. Die Schwierigkeiten liegen in der Expansionsaktivität des Siliziums, während der Lade- und Endladezyklen. Diese müssen kontrolliert werden, um höhere Energiedichten zu erreichen.

  Wer sich tiefergehend für diese Materie interessiert, dem seien die Publikationen von Yudha et al.[39] sowie Shafique et al.[40] empfohlen, in denen auch Informationen zu aktuellen Forschungsergebnissen zu finden sind.

- **Elektrolyt:** Batterien werden insbesondere im Transport- und Verkehrsbereich enormen Belastungen ausgesetzt. Sie sollen immer weitere Reichweiten abdecken können, und das bei möglichst geringem Ladeverlust. Gleiches gilt bei Nutzung von Batterien in der Energieversorgung, insbesondere bei der Stabilisierung von Verteilnetzen. Sie müssen auch in der Lage sein, über die Zeit viele Lade- und Entladezyklen zu bestehen, am besten, ohne dabei Abnutzungserscheinungen vorzuweisen. Besonders beim mobilen Einsatz der Batterien soll der Aufladezyklus immer kürzer werden,

---

[39] *Yudha, Cornelius Satria/Rahmawati, Mintarsih/Apriliyani, Enni/Nisa, Shofirul Sholikhatun/Jumari, Arif:* Synthesis of Nickel Cobalt Manganese Ternary Transition Metal Oxide from Mixed Hydroxide Precipitate as a Precursor to NCM81. In: Defect and Diffusion Forum, 2022, pp. 131–139

[40] *Shafique M./Akbar A./Rafiq, M./Azam, A./Luo, X.:* Global material flow analysis of end-of-life of lithium nickel manganese cobalt oxide batteries from battery electric vehicles. In: Waste Management & Research 2022, 41 (2), pp. 376–388

also die Schnellladefähigkeit der Batterie spürbar erhöht werden. Auch hier gibt es Forschungsschwerpunkte, vor allem im Bereich der Elektrolytenforschung. Diese sollen eine bessere Leitfähigkeit und höhere Stabilität erhalten, um so die geforderten Eigenschaften der Lebensdauer und Schnelllademöglichkeit auszubauen. Dabei werden Festkörperelektrolyte auf Basis von Lithium-Nickel-Mangan-Kobalt sowie Lithium-Phosphor-Oxynitrid (LiPON) untersucht. Die Schwierigkeiten liegen hier im Bereich der Herstellungsprozesse, da diese aufwendig und teuer sind. Eine Publikation der Montanuniversität Leoben hat hierzu sehr erfolgreiche und vielversprechende Forschungsergebnisse erarbeitet.[41]

- Batterien werden, besonders bei rascher Entladung, schnell warm. Dies kann in Situationen wie der Bereitstellung von Energie aufgrund von Blackouts in lokalen Stromnetzwerken, in denen Batterien als Speicher integriert sind, vorkommen. Es kann generell bei der plötzlichen Erhöhung von Lasten schnell passieren, dass Batterien einen schnellen Temperaturanstieg vorweisen. Am häufigsten ist dies bei hohen Fahrgeschwindigkeiten in Elektroautos zu beobachten. Viele Videos zeugen davon, wenn sie brennende E-Autos am Straßenrand zeigen, die Aufgrund einer **Batterieüberhitzung** brennen. Die verwendeten Materialien in den Batterien dürfen folglich nicht oder nur schwer entzündbar sein. Es werden zusätzlich Kühlsysteme in Batteriemanagementsysteme integriert, um die Temperaturschwankungen besser zu erkennen, um Gegenmaßnahmen einzuleiten und um so Beschädigungen oder kritische Situationen zu verhindern. Nichtentzündliche Elektrolyten sollen dieses Ziel unterstützen. Es sollen aber auch Kühlvorrichtungen genutzt werden, in die Batterien eingebaut werden können, um so rasch die entstehende Wärme abführen zu können.
- **Recyclingprozesse** für ausrangierte Batterien befinden sich im permanenten Forschungsstadium und werden kontinuierlich verbessert. Hier konzentriert sich die Forschung darauf, die verwendeten Materialien aus den Batterien verlustfrei und zu geringen Kosten wieder zurückzugewinnen und für neue Verarbeitungen zur Verfügung zu stellen. Es soll folglich eine Kreislaufwirtschaft im Batteriesystem eingeführt werden, um so natürliche Ressourcen zu schonen bzw. den aufwendigen und kostspieligen Abbau der Mineralien und Metalle sowie die nachfolgenden Produktionsprozesse zu reduzieren bzw. ganz zu vermeiden. Die Realität ist jedoch komplexer. Auch die Recyclingprozesse sind noch aufwendig. Sie sind noch ausbaufähig im Sinne einer kompletten und günstigen Wiedergewinnung der verwendeten Materialien. Solange brauchbare Ergebnisse noch nicht einen kompletten Durchbruch erlangen, werden als Zwischenlösung ausrangierte Batterien aus Elektroautos als Backup-Speicher für Solaranlagen eingesetzt. Dies ermöglicht für Batterien eine sinnvolle und deutliche

[41] *Häusler, M. et al.:* Amorphous shear band formation in crystalline Si-anodes governs lithiation and capacity fading in Li-ion batteries. In: Commun Mater 5, 163, 2024. *https://www.nature.com/articles/s43246-024-00599-w* (Stand: November 2024)

Ergänzung der tatsächlichen Lebenszeit. Sie leisten auch einen wichtigen Beitrag zur Stabilisierung der Verteilnetze.

- Letztendlich zielen all diese Forschungen auch auf einen übergeordneten Aspekt der Batteriespeicherung ab, nämlich jenen der **Kostensenkung**. Einer Studie des Departments of Energy zufolge haben sich die Kosten der Batteriespeicherung im mobilen Einsatz für eine Kilowattstunde seit 2008 um ca. 90 % verringert (Bild 9.13). Kostete im Jahr 2008 1 Kilowattstunde verfügbare Energie aus einer Autobatterie noch ca. 1355 US$, so betrug der gleiche Wert bei inflationsbereinigtem Vergleich um die 153 US$ pro Kilowattstunde im Jahr 2023. Die Kostenreduktion ist auf die vielen Forschungsergebnisse im Bereich der Batterieforschung zurückzuführen, aber auch auf die massive Erhöhung der Produktionskapazitäten in der Herstellung, die auf die steigende Nachfrage nach Elektroautos zurückzuführen ist.

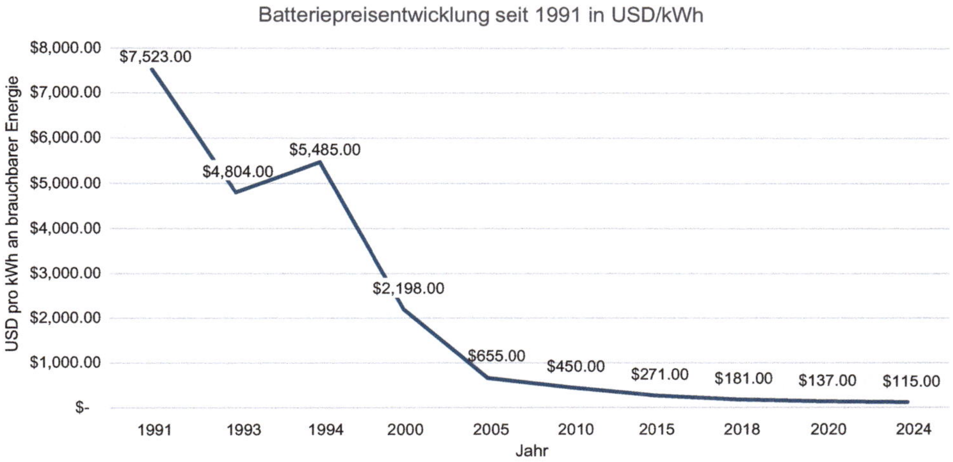

Bild 9.13 Der Preis der Batterien von E-Autos hat sich seit 2008 um ca. 90 % verringert.[42]

Einer weiteren Studie der Bloomberg New Energy Finance (BNEF) über die zukünftige Preisentwicklung wurde im Februar 2024 im Energyinnovation.org-Magazin veröffentlicht. Laut diesem Bericht werden die Batteriepreise im Jahr 2030 für 1 Kilowattstunde einen Wert um die 85 US$ erreichen und für die nachfolgenden Jahre 2035 und 2040 Werte um die 65 US$ und 59 US$:

„Der jüngste Ausblick von Bloomberg New Energy Finance (BNEF) für HDV-Batteriepacks (Heavy Duty Vehicles – HDV) markiert einen entscheidenden Wandel und deutet darauf hin, dass ***B****atterie****E****lektrische HDVs (BEHDVs) voraussichtlich* ***früher als bisher erwartet Preisparität mit ihren Diesel-Pendants erreichen werden****.*

[42] Datenquelle bis 2018: *https://ourworldindata.org/battery-price-decline*. Datenquelle für 2020: *https://about.bnef.com/insights/clean-energy/lithium-ion-battery-pack-prices-hit-record-low-of-139-kwh*. Datenquelle für 2024: *https://renewablesnow.com/news/lithium-ion-battery-prices-drop-to-usd-115-per-kwh-in-2024-bnef-1267952*

Die mit diesem Wandel verbundenen wachsenden wirtschaftlichen Vorteile unterstreichen die Dringlichkeit für politische Entscheidungsträger, die Einführung von BEHDVs durch verbesserte Fahrzeug-Emissionsstandards zu beschleunigen und die damit verbundenen wirtschaftlichen, ökologischen und gesundheitlichen Vorteile zu nutzen.“ [43)]

Durch weitere Preisreduktionen wird der Durchbruch der batteriebetriebenen Fahrzeuge in allen Segmenten vorangetrieben. Nicht nur der individuelle Personentransport wird aller Voraussicht nach bald einen massiven Wandel durchleben, sondern auch der Schwer- und Zustellverkehr.

Unterstrichen wird dieser Trend von Forschungsergebnissen aus diversen Ländern, wo Batterieforschung betrieben wird. Eine dieser Presseaussendungen sticht besonders hervor. In der technischen Onlinezeitschrift futurezone.at wird berichtet, dass das chinesische Unternehmen General New Energy (GNE) einen Durchbruch bei der Erhöhung der Energiedichte erreicht hat. Haben gängige, bisher handelsübliche Batterien eine Energiedichte von 180 bis 240 Wattstunden pro Kilogramm, so erreicht der neue GNE-Akkumulator bereits 701,8 Wh/kg. Dies übersteigt auch bisher gemeldete Energiedichten von Lithium-Schwefel-Batterien, also die bisherigen Renner in der Energiedichte, deutlich, da sie bei derzeit 500 Wh/kg liegen.[44)] Bestehende Schwierigkeiten bei hohen Energiedichten waren bisher, wie bereits vorangehend dargelegt, die schnelle und starke Abnutzung der Batterie durch die Lade- und Entladevorgänge. Dieses Problem dürfte GNE in der Prototypvariante der Batterie gelöst haben. Wann mit einer massiven Produktion zu rechnen ist, steht jedoch noch aus. Tatsache ist allerdings, dass durch diese Entwicklung die Reichweiten von Elektroautos enorm vergrößert werden und die Konkurrenzfähigkeit gegenüber den Verbrennern enorm verbessert, wenn nicht übertroffen wird.

9.3.2.2 Weitere Materialien als Lithiumersatz

Jenseits der Lithium-Ionen-Batterien gibt es eine breite Zahl an Alternativen, die gegenwärtig ebenfalls erforscht werden. So werden Untersuchungen mit in Wasser aufgelösten Magnesiumelektrolyten durchgeführt. Magnesium kommt sehr häufig in der Natur vor und ist leichter zu gewinnen als Lithium. In die gleiche Richtung weisen auch Forschungen mit Salzwasser, also Elektrolyten aus Natrium-Chlorid-Verbindungen. Natrium ist ebenso wie Lithium auf der ersten Hauptgruppe der Elemente zu finden, besitzt eine höhere Dichte und hat ähnliche elektronische Eigenschaften wie Lithium. Allerdings ist Natrium-Chlorid (normales Tafelsalz) eine Säure und neigt demzufolge zu Korrosionsbildungen und Dendriten bei den Anoden. Dies wirkt sich nicht nur nachteilig auf die Lebenszeit der Batterie aus, es birgt auch die Gefahr von Kurzschlüssen. Um diesen Effekt

---

[43] *Busch, Chris:* Fast-Falling Battery Prices Boost Economic Benefits Expected from Heavy-Duty Vehicle Electrification. Februar 2024. *https://energyinnovation.org/wp-content/uploads/Fast-Falling-Battery-Prices-Boost-Economic-Benefits-Expected-from-Heavy-Duty-Vehicle-Electrification.pdf* (Stand: November 2024)

[44] *futurezone.at:* Chinesischer Firma gelingt Akku-Durchbruch. 28.10.2024. *https://futurezone.at/science/china-akku-durchbruch-energidichte-700-whkg-lithium-schwefel-batterie-gne-general-new-energy/402968494* (Stand: November 2024)

zu mindern, gibt es die Natrium-Antimon-Tellurid-Intermetall-Anoden-Forschung. Hier wird Natrium in dünnen Schichten auf Antimon-Tellurid-Pulverschichten aufgesetzt. Damit wird das Natrium gleichmäßig über die Verbundstoffe verteilt. Das Dendriten-Problem wird damit umgangen und das Verbindungsmaterial verhält sich ähnlich den lithiumbasierten Lösungen.

Schließlich sei hier noch die Mangan-Wasserstoff-Verbindung genannt, die als Lithium-ersatz untersucht wird. Mangan kommt wie Magnesium sehr häufig in der Natur vor. Leider ist das Mangan als Energiespeicher sehr instabil, was sich direkt auf die Lebensdauer der Batterie auswirkt. Forschungsgruppen an der Stanford University arbeiten jedoch an der Lösung dieser Instabilität. Es ist hier sicher mit baldigen Fortschritten zu rechnen.

Es gäbe sicher noch eine lange Liste weiterer Forschungsschwerpunkte, die auf den Ersatz von Lithium hinarbeiten. Deshalb wird an dieser Stelle auf die dazu verfügbare Literatur verwiesen.

9.3.2.3 Mechanische Speicher

Neben den Batteriespeichern, die auf chemischen Elementen basieren, gibt es die Möglichkeit, die aktuellen mechanischen Speicher auszuweiten. Ich unterscheide in diesem Buch zwischen vier Varianten dieser physikalischen Speicher.

Pumpspeicher

Laut einem Bericht der International Hydropower Association[45] aus dem Jahr 2024 stellt sich die derzeit installierte Speicherkapazität von Pumpspeicherkraftwerken wie in Tabelle 9.2 dar.

Tabelle 9.2 Pumpspeicherkapazitäten in diversen Erdregionen

Region	Gesamte Leistung inklusive Pumpspeicher [MW]	Pumpspeicher-kapazität [MW]	Erzeugung [TWh]
Nord- und Zentralamerika	206 331	22 347	645
Südamerika	181 136	994	728
Afrika	42 225	3377	175
Europa	258 845	54 174	637
Süd- und Zentralasien	165 582	7711	514
Ostasien und Pazifik	562 279	90 529	1503
Welt	**1 416 398**	**179 132**	**4202**

[45] *International Hydropower Association:* World Hydropower Outlook 2024. *https://www.hydropower.org/publications/2024-world-hydropower-outlook* (Stand: November 2024)

Die derzeit installierte Leistung an Pumpspeicherkraftwerken beträgt Tabelle 9.2 zufolge in etwa 179 Gigawatt. Die gesamte installierte Wasserkraftwerksleistung beträgt 1416 Gigawatt. Die International Renewable Energy Association empfiehlt in ihrem Bericht von 2023, bis zum Jahr 2050 diese Leistung auf 3000 Gigawatt zu erhöhen, wobei die Pumpspeicherkapazität auf 420 Gigawatt zu erhöhen wäre, wollte man das 1,5-Grad-Ziel erreichen (Bild 9.14).[46]

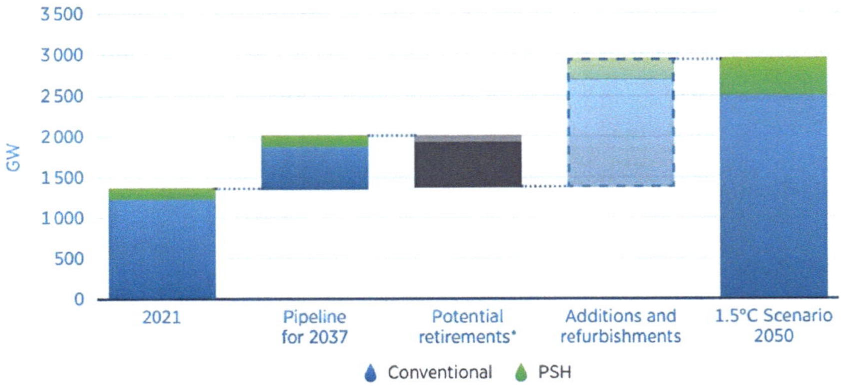

Bild 9.14 Um die Ziele von 1,5 °C zu erreichen, müsste man bis 2050 3000 Gigawatt Leistung erreichen, die von Wasserkraftwerken produziert wird.[47]

Dies würde zumindest für die Speicherkapazität eine 2,5-fache Erhöhung der gegenwärtig installierten Leistung und eine gesamte Energiespeicherkapazität von ca. 531,4 Terawattstunden (4,53 Exajoule) bedeuten. Diese Speicherverfügbarkeit würde einen wesentlichen Beitrag zur Stabilisierung der volatilen Eigenschaft der erneuerbaren Energieträger leisten. Dennoch wäre es vermutlich nicht genug, wollte man zumindest die aktuellen Verbrauchswerte von etwa 99,6 Exajoule abdecken. Hierzu sind weitere Speicherkapazitäten notwendig.

Druckluftspeicher

Das Prinzip der Druckluftspeicherung ist einfach erklärt. In Zeiten hoher Verfügbarkeit von Strom durch erneuerbare Energien wird durch den Einsatz von Kompressoren Luft in vorgesehene Behälter oder abgedichtete Kavernen (z. B. Salzkavernen) verdichtet. Die hochverdichtete Luft wird dann bei Bedarf durch Turbinen wieder

---

[46] *IRENA (International Renewable Energy Agency):* The changing role of hydropower. Challenges and opportunities. Abu Dhabi 2023. S. 28/29. *https://www.irena.org/-/media/Files/IRENA/Agency/Publication/2023/Feb/IRENA_Changing_role_of_hydropower_2023.pdf* (Stand: November 2024)

[47] © Bild: IRENA (International Renewable Energy Agency). Bildquelle: *IRENA (International Renewable Energy Agency):* The changing role of hydropower. Challenges and opportunities. Abu Dhabi 2023. S. 29. *https://www.irena.org/-/media/Files/IRENA/Agency/Publication/2023/Feb/IRENA_Changing_role_of_hydropower_2023.pdf* (Stand: 09.10.2025)

freigelassen. Die Turbinen sind mit Generatoren verbunden und produzieren so den benötigten Strom in Zeiten von Flaute oder Dunkelheit.

So ideal der Prozess auch klingen mag, steckt der Teufel im Detail. Bei der Kompression von Gasen entsteht viel Wärme, bei der Dekompression hingegen Kälte. Kalte Luft ist jedoch für die Turbinen unbrauchbar. Sie muss auf höhere Temperaturen gebracht werden. Durch die Zwischenspeicherung der entstandenen Wärme wird auch dieses Problem gelöst. Die vorher gespeicherte Wärme wird zur Aufwärmung der Luft in Phasen der Freisetzung des Gases benutzt, bevor es in die Turbinen geht. Diese Speicher werden als **adiabate Anlagen** bezeichnet. Hierzu wird in herkömmlichen Speichern noch Erdgas beigemengt, um die Effizienz zu erhöhen und die benötigten Temperaturen zu erreichen die von der Turbine benötigt werden. Dies verursacht jedoch CO_2-Emissionen, weswegen man von dieser Variante mehr und mehr absieht. Modernere Druckluftspeichertechnologien kommen ohne Erdgasbeimischung aus. Hier werden gegenwärtig Untersuchungen mit der Nutzung von Wasserstoff getätigt. Auch eine Anbindung an Fernwärmesysteme ist bei hoher Temperaturverfügbarkeit denkbar.

Adiabate Druckluftspeicher mit Wärmerückgewinnung haben eine Effizienz von etwa 50 bis 60 %. Die Angaben gehen hierzu bei diversen Quellen stark auseinander. Es werden auch Systeme mit höheren Werten genannt. Druckluftspeicher werden üblicherweise als Kurzzeitspeicher geführt, weswegen ihre Wirtschaftlichkeit oft hinterfragt wird. Betriebszeiten sind normalerweise auf wenige Stunden reduziert. Auch hier liegen die Angaben zur Betriebsdauer weit auseinander. Je nach Speichergröße können diese von einigen Minuten bis zu 100 Stunden betragen, wie z. B. das Druckluftspeicherprojekt der Firma Lichtblick in Zusammenarbeit mit der Firma Siemens Energy im niederländischen Ahaus angibt.

Derzeit werden in Ahaus, laut einem Bericht von Agrarheute.com vier ehemalige Salzkavernen in einer Tiefe von mehr als 1150 m und einem Durchmesser von 70 m ausgespült und für den Einsatz vorbereitet. Gemeinsam haben sie eine Volumenkapazität von 3 Millionen m^2. Insgesamt soll das Speicherkraftwerk bei Fertigstellung bis zu 640 Megawatt Leistung haben.[48)]

Aktuell gibt es mehrere Projekte von Druckluftspeichern. Vorreiter ist China mit dem Projekt Hubei Yingchang mit einer Leistung von 300 Megawatt und 5 Stunden Betriebszeit (1500 Megawattstunden Energie) und dem Projekt in Feicheng (Provinz Shandong) mit weiteren 300 Megawatt Leistung und 6 Stunden Betriebszeit (1800 Megawattstunden Energie). Weitere elf Projekte waren im ersten Quartal 2024 in China in Planung. Es gibt auch Bestrebungen in Kanada, Großbritannien und den USA, weitere Anlagen zu errichten.[49)]

---

48 *Zinke, Olaf:* Genialer Stromspeicher: Druckluftspeicher – perfekte Lösung oder zu teuer? 20.03.2024. *https://www.agrarheute.com/energie/strom/stromspeicher-druckluft-strom-speichern-geniale-loesung-teuer-617937* (Stand: Dezember 2024)

49 *diepresse.com:* Hoffnungsträger Druckluft-Stromspeicher und China zieht wieder einmal vorbei. 12.05.2024. *https://www.diepresse.com/18455431/hoffnungstraeger-druckluft-stromspeicher-und-china-zieht-wieder-einmal-vorbei* (Stand: Dezember 2024)

Abseits der Großanlagen kann Druckluft auch in kleineren Dimensionen zur Netzstabilisierung verwendet werden. Leider konnten bisher keine verlässlichen Studien zum weltweiten Potenzial von CAES ausfindig gemacht werden. Einem Bericht des „e-Highway 2050" zufolge, das von der Europäischen Kommission im Rahmen der „Seventh Framework Programme" (2012) gefördert wurde, wird die Kapazität auf ca. 50 Gigawatt geschätzt.[50)] Dies würde einer Energiespeichermenge von ca. 200 bis 300 Gigawattstunden, je nach Betriebszeit (zwischen 4–6 Stunden) des Speicherkraftwerkes bedeuten.

Energiespeicher unter Wasser

Unter Nutzung des Wassersäulendrucks hat das Fraunhofer-Institut für Energiewirtschaft und Energiesystemtechnik (IEE) einen Unterwasser-Energiespeicher entwickelt. Dies ist eine innovative Art, Energie zu speichern, da sie weltweit installiert und genutzt werden kann. Man kann sich das so vorstellen, dass quasi ein Pumpspeicherkraftwerk auf dem Meeresgrund nachgebildet wird:

„In 500 bis 600 Metern Tiefe wird eine 400 Tonnen schwere Betonkugel mit neun Metern Durchmesser verankert. Strömt Wasser hinein, wird Strom erzeugt. Wird die Kugel wieder leergepumpt, wird der Speicher wieder geladen. Die Kugel ist fest am Meeresboden verankert, steigt also nicht auf oder ab."[51)]

Das Potenzial dieser Lösungen ist enorm, da sich solche Projekte in allen küstennahen Gebieten umsetzen lassen, also auch direkt dort, wo auch Offshore-Windkraftanlagen betrieben werden können. Voraussetzung für solche Lösungen ist das Vorhandensein von Motorpumpen, die auch salzwasserverträglich sind und nicht korrodieren.

Laut Berechnungen des Fraunhofer IEE wird das weltweite Potenzial auf bis zu 817 Terawattstunden (3 Exajoule) geschätzt.

Rotierende Massen (Fly-Wheels)

Schlussendlich soll noch eine bereits bekannte Technologie dargestellt werden, die aktuell neues Interesse erhält. Schwingende Massen eignen sich als Kurzzeitspeicher, um die Netzstabilität zu unterstützen. Hierbei wird eine vordefinierte Masse in einer Vakuumkammer zum Rotieren gebracht. Die Energie, die es dafür benötigt, wird vom Überschuss erneuerbarer Energien entnommen. Bei kurzfristigen Windflauten oder Absinken der PV-Leistung durch Wolkenbildung kann das Fly-Wheel die Energie wieder an das Netz zurücksenden und so für eine frequenzbasierte Netzstabilität sorgen. Schwungräder sind keine neue Erfindung. Sie wurden ursprünglich im Automobilsektor ange-

---

[50] *Sigrist, L.:* Annex to D3.1 – Technology Assessment Report. Storage Technologies: Compressed Air Energy Storage. 14.01.2014. *https://docs.entsoe.eu/baltic-conf/bites/www.e-highway2050.eu/fileadmin/documents/Results/D3/report_CAES.pdf* (Stand: Dezember 2024)

[51] *energiezukunft.eu:* Pumpspeicherkraftwerk am Meeresgrund. 06.11.2024. *https://www.energiezukunft.eu/erneuerbare-energien/stromnetze-speicher/pumpspeicherkraftwerk-am-meeresgrund* (Stand: Dezember 2024)

wendet. Im Jahr 1905 erhielt der Engländer Frederik Lanchester ein erstes Patent für einen Schwungradspeicher, der mit einem Verbrennungsmotor verbunden war.[52)]

Moderne Fly-Wheel-Systeme sind hocheffizient. Ihr Wirkungsgrad kann bis zu 95 % betragen. Erreicht wird dies durch die Vakuumkammer, in der es keine Reibung und keinen Luftwiderstand gibt. Um die Reibungsverluste weiter zu reduzieren, wird die Schwungmasse durch Magnete gehalten. So werden auch mechanische Reibungsverluste vermieden.

Schwungradspeicher gehören zu den kurzfristigen und rotierenden Speichern. Der Einsatzbereich zielt insbesondere auf die Frequenzstabilität ab. Abhängig von der schwingenden Masse können diese Speicher von einigen Millisekunden bis hin zu einigen Stunden Energie bereitstellen.[53)]

Im Jahr 2021 betrug die weltweit installierte Leistung für Schwungradspeicher im stationären Bereich 931 Megawatt.[54)] Genaue Zahlen zur Entwicklung des Marktes in Bezug auf die installierbare Leistung konnten nicht ausfindig gemacht werden. Basierend auf dem erwarteten Marktwachstum lässt sich aber eine ungefähre Kapazität abschätzen. So wird erwartet, dass die installierte Leistung bis Ende 2025 um weitere 200 bis 250 Gigawatt wachsen kann und bis 2030 um weitere 400 bis 450 Gigawatt (nur ungefähre Abschätzungen).[55)]

---

[52] *Khammas, Achmed A. W.:* Buch der Synergie. Teil C: Energiespeichern. Schwungradspeicher im Verkehrswesen. *https://www.buch-der-synergie.de/c_neu_html/c_10_06_e_speichern_schwung_nahverkehr.htm* (Stand: Dezember 2024)

[53] Für technische Details siehe *Xu, Kai/Guo, Youguang/Lei, Gang/Zhu, Jianguo:* A Review of Flywheel Energy Storage System Technologies. In: Energies 2023, 16 (18), 6462. *https://www.researchgate.net/publication/373747704_A_Review_of_Flywheel_Energy_Storage_System_Technologies/citations* (Stand: Dezember 2024)

[54] *Rahman, Md Mustafizur/Gemechu, Eskinder/Oni, Abayomi Olufemi/Kumar, Amit:* Energy and environmental footprints of flywheels for utility-scale energy storage applications. In: Advances in Electrical Engineering, Electronics and Energy, Volume 1, 2021, 100020. *https://doi.org/10.1016/j.prime.2021.100020* (Stand: Dezember 2024)

[55] *Bothare, Vrushali:* Flywheel Energy Storage Market Size, Share and Trends Analysis. Report Code: SREP1105DR. Straits Research, August 2024. *https://straitsresearch.com/report/flywheel-energy-storage-market* (Stand: Dezember 2024)

10 Es wird heiß – die globale Erderwärmung

Um die Tragweite der aktuellen und zukünftigen Situation der globalen Erderwärmung besser abwägen zu können, soll Bild 10.1 herangezogen werden, in dem ein volles Verständnis dafür vermittelt wird.

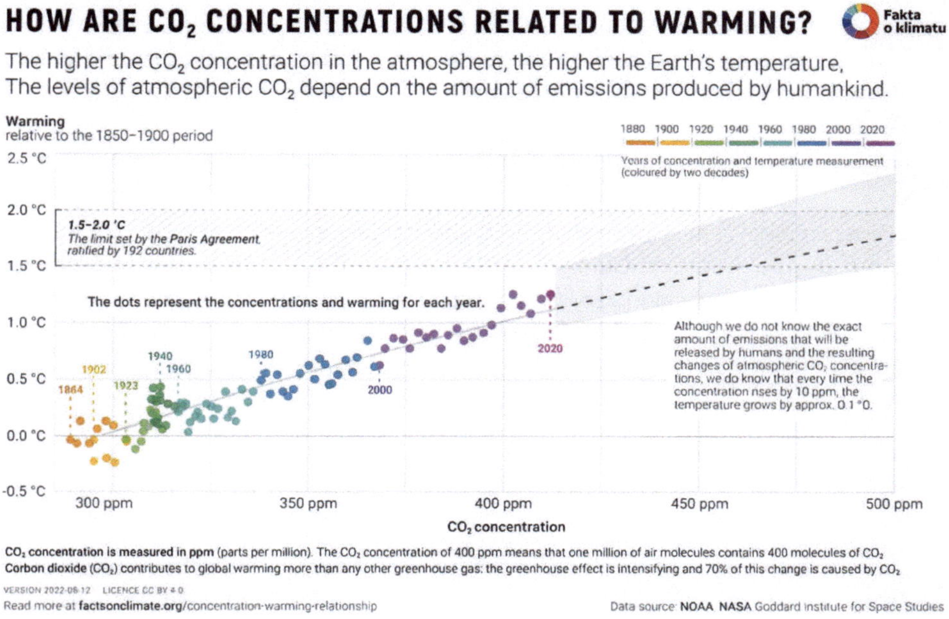

Bild 10.1 CO_2-Konzentration und Bezug zur globalen Erderwärmung[1)]

---

[1] © Bild: Fakta o klimatu (CC BY 4.0), *https://factsonclimate.org*. Bildquelle: *factsonclimate.org:* How are CO_2 concentrations related to warming? *https://factsonclimate.org/infographics/concentration-warming-relationship* (Stand: Oktober 2024). Datenquelle: NOAA, NASA Goddard Institute for Space Studies

Es zeigt den aktuellen Status und den Trend der weltweiten CO_2-Emissionen. Hier wird in Partikeln pro Million angegeben, wie sich die Konzentration des CO_2 (siehe x-Achse in Bild 10.1) auf den Treibhauseffekt und damit die globale Erwärmung der Erde (siehe y-Achse in Bild 10.1) auswirkt. Angezeigt wird die durchschnittliche weltweite Temperaturerhöhung über die Zeit, was dazu dient, die zukünftige Entwicklung und mögliche Bandbreite zu illustrieren.

Bevor wir Bild 10.1 analysieren, ist es allemal wert, die wissenschaftliche Basis der hier erstellten Berechnungen näher zu durchleuchten. Außerdem gibt es eine interessante Geschichte, wie es zu dieser Darstellung kam.

10.1 Wissenschaftliche Grundlagen des Treibhauseffekts

Begonnen wurde die Studie zur Erderwärmung durch den Einfluss von Kohlendioxid (CO_2) bereits im 19. Jahrhundert. Es war Claude Pouillet[2)], ein französischer Physiker, der die ursprünglichen Arbeiten von Joseph Fourier bezüglich der Oberflächentemperatur der Erde korrigierte bzw. erweiterte. Auf ihn geht die erste mathematische Beschreibung des Treibhauseffekts zurück. Er ging davon aus, dass Wasserdampf und Kohlendioxid die Infrarotstrahlung einfangen. Er verglich diese Eigenschaft der Atmosphäre mit jener des Glases in einem Glashaus, durch das die Infrarotstrahlung zwar aufgenommen, aber nicht wieder nach außen abgegeben werden kann. Er sah darin eine grundlegende Bedingung für das Leben auf der Erde, auf der nur durch diesen Effekt eine lebensfreundliche Umgebung für Pflanzen, Tiere und Mensch möglich sei.

Svante Arrhenius[3)], ein schwedischer Wissenschaftler, legte eine weitere Grundlage.[4)] Er sammelte alle bis dahin bekannten Messungen der CO_2-Konzentration in der Atmosphäre und verglich die globalen Temperaturmessungen mit ihnen unter Berücksichtigung der Absorption und Emission von Wärmestrahlung durch CO_2 in der Atmosphäre. Er bildete darauf aufbauend ein simples Klimamodell, um die Auswirkungen der Veränderung von CO_2-Konzentrationen auf die globale Temperatur zu ermitteln.

---

2 *„Claude Servais Mathias Pouillet (16 February 1790 – 14 June 1868) was a France physicist and a professor of physics at the Sorbonne and member of the French Academy of Sciences (elected 1837).“*. Quelle: *https://encyclopedia.pub/entry/36208* (Stand: Oktober 2024)

3 *„Svante Arrhenius (born 19 February, 1859, Vik, Sweden; died 2 October, 1927, Stockholm) was a Swedish physicist and physical chemist known for his theory of electrolytic dissociation and his model of the greenhouse effect. In 1903, he was awarded the Nobel Prize for Chemistry.“*. Quelle: *https://www.britannica.com/biography/Svante-Arrhenius* (Stand: Oktober 2024)

4 *Arrhenius, Svante:* On the influence of Carbonic Acid in the Air upon the Temperature of the Ground. In: Philosophical Magazine and Journal of Science, Series 5, Volume 41, April 1896, pp. 237 – 276. *https://www.rsc.org/images/arrhenius1896_tcm18-173546.pdf*

Basierend auf seinen Berechnungen und Simulationen stellte Arrhenius die Hypothese auf, dass eine Verdopplung der CO_2-Konzentration in der Atmosphäre zu einer globalen Erwärmung von etwa 5 bis 6 °C führen könne. Wenn man bedenkt, mit welchen einfachen Mitteln Arrhenius damals zu dieser Erkenntnis kam, ist umso bemerkenswerter, dass komplexere Modelle mit besseren Daten und höherer Sensitivität lange Zeit später zu ähnlichen Ergebnisse kamen. So bestätigten führende Klimaforschungsinstitute wie das Max-Planck-Institut oder das Hadley Center in Großbritannien durch ihre Forschungsergebnisse die Hypothese.

Heutige Modelle gehen davon aus, dass eine Verdopplung der CO_2-Konzentration in der Atmosphäre zu einem Temperaturanstieg von ca. 3 °C führen kann, wobei die Bandbreit bei +/– 1,0 bis 1,5 °C liegen kann. Abstrahierte und stark optimierte Modelle gehen noch weiter und zeigen, dass per Steigerung von 10 ppm (parts per million) an CO_2-Partikeln die Atmosphäre einen Temperaturanstieg von etwa 0,1 °C erfährt.

Bild 10.2 bestätigt diese Berechnungen, wobei die mathematische Formel relativ einfach strukturiert ist, aber dennoch gute Ergebnisse liefert:

„Der dominierende Einfluss von Kohlendioxid auf die globale Erwärmung ist gut belegt, daher zeigt die obere Grafik [in diesem Buch nicht enthalten] einen Kausalzusammenhang und nicht nur eine zufällige Korrelation. Andererseits beeinflussen auch viele andere Faktoren die globale Erwärmung: andere Treibhausgase, Strömungen in der Atmosphäre und im Ozean, die die Wärme rund um den Planeten verteilen, sowie Aerosole und Wolkenbildung (der Schatteneffekt). Ist es richtig zu behaupten, dass jeder Anstieg der CO_2-Konzentration um 10 ppm auch zu einem Temperaturanstieg von etwa 0,1 °C führt? Die folgenden Absätze zeigen, dass diese Beziehung nur eine Annäherung ist. [...]

$$\Delta T(c) = S \cdot \log_2\left(\frac{c_0 + \Delta c}{c_0}\right) \approx \frac{S}{c_0 \ln 2} \cdot \Delta c$$

Bild 10.2 Die mathematische Formel zur Berechnung der globalen Erwärmung anhand der CO_2-Konzentration in der Atmosphäre[5]

[...] In dieser Beziehung bezeichnet ***c_0*** *die* ***Anfangskonzentration des CO_2,*** ***Δc*** *ist die* ***Konzentrationszunahme*** *und* ***S*** *ist ein Parameter namens Klimasensitivität – er drückt aus, um wie viel die Temperatur des Planeten zunimmt, wenn sich die Konzentration des Treibhausgases in der Atmosphäre verdoppelt (siehe Arrhenius-Theorem). Die direkte Proportionalität zwischen Konzentrationen und globaler Erwärmung ist keine gute Näherung mehr,* ***wenn*** *die Konzentrationszunahme* ***zu groß ist.***

[5] Die Formel wurde von mir neu erfasst. Datenquelle: *factsonclimate.org:* How are CO_2 concentrations related to warming? *https://factsonclimate.org/infographics/concentration-warming-relationship* (Stand: Oktober 2024)

Das Klimasystem ist ***träge*** *– manche Prozesse erreichen ihr Gleichgewicht in Einheiten von* ***Jahren****, andere in* ***Dekaden*** *oder* ***Hunderten*** *von Jahren. Daher muss zwischen der* ***kurzfristigen Klimasensitivität*** *(TCR, Transient Climate Response), die Prozesse in der Größenordnung von Einheiten von* ***Jahren*** *berücksichtigt, der* ***ausgeglichenen Klimasensitivität*** *(ECS, Equilibrium Climate Sensitivity), die Prozesse in der Größenordnung von* ***Dekaden*** *berücksichtigt, und der* ***langfristigen Klimareaktion*** *(ESS, Earth System Sensitivity), die Prozesse in der Größenordnung von* ***Hundert- und Tausendjahren*** *berücksichtigt, unterschieden werden. Aktuelle Klimasystemmodelle legen* ***kurzfristige Klimasensitivitätswerte*** *TCR von etwa* ***1,7 °C (Bereich 1,3 – 3,0 °C)*** *und ausgeglichene Klimasensitivitätswerte ECS von* ***etwa 3 °C (Bereich 2,3 – 4,7 °C)*** *nahe. Die in der oberen Grafik [in diesem Buch nicht enthalten] dargestellten Daten sind* ***kontinuierlich*** *und entsprechen der* ***kurzfristigen Klimareaktion****. Wenn sich die Konzentrationen stabilisieren würden, würden die Temperaturen noch* ***mehrere Jahrzehnte weiter steigen, bevor die globale Erwärmung bei Werten, die der ausgeglichenen Klimasensitivität entsprechen, zum Stillstand kommt.****“* [6)]

Wenngleich Bild 10.2 nur eine Vereinfachung darstellt, so bildet sie ein gutes und relativ einfaches Verständnis über die Zusammenhänge zwischen Temperaturerhöhung und CO_2-Konzentration ab.

Fassen wir Bild 10.2 nun konkret zusammen: In den letzten ca. 136 Jahren (von 1884 bis 2020) ist die CO_2-Konzentration in der Atmosphäre von – grob abgelesen – ca. 290 ppm auf – ebenfalls grob abgelesen – 415 ppm angewachsen. Das entspricht einer Zunahme von ca. 125 ppm an CO_2-Partikeln für diesen Zeitraum. Die Durchschnittstemperatur stieg im gleichen Zeitraum um etwa 1,2 °C an.

Rechnen wir der Einfachheit halber entsprechend linear weiter, so müssen wir hier den CO_2-Faktor ermitteln, der pro Jahr an Partikeln in die Atmosphäre emittiert wird. Dieser erschließt sich einfach, indem wir die 125 ppm durch 136 Jahre dividieren.

$$\frac{\text{ppm}}{\text{Jahr}} = \frac{125\,\text{ppm}}{136\,\text{Jahre}} = 0{,}92\,\text{ppm/a}$$

Würden wir folglich pro Jahr (1/a) die gleichbleibende Menge an CO_2 weiter emittieren (keine Steigerung) wie im Jahr 2020, so würden wir bis zum Jahr 2100, also in 80 Jahren, wenn wir vom Jahr 2020 ausgehen, die Menge an 73,53 ppm CO_2 in die Atmosphäre dazu emittieren.

Gehen wir nun weiter davon aus, dass wir eine kurzfristige Sensitivität haben, einfach um das hypothetische Model einfach zu halten.

$$10\,\text{ppm} \approx 0.1^\circ\text{C}$$

[6] *factsonclimate.org:* How are CO_2 concentrations related to warming? *https://factsonclimate.org/infographics/concentration-warming-relationship* (Stand: Oktober 2024)

Folglich ergibt sich für unsere CO_2-Projektion bis zum Jahr 2100 ein Temperaturanstieg von 0,753 °C. Das führt uns zu folgenden Schlussfolgerungen:

1. Die 2 °C würden wir um die Jahrhundertwende erreichen.
2. Die 1,5 °C würden wir um das Jahr 2050 herum erreichen.

Tatsächlich beträgt aber die gegenwärtige CO_2-Konzentration nicht 415 ppm, wie Bild 10.2 grob entnommen, sondern bereits 422,14 ppm.[7] Das sind 7,14 ppm für die letzten vier Jahre. Das würde unseren Jahresindex auf

$$\frac{\text{ppm}}{\text{Jahr}} = \frac{7{,}14\ \text{ppm}}{4\ \text{Jahre}} = 1{,}785\ \text{ppm/a}$$

erhöhen. Damit wären unsere vorangegangenen Ergebnisse hinfällig und wir würden folgende Szenarien erhalten:

1. Die 2 °C an Temperatursteigerung würden wir bereits zwischen 2065 und 2068 erreichen.
2. Die 1,5 °C an Temperatursteigerung würden wir bereits vor 2040 erreichen, also spätestens in 15 Jahren.

Diese einfache Rechnung, die weder einen Anspruch auf Richtigkeit noch auf Genauigkeit erhebt, zeigt, wie sensibel die Situation gegenwärtig ist. Wenn wir noch berücksichtigen, dass die Emissionen weiter steigen, verkürzen sich die Zeiträume noch mehr. In einem wissenschaftlichen Artikel, der von Noah S. Diffenbaugh und Elizabeth A. Barnes im Jahr 2023 veröffentlicht wurde, wird das Erreichen des 1,5-Grad-Limits bereits für die Jahre zwischen 2033 und 2035 prognostiziert.[8]

Dennoch gibt es keinen Grund zur Panik. Die globale Erwärmung wird nicht gleich den Weltuntergang bedeuten, auch wenn viele der gegenwärtigen Pressemeldungen dies gerne an die Wand malen. Der Teufel der Situation steckt im Detail und wie sich diese Temperatursteigerungen örtlich bemerkbar machen. In Abschnitt 10.2 schauen wir uns das etwas genauer an.

---

7 *Global Monitoring Laboratory:* Trends in CO_2, CH_4, N_2O, SF_6. *https://gml.noaa.gov/ccgg/trends/monthly.html* (Stand: 25.10.2024)

8 *Diffenbaugh, Noah S./Barnes, Elizabeth A.:* Data-driven predictions of the time remaining until critical global warming thresholds are reached. In: Proceedings of the National Academy of Sciences, January 2023, 120 (6), e2207183120. *https://www.researchgate.net/publication/367559154_Data-driven_predictions_of_the_time_remaining_until_critical_global_warming_thresholds_are_reached* (Stand: Oktober 2024)

10.2 Verteilung der Temperaturerhöhung auf dem Planeten

Bild 10.3 gibt eine Übersicht, wie sich die globale Erderwärmung seit 1961 in verschiedenen Regionen der Erde bislang ausgewirkt hat. Hierbei sind die angegebenen Temperaturen gemessene Durchschnittswerte für die jeweilige Region. Man erkennt eindeutig, dass die Temperaturerhöhungen nicht gleichmäßig auf dem Planeten verteilt sind. Der Nordpol hat die größte Erhöhung hinnehmen müssen. Dabei hat die Inselgruppe „Franz Joseph Land“[9] den höchsten Temperaturanstieg von 4,9 °C verkraften müssen. Die hohe „Temperaturzunge“ trifft aber auch Europa sehr stark und hat bereits mehr als 2 °C erreicht.

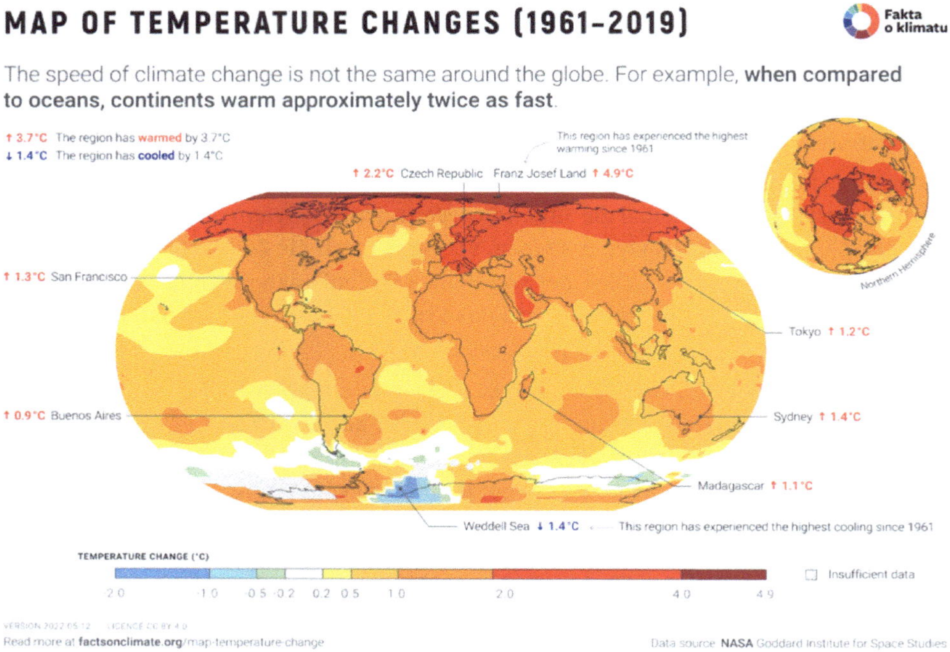

Bild 10.3 Die Geschwindigkeit der globalen Erwärmung ist nicht für alle Regionen der Erde gleich.[10]

---

[9] Siehe mehr Details unter *https://www.polarresearch.at/die-entdeckung-von-franz-josef-land-vor-150-jahren-und-ihre-auswirkungen-auf-die-internationale-polarforschung/?lang=de* (Stand: Oktober 2024)

[10] © Bild: Fakta o klimatu (CC BY 4.0), *https://factsonclimate.org*. Bildquelle: *factsonclimate.org:* How are CO_2 concentrations related to warming? *https://factsonclimate.org/infographics/concentration-warming-relationship* (Stand: Oktober 2024). Datenquelle: NASA Goddard Institute for Space Studies

Die Tendenz der Erwärmung ist demnach klar. Europa wird es besonders hart treffen, wenn diese Tendenz anhält, was in der gegenwärtigen Situation auch so zu erwarten ist. Doch nicht nur Europa wird unverschont bleiben. Die gesamte Nordhalbkugel wird überdurchschnittlich aufgeheizt werden, da der rote Bereich vom Norden immer mehr gen Süden expandieren wird. Die Konsequenzen kann man sich mehr oder weniger selbst ausmalen und sie brauchen nicht näher erläutert zu werden. Wie bereits hinlänglich bekannt ist, wird zu erwarten sein, dass sich der Meeresspiegel weiter erhöhen wird, die Dürreperioden öfter auftreten und länger anhalten werden, die Waldbrände zunehmen und Fluten und Überschwemmungen das Tagesbild prägen werden. Doch der Mensch ist ja bekanntlich ein Gewohnheitstier …

10.3 Reduktion der Biodiversität

Durch globale Erwärmung, Waldrodungen und Ressourcenmissbrauch hat die Menschheit ein weiteres Problem geschaffen, nämlich die enorme Reduktion der Biodiversität. Laut der Max-Planck-Gesellschaft waren von ungefähr 97 000 Tier- und Pflanzenarten, die es auf der Welt gibt, im Jahr 2018 bereits 27 000 Arten vom Aussterben bedroht.[11)]

Die Biodiversitätskonvention wurde bereits im Jahr 1992 in der Umweltkonferenz von Rio de Janeiro mit einer Beteiligung von über 150 Nationen verabschiedet. Es war bis dato das erste weltweite Abkommen, das die Vielfalt in der Tier- und Pflanzenwelt als schutzwürdig betrachtet und entsprechende Maßnahmen dafür festlegt. Die Konvention hat zum Schutz der Biodiversität auch Ziele formuliert, wie und bis wann die Maßnahmen implementiert worden sein müssen, um einen nachweisbaren Schutz der Arten zu garantieren. Dabei umfasst die Konvention drei Hauptziele:[12)]

1. Die Vielfalt in Tier- und Pflanzenwelt soll erhalten werden.
2. Die Nutzung der Vielfalt ist nur durch nachhaltige Methoden zulässig.
3. Es soll eine gerechte Aufteilung aller Vorteile erfolgen, die sich durch die nachhaltige Nutzung der Vielfalt ergeben können.

Die Ziele wurden demzufolge klar definiert. An der Umsetzung und Erreichung der gesetzten Ziele mangelt es jedoch leider spürbar. Bezüglich der strategischen Planung für die Periode 2011 bis 2020[13)] wurden von den unterzeichnenden Vertragsstaaten nahezu

---

[11] *Max-Plank-Gesellschaft:* Biodiversität – Vielfalt des Lebens. *https://www.mpg.de/biodiversitaet* (Stand: Oktober 2024)

[12] *Österreichisches Umweltbundesamt:* Biodiversität. *https://www.umweltbundesamt.at/umweltthemen/naturschutz/biologischevielfalt* (Stand: Oktober 2024)

[13] *Convention on Biological Diversity:* Strategic Plan for Biodiversity 2011 – 2020, including Aichi Biodiversity Targets. 21.01.2020. *https://www.cbd.int/sp*

keine der Ziele umgesetzt bzw. erreicht. Die globale Vision wurde damals definiert als „Ein Leben in Einklang mit der Natur". Es dürfte wohl eher das Gegenteil erfolgt sein. Denn von den fünf globalen strategischen Zielen mit darauf aufbauenden 20 Kernzielen wurde keines bis zum Jahr 2020 erreicht.

Als Konsequenz wurden auf der 15. Internationalen UN-Konferenz zur Biodiversität im Jahr 2022 in Montreal in Kanada neue globale Rahmenbedingungen festgesetzt, um die Biodiversität zu schützen. Die 196 teilnehmenden Staaten einigten sich nach hitzigen Debatten und Auseinandersetzungen auf folgendes Rahmenwerk:[14)]

- Bis zum Jahr 2030 müssen mindestens 30 % der weltweiten Land- und Meeresflächen sowie Binnengewässer unter Naturschutz gestellt werden. Es wurde hierzu das Ziel mit „30×30-Goal" benannt.
- Des Weiteren sollen ebenfalls bis zum Jahr 2030 etwa 30 % der bereits geschädigten oder nahezu ausgerotteten Ökosysteme an Land und im Meer (Meeresböden und Korallenriffe usw.) erneuert bzw. wo möglich wiederhergestellt werden. An dieser Stelle ist wichtig, darauf hinzuweisen, dass das Mindestziel von 30 % für die Verlangsamung des Klimawandels wesentlich ist.
- Im Agrarsektor sollen Düngemittel, Herbizide oder Pestizide um 50 % reduziert werden. Die gesamte im Jahr 2016 produzierte Menge an Düngemittel betrug weltweit ca. 181 Millionen t.[15)] Hiervon sind etwa 60 % Nitrogen-Elemente, die nach der Umwandlung zu Nitrit im Boden das Grundwasser erreichen und hier von Menschen und Tier durch den Wasserkreislauf konsumiert werden.[16)]
- Alle die Biodiversität schädigenden Subventionen sollen abgebaut werden.
- Um die Artenvielfalt zu erhalten, sollen mehr Mittel zur Verfügung gestellt werden. Die besonders stark betroffenen Länder des „globalen Südens" sollen Zugang zu Finanzmitteln erhalten, um den Artenschutz zu stärken.
- Es müssen Anreize für Unternehmen und Finanzinstitutionen geschaffen werden, um die Risiken und Auswirkungen zu überwachen und offenzulegen. Alle Tätigkeiten, die in Verbindung mit den geschäftlichen Aktivitäten, Wertschöpfungsketten oder Portfolios stehen, müssen dem Artenschutz und der Nachhaltigkeit entsprechen.

Allgemein gesprochen sind das noble Ziele. Die nächste Vertragsstaatenkonferenz (COP-16) fand ab dem 01. November 2024 in Cali in Kolumbien statt. Dort wurde der

---

[14] *Convention on Biological Diversity:* Nations Adopt Four Goals, 23 Targets for 2030 In Landmark UN Biodiversity Agreement. Press Release. Montreal, 19. Dezember 2022 (Stand: November 2024)

[15] *European Commission:* Fertilizers in the EU, Price, trade and use. EU Agriculture Markets Briefs, No 15, June 2019. *https://agriculture.ec.europa.eu/system/files/2019-07/market-brief-fertilisers_june2019_en_0.pdf*

[16] *Umweltbundesamt:* Stickstoff. 20.12.2021. *https://www.umweltbundesamt.de/themen/landwirtschaft/umweltbelastungen-der-landwirtschaft/stickstoff#gefahren-fur-die-umwelt*

aktuelle Stand der im Dezember 2022 vereinbarten 23 Ziele überprüft. Das Ergebnis war jedoch eher enttäuschend, da bis zum 18. Oktober 2024, also knapp zwei Jahre nach der Übereinkunft, lediglich 15 Länder von den 196 Vertragsstaaten jeweils nationale Ziele veröffentlicht hatten.[17)] Erschwerend kommt hinzu, dass Anfang 2025 über die Hälfte der Länder (70 von 137) nicht auf Kurs sind, um die Ziele zu erreichen.[18)]

Dabei gäbe es einen mehr als dringenden Handlungsbedarf. Laut dem bereits erwähnten Bericht der Max-Plank-Gesellschaft leben heute 60 % weniger Wirbeltiere auf der Erde als noch 1970, also erst knapp über ein halbes Jahrhundert später. Die Wissenschaftler haben nach eingehenden Forschungen und Berechnungen erkannt, dass in der heutigen Zeit pro Jahr hundertmal mehr Wirbeltiere aussterben als unter „normalen“ Bedingungen ohne den Einfluss des Menschen. Ein kleiner Vergleich erleichtert hierbei das Verständnis enorm. Seit dem Jahr 1500 sind etwa 600 Wirbeltierarten auf der Erde ausgestorben, rund 500 davon erst nach dem Jahr 1900. In den letzten 100 Jahren sind den Wissenschaftlern folgend so viele Vogelarten verschwunden wie in den 3000 Jahren davor.[19)]

Diese erschreckenden Zahlen sollten eigentlich für einen lauten Aufschrei sorgen, aber es scheint sich hier, abgesehen von vielen „Nord-Süd“-Diskussionen um die Finanzmittel, nicht sonderlich viel zu tun. Viel Nervosität ist zumindest nicht zu erkennen. Dabei gilt die Biodiversität als einer der Grundpfeiler für ein stabiles Ökosystem der Erde und damit auch des Klimas und in weiterer Folge als Lebensgrundlage des Menschen. Allein der Verlust von Fluginsekten (in Deutschland um mehr als 75 % seit 1989) sorgt für eine Krise bei der Bestäubung von Pflanzenarten. Die Bauern können davon ein Liedchen singen. Es drohen Ernterückgänge und Pflanzensterben, wenn die kleinen Bestäuber gänzlich wegfallen. Laut Studien des Europäischen Parlaments zeigt sich, dass eine von zehn Bienen- und Schmetterlingsarten in Europa vom Aussterben bedroht ist.[20)] In Puerto Rico konnten die Wissenschaftler zwischen den Jahren 1976 und 2012 einen Rückgang um das bis zu 60-Fache der Insekten feststellen. Die damit in Verbindung stehende Population an Vögeln und Eidechsen und anderen Tierarten ist korrelierend ebenfalls stark zurückgegangen.[21)]

---

[17] *World Wildlife Found:* Cop-16: Status Quo bei der Umsetzung des Kunming-Montreal Abkommens im Fokus. *https://www.wwf.de/themen-projekte/artenschutz/politische-instrumente/cbd-die-un-konvention* (Stand: 18.10.2024)

[18] *orf.at:* Mehrheit der Länder tritt auf der Stelle. *https://orf.at/stories/3385936* (Stand: 23.02.2026)

[19] *Max-Plank-Gesellschaft:* Biodiversität – Vielfalt des Lebens. *https://www.mpg.de/biodiversitaet* (Stand: Oktober 2024)

[20] *Europäisches Parlament:* Immer weniger Bienen, immer weniger Bestäuber: Was steckt dahinter? 03.12.2019. *https://www.europarl.europa.eu/topics/de/article/20191129STO67758/immer-weniger-bienen-immer-weniger-bestauber-was-steckt-dahinter* (Stand: Oktober 2024)

[21] *Max-Plank-Gesellschaft:* Biodiversität – Vielfalt des Lebens. *https://www.mpg.de/biodiversitaet* (Stand: Oktober 2024)

10.4 Biodiversität in der Energiewirtschaft

„Der Weg zur Hölle ist mit guten Absichten asphaltiert!"

Ein stark kontroverses Thema entsteht in Bereichen, in denen sich zwei Segmente gegenseitig auf die Füße steigen, wie die Biodiversität und die Energiewirtschaft. Erneuerbare Energien sind zwar ein absolutes Muss für eine nachhaltige Energieversorgung, allerdings gibt es immer größere Berührungsflächen zwischen nachhaltigen Energieerzeugungsprojekten und der Biodiversität, sehr zum Nachteil der Letzteren.

Als Beispiel sei hier der Bau des Drei-Schluchten-Damms in China genannt.[22] Er wurde im Jahr 2008 fertiggestellt und ging ans Netz. Der Damm hat eine Kapazität von 22,5 Gigawatt Generatornennleistung, die auf zwölf an der Staumauer direkt anliegenden Turbinen aufbaut. Im Tunnel, der an das Kraftwerk andockt, wurden weitere sechs Turbinen zugebaut, womit die genannte Gesamtleistung erreicht wird. Das macht ihn zum weltweit größten Kraftwerk seiner Art. Wenngleich Wasserkraft als eine nachhaltige Art der Energieerzeugung betrachtet wird, so sind die Auswirkungen dieses Projekts so gewaltig, das man hier kaum von einem nachhaltigen Energieprojekt sprechen kann. Natürlich ist es aus Sicht der Emissionen besser, diese zu vermeiden, aber aus Sicht der Biodiversität ist dieses Kraftwerk ein Tiefpunkt.

Um die Dimensionen besser darzulegen, zitiere ich aus einer Veröffentlichung von Oliver Parodi, einem Wasserbauingenieur und Philosophen:

„Die Diskussion erfolgt dabei entlang des Regelwerks des ‚Integrativen Konzepts nachhaltiger Entwicklung' (Kopfmüller et al. 2001), das im Grunde eine Interpretation und (wissenschaftsbasierte) Konkretisierung ethischer Prinzipien darstellt. Im Mittelpunkt des Konzepts stehen die Ausformulierung und Operationalisierung einer inter- und intragenerativen Gerechtigkeit (vgl. ebd. 130–143). Das integrative Konzept geht dabei von drei generellen Zielen der Nachhaltigkeit aus (vgl. ebd. 163–174):

- *Sicherung der menschlichen Existenz,*
- *Erhaltung des gesellschaftlichen Produktivpotenzials und*
- *Bewahrung der Entwicklungs- und Handlungsmöglichkeiten."*[23]

Die genannten Ziele bilden in der Nachfolge die Evaluierungskriterien, nach der die Nachhaltigkeit des Projekts evaluiert wird. Der Text geht wie folgt weiter:

„Schutz der menschlichen Gesundheit (Regel 1.1)

Mit dem Drei-Schluchten-Damm werden ‚Gefahren und unvertretbare Risiken für die menschliche Gesundheit durch anthropogen bedingte Umweltbelastungen' (ebd. 190)

[22] Es könnten auch andere Staudammprojekte betrachtet werden. Die Auswirkungen sind in diesem hier dargestellten Projekt lediglich am deutlichsten zu erkennen, da sie massiv sind.

[23] *Parodi, Oliver:* Der Drei-Schluchten-Damm – ein nachhaltiges Unterfangen? In: *Maring, Matthias (Hrsg.):* Fallstudie zur Ethik in Wissenschaft, Wirtschaft, Technik und Gesellschaft. KIZ Scientific Publishing 2017. *https://books.openedition.org/ksp/3613*

nicht vermieden oder verringert, sondern vermehrt. Mit dem Aufstau gingen weit über **1000 Fabriken** *und Manufakturen sowie viele andere belastete und insofern belastende Einrichtungen (Müllhalden, Krankenhäuser etc.) und Bodenflächen in den Fluten unter. Trotz einer erfolgten Dekontaminierung gelangen giftige Substanzen in den Stausee und werden von dort in die Grundwasserkörper und talabwärts getragen. Zudem ergibt sich durch den Aufstau ein stehendes Gewässer, das die Ansiedelung und Vermehrung von Krankheitserregern (Keime und Parasiten) und Krankheitsüberträgern begünstigt. Der Drei-Schluchten-Damm beeinflusst diesbezüglich eine nachhaltige Entwicklung* ***negativ****."*[24]

Man erkennt allein an diesem Absatz, welch schwere Lasten man dem Boden und dem Umland zumutet und wie dauerhaft solche Projekte die Umwelt belasten können. Betrachten wir uns Parodis zweite Evaluierungsregel:

„Gewährleistung der Grundversorgung (Regel 1.2)

Nach offiziellen Angaben der chinesischen Regierung wurden bis 2008 ca. 1,1 Millionen Menschen in Folge der Flutung umgesiedelt. Inoffiziellen Angaben (von Menschenrechtsorganisationen) nach, sind dagegen bis zu 2,5 Millionen Menschen von der Flutung unmittelbar betroffen. Es ist anzunehmen, dass mit dem Projekt neben der Umsiedlung die Vertreibung einer erheblichen Anzahl Bewohner der Talräume verbunden ist und von staatlicher Seite in Kauf genommen wird. Inzwischen wurden die Zahlen auch seitens der chinesischen Regierung korrigiert, die von einer Umsiedelung von bis zu 4 Millionen Menschen spricht […]."[25]

Ein Projekt, in dem bis zu 4 Millionen Menschen aus dem gewöhnlichen Habitat entfernt und in Gegenden untergebracht werden, die nicht der Lebens- oder Arbeitsqualität des vorherigen Niveaus entsprechen, kann nicht als Entwicklung betrachtet werden. Zumal die ursprüngliche Umgebung nicht der Nachhaltigkeit der Natur zurückgegeben wurde, sondern eher unwiederbringlich verloren gegangen und zusätzlich noch kontaminiert worden ist. Des Weiteren heißt es in der Publikation von Parodi:

„Viele der Menschen werden von ländlich-subsistenten in städtische Verhältnisse verpflanzt, der dort zur Versorgung zugewiesene Boden an den Hängen ist vergleichsweise knapp, unfruchtbar und schwer zu bestellen. Zudem verschwinden zahlreichen Berichten zufolge staatlich zugesicherte Ausgleichszahlungen immer wieder in den Taschen von korrupter Verwaltungsbeamten. Hinzu kommen die Vertriebenen, deren Grundversorgung nicht ansatzweise gesichert sein dürfte. Weiterhin lässt sich auch für jene unterstrom am Fluss lebende Bevölkerung, die sich (hauptsächlich) durch Subsistenzlandwirtschaft ernährt, sowie für die große Anzahl der vom Fischfang unmittelbar Abhängigen am Yangtse, durch die Abnahme der Fischpopulationen infolge ge-

---

[24] *Parodi, Oliver:* Der Drei-Schluchten-Damm – ein nachhaltiges Unterfangen? S. 1 ff. In: *Maring, Matthias (Hrsg.):* Fallstudie zur Ethik in Wissenschaft, Wirtschaft, Technik und Gesellschaft. KIZ Scientific Publishing 2017. *https://books.openedition.org/ksp/3613*

[25] *Parodi, Oliver:* Der Drei-Schluchten-Damm – ein nachhaltiges Unterfangen? S. 1 ff. In: *Maring, Matthias (Hrsg.):* Fallstudie zur Ethik in Wissenschaft, Wirtschaft, Technik und Gesellschaft. KIZ Scientific Publishing 2017. *https://books.openedition.org/ksp/3613*

änderter Abflussverhältnisse und verminderter Wasserqualität eine Verschlechterung der Grundversorgung prognostizieren. Unterstrom wird das Absperrbauwerk Grundwasserabsenkungen und ausbleibende Überschwemmungen zur Folge haben, was sich insgesamt negativ auf die Bodenfruchtbarkeit auswirkt." [26]

Ohne den gesamten Bericht lesen zu müssen erkennt man unschwer, welch massiven Impact auf die unmittelbare Umgebung so ein Projekt mit sich bringt. Es gibt, ebenfalls dem Bericht von Parodi folgend, auch viele positive Faktoren die, der Neutralität der Beurteilung folgend, auch nennenswert sind und dargelegt werden sollten:

*„**Positiv auf eine Grundversorgung** wirken sich dagegen die mit dem Dammbau intendierten Folgen: Energiebereitstellung, Schiffbarkeit, Hochwasserschutz und Wasserversorgung im Allgemeinen aus. Über eine **hohe Energiebereitstellung** und durch die **bessere Anbindung** des bergigen Hinterlandes, die sich fast nur per Schiff bewerkstelligen lässt, ist in der Region über **Wirtschaftswachstum längerfristig** ein **höheres**, durchschnittliches **Wohlstandsniveau** zu erwarten. Davon profitieren wohl auch Menschen, deren Mindestmaß an Grundversorgung bislang nicht gewährleistet war. Auch von einer **verbesserten (stabileren) Wasserversorgung** in städtischen Gebieten und einem **verbesserten Hochwasserschutz** profitieren dortige arme Bevölkerungsanteile."* [27]

Dem Fallbeispiel aus dem Drei-Schluchten-Damm folgend sind nachhaltige Projekte immer mehrfach kritisch zu beurteilen. Allein die Energieversorgung in den Vordergrund zu stellen, mag diese noch so sehr zum Wohle vieler sein, kann unter Umständen schwere Konsequenzen mit sich führen. Dies kann durch direkte Auswirkungen beim Bau oder Betrieb eines solchen Projekts sein oder durch menschliches Versagen, was man z. B. am Fallbeispiel von Tschernobyl bedauernswerterweise leicht erkennen kann.

Die künftige Lösung der Energiefrage wird permanent mehrere Aspekte multidimensional evaluieren müssen. Es wird und muss zu mehr und zu strikteren Standards kommen, nicht um Ideen zu verwerfen, zu verkomplizieren oder wirtschaftlich unrentabel zu machen, sondern um deren tatsächlich nachhaltigen Ansatz zu prüfen und zu bestätigen. Schnelle Lösungen, die lediglich den Umsatz von Energiedienstleistern steigern sollen, das aber auf Kosten der Umwelt, des Klimas oder des Menschen, sollten mittel- bis langfristig der Vergangenheit gehören.

Dem stehen hierzulande aber eher anders gelagerte Interessen entgegen. In einem Bericht des Magazins Energy-News vom 28. Februar 2024 wurde darauf hingewiesen, dass der Biodiversitätsrat in Österreich die Artenvielfalt durch den Boom von Kleinwasserkraftwerken (unter 10 Megawatt Leistung) bedroht sieht. Laut Simon Vitecek,

[26] *Parodi, Oliver:* Der Drei-Schluchten-Damm – ein nachhaltiges Unterfangen? S. 1 ff. In: *Maring, Matthias (Hrsg.):* Fallstudie zur Ethik in Wissenschaft, Wirtschaft, Technik und Gesellschaft. KIZ Scientific Publishing 2017. *https://books.openedition.org/ksp/3613*

[27] *Parodi, Oliver:* Der Drei-Schluchten-Damm – ein nachhaltiges Unterfangen? S. 4 ff. In: *Maring, Matthias (Hrsg.):* Fallstudie zur Ethik in Wissenschaft, Wirtschaft, Technik und Gesellschaft. KIZ Scientific Publishing 2017. *https://books.openedition.org/ksp/3613*

einem Forschungsassistenten der Universität für Bodenkultur in Wien, gibt es in Österreich bereits mehr als 4000 Kleinwasserkraftwerke. Vitecek erwartet, seinen Studien folgend, dass weitere 400 bis 500 Kleinwasserkraftwerke dazukommen werden. Er sieht ein erhöhtes ökologisches Erhaltungspotenzial in Regionen der Steiermark, in Kärnten und dem Koralmgebie. Es gäbe noch weitere zu benennen.[28)]

Diese eher traurige Realität wird durch eine Veröffentlichung auf Biodiversityaustria.at bestätigt. Dem Artikel folgend ist der Trend zum Ausbau von Kleinwasserkraft ökologisch und energiewirtschaftlich falsch. Es wird ebenfalls darauf hingewiesen, dass lediglich 6 % aller österreichischen Fließgewässer in einem naturnahen Zustand sind.[29)]

Österreich sei hier lediglich als Fallbeispiel genannt. Ginge man weltweit alle Wasserkraftprojekte durch und beurteilte diese nach Biodiversitätskriterien neu, so würde man vermutlich schnell auf weitere Biodiversitätskiller aufmerksam.

Nicht nur die Groß- oder Kleinwasserkraft kann für Schwierigkeiten bei der Erhaltung der Biodiversität sorgen, sondern auch andere, auf den ersten Blick nachhaltige Projekte der Photovoltaik können zu Schäden führen, die langfristig nur schwer zu korrigieren sind. Photovoltaikanlagen können, wenn sie „artenvielfaltsgerecht" errichtet werden, sogar für positive Effekte sorgen. Durch die Beschattung von Freiflächen können in Gegenden, wo kaum etwas wächst, neue Grünflächen entstehen. Auch Weideland wird durch den Betrieb von PV-Anlagen, wenn richtig beplant, nicht beeinträchtigt. Der schwierige Teil der PV im Sinne der Nachhaltigkeit liegt eher im Recycling der Solarmodule. In 1 t Solarzellenschritt sind immerhin bis zu 50 kg an Silizium enthalten. Dieses ist aber nur schwer vom Rest des Moduls zu trennen und landet häufig als Restmüll auf Deponien. Außerdem sind Aluminium und andere Schwermetalle partiell in Solarmodulen verarbeitet, was das Recycling noch zusätzlich erschwert.

Nicht viel anders geht es der Biomasse, wenn man diese nach Biodiversitätsmerkmalen beurteilt. Biomasse zu verarbeiten ist an sich sehr positiv zu beurteilen. Die abschreckenden Aspekte treten beiläufig zutage, wenn man zur Erhöhung der energetischen Qualität des Produkts (Strom oder Wärme) Monokulturen nutzt. Silomais ist eine solche Pflanze, die in großen Monokulturen angebaut wird. Als Energielieferant hat Silomais neben der Rolle als Nahrungsmittel und Viehfutter bereits eine weitere erfolgreiche Daseinsberechtigung als Energielieferant bekommen. Laut einem Bericht von Spektrum.de, der auf ei-

---

28 *energynewsmagazine.at:* Energiewende als Falle: Kleinwasserkraft gegen Biodiversität. 28.02.2024. *https://energynewsmagazine.at/2024/02/28/energiewende-als-falle-kleinwasserkraft-gegen-biodiversitaet-2* (Stand: Oktober 2024)

29 *biodivesityaustria.at:* Ausbau von Kleinwasserkraft bringt Biodiversität stärker unter Druck. 23.02.2024. *https://www.biodiversityaustria.at/ausbau-der-kleinwasserkraft-bringt-biodiversitaet-noch-mehr-unter-druck.* Zugrunde liegende Studien: *Scheikl, Sigrid/Seliger, Carina/Grüner, Barbara/Muhar, Susanne:* Ausweisung wertvoller Gewässerstrecken in Österreich und deren Schutzstatus. Universität für Bodenkultur Wien. Stand: 25.03.2020. *https://www.wwf.at/wp-content/uploads/2020/05/Ausweisung-wertvoller-Gewaesser strecken-in-Oesterreich-und-deren-Schutzstatus.pdf. Bundesministerium für Landwirtschaft, Regionen und Tourismus:* Nationaler Gewässerbewirtschaftungsplan 2021 (GZ. 2022-0.270.788). 2022. *https://info.bml.gv.at/dam/jcr:33fd41a6-2eab-4a17-8551-ce32d131bb68/NGP%202021_Endversion_gbs.pdf. https://www.bmk.gv.at/dam/jcr:da4e9dfd-f51c-44b8-894c-9b049a8336cb/BMK_Energie_in_OE2023_barrierefrei.pdf*

ner Studie des Helmholtz-Zentrums für Umweltforschung beruht,[30] wird der Mais bereits auf etwa 2,5 Millionen ha Land bewirtschaftet und deckt damit etwa 20 % der gesamten Ackerfläche Deutschlands ab. Gemeinsam mit dem Rapsanbau, der zusätzlich noch weitere etwa 1 Million ha Ackerland in Anspruch nimmt, ist die Monokultur zur Perfektion gereift. Solche Monokulturen wirken sich direkt auf die Biodiversität aus. So sind in Deutschland z. B. die Feldlerchen zunehmend durch die langen Felder an Monokulturen bedroht, schätzen Ökologen des Helmholtz-Instituts. Von dem vermehrten Einsatz von Dünger und Pestiziden gehen zusätzliche Risiken aus, die ebenfalls direkte Auswirkungen auf die Insekten- und Pflanzenvielfalt haben.

Nachhaltige Energie und Biodiversität werden langfristig in einem gegenseitigen Spannungsfeld bleiben. Weitere Forschungen, wie beide Sektoren miteinander vereinbart werden können, sind notwendig. Kritik anzubringen ist hier die leichtere Übung. Doch Zweifel ist bekanntlich aller Weisheit Anfang. So kann hier ein neues Forschungsfeld entstehen, das mehrere Disziplinen zusammenbringt und brauchbare Ergebnisse auf Basis der gegenseitigen Berücksichtigung aller Segmente zustande bringt.

[30] *Viering. Kerstin:* Auf dem Weg in die Maiswüste. 13.09.2016. *https://www.spektrum.de/news/bioenergie-aus-mais-ist-umweltschaedlich/1422993* (Stand: Oktober 2024)

11 Schlussfolgerungen und Handlungsoptionen

Den vorangegangenen Kapiteln konnten Sie entnehmen, dass die Ölressourcen noch nicht allzu bald erschöpft sein werden. Auch andere Ressourcen werden uns noch eine Weile zur Verfügung stehen. Es ist anzunehmen, dass die gegenwärtige Generation, insbesondere in den industrialisierten Ländern, in entwickelten und offenen Wirtschaftskooperationen, die einen internationalen Austausch an Dienstleistungen und Waren nach fairen Prinzipien und auf Ebene der Ebenbürtigkeit pflegen, die Ressourcen- und Energieknappheit noch nicht so stark zu spüren bekommen werden. Anders wird es allerdings für die nachfolgenden Generationen und für weniger entwickelte Wirtschaftsgemeinschaften oder Länder aussehen. Hier ist mit einer früher eintretenden Problematik zu rechnen. Für die hochindustrialisierten Länder hingegen wird dies **vorläufig** kein Thema sein.

Warum findet dann die Diskussion zur Erderwärmung, zum postfossilen Zeitalter und zur Ressourcenknappheit statt und warum gibt es die Tendenz, alles digitalisieren zu wollen? Auf diese Fragen gibt es mehrere Antworten:

1. Es steht fest, dass es nicht ewig Erdöl geben wird und dass die fossilen Energieträger die globale Erderwärmung mit verursachen.
2. Wir können nicht darauf warten, bis der letzte Tropfen aufgebraucht ist. Die Menschheit braucht jetzt Alternativen, die den Lebensraum nicht zerstören und ihn für zukünftige Generationen langfristig in einem lebenswerten Zustand erhalten.
3. Wir sind gegenwärtig von mehreren Ressourcen abhängig und wollen unseren Lebensstandard nicht senken.
4. Die technische Entwicklung stellt uns die gewünschten Alternativen bereit und ermöglicht Handlungsoptionen, die es ohne technische Entwicklung nicht gäbe.
5. Neue gesellschaftliche Rahmenbedingungen sind dringend notwendig und können der Menschheit vielleicht die Möglichkeit eröffnen, neue Wege des Miteinanders zu gehen.

Es gäbe noch eine sehr lange Liste an möglichen Antworten. Die Antworten bergen jedoch alle massive Herausforderungen in sich, die nicht einfach zu lösen sind. Allein die Antwort auf die Frage, wie wir diese Herausforderungen verstehen können, ist eine eigene Analyse wert.

Wenn man die wenigen vorangehend aufgelisteten Antworten nochmals betrachtet, so lässt sich an jeder einzelnen eine breite Diskussion entfachen, die von diversen Personen, Gruppen, ja ganzen Gesellschaften unterschiedlich verstanden oder interpretiert werden. Es stehen auch massive Interessen, Ängste, kollektive und individuelle Egoismen sowie Privilegien im Schaufenster der menschlichen Eitelkeit auf dem Prüfstand, da nicht alle bereit sind, sich selbst zu hinterfragen oder etwas zu ändern. Der Bibel folgend hat sich die Menschheit die Welt untertan gemacht. Es scheint jedoch so, als ob sie über das Ziel hinausgeschossen ist. Es gilt jetzt, eine Wegkorrektur einzuschlagen, wieder mit der Natur im Einklang zu leben und nicht gegen sie zu arbeiten. Wie bereits Henry Ford sagte: *„Die Natur braucht keine Menschen – Menschen brauchen die Natur.“* So banal und klischeehaft sie auch klingen mag, ist diese Aussage eine Aufforderung zum Umdenken. Darüber scheint es mittlerweile einen immer größeren Konsens zu geben, wenngleich die relevanten Player gerade dabei sind, sich gegenseitig niederzuringen. Der leicht spürbare Konsens ist jedoch (noch) nicht zu einer fundamentalen Diskussion über unser aktuelles Wirtschafts- und Sozialsystem angewachsen, geschweige denn, dass darüber nachgedacht würde, ob dies zu ändern überhaupt möglich ist. Nach wie vor bestimmt Produktivität und Wachstum das Handeln aller globalen und lokalen Wirtschaftakteure, als ob es noch weitere Planeten im Lagerhaus gäbe. Doch wie Ulrike Hermann bereits in Ihrem Buch *Das Ende des Kapitalismus* ankündigte, sind die Ressourcen endlich. Schließlich gibt es nur einen Planeten.

Der größte Schuldenberg, den die Menschheit seit der industriellen Revolution angehäuft hat, ist nicht die Staatsverschuldung. Es ist die Verschuldung an der Zukunft der Menschheit. Wir sind die einzige Spezies, die an ihrem eigenen Untergang eifriger denn je arbeitet, das auch wissen, aber immer noch gierig genug sind, um vermeintlich geglaubte Privilegien aufgeben zu wollen.

Die Transformation hin zu einer nachhaltigen Gesellschaft (hier beschränkt auf die Energiewirtschaft) kann erst begonnen werden, wenn wir vom Potenzial der alternativen Energietechnologien ausgehen und diese Entwicklung in die Zukunft projizieren sowie ausbauen. Dabei müssen bestimmte Axiome allgemein anerkannt werden, wie z. B. folgende:

1. Es gibt eine Ressourcenknappheit und der Aufbau einer Kreislaufwirtschaft wird auf lange Sicht unausweichlich.
2. Es gibt den Klimawandel, Umweltprobleme und die globale Erwärmung.

3. Es gibt eine Verteilungsungleichheit und unser Wirtschaftsmodell ist für die langfristige Lösung der Ressourcen- und Energieproblematik in der gegenwärtigen Fassung nicht geeignet.
4. Mit digitalen Technogien lassen sich die technischen Voraussetzungen schaffen, um das Potenzial der alternativen Energien nutzen zu können und vergängliche Ressourcen zu schonen bzw. die Wirtschaft Richtung Nachhaltigkeit zu transformieren.

Sollten diese Axiome nicht verstanden werden oder sollten sie, wie es aktuell eher wahrzunehmen ist, zwar verstanden werden, aber nicht genug Berücksichtigung erhalten, steht die Hoffnung der Menschheit auf wackligen Beinen.

In Abschnitt 3.1 habe ich die Hypothese aufgestellt, dass die Digitalisierung zur Streckung der verfügbaren Ressourcen beitragen wird (Bild 11.1).

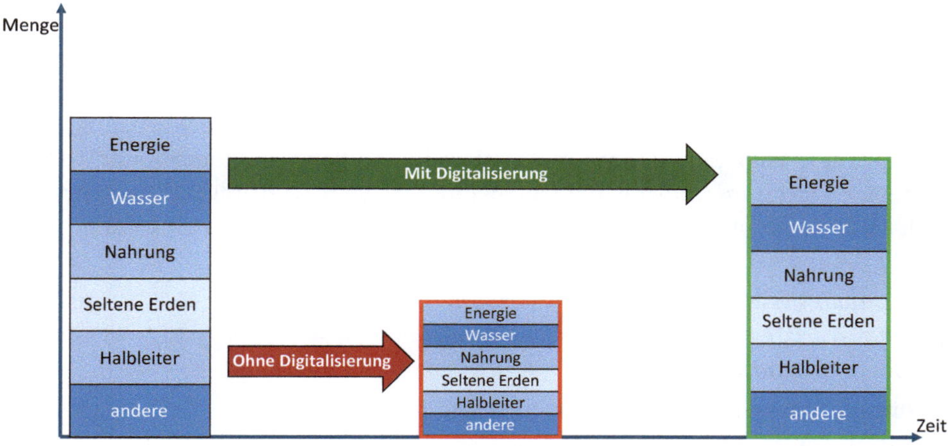

Bild 11.1 Die Digitalisierung trägt zur Streckung der verfügbaren Ressourcen bei.

Nun lässt sich die These nach all den Recherchen als zutreffend erhärten. Dieses Bild ist jedoch um wesentliche Erkenntnisse zu erweitern. Die erste Erkenntnis ist, dass wir aus gegenwärtiger Sicht nicht sagen können, wie lange sich die Ressourcen strecken lassen werden. Aus jetziger Sicht werden die Ressourcen bis zum Ende des aktuell laufenden Jahrhunderts knapp werden. Außerdem wissen wir nicht genau, wie viele Ressourcen wie lange verfügbar sein werden, da theoretische Potenziale nicht den realen und wirtschaftlich nutzbaren Potenzialen entsprechen. Neue Funde und Fördermöglichkeiten verzerren das Bild immer wieder und durch wissenschaftliche Entwicklungen können heute wesentliche Ressourcen morgen gleich wieder obsolet sein. Der natürliche Salpeter ist dafür ein Beispiel, der durch künstlichen Salpeter ersetzt wurde. Dies könnte auch bei anderen Materialien passieren. Starke Tendenzen in diese Richtung gibt es z. B. bei der Nutzung von Lithium, wenn etwa die Materialforschung künftig ganz andere Elemente mit höheren Speicherkapazitäten für die Batterienutzung verfügbar macht, die das Lithium komplett ersetzen.

Ein wichtiger Punkt ist, dass die Digitalisierung des hier im Fokus stehenden Stromsegments in erster Instanz dazu führt, dass der Ressourcenverbrauch erhöht wird. Das mag kontrovers klingen, aber um eine komplette digitale Infrastruktur aufzubauen, bedarf es diverser elektronischer Elemente wie Sensoren, Aktoren, Messeinrichtungen, Kommunikationsgeräte, Datenzentralen, Software und vieles mehr, die den Ressourcenverbrauch zunächst erhöhen. Im Energie- und Versorgungsbereich bedeutet das Millionen von Messeinrichtungen, die ausgerollt werden müssen.[1] Gegenwärtig befinden wir uns erst in der Aufbauphase. Europa ist hier schon weiter als andere Regionen in der Welt, diese werden aber über kurz oder lang ebenfalls dem Trend folgen oder tun es bereits.

Erst in zweiter Instanz, wenn die gesamte digitale Infrastruktur erstellt und ausgerollt ist, kann die Effizienz Wirksamkeit erlangen und zur Ressourcen- und Energieschonung beitragen. Wir können die Tendenz zum erhöhten Verbrauch an Ressourcen gegenwärtig z. B. am Konsumanstieg an seltenen Erden beobachten. Der Verbrauch steigt stetig an und wird vermutlich noch länger hohe Wachstumswerte verzeichnen. Viele dieser Ressourcen gehen in den Bau von Motoren und Halbleitern. Auch Lithium erfährt gerade aufgrund der Elektrifizierung des Verkehrs eine hohe Nachfrage, oft auch verbunden mit negativen Folgen für die Umgebung, in der es abgebaut wird:

„Eine Studie des Wall Street Journals aus dem Jahr 2019 ergab, dass 40 % der gesamten Klimaauswirkungen bei der Herstellung von Lithium-Ionen-Batterien auf den Bergbauprozess selbst zurückzuführen sind."[2]

In dieser Studie wird des Weiteren auf Folgendes hingewiesen:

„Dies führt dazu, dass die örtlichen Gemeinden und die Tierwelt verdorren. Schwefelsäure und Natriumhydroxid, die bei der Lithiumgewinnung verwendet werden, dringen in Boden und Wasser ein, vergiften das Ökosystem und gefährden diverse Arten. Forschungsergebnisse aus der Zeitschrift ‚Proceedings of the Royal Society' zeigen, dass zwei Flamingo-Arten in Chile durch den Lithiumabbau bedroht sind."[3]

[1] Anmerkung meinerseits: An dieser Stelle möchte ich auf ein spezielles Paper des deutschen Umweltbundesamtes verweisen. Hier werden viele Detailinformationen zum *Ressourcenfoodprint* der deutschen Wirtschaft beschrieben. Als Forschungsbericht für weitergehende Analysen ist es sehr empfehlenswert. Quelle: *Umweltbundesamt:* Digitalisierung und natürliche Ressourcen. Analyse der Ressourcenintensität des digitalen Wandels in Deutschland. Schlussbericht. August 2024. *https://www.umweltbundesamt.de/publikationen/digitalisierung-natuerliche-ressourcen* (Stand: Dezember 2024)

[2] Aus dem Englischen übersetzt: *Mining Technology:* The cost of green energy: lithium mining's impact on nature and people. 30.12.2023. *https://www.mining-technology.com/analyst-comment/lithium-mining-negative-environmental-impact/?cf-view* (Stand: Dezember 2024)

[3] Aus dem Englischen übersetzt: *Mining Technology:* The cost of green energy: lithium mining's impact on nature and people. 30.12.2023. *https://www.mining-technology.com/analyst-comment/lithium-mining-negative-environmental-impact/?cf-view* (Stand: Dezember 2024)

Dies gilt es zu verurteilen und zu unterbinden. Als Menschheit können und dürfen wir nicht für den Schutz und die Nachhaltigkeit selektiver Regionen andere Regionen veröden lassen. Das ist nicht die Nachhaltigkeit, die unsere nachfolgenden Generationen erfahren wollen. Dies bedeutet lediglich, dass sich einige privilegierte Bevölkerungsgruppen der oberen Einkommensklassen das Gewissen freikaufen, und zwar auf Kosten anderer, meistens der nativen Bevölkerung anderer Kontinente. Hier sind die Staaten gefragt und schulden uns brauchbare Abkommen. Zertifikate und „Labels“ müssen für internationale Standards sorgen, damit solche Praktiken unterbunden werden. Dies soll und muss auch für andere Bereiche gelten, wie den Uranabbau oder die nachhaltige Landwirtschaft, wie z. B. bei Kakao oder Kaffee. In den vorangegangenen Kapiteln habe ich bereits darauf hingewiesen.

Eine weitere Erkenntnis, die gewonnen werden konnte, ist, dass Recycling einen entscheidenden Beitrag leisten können wird, um die Ressourcenschonung zu ermöglichen. De facto ist die Kreislaufwirtschaft nur auf Basis einer funktionierenden Recyclingwirtschaft möglich. Schließlich zielt die Kreislaufwirtschaft darauf ab, möglichst viele der verwendeten Materialien und Ressourcen wieder benutzen zu können. Hier ist aber noch viel Forschung in diversen Produktionssegmenten notwendig. Dabei sollte das Recycling der Stoffe bereits bei der Produktion von Geräten mitberücksichtigt und implementiert werden – dies natürlich nur insoweit, wie das in allen Bereichen möglich ist. Daher wird die Forschung in der Herstellung von Embedded Devices ein wichtiger Faktor bleiben.

Allein die Abkehr von Erdöl oder Erdgas erfordert eine Strategie, wie Subprodukte oder sogenannte Derivate ersetzt werden können. Bis zu 6000 Produkte werden gegenwärtig auf direkter oder indirekter Basis dieser zwei Elemente erstellt.[4)] Sie zu ersetzen wird eine permanente Herausforderung sein, denn sie belasten nicht nur durch Verbrennung die Umwelt, wir finden sie auch als Mikroplastik oder andere Produkte der chemischen Industrie wieder, die über Umwege Böden oder das Grundwasser belasten. Es soll hier keine Pauschalverurteilung erfolgen. Es soll lediglich darauf hingewiesen werden, dass diverse Segmente noch enormen Aufholbedarf haben, was die nachhaltige Produktion betrifft, und dass dringender Handlungsbedarf besteht. Dies soll aber nicht zum Anlass dienen, die Produktion in Länder zu verlagern, in denen die Umweltstandards nicht berücksichtigt werden oder nur partielle Anwendung finden. Diesbezüglich sollten Umweltsünden der Korruption gleichgestellt und auch im Inland verfolgt werden, denn leider lassen sich Entscheidungen, die die Allgemeinheit betreffen, manchmal nur durch regulative Vorgaben implementieren. In anderen Bereichen, etwa dem Verkehrsschutz, würde auch niemand auf die Idee kommen, Sicherheitsnormen einfach zu umgehen. Nur weil Auswirkungen nicht direkt sichtbar sind, müssen sie nicht weniger gefährlich sein. Man darf nicht vergessen: Am Ende der Kette stehen wir selbst.

---

[4] *U.S. Department of Energy:* Products made from Oil and Natural Gas. *https://www.energy.gov/sites/prod/files/2019/11/f68/Products%20Made%20From%20Oil%20and%20Natural%20Gas%20Infographic.pdf* (Stand: Dezember 2024)

Zu guter Letzt ist die Effizienzsteigerung im Energiesektor ein wichtiger Baustein, um primär den Energieverbrauch zu senken. Laut IEA wird die permanent steigende Energieeffizienz dazu beitragen, dass der Primärenergieverbrauch 2050 um ca. 25 % sinken wird.

Damit ließe sich die Antwort auf die Hypothese, ob die Digitalisierung zur Streckung der verfügbaren Ressourcen beitragen wird, eher wie in Bild 11.2 dargestellt beschreiben.

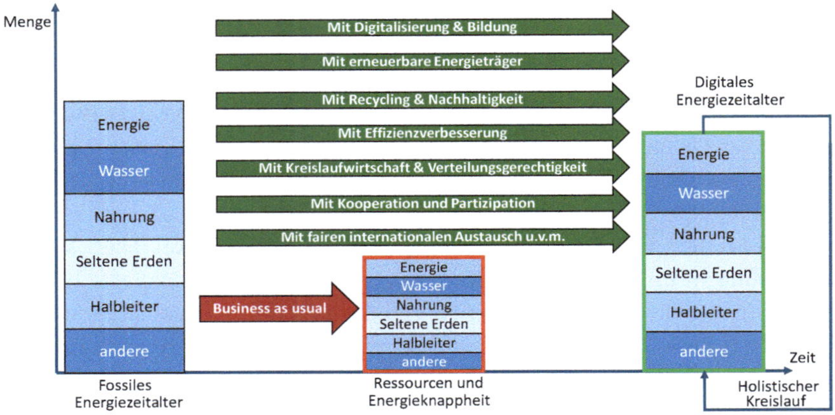

Bild 11.2 Aktualisierte schematische Darstellung des Beitrags der Digitalisierung zur Nachhaltigkeit

Aktuelle Situation und Handlungsoptionen

Diese Erkenntnisse sind nicht neu, da sie bereits lange in verschiedenen Quellen angekündigt bzw. beschrieben wurden. In diesem Buch soll vielmehr eine konzentrierte Basis geschaffen werden, um künftige Szenarien einer postfossilen Gesellschaft mit einer aktiven und funktionierenden Kreislaufwirtschaft anzudenken. Das Buch soll künftige Generationen motivieren, diese Themen zu diskutieren, und es soll sie dazu anhalten, neue Wege zu gehen. Es werden vermutlich wieder Fehler gemacht werden. Das ist nicht auszuschließen, denn wir sind alle nur Menschen. Doch einen Ansatz zu finden, um neue Strategien zu definieren, in denen das Gemeinsame und nicht das Trennende im Mittelpunkt steht, ist allemal wertvoll, bedacht und gegangen zu werden.

Die Welt wird gegenwärtig von quasidemokratischen Systemen regiert.[5] Zwei Weltkriege, der Untergang der Monarchien mit dem Aufkommen der Republiken, der Übergang von der Kolonisierung zur Postkolonisierung sowie der Untergang des Sowjetimperiums waren notwendig, um das heutige Bewusstsein zu prägen und für das derzeitige Handeln Erklärungen zu finden. Wir erkennen auch, dass die Menschheit gerade dabei

---

5 Provokante These meinerseits, die hier nicht weiter erörtert wird. Weitere Diskussionen sind wünschenswert.

ist, die eigene Lebensgrundlage abzuschaffen. Das kapitalistische Imperium leistet selbst einen aktiven Beitrag zum Untergang und will die von machtvollen, globalen Eliten getriebene hegemoniale Politik fortsetzen. Es ist schlimm genug, erkennen zu müssen, dass die meisten Imperien in der Vergangenheit durch verlustreiche Kriege untergingen. Wenn wir die aktuelle globale Situation betrachten, so könnten wir zu der Hypothese gelangen, gegenwärtig die „Geburtswehen" einer neuen globalen Gemeinschaft zu erleben, die gerade im Entstehen begriffen ist, oder schlichtweg die Schnappatmung eines untergehenden kapitalistischen Imperiums zu vernehmen. Wir werden es in naher Zukunft vermutlich besser wissen. Tatsache ist jedoch, dass wir nicht darauf warten können. Es gilt jetzt die Wege in die Zukunft zu definieren. Wir brauchen als Menschheit neue Denkansätze mit neuen Konzepten des Zusammenlebens. Solange die Menschheit mit ihrer eigenen als Überlegenheit getarnten Minderwertigkeit zu kämpfen hat, wird es kaum Besserung geben. Die Hoffnung liegt auf den kommenden Generationen, auf dass sie Ansätze aus diversen und multiplen Blickwinkeln entwickeln und keine Angst vor einer gemeinsamen Zukunft haben möge. Davor müssen aber die Titanen der Gegenwart mit modernen Varianten von Donnerkeil, Dreizack und Helm der Unsichtbarkeit besiegt werden.

Handlungsoptionen

Um die globale Erderwärmung zu begrenzen und die negativen Folgen des Klimawandels zu minimieren, müssen wir unsere Treibhausgasemissionen drastisch reduzieren. Das ist bereits hinreichend bekannt. Dazu sind folgende Maßnahmen notwendig:

- **Neue Gesellschafts- und Beteiligungsformen:** Betrachtet man die gegenwärtige internationale politische Lage, so ist Krisenstimmung wahrscheinlich eine gute Definition. Um die Herausforderungen der Zukunft anzugehen, brauchen wir neue Formen des menschlichen Miteinanders. Darunter ist das Miteinander aller Bewohner dieser Welt zu verstehen. Denn eines ist heute schon ganz klar: Wenn wir als Menschheit untergehen, dann wird es alle betreffen. Nach einer 200-jährigen Phase der Entwicklungen, der Erfindungen, der Technologisierung und vielem mehr müssen wir erkennen, dass wir gerade dabei sind, uns selbst die Lebensgrundlage zu entziehen. Wir erkennen, dass wir Luft zum Atmen brauchen und dass unsere Meere in Plastik ersticken. Wir erkennen, dass uns alte Männer mit grauen Haaren und imperialen Träumen nicht in die neue Phase der Menschheit bringen werden. Im Gegenteil, man könnte sie als das Hauptproblem unserer Gegenwart bezeichnen, gemeinsam mit dem Wiederaufleben von Nationalismen und anderen bereits überwunden geglaubten Denkmustern von der historischen Müllhalde. Wir brauchen neue Arten des Zusammenlebens auf diesem Planeten, unserem Planeten. Das zu verstehen wird die Aufgabe, die wir unserer nachfolgenden Generation überlassen. Es wird eine schwierige, aber nicht unlösbare Aufgabe sein.
- **Umstieg auf erneuerbare Energien:** Der Ausbau erneuerbarer Energien muss deutlich beschleunigt werden. Ergänzend sollte die Speichertechnologie weiter ausgebaut

werden. Hierzu sollten mehrere Modelle zukünftiger Strom- und Energiemärkte angedacht werden, in denen eine breite Beteiligung aller Akteure möglich ist. Auf globaler „Economy of Scale"-Ebene lassen sich neue Lösungen andenken, aber auch auf dezentraler Ebene können neue technologische und kommerzielle Lösungen entstehen. Die erneuerbaren Energien werden die zukünftige Nabelschnur zur Mutter Natur werden, die uns als Menschheit noch am Leben halten wird.

- **Energieeffizienz:** Der Energieverbrauch muss in allen Bereichen optimiert und wo möglich reduziert werden. Die Technologien müssen hinsichtlich ihres Beitrags zur Energieeffizienz stärker in die Verantwortung genommen werden. Labels, mit denen Haushaltsgeräte bereits versehen werden, sollten sinnvoll für alle Produkte und Dienstleistungen eingeführt werden. Wollen wir weltweit die Effizienz um 25 % erhöhen, muss vieles verbessert werden. Effizienz muss nicht nur als Beitrag zum Energieerhalt, sondern kann auch als ein eigener Wirtschaftssektor verstanden werden, in den zu investieren kommerziell Sinn macht.[6] Dies könnte eine Abdeckung von ca. 90 % der weltweiten CO_2-Emissionen bis 2050 reduzieren.
- **Kreislaufwirtschaft:** Die Kreislaufwirtschaft muss gestärkt werden, um Ressourcen zu schonen und Abfall zu vermeiden. Der breiten Bevölkerung muss der Begriff der Kreislaufwirtschaft und was es damit auf sich hat, nähergebracht werden. Das Verständnis bezüglich der Wichtigkeit und Dringlichkeit sollte gestärkt werden, schon von Kindesalter an.
- **Nachhaltige Lebensstile:** Wir müssen unsere Lebensstile nachhaltiger gestalten und unseren (sinnlosen Über-)Konsum reduzieren. Individuelle Wünsche sollten eine kollektive Zielsetzung unterstützen, kollektive Zieldefinitionen sollten aber auch Raum für individuelle Wünsche ermöglichen. Dies kann nur durch Bildung und Bewusstseinsänderungen gelingen. Ein zukünftig nachhaltiger Lebensstil wird aller Voraussicht nach vermutlich nicht im Einklang mit dem heutigen Konsumverhalten und der damit einhergehenden Wegwerfmentalität stehen. Dies erfordert auch ein Umdenken in der Medien- und Werbungsindustrie. Qualität und Nachhaltigkeit sollte vor Quantität und Billigware stehen. Das bedeutet nicht, dass dadurch Lebensqualität verloren gehen muss. Es bedeutet lediglich, dass sich die Parameter der Messung von Lebensqualität und die Definition von Freiheit verlagern und ergänzen müssen.
- **Internationale Kooperation:** Die Bewältigung des Klimawandels und der globalen Erderwärmung erfordert internationale Kooperation und die gemeinsame Entwicklung von Lösungen auf allen Ebenen. Die aktuellen Diskussionen in den COP-Konferenzen zur Finanzierung des Klimawandels haben nur den Effekt, Lösungen weiter hinauszuzögern. Hier sind, ob legitim oder nicht, egoistische Interessen diverser Gruppierungen wahrzunehmen. Es gibt noch viel Luft nach oben.

---

6 *IRENA (International Renewable Energy Agency):* Global Energy Transformation. A Roadmap to 2050. 2018. *https://www.irena.org/-/media/Files/IRENA/Agency/Publication/2018/Apr/IRENA_Report_GET_2018.pdf* (Stand: Dezember 2024)

Die Rolle der Digitalisierung

Die Digitalisierung kann einen wichtigen Beitrag zur Bewältigung des Klimawandels leisten. Besser gesagt wird sie der wichtigste Baustein für die Erreichung der Klimaziele sein. Digitale Technologien werden die Transformation ermöglichen. Sie werden dazu beitragen, Energie effizienter zu erzeugen und zu nutzen sowie besser zu verteilen und den effizienten Verbrauch zu monitoren. Digitale Technoloigien können auch dazu beitragen, die Kreislaufwirtschaft zu stärken und nachhaltige Lebensstile zu fördern. Durch Digitalisierung wird Flexibilität in das System eingebracht. Die permanent verfügbaren Informationen zu Erzeugung, Speicherung und Verbrauch ermöglichen es, Flexibilitäten zu nutzen. Dadurch lassen sich Strategien wie die CO_2-Reduktion, die Verbrauchsoptimierung oder die Selbstversorgung erst bewältigen. Der immer stärker werdende Einfluss der Volatilitäten kann erst durch die Flexibilität des Energiesystems kompensiert werden. Dies ist eine grundlegende Voraussetzung für den Erfolg der erneuerbaren Energien.

Die Digitalisierung der Energiewirtschaft hinsichtlich Netzinfrastruktur, Speicher sowie Verbrauchs- und Erzeugungsanlagen wird den Verbraucher in Zukunft zum Miterzeuger (Prosumer) machen und ihn selbst aktiv an der individuellen und kollektiven Versorgungssicherheit partizipieren lassen.

Durch eine fortschreitende Digitalisierung anderer Versorgungselemente wie Gas, Wasser oder Wärme (Submetering) werden zusätzlich interdisziplinäre Netze entstehen, in denen Gas und Wärme sowohl zur Stabilisierung der Netze als auch zur Erhöhung der Versorgungssicherheit beitragen werden. Digitalisierung der Energie ist eine Basis für neue Geschäftsmodelle und neue Akteure wie Energiegemeinschaften oder Speicheragenturen, in denen Speicherkapazitäten als Dienstleistungen zur Verfügung gestellt werden. Ebenso werden E-Cars die Möglichkeit bekommen, nicht nur Energie vom Netz zu entnehmen, sondern als Speicheragenten selbst Speicherkapazitäten zur Verfügung zu stellen und somit zur Versorgung und Stabilisierung beizutragen.

Herausforderungen

Die Digitalisierung allein ist jedoch nicht die Lösung. Es gibt auch Herausforderungen, die es zu bewältigen gilt:

- **Energieverbrauch der Digitalisierung:** Die Digitalisierung selbst verbraucht Energie und Ressourcen. Dies wird insbesondere zu Beginn eines Digitalisierungsprozesses der Fall sein, wenn eine intelligente Infrastruktur aufgesetzt wird.
- **Rebound-Effekte:** Die Digitalisierung kann zu Rebound-Effekten, d. h. zu einem erhöhten Energieverbrauch in sekundären Bereichen, führen. Durch die Effizienzsteigerung und die Beteiligung von Nutzern am Energiesystem als Erzeugern kann auch der gegenteilige Effekt eintreten, indem die frei gewordenen monetären Kapazitäten erst recht für die Erwerbung von Produkten genutzt werden, die ebenfalls Energie konsumieren.

- **Soziale Ungleichheit:** Die Digitalisierung kann die soziale Ungleichheit verstärken, wenn nicht alle Menschen gleichermaßen Zugang zu digitalen Technologien haben. Dies wird vermutlich auf regionaler bis globaler Ebene zu bewältigen sein. Es ist nicht davon auszugehen, dass mit dem gegenwärtigen Wirtschaftsmodell alle die gleichen Teilnahmemöglichkeiten bekommen werden. Der Zugang zu den Ressourcen, die erforderlich sind, um digital zu werden, erfordert ein Umdenken auf globaler Ebene. Hier sind Regierungen gefordert, neue Konzepte des Austauschs an Material und Know-how zu finden. Doch auch in den einzelnen Ländern und Gesellschaften selbst muss durch eine Verbesserung der Verteilungsfunktion der Zugang zu neuen Technologien wie Speichern, Smart Home-Systemen usw. ermöglicht werden. Dies sollte jedoch nicht um des Digitalisierens willen geschehen, sondern mit dem Ziel einer grundlegenden Strategie zur Effizienzsteigerung und zum nachhaltigen Agieren. Auch hier sind neue Konzepte gefordert.
- **Vulnerable Systeme:** Digitale Systeme sind mehr und mehr der Internetkriminalität ausgesetzt. Energiesysteme gehören zu den kritischen Infrastrukturen eines Landes und müssen dementsprechend geschützt werden. Es wird notwendig sein, solche Aspekte bereits zu Beginn einer digitalen Transformation mit abzudecken. Dazu bedarf es guter Fachkräfte, die das nötige Know-how mitbringen, um Gefahren vom System abzuwenden.
- **Ausgebildete Fachkräfte:** Neue Berufsgruppen und Aktionsfelder werden entstehen, die ebenfalls neue, gut ausgebildete Fachkräfte brauchen werden. Der aktuelle sogenannte Fachkräftemangel ist nur der Beginn einer langjährigen Problematik, die sich über die kommenden Jahre noch verschärfen wird. Die Generation der Boomer kommt ins Rentenalter und die nachfolgenden Generationen werden die gesamte Arbeitslast nicht abdecken können. Hinzu kommt, dass durch die Globalisierung die Jugend gerne mobil ist und auch in andere Erdteile zieht, um Lebens- und Arbeitserfahrung zu sammeln. Meistens handelt es sich hierbei um besser ausgebildete Personen. Diese zu ersetzen wird eine Herausforderung sein.
- **Monopolisierung der Ressourcen:** Leider befinden wir uns gegenwärtig in einem neuen Kalten Krieg zwischen West und Ost (oder kollektivem Westen und globalem Süden). Wir wollen hoffen, dass sich dies nicht zu einem heißen Krieg auswächst. Leider bedeutet das aber auch, dass der Austausch und Zugang zu wichtigen Ressourcen nur eingeschränkt möglich ist bzw. bleiben wird. Durch die Gier und schlicht Dummheit der Menschheit und ihrer Führer schaffen wir es leider nicht, hier faire Standards auf Augenhöhe zu setzen und eine bessere Verteilung der Ressourcen zu ermöglichen. Altes koloniales Denken sowie imperiale Träume führen dazu, dass sich die Menschheit im Kreis dreht. Dabei besteht die Gefahr, dass Ressourcen auf längere Zeit nur für bestimmte Länder zugänglich sein werden. Es kommt zu einer Monopolstellung. Gleiches wird mit den Technologien zur Verarbeitung von Ressourcen und der Produktion von Geräten passieren. Hoffen wir auf bessere Lösungen, denn die Hoffnung stirbt bekanntlich zuletzt.

Abkürzungsverzeichnis

AI	Artificial Intelligence
AKW	Atomkraftwerk
AMI	Advance Metering Infrastructure
API	Application Programming Interface
BAU	Business as usual
BDEW	Bundesverband der Deutschen Energie- und Wasserwirtschaft
BP	British Petrol
CAGR	Compound Annual Growth Rate
CCS	Carbon Capture und Storage
CIA	Central Intelligence Agency
CO_2	Kohlendioxid
COP-16	Vertragsstaatenkonferenz zum Klima- und Umweltschutz
COPD	chronische Obstruktion der Lunge
ECOWAS	Economic Community of West African States
EF	Ecological Footprint
EFSA	Europäische Behörde für Lebensmittelsicherheit (European Food Safety Authority)
EJ	Exajoule
ESS	Earth System Sensitivity

GHG	Green House Gas
GJ	Gigajoule
GUS	Gemeinschaft Unabhängiger Staaten
GW	Gigawatt
GWe	Gigawatt elektrisch
GWh	Gigawattstunde
HIIK	Heidelberger Institut für Internationale Konfliktforschung
HWI	Human Welfare Index
IAEA	International Atomic Energy Agency
IEA	International Energy Agency
IoT	Internet of Things
IPCC	Intergovernmental Panel on Climate Change
IRENA	International Renewable Energy Agency
ISAF	International Security Assistance Force
ISO	International Standard Organization
IWF	Internationaler Währungsfonds
KFOR	Kosovo Force
KI	künstliche Intelligenz
KMUs	kleine und mittlere Unternehmen
LtG	Limit to Growth
MIT	Massachusetts Institute of Technology
MW	Megawatt
NATO	North Atlantic Treaty Organization
NRF	NATO Response Force
NSA	National Security Agency (USA)
OECD	Organization for Economic Cooperation and Development
PPM	Parts per Million
PV	Photovoltaik
PWh	Petawattstunde

REO	Rare Earth Oxide
ROI	Return on Investment
SiO_2	Siliziumdioxid
TCR	Transient Climate Response
TPS	Transaktionen pro Sekunde
TW	Terawatt
TWh	Terawattstunde
USD	US-Dollar
V2G	Vehicle to Grid

Weiterführende Literatur

Acemoglu, Daron/Robinson, James A.: Warum Nationen scheitern. Die Ursprünge von Macht, Wohlstand und Armut. S. Fischer 2013

Appelrath, Hans-Jürgen/Kagermann, Henning/Mayer, Christoph: Future Energy Grid. Migrationspfade ins Internet der Energie. Springer 2012

Assmann, Jan: Totale Religion. 2. Auflage. Picus Verlag 2017

Becker, Johannes M./Sommer, Gert: Der Libyen-Krieg. Das Öl und die „Verantwortung zu schützen". LIT 2012

Benesch, Thomas/Schuch, Karin: Basiswissen zu Investition und Finanzierung. Linde 2008

Bruyninckx, Hans/Happaerts, Sander/Brande, Karoline: Sustainable Development and Subnational Governments. Policy-Making and Multi-Level Interactions. Palgrave Macmillan 2012

Chomsky, Noam: Kampf oder Untergang. Warum wir gegen die Herren der Menschheit aufstehen müssen. Westend Verlag 2021

Chomsky, Noam: Requiem für den amerikanischen Traum. Die 10 Prinzipien der Konzentration von Reichtum und Macht. Ullstein 2019

do Mar Castro Varela, María/Dhawan, Nikita: Postkoloniale Theorie. Eine kritische Einführung. 3. Auflage. utb 2020

Ganser, Daniele: Europa im Erdölrausch. Die Folgen einer gefährlichen Abhängigkeit. Orell Füssli 2014

Gerstengarbe, Friedrich-Wilhelm/Welzer, Harald (Hrsg.): Zwei Grad mehr in Deutschland. Wie der Klimawandel unseren Alltag verändern wird. S. Fischer 2013

Griffiths, Gareth/Tiffin, Helen/Ashcroft, Bill: Postcolonial Studies. The Key Concepts. 3rd Edition. Routledge 2013

Harari, Yuval Noah: 21 Lektionen für das 21. Jahrhundert. 3. Auflage. C.H.Beck 2018

Harari, Yuval Noah: Nexus. Eine kurze Geschichte der Informationsnetzwerke von der Steinzeit bis zur künstlichen Intelligenz. Penguin 2024

Herrmann, Ulrike: Das Ende des Kapitalismus. Warum Wachstum und Klimaschutz nicht vereinbar sind – und wie wir in Zukunft leben werden. 3. Auflage. Kiepenheuer & Witsch 2022

Hörhan, Gerald: Der Stille Raub. Wie das Internet die Mittelschicht zerstört und was Gewinner der digitalen Revolution anders machen. Edition a 2017

Lenger, Friedrich: Der Preis der Welt. Eine globale Geschichte des Kapitalismus. C.H.Beck 2023

Löschel, Andreas/Rübbelke, Dirk/Ströbele, Wolfgang/Pfaffenberger, Wolfgang/Heuterkes, Michael: Energiewirtschaft. Einführung in Theorie und Politik. 4. Auflage. DeGruyter Oldenburg 2020

Lüders, Michael: Wer den Wind sät. Was westliche Politik im Orient anrichtet. C.H.Beck 2015

Mausfeld, Rainer: Warum schweigen die Lämmer. 3. Auflage. Westend Verlag 2019

Mounk, Yascha: Der Zerfall der Demokratie. Wie der Populismus den Rechtsstaat bedroht. Droemer 2017

Münkler, Herfried: Die Welt in Aufruhr. Die Ordnung der Mächte im 21. Jahrhundert. 9. Auflage. Rowohlt 2024

Piketty, Thomas: Das Kapital im 21. Jahrhundert. Erste Veröffentlichung: August 2014. 8. Auflage. C.H.Beck 2016

Piketty, Thomas: Kapital und Ideologie. C.H.Beck 2022

Piketty, Thomas: Ökonomie der Ungleichheit. Eine Einführung. C.H.Beck 2016

Precht, Richard David: Erkenne die Welt. Eine Geschichte der Philosophie. Goldmann 2015

Ramsauer, Petra: Mit Allah an die Macht. So verändern Arabiens Revolutionen unsere Welt. Ueberreuter 2012

Reinau, Hansjörg: Politische Partizipation. Idee und Wirklichkeit von der Antike bis in die Gegenwart. Colloquia Raurica, Band 13. De Gruyter 2014

Rogan, Eugene: Die Araber, Eine Geschichte von Unterdrückung und Aufbruch. Propyläen Verlag 2012

Ruch, Philipp: Wenn nicht wir, wer dann? Ein politisches Manifest. Ludwig 2015

Saidze, Mina: FairTech. Digitalisierung neu denken für eine gerechte Gesellschaft. Quadriga Verlag 2023

Schneiders, Thorsten Gerald (Hrsg.): Der Arabische Frühling. Hintergrund und Analysen. Springer 2013

Shafie-Khah, Miadreza (Hrsg.): Blockchain-based Smart Grids. Elsevier 2020

Todd, Emanuel: Der Westen im Niedergang. Ökonomie, Kultur und Religion im freien Fall. Westend Verlag 2024

Wiegandt, Klaus: Mut zur Nachhaltigkeit. 12 Wege in die Zukunft. Kapitel: „Nationalismus und Populismus". Fischer 2016

Zeller, Joachim/Bechhaus-Gerst, Marianne: Deutschland postkolonial? Die Gegenwart der imperialen Vergangenheit. Metropol Verlag 2021

Index

E

F

G

H

I

J

K

L

M

N

U

V

W

Z